马疫病学

秦晓冰　主编

中国农业大学出版社
· 北京 ·

内容简介

全书共3篇10章，并在最后附有马的各项生理指标、马常用药剂量和马的参考免疫程序等简表。第一篇介绍马疫病的发生和流行规律，以及预防、控制和消灭措施；第二篇介绍多种动物共患传染病及马的传染病的病原、流行病学、发病机制、症状、病变、诊断与防制等；第三篇介绍马的寄生虫病及寄生虫病的诊断与常用抗寄生虫药。

图书在版编目（CIP）数据

马疫病学/秦晓冰主编. —北京：中国农业大学出版社，2016.8
ISBN 978-7-5655-1692-4

Ⅰ.①马… Ⅱ.①秦… Ⅲ.①马病-兽疫-防治 Ⅳ.①S858.21

中国版本图书馆CIP数据核字（2016）第194814号

书　名 马疫病学
作　者 秦晓冰 主编

策划编辑 赵 中　　**责任编辑** 田树君
封面设计 郑 川　　**责任校对** 王晓凤
出版发行 中国农业大学出版社
社　址 北京市海淀区圆明园西路2号　　**邮政编码** 100193
电　话 发行部 010-62818525，8625　　读者服务部 010-62732336
编辑部 010-62732617，2618　　出 版 部 010-62733440
网　址 http：//www.cau.edu.cn/caup　　**E-mail** cbsszs @ cau.edu.cn
经　销 新华书店
印　刷 涿州市星河印刷有限公司
版　次 2016年10月第1版　2016年10月第1次印刷
规　格 787×1 092　16开本　15.25印张　365千字
定　价 33.00元

主　　编　秦晓冰（青岛农业大学）

副 主 编　高英杰（吉林大学）

单　虎（青岛农业大学）

马海利（山西农业大学）

参　　编　牛晋国（山西省农业科学院畜牧兽医研究所）

朱战波（黑龙江八一农垦大学）

王福炎（青岛农业大学）

罗胜军（广东省农业科学院动物卫生研究所）

前　言

本书是面向四年制动物科学（马业专业）的主干课程“马疫病学”而编写的第一本教材，是在参考《家畜传染病学》和《家畜寄生虫学》的基础上，结合马疫病学的流行特点和本学科的最新发展动态，以及征求多所高校及相关科研单位专家的意见，由秦晓冰副教授组织并编写而成。编写的总原则是“科学、易懂和实用”，做到既反映本学科现有成就和发展趋势，又把握本科层次学生应该掌握的专业知识和业务技能，使本教材的知识体系适合现阶段本科生教学的需要。

全书共3篇10章，并在最后附有马的各项生理指标、马常用药剂量和马的参考免疫程序等简表。第一篇介绍马疫病的发生和流行规律，以及预防、控制和消灭措施；第二篇介绍多种动物共患传染病及马的传染病的病原、流行病学、发病机制、症状、病变、诊断与防制等；第三篇介绍马的寄生虫病及寄生虫病的诊断与常用抗寄生虫药。

本教材具有以下特点：

第一，目标明确，内容覆盖面广。本教材是以本科生为主要培养对象，以防控疫病为主要目的，理论与实际结合，突出了预防为主、防重于治的指导思想。在此基础上囊括了涉及马的几乎所有传染病和寄生虫病，并对它们做了详细介绍。另外，对马寄生虫的诊断和常用抗虫药也做了详尽介绍。

第二，理论与实践相结合，适用面宽。本书具有较强的专业知识性，既可作为与马相关专业的高等农业院校师生和科研单位研究人员的参考书，又是养马爱好者的良师益友，它的出版必将促进我国马业兽医事业的发展。

第三，可读性强。写作浅显易懂，有的章节前面概述了本章的内容，并指出该章的重点内容。有的在各个疫病的最后还附有复习思考题。

本教材在编写过程中，得到了国内兽医领域中许多专家、学者的鼓励与大力支持，在此表示衷心的感谢。

编写过程中，由于时间仓促和编者水平有限，错误和遗漏之处在所难免，恳请广大读者批评指正。

编　者

2016年2月

前言

[illegible]

目　录

第一篇　马疫病的流行规律与防疫措施

第二篇　多种动物共患病及马传染病

第三篇　马的寄生虫病

第一篇
马疫病的流行规律与防疫措施

第一章 马疫病的发生和流行规律

马疫病的发生和流行的一般规律及其影响因素是马疫病学的基础,也是科学防制马疫病的理论依据。因此在本章的学习过程中,除掌握马疫病相关的基本概念和基本理论外,还应把握以下几个方面内容并注意其相关性,即病原体感染的类型、宿主与病原体的相互作用关系、传染病及其发生和流行的特征、寄生虫与宿主的类型、寄生虫的生活史、疫病的流行及其诊断方法。该章的重点内容是疫病的流行和诊断方法。

第一节 感染及其分类

一、感染

疾病是动物机体或其某些器官状态的变化过程,此期间可表现出一系列特定的临床症状和某些指标的异常。临床上根据发病原因,将马病分成马普通病,如代谢病、中毒病、内科病及外科病等在内的非传染性疾病,以及具有传播、扩散特点的传染病和寄生虫病,如马流感、马尖尾线虫病,后者又称为马疫病。疫病的发生和流行是多种因素相互作用、共同影响的结果。

感染又称传染,是指病原微生物或寄生虫等病原体经各种途径侵入动物机体,在一定部位定居、生长繁殖并引起动物机体的一系列病理反应的过程,这一过程是在个体中发生的、一种纯生物学现象。可见感染就是病原体(寄主)和动物机体(宿主)双方相互作用、相互斗争的综合表现。一方面,病原体在长期进化过程中,形成对某种或某些动物的适应性,即病原体的感染谱,感染谱反映出某种病原体对其宿主的依存关系;另一方面,动物机体在长期的进化过程中,也形成一系列复杂的免疫机制,包括非特异性免疫和特异性免疫。后者主要由细胞免疫和体液免疫构成,表现在对外来病原微生物的免疫识别和免疫反应。

二、感染的类型

感染的后果受到多种因素的制约,包括病原体的毒力、数量、侵入门户、外界环境因素及动物机体的健康和免疫状态等。因而,同一种病原体感染动物后的反应速度、表现形式和类型会有很大差别,可从隐性感染、一过性感染、持续感染到临诊发病甚至死亡或耐过康复等。了解和认识这些感染形式和类型,有助于疫病的诊断及防控。根据感染的本质、特点、表现形式及后果等,可从不同角度将感染分为以下不同类型。

1. 单纯感染、多重感染(混合感染)及协同感染、原发感染和继发感染

单纯感染、多重感染(混合感染)及协同感染、原发感染与继发感染是根据感染病原体的多少、先后及相互作用关系划分的。由一种病原体所引起的感染称为单纯感染或单一感染,以往大多数感染是由单一病原体所致。由两种及两种以上病原体引起的感染称为多重感染或混合感染。能够混合感染的病原体种类十分繁多,可以是多种病毒、细菌或寄生虫,更多见的是多种细菌与病毒的混合感染。目前,混合感染现象日益增多,非常普遍,其症状和病变复杂,给疫

病的诊断和防制都增添了难度。例如，马混合感染马媾疫锥虫与马巴贝斯虫病。协同感染是指同一感染过程中，两种或多种病原的相互作用可增强毒力，而单独感染时不会引起相应的症状。例如，猪圆环病毒2型，在试验条件下即使人工攻毒也难以临诊发病，但在生产实际中由于存在多重病原的相互感染，该病毒表现出很强的致病力。

2. 内源性感染与外源性感染

内源性感染与外源性感染是根据病原来源而划分的。由来自外界的病原体引起的感染称为外源性感染，如某种动物易感个体由于接触患病动物而引起的感染发病。某些情况下，有些微生物寄生在体内不引起疾病，当机体抵抗力下降或受外界因素影响时方表现出致病性，造成机体感染称之为内源性感染，如支原体和某些大肠杆菌菌株引起的感染。

3. 局部感染与全身感染

局部感染与全身感染是根据感染后病原在机体内的分布及引起的后果划分的。当机体抵抗力较强，侵入的病原体毒力较弱或数量较少，病原体生长繁殖局限在一定部位(如扁桃体、局部淋巴结)，称为局部感染。当机体抵抗力较弱，病原体的毒力增强，病原体突破机体的防卫屏障，经血流或淋巴循环扩散而全身化，引起机体明显的全身症状，称为全身感染。其表现形式包括菌血症、病毒血症、毒血症、脓毒血症、败血症和脓毒败血症等。

4. 典型感染与非典型感染

典型感染与非典型感染是根据症状典型与否来划分的，均属于显性感染。感染后出现该病特征性(有代表性)症状称为典型感染，如典型猪瘟具有发热、便秘或拉稀、皮下出血症状及高死亡率等；而非典型感染则无该病的特征病状。

5. 良性感染与恶性感染

良性感染与恶性感染是描述感染后果严重程度的一组术语，常以感染动物的症状表现及转归作为判定的主要指标。良性感染时，不会引起动物严重的症状及大批死亡；相反，如引起严重症状及大批死亡则称为恶性感染。

6. 最急性、急性、亚急性与慢性感染

最急性、急性、亚急性与慢性感染是按照病程长短及临诊症状不同进行划分的。根据临诊表现，常将马传染性贫血病分为急性、亚急性、慢性和隐性4种病型。最急性感染时，病程短促，动物通常在数小时或1 d内突然死亡，症状或病变均不明显，如马传染性贫血病、羊炭疽、禽霍乱、绵羊快疫等流行初期可见到此种情况。急性感染病程较短，数天至2周不等，其临诊症状表现较为典型和明显，易于在临诊上发现和诊断，如急性猪瘟、猪丹毒、口蹄疫等。亚急性感染的病程相对较长，临诊症状也相对缓和，如疹块型猪丹毒和炭疽。慢性感染是指那些病程长达1个月或数月，临诊症状不明显或时有时无，如结核病、猪气喘病等。需要指出的是，某一传染病的病程并不是固定不变的，它取决于病原体的致病力和机体的抵抗力之间的较量，也受环境、条件等因素的影响。在一定的条件下，急性型可以转为亚急性或慢性，或由慢性转化为亚急性和急性。马传染性贫血病在新疫区以急性型多见，病死率较高，老疫区则以慢性型、隐性型多见，病死率较低。

7. 显性感染与隐性感染

显性感染与隐性感染是根据感染后动物是否表现有临诊症状而划分的。凡在感染后出现明显临诊症状的均属于显性感染；如果缺乏症状，但有病理学、免疫学或微生物学证据(病理学变化、特异性抗体或携带病原)，则属于隐性感染(也称为亚临诊型，如猪气喘病)。

8. 持续感染和慢发病毒感染

持续感染是指动物长期持续的感染状态，这是因为入侵的病毒不能杀死宿主细胞，两者之间形成一种动态平衡。感染动物在一定时期内带毒或长期带毒，且经常或间歇性地向外排毒，但并不出现临诊症状或仅出现与免疫病理反应相关的临诊症状。这种平衡一旦打破，往往会引起病毒的复活和增殖，并引起临诊疾病。持续感染可呈潜伏性感染、隐性感染、慢性感染和慢发病毒感染疱疹病毒、披膜病毒、副黏病毒和反转录病毒等常能引起持续性感染。例如，伪狂犬病毒，病毒最初感染猪后可在三叉神经节内造成潜伏感染，当机体体液免疫或细胞免疫低下，猪在受到外界环境的刺激或给予免疫抑制剂时，病毒就会复活而致病，并通过排毒而扩大传染。

慢发病毒感染也称长程感染，是指那些潜伏期长、发展呈进行性经过，最终常以死亡为转归的病毒感染，是持续感染的一种类型。慢发病毒感染的特点在于疾病过程缓慢，但不断恶化，最终引起动物死亡。慢病毒和朊病毒感染多属于此类，如马传染性贫血、牛海绵状脑病等。

三、抗感染免疫

抗感染免疫(anti-infectious immunity)：大多数情况下，动物机体的内环境不适合侵入的病原体生长繁殖，或动物体能迅速动员全身的防御力量将该病原体消灭，使其不出现明显的病理变化和临床症状，这种现象统称为抗感染免疫。

病原体侵入并引起机体病理损伤的过程中，也同时伴随着机体的非特异性免疫和特异性免疫反应，以清除体内出现的病原体及其毒性产物，维持机体的稳定和平衡。由于各种病原体的致病特点不同，机体免疫反应的性质也不同。了解抗感染免疫的特点，对疫病的防制具有非常重要的意义。

(一)非特异性免疫

非特异性免疫是指动物体在长期种系发育与进化过程中逐渐建立起来的、对大多数病原体都具有一定抵抗和杀伤作用的天然防御机能。动物机体的非特异性免疫受遗传控制，并与动物机体的组织结构、饲养管理条件和营养状况等因素相关。非特异性免疫的构成因素主要包括：

1. 屏障抵抗力

主要由以下几方面构成：由动物体表皮肤及外界相通的腔道黏膜构成的、能够抵抗微生物侵入的体屏障；由软脑膜、脉络丛的毛细血管及分布在壁外的星状胶质细胞等构成的，能够阻挡细菌、病毒及其毒性产物进入脑组织及脑室的血脑屏障，以及由母体子宫内膜中的基蜕膜和胎儿绒毛膜共同构成的，可阻挡母体内病原体或有害物进入胎儿体内的胎盘屏障等。

2. 炎症和吞噬作用

动物体内存在着大量的吞噬细胞，如中性粒细胞、单核细胞、巨噬细胞等，均具有杀灭或降解异物的作用。病原菌一旦突破机体的防御屏障进入体内，就会遭到固定的或游走的吞噬细胞围攻和吞噬，在机体的局部形成炎症反应，并通过溶酶体等降解；病毒感染后，机体的巨噬细胞可作为抗体依赖性细胞介导的细胞毒作用(ADCC)中的非特异性效应细胞，对病毒感染和复制起到抑制作用，同时可通过细胞因子网络启动一系列的免疫应答反应来对抗感染，而且巨噬细胞还可作为抗原递呈细胞对病毒抗原进行摄入、加工并呈递给局部淋巴结中的细胞以启动机体的特异性免疫反应。此外，在感染过程中，自然杀伤细胞对病毒和某些细菌的感染细胞也发挥直接的杀伤作用。

3. 其他抗感染因子

正常动物体液和组织中含有多种能杀伤或抑制病原体的物质，这些抗感染因子相互作用或在上述淋巴细胞、吞噬细胞等配合下能够发挥强大的抗感染作用。抗感染因子包括补体、溶菌酶、乙型溶素(β-lysin)、特夫素(tuftsin)和细胞因子(cytokine)等。

补体存在于正常动物的血清中，经过激活后能辅助特异性抗体介导的溶菌作用而发挥抗感染效能；溶菌酶是由吞噬细胞产生的，主要存在于动物的泪液、唾液、乳汁、肠液、尿液、血清和吞噬细胞溶酶体中，它在相应抗体和补体同时存在时对革兰阳性菌具有溶菌作用；乙型溶素是动物血清中的一种碱性多肽，主要作用于革兰阳性菌细胞膜，产生非酶性破坏效应而杀灭细菌；特夫素又称吞噬细胞增强激素，是由脾脏合成并存在于血清中的一种四肽激素，能增强单核/巨噬细胞及中性粒细胞的吞噬作用；细胞因子则是由活化的免疫细胞和某些非免疫细胞所产生的、具有介导和调节免疫反应、炎症反应以及修复组织等生物学活性的一类小分子多肽或糖蛋白，包括白细胞介素-1～15(IL-1～15)，干扰素-α、β、γ(IFN-α、β、γ)，肿瘤坏死因子-α、β(TNF-α、β)，表皮生长因子(EGF)，血小板衍生的生长因子(PDGF)，转化生长因子-β(TGF-β)，集落刺激因子(CSF)，IL-1 抑制因子和 IL-2 抑制因子等，它们大多数都具有调控免疫应答作用，某些细胞因子也参与清除机体内感染的病原体。

正常情况下，机体非特异性免疫对胞外菌感染有一定的防御作用，在特异性免疫建立之前，非特异性免疫反应对胞内菌的影响不大。机体的非特异性免疫反应受动物的饲养管理条件、营养状况以及多种应激因素等影响。

(二)特异性免疫

特异性免疫是指个体在生命活动过程中与病原体及其产物等抗原物质接触后产生的免疫，故又称为获得性免疫。特异性免疫是在非特异性免疫基础上建立的，具有明显的针对性和记忆性，可因再次接受相同抗原刺激而大幅度提高免疫的效果。

1. 局部性免疫

除了主要通过吸血昆虫传播的疾病外，大部分病原体是经黏膜系统侵入机体的。为抵抗病原体的感染，预防局部黏膜疾病以及进一步系统疾病的发生，机体黏膜组织形成了严密的防御体系——黏膜免疫系统，从而构成动物体抵抗病原体入侵的第一道免疫屏障。黏膜免疫系统是由分布在呼吸道、消化道、泌尿生殖道以及外分泌腺黏膜组织内的淋巴组织和免疫活性细胞等构成。当黏膜组织受到抗原刺激后，该系统能够产生相应的分泌型 IgA(SIgA)，并分布于黏膜表面。这种抗体对再次入侵的相同病原体具有调理及中和作用，使其不能在黏膜表面吸附、定居和繁殖，从而达到阻止侵入的目的。SIgA 的产量很高，如人体每日分泌量可达 30～100 mg/kg 体重，超过所有其他类型免疫球蛋白的产量，当 SIgA 缺乏时机体容易反复发生呼吸道、胃肠道及泌尿道的感染，因此 SIgA 是黏膜局部抗感染的重要因素。

黏膜免疫与机体的全身免疫能够互相调节，如经口摄入某种抗原后，可在乳汁中发现其特异性 SIgA；在滴鼻或点眼接种流感病毒后不仅在鼻液、眼结膜发现该病毒的特异性 SIgA，而且在呼吸道、消化道和泌尿生殖道黏膜以及血清中也可检出大量的特异性抗体等；此外，注射抗原时也能诱发黏膜 SIgA 的产生。随着对 SIgA 和淋巴细胞迁移模式的深入了解，局部黏膜免疫系统，尤其是呼吸道和消化道黏膜的免疫作用正日益受到重视。

2. 全身性免疫

全身性免疫是指由抗体或致敏淋巴细胞介导的、针对机体细胞内外病原微生物及有害物质的免疫反应。全身性免疫包括体液免疫和细胞免疫，主要作用有以下几个方面：

(1)特异性抗菌抗体(IgG、IgA) 抗体在补体的参与下对某些革兰氏阴性菌有溶菌、杀菌作用，但对革兰阳性菌的协同溶解作用不敏感。在补体、NK细胞或其他吞噬细胞共同参与下，大量的抗体分子作用于感染细胞表面，导致细胞的裂解和病毒的释放。

(2)免疫调理作用 特异性抗体单独或与补体联合能促进吞噬细胞对病原微生物或抗原抗体复合物的吞噬，即调理作用。抗病毒的非中和性抗体对感染病毒也具有调理作用，能够促进吞噬细胞对病毒的清除。

(3)抗毒素的中和作用 可使细菌感染过程中产生的外毒素失去致病作用，如破伤风抗毒素可中和其外毒素等。抗毒素主要是血液循环中的IgG类抗体，也包括黏膜表面的SIgA，它们只能对游离的外毒素起中和作用，而不能中和已经与细胞结合的外毒素的毒性。内毒素也能刺激机体产生抗体，但其对机体的保护作用不及外毒素抗体明显。

(4)中和抗体 由某种病毒表面抗原诱生的、具有中和作用的抗体与病毒结合后，能使该病毒失去感染性；具有高水平中和抗体的机体对再次侵入的同种病毒不会再感染。大多数疫苗能够诱导高滴度中和抗体的产生。

(5)细胞毒T淋巴细胞(cytotoxic T lymphocyte，CTL)作用 主要由$CD8^+$细胞介导的免疫反应，可特异地杀伤带有相应抗原的靶细胞，在控制和清除特定病毒感染的过程中能够发挥极其重要的作用。

(6)迟发型超敏反应性T细胞介导的细胞免疫反应 是指致敏的迟发型超敏反应(delayed type hypersensitivity T cell，Td)与相应抗原接触后要释放一系列细胞因子，包括巨噬细胞趋化因子(MCF)、巨噬细胞移动抑制因子(MIF)、巨噬细胞活化因子(MAF)、干扰素-γ(IFN-γ)等，在吸引巨噬细胞向病原体侵入部位聚集的基础上，激发并增强巨噬细胞的吞噬和杀伤能力。

(7)抗体依赖性细胞介导的细胞毒作用(ADDD) 表现为带有Fc受体的K细胞等能与结合在靶细胞上的IgG结合，通过释放细胞毒素而杀伤靶细胞；而带有抗原的靶细胞与相应抗体结合后，又可通过激活补体系统引起感染细胞裂解；当靶细胞表面表达有Fc受体并与针对CD3复合物或T细胞受体(TCR)的抗体结合时，能促使CTL附着到靶细胞上发挥杀伤作用。

细胞免疫针对某些以出芽方式从感染性细胞扩散至相邻细胞，而不通过胞外液扩散的病毒，如致瘤RNA病毒、正黏病毒(流感病毒)、副黏病毒、狂犬病毒、腺病毒、疱疹病毒等感染的防御尤为重要。

四、机体的免疫抑制

在实际生产中，人们发现动物的免疫抑制现象除了与某些化学药物、微生物的代谢产物、动物群的营养状况和饲养管理等因素有关外，还与多种病原体感染的关系极为密切。病毒感染后，可通过以下途径导致动物机体的免疫抑制，即直接感染T细胞和B细胞并损伤其功能，从而抑制正常的免疫应答反应；感染胸腺后可导致正在成熟的淋巴细胞克隆损伤而形成特异性免疫耐受现象；某些病毒能感染特殊的抗原递呈细胞，通过直接杀伤作用或诱导免疫病理反应影响细胞的功能，造成对多种抗原的普遍免疫耐受而抑制细胞免疫和体液免疫；此外，部分病毒感染机体后可诱导抑制抗病毒免疫应答分子的产生等。

临床上有些病毒感染以诱发机体免疫细胞损伤为主，仅在特定条件下才出现明显临床表现；而另一些病毒在感染早期、临床症状出现前以诱发免疫损伤为明显可见的临床表现和病理变化，但它们诱发机体的免疫抑制状态足以给动物群带来非常严重的影响，导致感染动物出现不同程度的继发感染、二重感染或多重感染，从而使疫病发生连绵不断，治疗极为困难。

第二节　寄生虫与宿主的相互关系

一、寄生虫的概念和类型

寄生虫是暂时或永久地在宿主体内或体表营寄生生活的动物。

由于寄生虫—宿主关系的历史过程的长短和相互间适应程度的不同，以及特定的生态环境差别等因素，使这种关系呈现多样性，从而也使寄生虫显示为不同的类型。

专性寄生虫(stenoxenous parasite)指只寄生于一种特定宿主的寄生虫，称为该种宿主的专性寄生虫，其宿主称为该种寄生虫的专性宿主。如马尖尾线虫(*Oxyuris equi*)只寄生于马属动物，马尖尾线虫即为马属动物的专性寄生虫，而马属动物则为马尖尾线虫的专性宿主。这种情况表明专性寄生虫同其宿主之间都具有严格的特异性。

多宿主寄生虫(polyxenous parasite)指能寄生于许多种宿主的寄生虫。如日本分体吸虫(*Schistosome japonicum*)能寄生于人和牛、猪、犬、羊、猫等40多种哺乳动物。

固需寄生虫(obligatory parasite)指必须过寄生生活的寄生虫。如吸虫、绦虫和大多数寄生性线虫。

兼性寄生虫(facultative parasite)指既可以过寄生生活，又可过自由生活的寄生虫。如有些伤口蝇蛆(绿蝇、丽蝇、金蝇等的幼虫)可以生活在动物尸体上过腐生生活，也可以寄生于活体动物的伤口中。

暂时性寄生虫(temporary parasite)指只在宿主体表作短暂寄生的寄生虫。如蚊子、臭虫等，它们只在吸血时侵袭宿主，吸完血后即离去。

定期性寄生虫，又称周期性寄生虫，指一生中只在一定的发育阶段寄生于宿主的寄生虫。如牛皮蝇、羊狂蝇等，它们的幼虫(即蝇蛆)寄生于宿主体内，而成虫则过自由生活。

永久性寄生虫(permanent parasite)指终生不离开宿主的寄生虫。如旋毛虫(*Trichinella spiralis*)，它们总是随着一个宿主的肌肉直接经口转入另一个宿主体内，从无间隔。

内寄生虫(endoparasite)指寄生于宿主内部组织器官中的寄生虫。如蛔虫等。

外寄生虫(ectoparasite)指寄生于宿主体表的寄生虫。如虱、硬蜱、蚊、臭虫、疥螨、痒螨等。

机会致病寄生虫(opportunistic parasite)指在免疫功能正常的宿主体内呈隐性感染状态，而当宿主免疫功能低下时，才大量繁殖，引起发病的寄生虫。如卡氏肺孢子虫(*Pneumocystis carinii*)等。

假寄生虫指某些本来是过自立生活的动物，偶尔主动侵入或被动地随食物带入宿主体内，这种动物就称为假寄生虫。如粉螨科的某些螨类，正常情况下生活在谷物、糖、乳制品中，有时误入人的肠、泌尿道和呼吸道，引起相应部位发生炎症。也有些假寄生虫对宿主不引起危害，但可被误诊为寄生虫。

迷路寄生虫指寄生于正常宿主的非正常寄生部位的寄生虫。

超寄生虫指寄生于寄生虫的寄生虫。例如，疟原虫在蚊子体内，绦虫幼虫在跳蚤体内。

二、宿主的概念和类型

凡是体内或体表有寄生虫暂时或长期寄居的动物称为宿主。

有些寄生虫的发育过程很复杂，不同的发育阶段寄生于不同的宿主，例如，幼虫和成虫阶段（指性成熟阶段的虫体，也就是能产生虫卵或幼虫的虫体）分别寄生于不同的宿主；有的甚至需要 3 个宿主，并且都是固定不变的，这样就出现了不同类型的宿主。因此按照宿主在寄生虫生活史中所起的作用可以将宿主区分为不同的类型。

终末宿主（final host）：寄生虫的成虫或有性繁殖阶段所寄生的宿主。

中间宿主（intermediate host）：寄生虫的幼虫或无性繁殖阶段所寄生的宿主。具有两个中间宿主时，便依其发育阶段的先后分别称为第一、第二中间宿主，第二中间宿主又称为补充宿主。

保虫宿主（reservoir host）：在多宿主寄生虫的宿主中，防治上处于次要地位的宿主称为保虫宿主。如日本分体吸虫可寄生于人、耕牛及其他多种动物，从防治人体日本分体吸虫病的角度讲，耕牛及其他动物宿主都是保虫宿主；而从防治耕牛日本分体吸虫病的角度讲，则其他动物宿主为其保虫宿主。因此，保虫宿主只是一种相对概念，常不反映寄生虫与宿主关系的实质。

贮藏宿主（paratenie host）：寄生虫的感染性幼虫在侵入一个非适宜宿主体内后，不进行发育，也不繁殖，或仅稍有发育，但仍保持对正常宿主的感染能力，这种非适应宿主就称为贮藏宿主。贮藏宿主并非寄生虫发育过程中所必需的宿主，仅起贮藏、累积作用。如寄生于鸟禽类的比翼线虫（*Syngamus*），当其虫卵在自然界发育为感染性虫卵或幼虫后，既可直接感染鸟禽类，也可以被蚯蚓、某些昆虫或软体动物吞食而暂时贮存在这些动物体内，以后随同蚯蚓、昆虫或软体动物被啄食而感染鸟禽类，这些动物就是比翼线虫的贮藏宿主。贮藏宿主也称为传递宿主。

通过宿主：有的寄生虫的幼虫可以侵入一个非适宜宿主体内，经过一个时期的发育后终因环境不适而死亡，该非专性宿主就称为通过宿主。如鸟类毛毕属（*Trichobilharzia*）血吸虫的尾蚴侵入人的皮肤，引起人的尾蚴性皮炎；羊仰口线虫（*Bunostomum trigoncephalum*）的感染性幼虫侵入人的皮肤而引起皮肤爬行疹；人为这些寄生虫的通过宿主。

带虫者：指体内有寄生虫寄生，但没有临床症状的宿主。

媒介：指在脊椎动物宿主之间传播寄生虫病的低等动物，通常指的是传播血液原虫的吸血节肢动物。如硬蜱是传播梨形虫的媒介，蚊子是传播疟原虫的媒介。

三、寄生虫生活史的概念

寄生虫的生活史又称发育史，是指寄生虫完成一代的生长、发育和繁殖的全部过程。寄生虫在发育过程中，其形态、生理、生化、代谢等发生一系列的变化，但寄生虫生活史的完成并不是一帆风顺的，必须具备一系列条件，这些条件受到生态平衡机制的制约和调节。

①寄生虫必须有其适宜的宿主，甚至是特异性的宿主。这是生活史建立的前提。

②虫体必须发育到感染性阶段（或叫侵袭性阶段），才具有感染宿主的能力。

③寄生虫必须有与宿主接触的机会。

④寄生虫必须有适宜的感染途径。

⑤寄生虫进入宿主体后，往往有一定的移行路径，才能最终到达其寄生部位。

⑥寄生虫必须战胜宿主的抵抗力。

现以马副蛔虫为例，说明其生活史完成所需的条件：马副蛔虫的感染必须有马的存在；虫卵必须在外界适宜的温度和湿度下发育到感染性虫卵阶段；马必须通过粪便或土壤接触到这些感染性虫卵；感染性虫卵经口进入马体内；卵内幼虫释出后，通过血液循环，经肝、心、肺，再移行到会咽，被吞咽后进入小肠，发育为成虫，最终完成其生活史。

四、寄生虫生活史的类型

寄生虫的种类繁多，生活史也极其复杂，依据是否需要中间宿主，可大致分为以下两种类型：

1. 直接发育型

寄生虫完成生活史不需要中间宿主，虫卵或幼虫在外界发育到感染期后直接感染动物或人。此类寄生虫称为土源性寄生虫，如蛔虫、牛羊消化道线虫等。

2. 间接发育型

寄生虫完成生活史需要中间宿主，幼虫在中间宿主体内发育到感染性阶段后感染动物或人。此类寄生虫称为生物源性寄生虫，如旋毛虫、猪带绦虫等。

五、寄生虫对寄生生活的适应

由自由生活演化为寄生生活，这是生活方式的一个很大变化，虫体的结构、发育、营养、繁殖等都会发生很大变化，以适应其寄生生活。寄生虫对寄生生活的适应是生物长期演化的结果，根据寄生虫种类的不同，其适应的程度和表现形式有所不同。主要体现在下述几个方面。

(一)在形态构造上的适应

1. 形态上的变化

如跳蚤具有两侧扁平的身体和发达善于跳跃的腿，这种身体形态使其适合于在宿主体表毛发间活动；蚊子有适于吸血的刺吸式口器；线虫、绦虫的线状或带状体形，使其适于肠道的寄生环境。有一种棘头虫，其虫卵具有丝状体，使其易缠结于中间宿主采食的藻类上，而造成对中间宿主的感染。

2. 附着器官的分类

寄生虫为了能保留在宿主体内或体表，逐渐产生和发展了一些特殊的附着器官。如吸虫和绦虫的吸盘、小钩、小棘；线虫的唇、齿板、叶冠、口囊；棘头虫具倒钩的吻突；蝇蛆的口钩、小刺等。

3. 运动器官的丧失

由于生活环境的安定和营养物质的易于获得，寄生虫不需要经过跋涉来逃避敌害和获取食物，这就导致了运动器官的退化消失。这种变化普遍存在于内寄生虫，如吸虫仅在毛蚴和尾蚴阶段为寻找宿主而具有运动器官，其余各发育阶段都没有运动器官；圆叶目绦虫和线虫各发育阶段都没有运动器官。永久性外寄生虫也有许多运动器官退化的实例，如属于双翅目昆虫的羊虱便失去了双翅而加强了足和爪，使其更加适应于在动物体表的寄生生活。

(二)在生理机能上的适应

1. 营养关系的变化

主要表现在消化器官的简单化,甚至完全消失。如吸虫仅有一根食道连接两根盲肠管,通常无肛门,不同种类其简单程度又各自不同;而绦虫和棘头虫全然无消化器官,仅依靠体表直接从宿主吸取营养,营养物质的吸收主要靠具有微毛的皮层来进行。

2. 生殖能力的加强

由于寄生生活的不确定性,使得大多数寄生虫都具有发达的生殖器官和强大的繁殖能力。雌雄同体使寄生虫解决了寻找配偶的问题。例如,绦虫雌雄同体,每一节片内都具有独立的路线是产生大量的虫卵。如人蛔虫体长 30～35 cm,每天产卵 20 万个以上,一条雌虫体内含有大约 2 700 万个虫卵。班氏吴策线虫可产生几百个微丝蚴进入宿主的血液,还有常见的微小膜壳绦虫在宿主体内每天产生 25 万个虫卵。在一年多的时间内,一条绦虫可以产生十几亿的虫卵。

3. 对体内和体外环境抵抗力的增强

蠕虫体表一般都有一层较厚的角质膜,具有抵抗宿主消化液消化的作用;线虫的感染性幼虫有一层外鞘膜,绝大多数蠕虫的虫卵和原虫的卵巢都具有特质的壁,能抵抗不良的外界环境。

4. 生理行为有助于寄生虫的传播

鸭的一种多形棘头虫,不仅由于幼虫的橘黄色,而且感染能改变中间宿主——端足目昆虫的行为,使之具有趋光性,在接近水表面的位置游动,易于被鸭捕食。

矛形歧腔吸虫的囊蚴寄居在蚂蚁的脑部,能使蚂蚁向草叶的顶端运动,在那里被草食动物食入的可能性大为增加。

5. 寄生虫代谢机能的适应

氧在寄生虫一些物质的合成如卵壳合成中起重要作用。寄生虫依靠扩散进行氧的吸收,虫体内的氧靠体液扩散,有的寄生虫可借助血红蛋白、铁卟啉等化合物将氧扩散到虫体各部。

二氧化碳对寄生虫起着重要作用,如线虫虫卵的激活、吸虫囊蚴脱囊、线虫卵和幼虫的孵化和脱鞘等都需要二氧化碳的参与。

寄生虫合成蛋白质所需的氨基酸来源于分解食物或分解宿主组织,也可直接摄取宿主游离氨基酸。合成核酸的碱基、嘌呤需从宿主获取,嘧啶则可由自身合成,脂类主要来源于宿主,寄生虫可能只有加长脂肪链的功能。某些寄生虫因缺乏某些消化酶,因此还必须从消化液中获取。

寄生虫的代谢主要有能量代谢和合成代谢两类。大多数寄生虫的能量来源从糖酵解中获取。尤其是从以乳酸作为唯一产物的同乳酵解中获取,如血液和组织寄生虫。部分能量则从固定二氧化碳中获得,如肠道寄生虫所处环境条件特征是二氧化碳张力高。目前,已发现部分寄生虫能通过某些代谢途径来固定二氧化碳用于生物合成与重要功能有关的物质,也参与能量合成。

六、寄生虫与宿主间的相互关系

寄生虫与宿主的关系,包括寄生虫对宿主的危害和宿主对寄生虫的影响两个方面。

(一)寄生虫对宿主的危害

寄生虫侵入宿主、移行、定居、发育、繁殖等过程,对宿主细胞、组织、器官甚至系统造成结构、形态和功能等的严重损害。这种损害作用是多方面的，也极其复杂，归纳起来主要有以下几个方面。

1. 夺取宿主的营养

营养关系是寄生虫与宿主关系中最本质的关系。寄生虫在侵入宿主后，无论是幼虫期，还是成虫期，都从宿主取得营养，供其生长、发育和繁殖。寄生虫从宿主获得营养的方式随种类不同而异，有以下几种：

(1)直接摄取宿主肠道中的营养物质　如绦虫缺乏消化系统，成虫寄生在宿主肠道内，浸没在宿主半消化的食物中，通过皮层直接吸收各种营养物质，如氨基酸、糖类、脂肪酸、甘油、维生素、核苷、嘌呤和嘧啶等。有的寄生虫，如蛔虫等则直接以宿主肠腔内的半消化食物为食。

(2)吸取宿主的血液　有许多种寄生虫吸食宿主的血液。如钩虫、捻转血矛线虫、蜱、蚊等都是直接吸取宿主的血液为食的。一条犬钩虫所吸食的血液，连同从虫口溢出的血液加在一起，24 h 可达 0.36 mL，最多可达 0.7 mL。

(3)消化、吞食宿主的组织细胞　如绵羊夏伯特线虫将宿主的大肠黏膜纳入口囊并吞食宿主的组织；寄生于马盲肠、结肠内的普通圆线虫除吸血外，也吞食肠黏膜组织碎片；鹗形科吸虫将宿主肠绒毛紧握在附着器间，使绒毛充血，继之血管破裂，它们先把血液吸食，然后分泌消化酶将绒毛溶解，再将其作为食物吸入体内。

由于寄生虫生长迅速，繁殖力极强，这就必然消耗较多的营养物质，当虫体的数量较多时，就会导致宿主的营养不良、贫血、消瘦、生长迟缓与发育受阻。

2. 机械性损伤

(1)固着　寄生虫利用吸盘、小钩、小棘、口囊、吻突等器官固着于寄生部位，对宿主造成损伤，甚至引起出血和炎症。

(2)移行　寄生虫从进入宿主至寄生部位的过程称为移行。寄生虫在移行过程中形成虫道，破坏了所经过器官或组织的完整性，对其造成严重损伤，如有些寄生虫的幼虫在钻入宿主时，引起侵入处的皮肤、黏膜的损伤；再如蛔虫引起的蛔虫性肺炎，肝片形吸虫童虫引起的肝脏出血和虫道，多头绦虫的六钩蚴损伤脑组织而引起的脑炎等。

(3)压迫　某些寄生虫体积较大，压迫宿主的器官，造成组织萎缩和功能障碍，如寄生于动物和人的棘球蚴直径可达 5～10 cm，压迫肝脏和肺脏，引起肝、肺的机能障碍。还有些寄生虫虽然体积不大，但由于寄生在宿主的重要器官，也可因压迫而引起严重疾病，如囊尾蚴寄生于人或动物的脑和眼部等。

(4)阻塞　寄生于消化道、呼吸道、实质器官和腺体的寄生虫，常因大量寄生而引起阻塞，如猪蛔虫引起的肠阻塞和胆道阻塞等。

(5)破坏　在宿主组织细胞内寄生的原虫，在繁殖中大量破坏组织细胞而引起严重疾病，如梨形虫破坏红细胞和球虫破坏肠道、胆管等处上皮细胞，螨在皮肤内穿凿隧道等。

3. 毒素和免疫损伤

寄生虫生活期间排泄的代谢产物、排泄物和分泌物，虫体、虫卵死亡崩解时的产物对宿主都是有害的，这些物质可能引起组织损害、组织改变或免疫病理反应。如蜱用于防止宿主血液凝固的抗凝血物质；寄生于胆管系统的华支睾吸虫，其分泌物、代谢产物可引起胆管上皮增生，附近肝实质萎缩，胆管局限性扩张，管壁增厚，进一步发展可致上皮瘤样增生。血吸虫虫卵分泌的可溶性抗原与宿主抗体结合形成抗原抗体复合物引起肾小球基底膜损伤；所形成的虫卵肉芽肿则是血吸虫病的病理基础。犬患恶丝虫病时，常发生肾小球基底膜增厚和部分内皮细胞的增生，临床症状为蛋白尿。研究者认为这是Ⅱ型超敏反应。

4. 引入其他病原体

一些寄生虫侵袭或侵入宿主时，往往引起其他继发感染，主要表现在：

(1)接种病原　某些昆虫叮咬动物时，将病原微生物注入其体内，这亦是昆虫的传播媒介作用，如某些蚊虫传播日本乙型脑炎，某些蚤传播鼠疫杆菌，某些蜱传播脑炎、布鲁氏菌病和炭疽杆菌病等。

(2)携带病原　某些蠕虫在感染宿主时，将病原微生物或其他寄生虫携带到宿主体内，如猪毛尾线虫携带副伤寒杆菌，鸡异刺线虫携带火鸡组织滴虫等。

(3)协同作用　某些寄生虫的侵入可以激活宿主体内处于潜伏状态的病原微生物和条件性致病菌，如仔猪感染食道口线虫后，可激活副伤寒杆菌，还可为病原微生物的侵入打开门户；移行期的猪蛔虫幼虫，为猪霉形体进入猪肺脏创造了条件而发生气喘病，亦可降低宿主抵抗力，促进传染病的发生；犬感染蛔虫、钩虫和绦虫时，比健康犬更易发生犬瘟热；鸡球虫病时更易发生鸡马立克氏病。

(二)宿主对寄生虫的影响

宿主对寄生虫的影响是多方面的，目的是阻止寄生虫的寄生，这种影响往往与宿主的年龄、性别、体质、饲养管理等因素有关。

1. 遗传因素的影响

表现为某些动物对某些寄生虫种类的先天性感受性。如马一般不感染脑包虫；牛、羊不得猪肾虫病。

2. 年龄因素的影响

表现为不同年龄的个体对寄生虫的易感性有差异。一般来说，幼龄动物对寄生虫易感，原因可能是免疫功能低下，对外界环境抵抗力弱的结果。

3. 机体组织屏障的影响

宿主机体的皮肤黏膜、血脑屏障以及胎盘等可有效地阻止一些寄生虫的侵入。如一般寄生虫难以通过皮肤、胎盘感染宿主。

4. 宿主体质及饲养管理情况的影响

宿主体质健壮，营养合理，饲养管理条件优良，对寄生虫的抵抗力就强，抗病能力就高。如猪饲料中缺乏维生素及矿物质时，3～5月龄的仔猪易感染猪蛔虫。

5. 宿主免疫作用的影响

主要表现在两个方面：一是在寄生虫侵入、移行、寄生部位，发生局部组织抗损伤作用，免疫活性细胞浸润，释放酶类活性物质，杀灭侵入、寄生的虫体，最后组织增生或钙化；二是寄生虫可刺激宿主体网状内皮系统发生全身性免疫反应，抑制虫体的生长、发育和繁殖，通过上述免疫作用，宿主对寄生虫的生活史进行阻断和破坏。

(三)寄生虫与宿主相互作用的结果

寄生虫对宿主的影响是对宿主的损害，同时宿主对寄生虫的反应是产生不同程度的免疫力并设法将其清除。相互之间的作用，一般贯穿于从寄生虫侵入宿主、移行、寄生到排出的全部过程中，其结果一般可归纳为三类。

1. 完全清除

宿主清除了体内的寄生虫，临诊症状消失，而且对再感染具有一定时间的抵抗力。

2. 带虫免疫

宿主自身或经过治疗清除了大部分或者未能完全清除寄生虫，感染处于低水平状态，但对再感染具有相对的抵抗力，并且寄生关系可维持相当长时间，此时宿主不表现症状。这种现象在寄生虫的感染中极为普遍。

3. 机体发病

宿主不能阻止寄生虫的生长或繁殖，当寄生虫数量或致病性达到一定强度时，宿主即可表现出临诊症状和病理变化而发病。

总之，寄生虫与宿主的关系异常复杂，任何一个因素均不是孤立的，也不宜过分强调，他们之间关系的维持是综合因素促成的结果。

第三节　传染病的发生及分类

一、传染病的发生及其特征

传染病是指由病原微生物引起、有一定的潜伏期和临诊表现(病程经过)、并具有传染性和流行性的疾病。当机体抵抗力强时，即使有病原微生物的侵入，一般也不会引起机体明显的临诊症状，因为动物机体能迅速调动全身的特异性和非特异性免疫力，将入侵的病原体清除或消灭掉，与此同时，机体也获得了抗传染的免疫力。而当机体免疫力或抵抗力较弱时，入侵的病原微生物可以突破机体的免疫防线，从入侵门户到血液、淋巴、神经等扩散达全身或嗜好部位，引起动物不同程度的疾病。

在临诊上，不同传染病的表现尽管千差万别，如同一种传染病在不同动物、不同品种、不同年龄表现各异，甚至同一种动物但不同品系或不同个体易感性上存在有很大差异，但与非传染病相比，传染病具有以下共同特征。

1. 由病原微生物引起

每一种传染病都是由特定的病原体所引起。例如，马腺疫是由链球菌引起的；马流感由马流感病毒引起的。

2. 具有传染性和流行性

病原体在一个患病个体内增殖后能不断排出、经一定的途径感染其他易感个体或群体，并且引起相同症状的疾病，这种特性称为传染性。因为传染性，可以使疾病不断向周围扩散，即从一个个体传向周围多个个体(群体)。在一定条件下，这种传染可以从一个地区传染至一个或多个地区，构成流行或大流行，这就是传染病的流行性。传染性和流行性也是传染病区分于非传染性疾病的一个显著特征，正是这种特性，容易使疫情迅速扩散，造成重大损失。

3. 被感染动物发生特异性免疫学反应

在感染过程中，由于病原微生物的抗原刺激作用，引起被感染动物发生免疫生物学的改变，如产生特异性抗体和/或变态反应等，这些改变可以通过免疫学的方法检测出来，从而利于机体感染状态的确定，这是动物检疫和血清学检测的基础。需要指出的是，生产实践中常规疫苗免疫接种动物产生的免疫反应，与自然感染相混淆。因而，有必要开发出基因缺失或基因工程亚单位疫苗等，研制能区分自然感染和疫苗接种动物的诊断试剂盒，进行血清学甄别。

4. 耐过动物获得特异性免疫力

大多数传染病发生后，耐过动物能获得不同程度的特异性免疫力，使机体在一定时期内或终身不再感染此种病原体。除少数传染病可获得持久免疫外，临诊上可能表现为复发、再感染、重复感染等情形。生产实践中常采用疫苗免疫接种，通过模拟感染或病原体的保护性抗原刺激，赋予动物机体一段时间内具有免疫力。但个别传染病例外，如牛海绵状脑病，牛感染后缺乏免疫应答。

5. 具有一定的临诊表现和流行规律

一般来说，每种传染病都有一定的潜伏期、病程经过和特定的临诊表现和病理变化。此外，有些传染病还表现有一定的流行规律，如出现季节性和周期性。

二、传染病病程的发展阶段

不同的传染病虽然表现不一，但每种传染病尤其是经典的传染病都表现出一定的病程经过和发展阶段，呈现出明显的规律性，一般可分为 4 个发展阶段。

1. 潜伏期

从病原体侵入机体并进行繁殖时起，直至疾病的临诊症状开始出现为止，这段时间称为潜伏期。潜伏期长短主要受病原体特性决定，也与机体的易感性大小相关，同时受感染途径、部位、剂量等因素影响。例如，狂犬病的潜伏期为 2～8 周，短的数天，长则达 1 年以上。不同传染病其潜伏期不一，然而传染病的潜伏期仍具有一定的规律，如口蹄疫为 1～14 d，鸡新城疫 2～10 d。即使同一种传染病其潜伏期也有一定范围，如炭疽的潜伏期 1～5 d，长者达十多天。一般急性传染病的潜伏期较短，且变动范围较小，亚急性或慢性传染病的潜伏期较长且变化范围较大。例如，结核的潜伏期短的十几天，长者达数月以至数年。犬瘟热来源于同种动物的潜伏期 3～6 d；来源于异种动物时因需经过一段时间的适应，潜伏期可长达 30～90 d。应注意有些潜伏或隐性感染动物因无临诊症状而不易发现，但其可向外排菌排毒，成为传染源。

潜伏期的重要意义：首先，作为检疫隔离观察和解除封锁的时间根据；其次，在流行病学调查上查找传染来源和传染方式，有助于确认感染时间；再次，可根据潜伏期判定传染病的来势和预测流行程度。一般来讲，如果传染病的潜伏期短，则意味着传播快，来势猛；而潜伏期延长则相反，且病程通常亦较轻缓或处于流行后期。在生产实践中对处于潜伏期的动物用特异性抗血清或高免卵黄抗体进行被动免疫接种，对周围威胁动物进行疫苗紧急接种。在采取防控措施后，要根据该病的潜伏期观察，比较前后发病率和死亡率的变化评价其防控措施是否有效。

2. 前驱期

前驱期指疾病的最初症状出现后，到传染病的特征典型症状出现这一段时间。前驱期是疾病的征兆阶段，其特点是一般性临诊症状开始出现，如发热、精神不振、食欲减退等，但特征性症状不明显。不同传染病的前驱期不一，同一种传染病不同个体其前驱期也不一，通常只有数小时至一两天。前驱期有助于人们发现和观察疾病，以便及早采取相应隔离和防制措施。

3. 发病期(症状明显期)

发病期指疾病的特征性症状充分表现出来这一段时间。病情由轻到重，逐渐或者迅速到达高峰，随着机体免疫力的产生，症状又迅速或逐渐减退。发病期的临诊表现为人们认识和进行临诊鉴别提供了最佳时机，一定要抓住这个时机，对疫病进行全面的诊断和正确的处理。

4. 转归期

转归期是疾病发展的最后阶段。如果机体的抵抗力弱、病原体的致病性强，则疾病以动物的死亡而告终。如果机体的抵抗力逐渐得到恢复或增强，则疾病的症状逐渐消退，病理变化逐渐消失，精神食欲得到改善。机体在一定时期保持有免疫学特性，例如，抗体水平较感染前有较大幅度的提升，并维持在较高的水平。另外，有些传染病在恢复期还可能带菌带毒并向外排出，其时间长短也与感染的病原体特性直接相关。

三、传染病的分类

动物传染病的种类很多，为进行疫情分析和管理，便于制定防制措施，需根据不同目的对传染病进行分类。以下介绍一些常用的分类方法：

1. 按病原种类分类

按感染病原种类不同，可将传染病分为病毒病、细菌病、放线菌病、衣原体病、支原体病、螺旋体病、立克次氏病和真菌病等。在生产实践中，除病毒病外，一般将其他病原引起的疾病统称为细菌病。

2. 按动物种类分类

按易感动物的种类不同，可将其分为人和多种动物共患传染病、猪传染病、反刍动物传染病、马传染病、宠物(犬、猫)传染病、家禽传染病、实验动物传染病、经济动物传染病、鱼类传染病、蜜蜂传染病、蚕传染病等。

3. 按受侵害的主要器官和组织系统分类

按这种分类方法可将传染病分为全身性传染病、消化系统、呼吸系统、生殖系统、神经和运动系统、泌尿系统及皮肤传染病等。

4. 按病程长短分类

按照病程长短及临诊症状急缓分为最急性传染病、急性传染病、亚急性传染病和慢性传染病。

5. 按疾病的危害程度分类

根据疫病对人和动物危害的严重程度、造成的损失大小和国家防控疫病的需要等，《中华人民共和国动物防疫法》将动物疫病分为 3 类。

一类疫病是指对人和动物危害严重，需要采取紧急、严厉的强制性预防、控制和扑灭措施的疾病。一类疫病大多数为发病急、死亡快、流行面广、难以控制、危害性大的急性、烈性动物传染病或人兽共患的传染病。按照法律规定，此类疫病一旦暴发，应采取以疫区封锁、扑杀和销毁动物为主的扑灭措施。

二类疫病是指可造成重大经济损失、需要采取严格控制扑灭措施的疾病。因该类疫病的危害程度、暴发强度、传播能力和控制扑灭的难度等均小于一类疫病，因此发现二类疫病时，应根据需要采取必要的控制和扑灭措施，不排除采取与前述一类传染病的强制性措施。

三类疫病是指常见多发、可造成重大经济损失、需要控制和净化的动物疫病。该类疫病多呈慢性发展，法律规定应采取检疫净化的方法，并通过预防、改善环境条件和饲养管理等措施控制。

我国政府这种分类法是根据疫病的发生特点、危害程度、危害对象对众多的动物传染病排定主次，明确疫病防制工作的重点，便于组织实施疫病的扑灭计划。为了迅速控制、扑灭重大动物疫情，保障养殖业生产安全，保护公众身体健康与生命安全，维护正常的社会秩序，根据《中华人民共和国动物防疫法》制定了《重大动物疫情应急条例》。

6．其他分类

按疾病的来源可分为外来病、地方病和自然疫源性疾病。

第四节 马疫病的流行病学

一、寄生虫病的流行规律

（一）流行过程

寄生虫病流行过程是指寄生虫完成生活史，从已寄居的宿主传播到新宿主的过程。寄生虫病传播、流行的基础是寄生虫的感染链和促进其发生和发展的环境条件。寄生虫的感染链是由感染源、感染途径和易感动物宿主个体向外界排出寄生虫新生后代，经过在适宜的外界环境中发育达到感染阶段，通过感染途径侵入新的易感动物宿主。通过感染链在畜禽个体或群体间进行传播，从而构成寄生虫病的散发、地方性流行或大流行。在寄生虫感染链的循环往复中由于不断获得新的动物宿主，寄生虫得以维持其种族的延续。如果切断感染链中的任何环节，寄生虫的繁衍会受到严重打击，甚至遭到毁灭。寄生虫病的传播、流行也随之被控制或阻断。

1．感染来源

感染来源是指携带有寄生虫（原虫、蠕虫、蜘蛛昆虫等）的患病动物、带虫者（动物和人）或被寄生虫感染的中间宿主、补充宿主、贮藏宿主和传播媒介。

2．感染途径

感染途径指寄生虫感染宿主的门户，即寄生虫从侵入易感宿主到定居的全部过程。

（1）寄生虫的侵入方式和感染阶段　寄生虫侵入宿主的方式有 3 种：一是终末宿主吞食寄生虫感染期的虫卵、幼虫、卵囊或其中间宿主；二是中间宿主或生物媒介在摄食宿主血液或组织时感染寄生虫，再经它们传播给新宿主；三是感染性幼虫主动寻找并侵入宿主体内。

寄生虫的感染阶段，或称感染期。寄生虫在其生活史的各个发育阶段中并非任何一个阶段都能使宿主发生感染，只在某一特定阶段才能感染畜禽或人，我们把寄生虫生活史中对脊椎动物宿主有感染能力的阶段叫作寄生虫的感染阶段，或者说寄生虫侵入动物或人体，并在其体内能继续发育或繁殖的阶段叫作感染阶段。寄生虫只有到达感染阶段，才能感染动物。感染阶段有感染性虫卵、感染性幼虫和感染性卵囊（孢子化卵囊）3 种形式，而一种寄生虫只以其中一种固定形式感染宿主。如华支睾吸虫的感染阶段是囊蚴，终末宿主只有食入含活囊蚴的淡水鱼才被感染，其他阶段即使进入动物体，也不能存活和引起感染。

（2）常见的感染途径　寄生虫的感染途径可概括为以下几种。

①经口感染：在外界环境或中间宿主体内发育到感染阶段的寄生虫，污染了水、土和饲料，经由宿主采食、饮水等进入体内而感染。

②经皮肤感染：分两种感染方式，一种是感染期幼虫从宿主皮肤钻入而感染，如日本分体吸虫、仰口线虫、皮蝇幼虫、钩虫、类圆线虫等的感染性幼虫都是直接从皮肤钻入寄主体内的；

另一种是生物媒介即吸血的节肢动物叮咬宿主皮肤而造成的感染。

③接触感染:患病或带虫动物与健康动物的皮肤或黏膜直接或间接接触而发生感染,如蜱、螨、虱等既可由皮肤的直接接触感染,也可通过饲喂器具、挽具、鞍具等间接接触感染;马媾疫、牛胎毛滴虫等可以通过交配经黏膜接触传播。

④经胎盘感染:较少见,有些寄生虫在母体内移行时,通过胎盘进入胎儿体内引起感染,如弓形虫、犊新蛔虫、日本血吸虫等。

⑤自体感染:有时某些寄生虫产生的虫卵或幼虫并不排出宿主体外或不脱离宿主,即可使宿主再次感染,这种感染方式称为自体感染。如猪带绦虫患者呕吐时由于肠管逆蠕动,使孕卵节片进入胃中,卵中的六钩蚴脱壳逸出又回到肠道而再次感染宿主。马尖尾线虫的卵可在宿主肛门口孵化出幼虫,后者的六钩蚴脱壳逸出又回到肠道而再次感染宿主。

⑥医源感染:指由被污染的医疗器械或人工授精器械引起的寄生虫感染。如采血用的注射器污染后可间接感染血液寄生虫,如锥虫、梨形虫等;人工授精器械污染后可间接感染牛胎毛滴虫、马媾疫锥虫等生殖寄生虫。

⑦经天然孔感染:如羊狂蝇幼虫从鼻孔或其他天然孔(包括眼结膜囊)侵入,吸吮线虫经眼结膜侵入。还有随尘土飞扬的感染性蛔虫卵、感染性蛲虫卵等被吸入易感动物的鼻腔,又被咽下而引起感染。

上述感染途径中较常见的是经口感染、皮肤感染、接触感染、胎盘感染,其他几种较少发生。有些寄生虫只限于一种感染途径,而另一些寄生虫则有多种感染途径。如钩虫即可经皮肤感染,也可经口感染。

(3)寄生虫的移行与定居　移行是寄生虫从侵入点到所趋嗜器官、组织的过程。有些寄生虫在移行时沿着固定的路线,最终准确无误地到达寄生部位定居下来。

3. 易感宿主

易感宿主主要是指对某种寄生虫缺乏免疫力或免疫力低下而处于易感状态的家畜、家禽和野生动物。寄生虫一般只能在一种或若干种动物体内生存,这是寄生虫与宿主在长期进化过程中形成的特异性的寄生关系。某种动物对其特定的寄生虫具有易感性,或有些寄生虫对宿主有专一性。寄生虫只有感染属于其宿主专一性范围内的动物,才有可能引起疾病,如马蛔虫不寄生于牛,牛新蛔虫不寄生于马,猪蛔虫也只寄生于猪。有些多宿主寄生虫如肝片吸虫可寄生于多种动物,既可寄生于牛、羊等反刍动物,也可寄生于单蹄动物,还可寄生于猪、兔、啮齿动物和人。

(二)流行特点

寄生虫病的发生发展规律决定了寄生虫病的流行有它自身的特点,概括如下:

1. 地方性

寄生虫病可以在人群、动物群或人与动物间传播和流行。其地理分布常呈明显的区域性或地方性,人们称之为地方病或风土性病。寄生虫病分布的地方性是由一些因素决定的。如中间寄主、媒介生物等分布的区域性,群众的生活习惯和方式,不同的气候条件等。寄生虫的发育类型也决定了寄生虫病的分布。一般规律是,直接发育型生活史的土源性寄生虫其地理分布较广,而间接发育型生活史的生物源寄生虫的地理分布受到严格限制。引起地区性流行的寄生虫病,在蠕虫病方面主要有肝片吸虫病、莫尼茨绦虫病、捻转血矛线虫病、肺线虫病、日本分体吸虫病、东毕吸虫病和胰吸虫病等。在原虫病方面主要有猪的弓形虫,家兔、鸡的球虫病，牛、马的梨形虫病和锥虫病等。

2. 季节性

寄生虫病的传播往往有明显的季节性。首先，多数寄生虫要在外界环境中完成一定的发育阶段，寄生虫发育到感染阶段需要一定的气候条件，因此，气温、降雨量等自然条件的季节性变化，使寄生虫的体外发育也具有了季节性；其次，中间宿主、贮藏宿主和传播媒介的活动有季节性，使得生物源性寄生虫病呈现季节性；最后，人群的生产方式和生活习惯、农田耕作制度、家畜的饲养方式有季节性变换等，这些因素都使得动物感染和发病的时间随之出现季节性。一般来说，多是夏季感染。

3. 慢性、隐性

广泛散播的寄生虫多呈慢性经过，或许呈轻微或缺少临床症状。一般感染率高而发病率低，致使畜禽死亡或极度消瘦，或仅引起繁殖下降、肉蛋奶等畜产品的数量和质量降低、动物的抵抗力下降的隐性经过。影响寄生虫感染发病的因素很多，其中最主要的是感染强度，即整个宿主种群感染寄生虫的平均数量。当宿主感染寄生虫后，只有原虫和少数其他寄生虫（如螨）可通过繁殖增加数量，多数寄生虫不再增加数量，只是继续其个体发育。因此，许多宿主只呈带虫现象。

4. 多寄生性

一些寄生虫的宿主谱很广，而其宿主特异性相对地要弱得多，表现为多宿主适应性，即能在多种宿主种群寄生而分布广泛，如旋毛虫已发现有犬、猪、牛、羊等家畜，熊、虎等野生动物，合计 150 多种哺乳动物自然感染，亦感染人；日本血吸虫，除人外已有 40 多种家畜和野生兽类易感。动物体内同时有两种以上寄生虫感染的多寄生现象较为常见，它们之间常会出现制约或促进、增加或减少其致病作用，从而影响临诊表现。

5. 职业性

基层专业人员如牧民、饲养管理人员、兽医卫生人员、屠宰及畜产品加工、销售人员、军犬训练人员等因其接触畜禽寄生虫病感染源的机会多，他们的不当操作会增加其本身感染人畜共患寄生虫病的机会，如棘球蚴病被称为牧民的“癌症”，且由于他们的消毒隔离措施执行不严格，可能会携带病原体而传给畜（禽）群。

6. 自然疫源性

有些寄生虫病即使没有人类和家畜的参与，也可以通过野生脊椎动物保虫宿主或传播媒介感染动物造成流行，且长期在自然界循环，这些寄生虫病称为自然疫源性寄生虫病，存在自然疫源性疾病的地区称为自然疫源地。家畜寄生虫中，有些虫种在家畜以外的野生脊椎动物寄生，这些动物为保虫宿主或储藏宿主，有些分布在尚未开发的原始森林或荒漠地区，其体内的寄生虫在野生动物间互相传播，无须人的参与。人、畜只有进入这些地区时才有可能感染。如杜氏利什曼原虫引起的荒漠型黑热病，这种地区称为原发性自然疫源地。有些保虫寄主分布在人、畜生产生活区，其体内的寄生虫除在动物间传播外，还可在人、畜间传播，这种地区称次发性疫源地。保虫宿主和贮藏宿主在流行病学上起着重要作用，尤其是野生动物种群往往被忽视而又难以施治，传播媒介也不容忽视。当确定了某一种疫源地范围和内容后，就能集中精力控制和消灭该地区的疾病，防止其向周边地区蔓延。

（三）影响流行过程的因素

对寄生虫而言，宿主是其最直接的环境因素，但寄生虫病学所指的环境，重点是除终末宿主以外的外界环境，包括传播媒介、贮藏宿主和中间宿主。要搞清影响寄生虫病流行的因素，首先以寄生虫和与其相关动物的生物学和生态学因素为起点，分类研究寄生虫、各类宿主、媒介动物等对寄生虫病流行的影响。但任何疫病的传播和流行，不是单纯的生物间的联系，还要受到自然因素和社会因素的影响和制约，不同寄生虫和这些因素关系的密切程度各有不同。

1. 寄生虫的生物学特性

(1)寄生虫的成熟时间　寄生虫的成熟时间指寄生虫幼虫感染宿主到它们成熟排卵所需要的时间，这对于季节性发生的蠕虫病尤为重要。排卵时间可经过诊断方法测知，据此可推知最初的感染时间及其移行过程的时间，对确定驱虫时间和制定防治措施极为有用。

(2)寄生虫成虫的寿命　寄生虫在宿主体内的寿命决定了该寄生虫向外界散布病原的期限，长寿的寄生虫会长期向自然界散布病原体，如猪带绦虫在人体内寿命可达25年以上，一人患病可能使许多猪感染囊尾蚴病。绵羊的莫尼茨绦虫寿命只有2～6个月，一般为3个月，而绵羊感染又有季节性，主要是夏季，因此，患病绵羊可能出现间断期。这些知识掌握对有效防治措施的制定有重大参考价值。

(3)寄生虫在外界的生存期限　寄生虫在外界的生存期限主要包括寄生虫以何种形式和哪个发育阶段排出宿主体外；它们在外界环境所需的条件(如温度、湿度、阳光、酸碱度及越冬情况等)及耐受性；一般条件和特殊条件下发育到感染阶段所需要的时间；寄生虫的感染途径及自然界的存活、发育和保持感染能力的期限等内容。例如，猪蛔虫卵在外界可保持长达5年的活力，因而对污染严重、卫生状况差的猪场，该病十分顽固且难以消除。此流行病学特征在制定防治方案时应注意。

(4)寄生虫的病原性　寄生虫侵入宿主体内，宿主可呈显性感染或隐性感染等多种感染状态。病原体具有感染性、病原性、抗原性及免疫原性等多种特性。因其抗原构造、免疫原性等方面不同，极易变化，特别是蠕虫，变化相当复杂。寄生虫一般可引起宿主产生带虫免疫，对再感染具有相对的抵抗力，有时会排斥引起自愈现象。常见的是寄生虫病原体之间相互作用，通过重复或混合感染使病情加重，甚至诱发其他疾病，既为某些传染病侵入打开门户，又促使并发的其他疾病病程加快，病情恶化。

2. 中间宿主、保虫宿主、贮藏宿主与传播媒介的生物学和生态学特性

一般需贮藏宿主参与其生活史的寄生虫，其引起疾病发生和流行与它们与病原体接触的机会以及和畜禽遭遇的可能性有关。而需要中间宿主参与其生活史的寄生虫，引起疾病的发生或流行与其中间宿主的生长、发育和出没相对应。一些借吸血节肢动物为传播媒介的寄生虫病，其发生和流行随着吸血节肢动物的生活习性、活动规律、活跃程度和滋生地而呈现明显的季节性。所以了解贮藏宿主、中间宿主和传播媒介的分布、密度、习性、栖息地、滋生地、每年出没时间和越冬地点及有无天敌等，会推断出宿主的感染机会、感染的大体时间和某种寄生虫病发病的季节性和地方性，这些与疾病的发生、流行和防治密切相关。

3. 易感动物的内在因素和外在因素

易感动物宿主的状态，对寄生虫的侵入、生活和繁殖影响很大，且感染寄生虫后，左右着寄生虫病的转归及寄生虫的命运。影响易感动物的因素分为内在因素和外在因素。

(1)内在因素　易感动物群的分布、范围、生活习性及与寄生虫和各类宿主接触机会，决定着与其相关寄生虫的分布。当寄生虫处于寄生状态时，易感动物(畜禽)是寄生虫的直接外界环境，对寄生虫有着连续的重要影响。畜禽的营养状况、种类、年龄、性别等的不同对疾病的耐

受力有所不同,会出现不同的临床症状、病理变化及免疫特点。全价饲料会增加畜禽体质,增加对寄生虫的抵抗力,如营养不良且缺乏维生素的仔猪易感染蛔虫病。一般患者对蛋白质的需要量较高,如果营养亏损会导致疾病流行。不同动物种类对同一种寄生虫的易感性有显著差异,如寄生于马的尖尾线虫不感染牛。即使同种动物,因个体抵抗力不同,对同一疾病的易感程度也会有不同,且发病程度有重有轻。年龄不同对寄生虫病的易感性也有很大差别,通常幼龄动物的免疫力低于成年动物,年龄越小,越易感,且发病也重,如儿童易感蛔虫病且较严重,青壮年则极少感染,各种球虫也是幼龄动物易感。性别也是不可忽视的因素,如牛胎毛滴虫病,公牛感染后没有明显的临床症状,而母牛症状明显。

(2)外在因素　畜禽的饲养管理条件、引种、运输和防疫保健措施等因素会对寄生虫病发病率产生很大影响。不合理饲养、缺乏运动、圈舍温度失宜、湿度大、通风换气不良、畜群密度高、粪便堆积、舍内光照不合理、使役不当、过度疲劳等,都会降低畜禽的抵抗力,使宿主对寄生虫的易感性加强,有利于寄生虫的生存和传播。如冬季羊群处于过于狭小的圈舍内,因接触频繁,一旦发生螨病会迅速传播全群。如采用放牧饲养会比舍饲增加寄生虫的感染机会;分群轮牧比混合放牧能减少寄生虫的感染机会;早晚放牧于露水草地或雨后在低洼地放牧都增加寄生虫的感染机会;畜禽运输可能给当地输出或引进新病;有效虫苗免疫动物,会提高宿主对寄生虫的抵抗力,减少寄生虫病发生。

4. 社会因素

社会因素就是人为环境因素,如社会制度、经济状况、人类的行为习惯、科学文化素养、法律法规的制定与执行等,对寄生虫病的流行影响很大。人类的不科学盲目活动、不良生活习惯,往往会促进人、畜寄生虫病发生和蔓延,如宠物粪便管理不当,会造成人感染弓形虫病;肉品检验和管理制度不严格时,易造成人绦虫病和狗绦虫病流行,进而可能引起家畜囊虫病、多头蚴病和棘球蚴病流行。牧民、饲养管理人员、兽医卫生人员、屠宰及畜产品加工、销售人员等,因接触畜禽寄生虫感染源机会多,他们的不当行为可能增加人感染人畜共患寄生虫病的机会,且为病原体进入畜禽提供了条件。

5. 自然因素

自然界是寄生虫的间接外界环境,借助宿主间接影响寄生虫。而当寄生虫处于自由生活状态时,自然界又是它们的直接外界环境。自然界的状况及各种环境因素关系着宿主排出的寄生虫能否继续发育,完成宿主交替,延续寄生虫种属存在,这些均影响寄生虫病的存在、分布、发生和发展。某些环境适合寄生虫生存,而另一些环境则会抑制其生命活动,将其杀死。自然因素主要包括地理、气候、土壤和生物区系等。

(1)地理条件　大多数寄生虫的分布与自然地理环境的特征有关,故其分布因地理条件不同而各异。南方的一些寄生虫,如家畜的伊氏锥虫,人、畜的日本分体吸虫,人、猪的姜片吸虫和猪肾虫等在北方不多见。因为猪肾虫的虫卵和幼虫在外界发育需要较高温度和湿度,北方地区一般没有此条件而不会造成流行。而日本吸虫在我国南方流行与其中间宿主——钉螺只在南方分布有关。若某些野生动物是感染源时,自然因素的影响尤其显著,它们传播的疫病通常局限在这些动物生活的地理环境(如森林、沼泽、荒野等),这些环境会形成自然疫源地,如在某些地区,特别是灌木丛生的濒河滩,草坨常为蜱的滋生地,常可形成梨形虫病的疫源地。

(2)气候条件　气候条件主要包括温度、湿度、日照、降雨等。恶劣、异常的气候条件本身就可作为疾病的病因而发挥作用,并成为机会感染的刺激因素,直接对宿主作用。当然气候条件与纬度、海拔等地理条件也密切相关。寄生虫、传播媒介、中间宿主各有其最适宜的气候条件，气候发生剧烈变化影响着它们的发育与生存，进而影响到寄生虫病的分布和流行，因而会呈现季节性和地方性，如鸡的住白细胞虫病多在夏末秋初流行，这主要是因为其传播媒介在此季节滋生、活动。

①温度、湿度。温度、湿度等条件除直接或间接影响寄生虫的地理分布外，对遍布世界的某些虫体，会使它们在不同地区出现不同的流行情况。各种圆线虫（如马的圆线虫、反刍动物的圆线虫和犬钩虫等），其各期幼虫的行为最易受温度、湿度变化影响。湿度促进钩虫的幼虫发育，故在干燥和缺雨地区很少甚至没有。温度的影响也很大，钩虫的感染性幼虫不吃食物，能量来源于它们体内贮藏的营养物质，温度和湿度变化迫使幼虫活动频繁，它们垂直方向移动，作接触物体动作，从而加快能量消耗，缩短它们的寿命，常在死亡前因耗尽能量而失去钻穿宿主皮肤的能力。干燥环境对处于任何发育阶段的寄生虫都有致死作用，一般寄生虫虫卵和幼虫对直射阳光和干燥的抵抗力很弱，猪肾虫虫卵在 32～40℃的干燥环境中处于阳光直射下，1～3 h 死亡，其幼虫在完全干燥环境中仅能存活 35 min。捻转血矛线虫的虫卵在 4℃下停止发育，1℃以下死亡，其第一、二期幼虫在干燥环境和 30℃以上温度死亡。

②日照。据报道，钩虫的幼虫在日光直射土壤上，寿命均只有 5 d，在淡阴影下为 6 周，在深阴影下为 8 周。吸虫的尾蚴从螺体内大量排出的时间多在温暖季节到来之际。螨病主要发生在冬春季节，是因为冬春阳光照射不足，家畜被毛较密，圈舍潮湿、卫生状况不良条件下，最适合螨的发育繁殖，而夏季皮肤表面常受阳光照射，常处于干燥状态，故一般不会发病。

③降雨量。在同一地区，随着年降雨量和温度变化，寄生虫病的流行情况差异很大。如多雨年份，椎实螺数量剧增，雨还是刺激毛蚴孵化的重要条件，毛蚴孵出后钻入螺体内发育成尾蚴。雨后水涨，尾蚴广泛在草叶上形成囊蚴，伴随着出现了肝片吸虫病的普遍暴发。该情况下，平时的带虫者起了重要的散播作用。干旱年份则由于螺类减少，牛、羊肝片吸虫的感染率随之下降。而马胃蝇的蛹期在土壤中度过，潮湿对它们很不利，经多雨季节，马感染率降低，甚至绝迹。

(3)土壤　土壤的物理、化学性质与寄生虫有密切关系。幼虫的生活力很大程度上与土壤的结构有关，一般疏松沙质土壤比致密黏土壤更适于寄生虫幼虫生活，致密而不易透水黏土中常没有钩虫。有腐殖质的浅表层土壤比深层土壤更适于寄生虫生活，绦虫的重要中间宿主之一——甲螨就喜居于这类土壤中。据报道，把含钩虫卵的粪便埋入结构疏松土壤中 90 cm，然后它们的幼虫还可移行到表面上来，如果是纯粹的黏土，其移行深度超不过 15 cm。水和土壤的酸碱度对虫卵和幼虫的发育也有影响，但一般寄生虫适应性较宽，如犬钩虫卵的发育以 pH 6～7 最适宜，但 pH 4.6～9.4 范围也能适应。

(4)动、植物区系　动、植物区系是指在历史发展过程中形成，而在现代生态条件下存在的，许多动植物类型的总体。动、植物区系直接影响寄生虫的分布，那些需要中间宿主和传播媒介的虫种，如需要昆虫、蜱类、贝类及其他动物作为中间宿主或需要节肢动物作为传播媒介的寄生虫，必定依赖于这些动物的分布，缺少它们，寄生虫就中断了继续发育的可能而无法生存。那些没有中间宿主和传播媒介的寄生虫，也常与家畜以外的其他动、植物保持着各式各样的关系。蜱的分布与植被的状况密切相关，如硬蜱多散布于潮湿森林地带，血蜱（盲蜱）多在平原山麓草原，革蜱（矩头蜱）常在半沙漠地带等。由于蜱种分布不同，又造成梨形虫病之分布的差异，如牛巴贝斯虫以硬蜱为媒介，马巴贝氏虫以革蜱为媒介等。山林中的野兽常成为许多种家畜寄生虫的感染来源，如牛、羊和多种野生反刍动物有共同的寄生虫，所以一个地区的野生反刍动物区系必然影响到家畜反刍动物寄生虫病的散布和流行。多头绦虫和细粒棘球绦虫的成虫寄生于犬、狐和豺等野生肉食动物，因此当地野生肉食动物的种群级成员及其数量势必与家畜的多头蚴病和棘球蚴病有所关联。

动物的迁移无疑也是影响寄生虫分布的重要因素。动物迁移引起动物区系的变化，从而引起寄生虫的分布变化。

生物学因素、社会因素和自然因素常相互作用，共同影响寄生虫病的流行。由于生物学因素一般是相对稳定的，而社会因素往往可变。因此，社会稳定、经济发展、科技进步和法律法规的健全对控制寄生虫病的流行有关键作用。在诊断群体寄生虫病和制定群体寄生虫病的防治措施时，调查分析有关流行病学资料十分必要，有助于对寄生虫病的正确诊断，有助于有的放矢地制定和采取措施，达到控制寄生虫的目的。

二、传染病的流行规律

传染病不同于其他疾病的一个显著特征就是它能在动物个体间通过相互接触等方式传播，使许多个体受到感染和发病，继而发展为群体性疾病。在某些情况下可从一个地区迅速传至邻近地区或遥远地区，亦即传染病的传染性和流行性。传染病发生发展需要有 3 个基本环节，即传染源、传播途径和易感动物群。当这 3 个环节同时存在相互联系，并在自然因素和社会因素的协同作用下，才会造成疫病的蔓延与流行。缺少其中任何一个环节或阻断它们间的联系，疫病的流行就终止或不再蔓延。认识和掌握传染病 3 个基本相关知识，将有助于有效开展动物疫病的预防或净化工作，也有利于在发生动物疫情紧急情况下，采取得力措施进行疫病的控制和扑灭。

(一)传染病流行的基本环节

1. 传染源

传染源即体内有病原体寄居和生长繁殖，并能将病原体排出体外的动物机体。具体地讲就是患病动物、病原携带者和受感染的其他动物(如人)，这些动物都是受感染的活动物。病原微生物在长期进化过程中，形成对某些动物的适应性和世代延续的方法，易感的动物机体成为病原体最适宜的环境。病原体侵入动物机体后不但能生长繁殖，而且可通过一定方式排出体外，再经一定门户侵入另一个宿主体内。而被病原体污染的各种外界环境因素，如动物园舍、饲料、饮水、空气、土壤等，由于缺乏适宜的温度、湿度、酸碱度和营养成分，因而不适于病原体长期生存，只能看作是传播媒介。按传染源所起的作用和动物机体感染后的不同表现，可将传染源作如下分类：

(1)患病动物　患病动物是最重要的传染源，在前驱期尤其急性传染病的发病期，是病原体繁殖和向体外排出的高峰期，因此作为传染源的作用最强，传染意义最大。在潜伏期和恢复期，是否具有传染源作用，则需要根据具体病种决定。大多数传染病在潜伏期的病原体还很少，并且极少具有排出条件，只有少数传染病(如狂犬病、口蹄疫和猪瘟等)在潜伏期后期能排出病原体；在恢复期大多数传染病已停止向外排出病原体，即无传染性。但也有一些传染病(如猪气喘病、鸡支原体感染和布鲁菌病、结核病等)在恢复期也能向外排出病原体。

患病动物能向外排出病原体的整个时期称为传染期。防疫工作中，为防止疫情扩散常对患病动物进行隔离，隔离时间要根据各传染病的传染期决定。

(2)病原携带者　病原携带者是指体表无症状，但能携带并排出病原体的动物。根据病原携带者所带病原体性质，可分为带菌者和带毒者，病原携带状态是病原体与动物机体相互作用的结果。从流行病学意义说，病原携带者虽排出病原体不及患病动物，但由于缺乏临诊症状、混杂在群体中自由活动，隐蔽性更强、难以发现，因而危害性更大。常因检疫不严，病原携带动物随长途运输到其他地区，引起新的暴发或流行。马流感的康复马和隐性感染马在一定时间内也能带毒排毒。

临诊中病原携带者一般分为健康病原携带者和恢复期病原携带者。健康病原携带者是指过去没有患过某种传染病，但却能排出该病原体的动物。通常依靠实验室方法才能检出。这类健康病原携带状态是隐性感染所致，携带持续时间不长，是传染源时有限。但巴氏杆菌、沙门菌、猪丹毒等病原，健康携带者的比例较高，可成为内源性传染的重要来源。

恢复期病原携带者是指某些传染病在临诊症状消失后，仍能排出病原体的动物，如猪气喘病、布鲁氏菌病等。这是由于机体在恢复阶段免疫力增强，外表症状逐渐消失，但体内的病原体一时尚未肃清。病原携带的时间长短随病原体性质而异，也与机体免疫状态有关。病原携带者存在间歇排菌现象，故仅一次病原体检测阴性结果，不足以说明不具有传染性，需要反复多次检查才能排除病原携带者，消灭和防止引入病原携带者是防疫工作中一项艰巨任务。

2. 传播途径

病原体从传染期排出后，经一定的传播方式再侵入其他易感动物所经历的路途称为传播途径。按病原体更替宿主方法不同，将传播方式分为水平传播和垂直传播，每种传播方式都有多种传播途径。认识和掌握传染病的传播途径将有助于切断传播途径，从根本上控制疫病的扩散。

(1)水平传播　水平传播即传染病在同代群体或个体间，通过多种途径以水平形式横向传播。这种传播方式最常见，包括直接接触和间接接触传播。前者是指易感宿主与感染动物通过物理接触，而不需要任何外来条件而引起。如狂犬病，通常是在被患病动物咬伤后，病毒随着唾液进入伤口，继而引起狂犬病发生；兔密螺旋体、鸡白痢沙门菌、布鲁菌等在动物配种时常造成病原体的直接接触传播。病原体排出外界在各种外界环境因素(称为传染媒介)参与下使易感动物感染，该传播方式为间接接触传播。传播媒介可是生物性的媒介者，也可是非生物性的媒介物或污染物。大多数传染病(如口蹄疫、禽流感、猪瘟等)以间接接触传播方式为主，同时也可通过直接接触方式传播，这两种方式均能传播的传染病称为接触性传染病。水平传播有以下6种常见途径。

①经空气传播。空气并不适于病原体的生存，但病原体可在空气中短暂停留，以飞沫核或尘埃作为媒介进行传播。动物患有呼吸道传染病时，呼吸道内有大量渗出物积聚，刺激动物机体发生咳嗽、喷嚏时，通过很强的气流将夹有病原体的渗出物从气道喷射出来，形成飞沫飘散在空气中，易于被易感动物吸入而感染。当飞沫中的水分蒸发后，形成仅由病原体和蛋白质组成的飞沫核。飞沫核大小决定它在空气中飘浮的时间长短，越大则沉降越快。如15～100 μm的微粒在3 s内即沉降下来，不易发生远距离传播。而小飞沫核在空气中飘浮时间较长，也易被易感动物吸入。总之，飞沫传播由于空气流动，传染源和易感动物转移和集散造成相互间接触污染空气机会较多。故呼吸道传染病一旦发生后能迅速传播至整个群体，如口蹄疫、流行性感冒、结核、鸡新城疫等。

含病原体分泌物、排泄物和处理不当的尸体等散布在外界环境中，可形成尘埃。尘埃随空气流动传播到很远地区，其传播时间和空间范围比飞沫要大，但实际上空气中干燥的环境和日光暴晒等不利环境，只有极少数生存能力特强的病原体（如炭疽杆菌、结核杆菌、猪丹毒等）可耐过这种条件。

经空气传播的传染病一般有以下特点：明显季节性，在冬、春季，尤其密度大、通风不良情况下更易于发生；传播快，致使病例常集中发生；多经呼吸道感染，以引起呼吸道疾病为主。针对这些特点，可通过改善环境卫生、适宜通风和合理密度饲养来进行防控呼吸道传染病的发生。

②经口传播。多种传染病可经口传播，如沙门氏菌病、布鲁氏菌病等，由于患病动物的分泌物、排泄物或尸体处理不当，易于直接污染或经管理用具、车辆污染饲料、牧草、水槽、饲槽或水源本身不洁被污染，或乳中带菌（如结核），易感动物食入了这种污染有病原体的饲料、饮水、乳汁便可感染发病。尤其是那些主要在肠道生长繁殖的病原体，多以粪便形式排出，如肠道病毒、肠道沙门氏菌、副结核杆菌等，在饲养卫生不良条件下易于发生。因此，防控这类传染病要加强饲养管理，重点做好清洁卫生、饮水质量监测和防疫消毒卫生。

③经土壤传播。能在污染土壤中长期存活的病原微生物称为土壤性病原微生物。含病原体的分泌物和排泄物及尸体处理不当时，可污染土壤，形成疫源地。有些病原体可形成芽孢，使这种疫源地具有长久潜在危害性，如炭疽、破伤风等。有些虽不形成芽孢，但若其对外界不利环境因素有很强的抵抗力，落入土壤后也可生存很长时间。随着我国集约化生产发展，土壤性病原微生物所致疾病罕见，但造成散养户和动物其他疾病（如炭疽）的现象仍时有发生。防控此类传染病，重点是做好患病动物的隔离、分泌物和排泄物及时而严格的消毒卫生，尸体无害化处理，避免病原体污染土壤而形成长久疫源地。

④经活媒介传播。多种活媒介在动物传染病中充当重要角色，常见有以下几种：

节肢动物：主要有蚊、蝇、虱、蚤、蜱、虻、蠓等，主要造成机械性传播或生物性传播。机械性传播通过在患病、健康动物间的刺螯吸血而散播病原体；生物性传播指某种病原体（如立克次氏体）在感染动物前，要在节肢动物体内（如某种蜱）进行一定阶段的发育或繁殖，然后再侵入新易感动物体内才能致病。虻类主要分布于森林、沼泽和草原等地，可传播炭疽、马传染性贫血等。螯蝇、蚊主要分布在畜舍附近，可传播日本乙型脑炎、裂谷热、马的多种脑炎。库蠓要传播蓝舌病和非洲马瘟。家蝇虽不吸血，但它来回穿梭于饲料、分泌物、排泄物或尸体之间，在传播消化道传染病方面作用不可忽视。一些体表寄生虫（如螨、虱、蚤、蜱）在畜舍和体表广泛存在，也能传播多种疫病，如莱姆病、衣原体病、附红细胞体病、巴氏杆菌病、布鲁氏菌病等。

野生动物：一些野生动物本身对病原体有易感性，具有传染源的作用，可将病原体直接传给易感动物，如狐、狼、吸血蝙蝠传播狂犬病；鼠类传播伪狂犬病、钩端螺旋体病；野猪可传播猪瘟。另有一些野生动物本身虽不感染病原体，但能起机械性传播作用。

人类：饲养员、兽医及其他人员（如外来人员）与动物有密切接触，往往成为病原体的机械携带者，如不遵守防疫卫生制度，易于传播多种疫病。医源性传播、管理源性传播也都是人为造成的，应引起高度重视。前者包括兽医人员使用污染的注射针头、体温计外科器械等，尤其是使用被病原体污染的生物制品，造成传染病的广泛散播，如鼻疽病马的鼻汁、流行性淋巴管炎病马的浓汁污染鞍挽、用具等；后者是饲养员、兽医等工作人员的兽医卫生防疫意识淡薄，进出车辆、人员不执行防疫消毒制度，粪便、污物和死淘动物不作无害化处理，患病动物不进行专人管理，引进动物未进行隔离和检疫，人工授精时精液污染等，也可造成疫病的迅速传播。有些人兽共患病，人类也可作为传染源，将疾病传播给动物，如感染了结核的饲养员。此类传染病的发生与节肢动物的滋生季节及野生动物出入频繁相一致，与防疫卫生、消毒管理不到位有关。其防控重点是加强消毒，做好杀虫、灭鼠等工作，规避人为性传播。

⑤经皮肤、黏膜和结膜传播。大多数侵害皮肤为主的传染病是通过与感染动物或污染物直接接触而传播，密集饲养条件更易于发生。完整的皮肤屏障对很多病原体有阻止作用，只有某些寄生虫（如血吸虫和钩虫）可穿过皮肤屏障。当皮肤屏障受到破坏，为各种病原体的感染创造了条件，如葡萄球菌或链球菌等，钩端螺旋体可穿过皮肤引起全身感染。狂犬病、破伤风分别是通过咬伤和创伤造成全身性感染的。结膜感染有的是局部性的，如眼炎型牛传染性鼻气管炎，也有的是向全身各部扩散的，如新城疫。黏膜感染多见于患畜生殖器感染后通过交配相互传染，如生殖道感染型的牛传染性鼻气管炎。这类传染病的发生与外伤发生有密切关系，故在防控方面应注意防止外伤，发生后及时清理消毒，做好清洁卫生，适当控制饲养密度，推行人工授精等。

⑥长距离传播。现代交通运输的高度发展和人员流动，加之种畜交流频繁，通过感染动物或媒介、污染物，可将疾病在短期内跨国度传播到很远的地区。所以出入境口岸要在国家隔离检疫场对引进动物实施 45 d 隔离观察和检疫，防止引进那些处于潜伏期的动物入境。此外，有些疾病可沿着交通运输迅速传播或借助风力远距离传播（如口蹄疫），有些疾病呈现跳跃式发生（如猪传染性胸膜肺炎），可能也与此有关。

（2）垂直传播　垂直传播是病原体从亲代到子代的传播。主要包括以下几种情况：

①经胎盘传播。胎盘传播指动物在妊娠期间受感染后通过胎盘血流传播病原体，使胎儿感染。胎盘传播是繁殖障碍性疾病的后果之一，常见的疾病有马沙门氏菌性流产、猪瘟、猪细小病毒病、猪伪狂犬病、猪繁殖与呼吸综合征、猪乙型脑炎、布鲁氏菌病、衣原体病、弯曲菌性流产、钩端螺旋体病等。

②经卵传播。卵传播指携带有病原体的卵子在发育过程中使胚胎受到感染，多见于禽类，也称为蛋传疾病，如禽白血病、网状内皮增生症、禽腺病毒、鸡传染性贫血、禽脑脊髓炎、鸡沙门氏菌病和鸡毒支原体病等。

③经产道传播。产道传播指怀孕动物阴道或子宫颈口的病原体上行向羊膜或胎盘传播，或在动物分娩时胎儿受到污染产道的感染。经产道传播的病原体有大肠杆菌、葡萄球菌、链球菌、沙门氏菌病和疱疹病毒等。

传染病的传播途径即是病原体的侵入门户，与传染源排出病原体的途径有关。有些传染病仅限一种途径传播，有些传染病则能通过多种途径传播。传播方式与传播途径有联系但概念不同。传播方式是抽象的，如垂直传播、水平传播、直接传播、间接传播等方式。认识了解传染病传播途径，其目的是在预防和扑灭传染病中采取正确的方法，切断传染病的传播途径，从而中断传染病的流行环节。

3. 易感动物群体

动物易感性是指动物个体对某种传染病缺乏抵抗力，易被感染的特性。有易感性的动物叫易感动物。群体易感性是有易感性的群体作为整体对某种病原体的易感程度和大小。群体中易感个体所占比例和免疫强度，直接影响到传染病在群体中的流行强度和严重程度。影响群体易感性大小的主要因素如下：

(1)内在因素 品种、品系不同,对疾病的敏感性也不一样。如猪不感染马瘟或牛瘟;不同品种猪对猪萎缩性鼻炎的易感性也有一定差异,如国外纯种猪易感性高,国内的杂交猪或地方猪易感性较低。这些主要是由遗传因素决定的,有些是抗病育种的结果,如通过选种培育而成的白来航鸡对雏鸡白痢的抵抗力增强。

(2)外在因素 各种饲养管理因素,不仅作用于传染源,也直接作用于易感动物。动物的健康状况对疾病发生与否有直接的关联,体质状况好、健康的动物不易患病。"养防并重",是告知人们要加强饲养管理。例如,饲料质量、饲养环境卫生、粪便无害化处理、通风良好、避免过密饲养、减少应激、冬季防寒保暖、夏季防暑降温等,平时饲养管理工作做得好,可减少许多疾病,特别是条件性病原体引起的疾病发生。

(3)特异免疫状态 疾病的流行与否,除取决于病原体的特性外,还与动物群体中易感动物所占比例相关。当有抵抗力的动物百分比较高时,即便有病原体传入,出现疾病流行的危险性也较小。一般来讲,当动物群体中有70%～80%的个体有抵抗力,传染病就不会在群体中流行,而以散发形式出现。免疫预防接种是我国防控重大动物传染病的一个主要手段,是提高动物群体免疫力最有效、经济和省力的方法。通过做好预防接种,可使易感动物变为非易感动物,变被动为主动,最大限度地提高动物群体的特异性免疫水平,减少传染病带来的经济损失。

(二)传染病流行的基本特征

传染病具有传染性和流行性,在流行过程中表现出一定的特征和规律,了解这些特征和规律,便于人们在防疫工作中因势利导,达到事半功倍的效果。

1. 流行形式

(1)散发 散发指疾病在一定时间内发病数不多,呈零星散在的发生,在时间和地点上均无明显的联系。散发的原因是多方面的:动物群体中免疫水平较高,易感动物数少,尤其是普遍免疫接种后;隐性感染较多,如日本乙型脑炎虽然流行病学检查时阳性率很高,但发病数不多;有些传染病的传播需要特殊条件,如破伤风需要有深创和厌氧的同时存在。

(2)地方流行性 地方流行性指动物疾病局限在一定地区的动物群体中小规模发生。其含义有两点:一是指发病数以散发为多;二是指在较多发生在某一地区内,如猪丹毒、猪气喘病等常以这种地方流行性形式出现。

(3)流行性 流行性指疾病在一定时间内其发病数比平时显著增多。它是一个相对的概念,仅指发病频率比平时高出很多,没有一个绝对的数目。流行性在地区上较抽象,可能是若干乡镇,也可能是更大范围。一些毒力强、传播迅速、宿主范围广的重大动物传染病,如猪瘟、禽流感等,在防疫工作做得不好的地方,常呈流行性发生,带来很大的经济损失。暴发可作为流行性的一个同义词,是指一个地区的动物群体中,短时间突然出现异常多的病例。

(4)大流行 大流行是指其数量和流行的范围都远超出了流行性,是一种规模非常大的流行,其流行范围可达数个省份或国家,甚至在全球范围内出现。历史上,如牛瘟、流感、口蹄疫等都出现过大流行。

2. 流行过程的规律性

(1)季节性 动物某些疾病经常发生于一定季节,或者说在一定季节中发病率比平时显著升高,称为流行过程的季节性。造成这种现象的主要原因是季节可以作用于外界环境中的病原体,影响其存活时间,如猪传染性胃肠炎多发于冬春寒冷季节。季节也可以作用于传播媒介和影响病原体的散播。如吸血蚊子大量滋生季节也是日本乙型脑炎流行的高峰时期;多雨和洪水泛滥季节,可造成炭疽芽孢的散播。季节还可作用于动物抵抗力,如冬季易于发生呼吸道传染病。当然季节性只是流行过程的影响因素之一,严格季节性疾病不很多,大多数疾病是无季节性或有一定的季节性。

(2)周期性　某些疾病每隔一定的间隔时间(常以年计)会再度流行,称为流行过程的周期性。这要从每年更新数量不是太大的牛、马等大动物观察。猪、禽类等动物每年更新和流动数目很大,疾病周期性并不明显,如在巴拉圭,口蹄疫每4年发生一次周期性流行。在疾病流行期间,易感动物发病死亡或被淘汰,其余动物由于康复而获得免疫力,这样流行逐渐停息。随着新一代的出生和新引进的动物进入,原有动物的免疫力也逐渐下降,整个动物群体的易感比例增多,为再次发生流行提供了可能。

(3)地区性　某些疾病局限在一定地区流行。与地区性相关的概念还有:

①外来病。指本国没有该种疾病,而是从他国输入的,这种疾病称为外来病。

②地方性。与地方流行性同义,但略有不同的是,在此强调的是因自然条件如水土植被等因素影响,某些病仅在一些地区呈现长期性多发性,相应的疾病称为地方病,如布鲁氏菌病在牧区较为多见。人类地方病远多于兽类,如血吸虫病、各种癌症、地方性甲状腺肿、克山病等。

a. 疫源地。疫源地指有传染源及其排出的病原体存在的地区。可见疫源地的范围远大于传染源,除了传染源外,还包括污染的物品,如用具、房舍、牧地、活动场所等,凡是传染源存在及所到之处均属于疫源地。

根据疫源地的大小,可划分为疫点和疫区,发病动物所在的畜舍、村屯等范围较小的单个疫源地一般可称为疫点;范围较大的、多个疫源地在空间位置上连成一片,可称为疫区,一般范围是疫点边缘向外3 km的范围划定为疫区;疫区周围3~5 km的范围是受威胁区。当吸血昆虫、流动空气、运输车船或河水作为传播媒介时,疫区范围较大。

疫源地消灭是解除封锁的前提条件,对其确认的标准通常有3个:传染源不存在,患病动物死亡后经无害化处理或病愈康复且不携带病原体;对疫源地内污染的环境、场所进行全面严格消毒;经过该病的最长潜伏期,不再有新病例出现。

b. 自然疫源地。有些病原体在没有人类或动物的参与情况下,可通过传播媒介感染宿主,造成周而复始的流行,这种在自然条件下病原体完成其世代交替现象,称为疾病的自然疫源性。凡疾病具有自然疫源性,则称为自然疫源性疾病。有自然疫源性疾病的地方,称为自然疫源地。在自然疫源地,病原体、传播媒介和宿主均是生物群落中的成员,三者构成相对平衡。自然疫源性的疾病种类很多,如流行性出血热、森林脑炎、狂犬病、伪狂犬病、犬瘟热等。自然界的野生动物中普遍存在着多种病原体的带菌、带毒现象,人工饲养的动物与其他啮齿动物和野生动物接触的机会也很多,加之一些吸血昆虫的叮咬,尤其是人和动物从事野外活动时进入了这些生态系统,可能造成感染。

(三)影响传染病流行过程的因素

动物传染病的传染和流行过程不但受3个基本环节的制约,也受到自然因素和社会因素的影响。

影响传染病流行过程的自然因素很多,主要包括物理因素、化学因素和生物因素。其影响作用有些是单一的,有些是联合或互为因果的。地理位置、地质水文、地形地貌、植被、气候、温度、湿度、气流、昆虫媒介、中间或贮藏宿主等自然因素可作用于传染源、传播媒介和易感动物,对流行过程产生明显的影响。如，一定的地理条件（如岛屿）构成的天然屏障，可对传染源的转移起限制作用。自然疫源性疾病更是发生于特定地区。季节的变化对传播媒介的影响也是显而易见的，吸血昆虫滋生季节，往往是多种虫媒病的高发季节。气候还可影响动物机体的抵抗力，尤其是急剧性气候变化，可使疾病的发病率突然上升。高温下动物肠道杀菌作用降低，肠道传染病发生较多；低温高湿时，动物易于受凉，呼吸道黏膜屏障系统受到破坏，加之拥挤和通风不良，利于气源性传播，故呼吸道传染病易于发生。

社会因素对传染病流行过程产生影响也是深刻而广泛的，包括政治经济制度、生产力发展水平、经济、文化、科技、法规、宗教等因素。发达国家有强大的经济财力作后盾，能有计划地在全国范围内根除某些动物传染病。在财力保障前提下，在防控疾病时往往采用对疫区易感动物全群扑杀手段，因而在短期内收到控制疫情和消灭疫源地的效果。又如，发达国家或地区推行的规模化饲养方式代表着较高的疫病控制水平，因为有良好的饲养管理制度作保证，无论从选址引种到预防接种、消毒防疫都能进行规范化操作，能最大限度地减少各种传染病的发生和传播。而缺乏兽医卫生防疫知识的散养户，引种不隔离检疫，平时不消毒，不搞预防接种，一旦引入某种传染性疾病，则易导致严重的经济损失。

三、人兽共患病的流行规律

（一）基本概念与分类

1. 人兽共患病的基本概念

人兽共患病（zoonosis）概念早在100多年前由德国病理学家Ruldoir Virchow（1821—1902）首先提出，之后经过长时间争论，1959年，世界卫生组织（WHO）和粮农组织（FAO）专家委员会对人兽共患病的定义是："在脊椎动物和人间自然传播的疾病和感染"。人兽共患病是最常见的也是最危险的一类人兽疾病。

2. 人兽共患病的分类

（1）按病原体分类　分为人兽共患细菌病、人兽共患病毒病和人兽共患寄生虫病。

人兽共患细菌病是指在脊椎动物与人之间自然传播的细菌性疾病。常见的疾病有结核病、炭疽、布鲁氏菌病、鼠疫、链球菌病、大肠杆菌病、沙门氏菌病、莱姆病、军团菌病、幽门螺杆菌病、空肠弯曲菌病等。人兽共患食源性细菌病是人兽共患病中最普遍、最常发生的一类疾病。传播途径复杂多样，有直接传播，也有间接传播，消化道传播是人兽共患细菌病的一个重要途径。即引起食源性疾病的主要原因是微生物尤其是人兽共患病原细菌。据世界卫生组织统计报告，在发达国家死于食物中毒的儿童中，70％是由微生物性食物中毒所致。在微生物污染中，细菌性污染涉及面最广、影响最大。其中，人畜共患细菌病原污染控制呈现了更严峻的形势。

人兽共患病毒病（viral zoonosis）是指在脊椎动物与人之间自然传播的病毒性疾病。常见的疾病有疯牛病、艾滋病、禽流感、埃博拉出血热、尼帕病毒感染、亨德拉病毒病、轮状病毒病、汉坦病毒感染、狂犬病等。

人兽共患寄生虫病（parasitic zoonosis）是指在脊椎动物与人之间自然传播的寄生虫病及寄生虫感染。即由寄生虫引起的人兽共患病。常见的疾病有旋毛虫病、隐孢子虫病、贾第虫病、埃立克体病、恙虫病等。有相当一部分寄生虫拥有脊椎动物，特别是哺乳动物宿主，其中包括人的时候，就构成人兽共患寄生虫病。本病涉及的宿主动物范围广，除人和家畜外，还包括野生动物、水生动物和节肢动物等。引起人兽共患病的寄生虫包括寄生性原虫、蠕虫，也包括能钻入或进入宿主皮肤或体内寄生的节肢动物，至于仅在宿主体表吸血或寄居的则不包括在内。

(2)按传染来源分类　分为宠物来源、家畜来源、啮齿动物来源和其他非灵长类动物来源等。

3. 人兽共患病的危害

人兽共患病在人和畜间蔓延流行，给畜牧业造成危害和经济损失，威胁与危害人畜健康，对公共卫生构成严重威胁，有时甚至引起严重的社会安全问题，如日本血吸虫病即严重危害耕牛等家畜的健康，造成大批死亡，影响农牧业生产的发展，又是人体的严重寄生虫病，这类寄生虫病的防治在公共卫生上具有重要意义。历史上，鼠疫、疯牛病、H3N8、结核病、流感、口蹄疫等许多人畜共患疾病，已经给人类造成了灾难性危害。据世界卫生组织（WHO）统计，全球每年有150多万人，死于来自动物性食品致病因子引起的腹泻类疾病。我国也经常发生肉、蛋、乳等动物性食品污染了大肠杆菌O157、沙门氏菌、李斯特菌等微生物及其毒素引起的食物中毒事件。

(二)影响人类共患病流行的因素

人兽共患病能够流行不止，其原因极其复杂。人兽共患寄生虫病的流行具有传染源、传播途径、易感动物3个基本环节。从人和畜这两类宿主间的传播来说，人的因素更为重要。

1. 生态学因素

随着人口增长和生活条件的不断改善，人类活动的地域越来越大，人类利用尚未开发的地区和自然资源，举办电厂，建造水坝，修建穿越未开发地区的铁路、公路，架设管线，开垦、灌溉和耕种新的土地等都会使人类进入未适应的生态环境。这些地区往往存在自然疫源地，一些现代城镇和都市已扩展到原来无人居住的存在自然疫源地的地区，使人类与这些自然疫源的接触增多。已发现以这种方式感染的狂犬病、巴贝斯虫、锥虫等病例。在某些人群居住地区或附近地区，有精心栽培的森林带，其条件非常适合某些人兽共患病的存在。由于这些地区禁止打猎，又补充饲料和人工饲养，因此野生动物的密度有时保持在很高的水平，导致以野生动物为贮藏宿主的一些人兽共患病的发生。现已在这些环境中发现鼠疫、弓形虫病和蝇蛆病等的自然疫源地。

2. 人为因素

(1)风俗习惯方面　肯尼亚西北部的图加纳牧民是世界上细粒棘球蚴感染最普遍的人群。因为按照宗教习俗，死人要给鬣狗和狗群吃掉，所以人类感染有助于传染链得以持续，图加纳人充当了棘球蚴感染的保虫宿主。

(2)饮食习惯方面　云南一些地区的居民和民族有吃生猪肉、生牛肉的习惯，致使这些地区流行沙门氏菌病、猪带绦虫病、旋毛虫病等。因而吃生肉引起寄生虫感染是云南人体寄生虫病的一个特点，也是云南重要的人兽共患病发生的原因。另外，有吃生水生植物习惯的地区，人容易感染布氏姜片吸虫病。有吃生鱼片习惯的地区，人容易感染裂头蚴病。

(3)工作习惯方面　黎巴嫩的制鞋工人和修鞋工人由于习惯用嘴唇沾湿缝线及将鞋钉含在口中，尤其当地一直有在犬粪煎液（其中蛋白酶软化兽皮）中捶打兽皮的制革方法，因而易感染棘球蚴病。

(4)旅行、探险、国际交流、野外考察等活动方面　现代的娱乐生活和工作方式极易与多种动物接触，增加了接触人兽共患病的机会。随着国际国内交往、旅游、探险、野外考察、频繁的城乡和国际上物资贸易，各种畜禽以及珍禽异兽的引入、输出，可能导致人兽共患病的扩大流行，原来没有疫病的地区，可能会出现新的人兽共患疫病，甚至扩散到世界各地。

(5)肉食品加工方式方面　某些肉类加工减少腌制、熏制及热处理，这有助于保留食品的营养价值，但增加了病原存活的机会。

(6)人类认识水平的局限性　人类对自然界的认识是没有止境的，由于人类对生命科学认识水平的局限性，亦可能还有一些未被认识的人兽共患病，或一些新的人兽共患病不断出现，如人的首例隐孢子虫病于1976年才见报道，而这种原虫病在家畜中早有流行。

3. 动物种群

随着人类生活水平的不断提高，养殖的畜禽、观赏动物、伴侣动物和野生动物的种群逐步扩大，尤其观赏动物和伴侣动物的数量在我国处在快速增长阶段。虽然给人们增添了乐趣，但却威胁到人类健康；尽管宠物市场出现前所未有的商机，但对人兽共患病的防治是个严峻挑战。犬、猫、鱼、鸟等进入百姓家庭，增加了人兽共患病传播的机会，如弓形虫病、蛔虫病、棘球蚴病、隐孢子虫病等的发病率呈上升趋势。

4. 环境污染

环境污染对病原体的存活和传播有重要影响，这里主要指粪便污染水源、土壤、植被和蔬菜等。如裂头绦虫的卵在污水中发现，其中间宿主也生活在受污染水中，这样会传播给人。美国威斯康星州密尔沃基市由于小球隐孢子虫的虫卵囊污染饮水造成近40万人感染，近百人死亡。欧洲牛囊尾蚴病的增多可能与污水排放灌溉牧场有关。土壤污染主要由于用含各种蠕虫卵、幼虫、原虫包囊的粪便施肥引起，在用不经发酵的粪便或未充分处理的污泥作为农作物肥料的地区尤为严重，当这些作物用来生食时，极易造成人感染寄生虫。

第二章　马疫病的防控措施

通过上一章对疫病的发生和流行病学规律的学习理解，知道采取合理果断措施消除或切断传染来源、传播途径和易感宿主三者间的相互联系，以达到阻止疫病流行和传播的目的。本章主要阐述控制、消灭疫病的具体技术措施。在制定马疫病综合性防疫措施时，应根据不同疫病的流行病学特点、生态分布特征，分清主要因素和次要因素，确定防制工作的重点环节，以有计划、有目的地规划马疫病的防控工作。

疫病的预防(prevention)是指采取各种措施将疫病排除于未受感染的动物之外。通常采取隔离、检疫等禁止传染来源进入尚未发生该病的地区，环境的卫生消毒、杀虫灭鼠、免疫接种、药物预防以及改善饲养管理等措施，使易感宿主不受疫病感染和侵害。疫病的控制(control)是指采取各种措施减少或消除疫病的病原，降低已出现于马群中疫病的发病率和死亡率，把疾病限制在局部范围内，并使疫情最终得到平息。疫病的消灭(eradication)是指一定种类病原体在限定地区内被根除的状态。要在全球范围消灭一种疫病极其不易，需经过长期不懈努力。

马疫病与养马业密不可分，马疫病的防控策略亦随养马业的发展而变化。认识和研究马疫病的发生和流行规律，旨在采取积极有效的对策和措施，预防、控制和消灭传染病，促进马业的健康、持续发展。新中国成立以来，我国马属动物疫病防控工作取得了显著成效。通过实施马鼻疽、马传染性贫血(马传贫)根除计划，2005 年底，全国 21 个马鼻疽原疫区省全部达到马鼻疽消灭标准；2013 年底，22 个马传贫原疫区省中有 19 个达到马传贫消灭标准；目前我国正在向 OIE 申请无非洲马瘟国际认可。

第一节　消灭传染源

当动物疫病流行时，采取综合性措施可使疫情局限于一定范围内，然后通过定期检验检疫，发现阳性病畜加以治疗、淘汰或扑杀，使疫情得到控制，以免扩散到其他无病畜群或传染于人。检疫、隔离、封锁、淘汰、消毒等兽医卫生措施对防制任何动物疫病都是普遍适用、必不可少的。

一、检疫

检疫是遵照国家法律法规、运用强制性手段和科学技术方法对动物及其相关产品和物品进行疫病的检查(如病原体、抗体等)。检疫的目的是查出传染来源，以便于切断传播途径，防止疫病扩散传播。2008 年奥运会的成功举办，促进了国内马术运动迅速发展，国内外马术交流也不断深化，尤其在北京、上海和广州等地，更是成立了多家颇具实力的马术俱乐部、马术运动场，仅在北京马术协会注册的马术俱乐部就达 60 余家，实际数量可能远远超过此数。同时，马术比赛逐渐兴起，全国省市之间、俱乐部之间比赛的举办，造成马匹跨省、跨区流动频繁。骑乘人员越来越多，人与马接触密切，然而所有马都是未免疫马匹，也没有疫苗储备，这样会造成了相互传播的机制发生，极易感染和扩散疫情，存在潜在风险。所以，按照《OIE诊断试验与疫苗标准手册》的要求，结合农业部《马传染性贫血防治技术规范》《马鼻疽防治技术规范》等行业标准，按照检疫检验方法，组织专业技术力量，每年春、秋季节应对国内马属动物疫病实施检疫净化。因为重大动物疫情(尤其是人兽共患疫病)不仅会引起社会的动荡，而且会摧毁一个行业，所以有效防控马匹疫病的传播、发生、发展，是保障各项马术比赛安全、和谐、有序的进行，促进马术业正规化、高水平的发展，维护公共卫生安全的关键。因此动物检疫本质上就是尽早发现动物疫病风险，将国内外重大疫情的灾害和影响扼杀在摇篮中，保护农、林、牧、渔业生产，促进经济贸易的发展。动物检测工作能正常运行并发挥应有作用，是以有关的检疫法规作根本保证的。目前与动物检疫相关的法规有《中华人民共和国进出境动植物检疫法》《中华人民共和国进出境动植物检疫法实施条例》和《中华人民共和国动物防疫法》以及相关的配套法规，如《中华人民共和国进出境动物一、二类传染病、寄生虫病名录》《中华人民共和国禁止携带、邮寄进境的动物、动物产品及其他检疫物名录》等。

实施检疫的动物包括各种家畜、家禽、皮毛兽、实验动物、野生动物和蜜蜂、鱼苗、鱼种等；动物产品包括生皮张、生毛类、生肉、种蛋、鱼粉、蹄角、兽骨等；运载工具包括运输动物及其产品的车船、飞机、包装、铺垫材料、饲养工具和饲料等。

在我国执行检疫的工作和执法部门有两大系统：一是国家质量监督检验检疫总局，下设各级分局，专门负责进出口动植物及其相关产品和物品的检疫；二是业务归口兽医局管理的中国动物疫病预防控制中心，下设各级分中心(称动物预控中心或动检站)，隶属于各级农业委员会的畜牧兽医部门，专门负责国内动物及其产品的各种检疫。动物检疫可分为以下几种：

1. 国境口岸检疫

为维护国家主权和国际信誉，保障国家农牧业健康发展，既不允许国外动物疫病进入，也不允许将国内动物疫病传到国外。为此，各国在国境各重要口岸设立动物检疫机构，由官方兽医执行口岸检疫，我国则由国家质量监督检验检疫总局动植物检疫监管司执行检疫任务。我国动物检疫工作，必须遵循《中华人民共和国进出境动植物检疫法》的规定，在技术方法上要按照《动物检疫操作规程》进行检疫操作。澳大利亚、荷兰和新西兰是近5年来对华马匹的主要输出国，另外美国、德国、中国香港和蒙古国进口中国大陆的马匹也较多，我国与这些国家均签订了专项的进口马匹检验检疫卫生要求。

进口马匹的主要检疫程序主要有进口企业的申请，检疫许可证审办，正式购买合同的签订，境外预检人员的派出，约见出口国官方兽医，经过国外的农场检疫、隔离检疫、两次实验室血清检测，经临床检查后运输，进入我国后的45 d隔离场检疫，合格后，进口马匹才能进入国内的马场、企业和相关俱乐部。临时比赛或参展等入境的隔离期是14 d。我国与进口国签订的马匹进口议定书中，主要涉及以下7种疫病，包括马传染性贫血、马鼻肺炎、马病毒性动脉炎、马副伤寒(马流产沙门氏杆菌病)、马焦虫病(马巴贝斯虫、驽巴贝斯虫)、马鼻疽、马媾疫。但是，部分地区新发病不断出现。近年来，欧洲多国发生马传染性贫血、马病毒性动脉炎、马传染性子宫炎和西尼罗热，美国发生西尼罗热、马梨形虫病、水疱性口炎、马脑脊髓炎(西部型和东部型)、日本脑炎，澳大利亚发生人兽共患病的亨德拉病，这些都严重威胁着我国进口马的健康与安全。世界动物卫生组织(OIE)2013年会同国际马联、国际赛马联合会(IF-HA)提出了高健康、高竞技水平赛马(High Health High Performance Horse，简称HHP)的新要求，并组织制定了国际赛马移动检疫标准,以适应国际马术赛事和赛马活动中马匹临时入境检疫和国际运输的需要。OIE 制定了 11 种马病和 6 种与马相关的共患疾病的检疫标准,并规定了 OIE 成员有义务向 OIE 通报上述 17 种疾病的疫情状况。但各国进出境马匹检疫技术标准、法规和生物安全措施不一致。国际赛马移动检疫标准的核心理念是在 OIE 各成员间实现 HHP 赛马在无疫区或生物安全隔离区之间因临时入境参赛需要的自由移动,一些 OIE 专家称之为"burble-to-burble 模式":这一模式主要基于区域化管理,要配套一系列检疫技术措施,包括实验室检测、免疫接种、身份识别、可追溯体系、HHP 赛马亚群管控、HHP 赛马健康证书签发、动物及动物产品流动控制及生物安全控制等措施,并且需要 OIE 成员建立完善的技术法规、兽医基础设施、实验室检测体系、疫病调查计划、应急管理计划、运输保障计划等法规和政策支持。

2. 产地检疫

产地检疫是动物生产地区的检疫,是直接控制动物疫病的最有效方法。产地检疫分为集市检疫和收购检疫。检疫合格的马匹签发《动物检疫合格证明》。

3. 运输检疫

运输检疫为了防止畜禽疫病通过水路、陆路或空中运输传播而对托运的畜禽及其产品进行检验,一般有铁路检疫和交通要道检疫。

二、隔离和封锁

1. 隔离

将不同健康状态的动物严格分离、隔开,完全、彻底切断其间的来往接触,以防疫病传播、蔓延即为隔离。隔离是为了控制传染来源,是防制疫病的重要措施之一。隔离有两种情况,一种是正常情况下对新引进动物的口岸隔离场隔离和养殖场的入场隔离,隔离期间检查这些动物是否健康,进行必要的疫苗免疫,以防把感染动物引入新的地区或动物群体,造成疫病传播和流行;另一种是在发生疫病时实施的隔离,将患病动物和可疑感染疫病的动物隔开。隔离患病动物为了防止传染给其他动物或人,以便将疫情控制在最小范围内加以就地扑灭。因此,在疫病流行时,应首先了解疫病在动物群中蔓延程度,逐头检查临诊症状,测量体温、检查粪便,必要时进行血清学和变态反应检查。根据诊断结果,可将全部受检动物分为患病动物、可疑感染动物和假定健康动物 3 类,以便分别对待。

(1)患病动物　包括有典型症状或类似症状或体温升高等检查阳性的动物。它们是危险性最大的传染来源,应选择不易散播病原体、消毒处理方便的地方隔离。也可根据实际情况,隔离在原来的厩舍里。工作人员出入应遵守消毒制度,尤其注意严格消毒,加强卫生和护理工作,须有专人值班监护并及时治疗。隔离区内的用具、饲料、粪便等未经彻底消毒处理,不得运出,没有治疗价值的动物,由兽医根据国家有关规定进行严格处理。隔离观察时间的长短,应根据该种疫病患病动物带、排菌(毒、虫、卵)的时间长短而定。

(2)可疑感染动物　没有任何症状,但与患病动物及其污染的环境有过明显的接触,如同群、同槽、同牧、同圈,使用共同的水源、用具等,这些动物有可能处于潜伏期,并有排毒(菌、虫、卵)的危险,应在消毒后另选地方将其隔离、看管,限制其活动,经常消毒,仔细观察,出现症状的按患病动物处理,有条件和应立即进行紧急免疫接种或预防性治疗。隔离时间应根据该疫病的最长潜伏期而定。一般对马匹的隔离通常为 45 d,经过最长潜伏期后,仍无病例出现时,则可取消其限制。

(3)假定健康动物 除上述两类外,疫区内其他易感动物均属于此类。应禁止假定健康动物与以上两类动物接触,加强防疫消毒和相应的保护措施,有条件的进行紧急免疫接种,有时根据实际情况分散喂养或转移至偏僻牧地。

2. 封锁

当暴发某些重要疫病时,除严格隔离患病动物外,还应采取划区封锁措施。所谓封锁就是切断或限制疫区与周围地区的日常交通、交流或来往的自由,是为了防止疫病扩散以及安全区健康动物的误入,而对疫区采取划区隔离、扑杀、销毁、消毒和紧急免疫接种等的强制性措施。

根据《中华人民共和国动物防疫法》的规定,当确诊为非洲马瘟、牛瘟、炭疽等重大疫病及严重的人兽共患病或当地新发现的重大疫情时,兽医人员应立即报告当地政府机关,划定疫区范围,进行封锁。其目的是保护更大区域动物群的安全和人民健康,把疫病控制在封锁区内,并调集人员迅速执行就地扑灭。

封锁区划分,必须根据该疫病的生态学特点和流行规律,当时疫情流行情况以及当地的动物群分布状况、地理环境、居民点和交通等具体条件而定,并确定疫点、疫区和受威胁区。执行封锁时应采取"早、快、严、小"的原则,即执行封锁应在流行早期,行动果断迅速,封锁严密,范围不宜过大即疫地尽可能小。根据《动物防疫法》的相关规定,原则上应实施以下对策:

(1)封锁的疫点采取的措施

①禁止人员、车辆、动物的出入和动物产品以及可能污染的物品运出。特殊情况下人员必须出入时,需经有关兽医人员许可并经严格消毒后出入。

②对病死动物及其同群动物,县级以上农牧部门有权采取扑杀、销毁或无害化处理等措施。

③疫点内出入口必须设置消毒设施,疫点内的用具、厩舍、场地等必须严格消毒,疫点内的动物粪便、垫草、受污染的物品、草料等应在兽医人员的监督指导下进行无害化处理。

(2)封锁的疫区采取的措施

①交通要道必须建立临时性检疫消毒哨卡,备有专人和消毒设备,监视动物及其产品移动,对出入人员、车辆进行消毒。

②停止集市贸易和疫区内动物和动物产品的交易。

③对非疫点的易感动物进行检疫或紧急预防注射。个别乡村饲养的动物进行圈养,牧区动物必须在指定牧场放牧,役畜限制在疫区内使役。

④未污染的动物产品必须运出时,需经县级以上农牧部门批准,在兽医防疫人员监督指导下,经外包装消毒后运出。

(3)受威胁区采取的措施 疫区周围地区即为受威胁区,其范围应根据疫病的性质,疫区周围的山川、湖泊、草场、交通等具体情况而定。受威胁区应采取如下措施:

①受威胁区的易感动物应及时预防接种,以建立免疫带。

②防止本区易感动物出入疫区,并避免饮用流经疫区的水源。

③禁止从封锁区购买牲畜、草料和动物产品,如从解除封锁不久的地区买进牲畜或其产品,应注意隔离观察,必要时对动物产品作无害化处理。

④对设在本区的屠宰场、加工厂、动物产品仓库进行兽医卫生监督,拒绝接受来自疫区的活畜及其产品。

三、患病动物的扑杀和治疗

动物疫病的治疗，一方面是为了挽救病畜，减少损失；另一方面也是为了在某种情况下消除传染来源，是综合性防疫措施中的一个组成部分。疫病的特征具有传染性、群发性，对疫病的治疗首先考虑有助于该疫病控制乃至消灭，同是还应考虑经济成本，应以最少的花费取得最佳治疗效果。当患畜无法治愈；或治疗需要很长时间，所有医疗费用超过患畜痊愈后的价值；或当患畜对周围的人畜构成严重的疫病威胁时，应当扑杀淘汰处理。如果当某地传入一种过去没有发生过的危害性较大的新病时，为防止疫病蔓延扩散，会造成难以收拾的局面时，应在严密消毒的情况下果断将患畜淘汰处理。通常我们既反对那种只管治不管防的单纯治疗观点，又要反对那种从另一个极端曲解"预防为主，防重于治"，认为重在预防，治疗可有可无的偏见。

疫病患畜的治疗与普通病截然不同，特别是对那些患有流行性强、危害严重的传染病病畜，必须在严密封锁或隔离条件下实施治疗，务必使治疗的病畜不至于成为散播病原的传染来源。尽早治疗、标本兼治，特异性与非特异性结合，药物治疗与综合性措施相配合是治疗的原则。治疗时用药坚持科学用药、因地制宜、勤俭节约。既要考虑针对病原体，消除其致病作用，又要采取综合性的治疗方法，注意调理、恢复动物机体的生理机能，帮助增强其抗病能力。应尽量减少诊疗工作的次数和时间，以免频频惊扰而使病畜得不到安静的休养。

(一)针对病原体的疗法

在动物疫病的治疗方面，该法能帮助机体杀灭或抑制病原体，或驱除体内和体表的虫体，减少病原体向自然界扩散。一般可分为特异性疗法、抗生素与化学药物疗法等，现介绍如下。

1. 特异性疗法

用针对某种疫病的高免血清、痊愈血清(全血)等特异性生物制品进行治疗，因为这些生物制品只对某些特定的疫病有疗效，而对其他种病无效，故称为特异性疗法。例如，破伤风抗毒素只能治疗破伤风，对其他病无效，当特异性生物制剂获得国家批准的生产文号，并有农业部认可的GMP(good manufacturing practices)车间生产的产品时就可应用。

2. 抗生素与化学药物的疗法

抗生素作为细菌性急性传染病的主要治疗药物，其在兽医实践中的应用十分广泛。使用有效的化学药物可能驱除动物机体体表或体内的寄生虫。抗生素与化学药物的种类、性质和药理作用详见《兽医药理学》。另外也可参照本书的附录，并根据临床经验合理用药。下面就在疫病治疗工作中，如何正确使用药物作简要说明。

科学合理应用抗生素和化学药物，是发挥其疗效的重要前提。盲目应用或滥用抗生素与化学药物，不仅使越来越多的敏感病原体产生抗药性问题，而且破坏动物体内的微生态平衡，降低宿主的定殖抗力，并可能引起机体不良反应，甚至发生中毒。另外，人们认识到在动物产品(肉、奶、蛋)中残留的药物直接危害人体健康，是个不可忽视的社会问题。使用时一般要注意如下几个问题：

(1)掌握抗生素与化学药物的适应症。各种抗生素有其主要适应症，可根据诊断病原菌种，选用适当药物。最好对分离的病原菌进行药物敏感性试验，选择对此病菌敏感药物用于治疗，尽量用窄谱药物，避免使用广谱药物以保护有益菌。驱虫时，药物要高效、低毒、使用方便，并尽可能选择对虫卵、幼虫和成虫均适用的广谱药物。

(2)要考虑到用量、疗程、给药途径、不良反应、经济效益等问题。驱虫药应物美价廉,具体治疗时严格掌握用药剂量,投药后详细观察动物表现,若出现严重副作用,应及时解救。在大群使用前,应先进行小规模试验,确定安全、有效后再全面铺开,尤其对未曾使用过的药物更应先做试验。菌血症等全身感染开始剂量宜大,以集中优势药力抑杀病原菌,以后再根据病情酌减用量;胃肠道用药尽量使用小剂量,以减小对胃肠道生理性菌群的破坏。疗程应根据疾病的类型、病畜具体情况而定,通常急性感染的疗程不必过长,可于感染控制后3 d停药。

(3)不滥用药物,加强产品安全管理疫病防制过程中,严格遵守行业标准和职业道德规范,防止药物或制品滥用,如盲目投药、没有科学根据搭配其他药物等,不但造成浪费而且产生不可弥补的后果。为确保人们身体健康和生命安全,严禁使用国家规定的各种违禁药品,严格执行各种药品休药期规定,防止动物产品中的药物残留。

(4)掌握用药时机,注意隔离和消毒,防止病原体传播扩散。驱虫时间应根据寄生虫的生活史、药物性能、流行病学资料来确定。驱虫应在专门的、有隔离条件的场所进行,有专人管理,动物驱虫后有一定的隔离时间,直到被驱除的病原体排完为止,并对驱虫后的排泄物集中进行无害化处理。

要将疗效评价贯穿于治疗过程中,驱虫后,除观察动物的精神、营养、粪便等方面的改善情况外,还要在给药后1个月左右抽查一定数量的动物,根据其体内虫体或虫卵的减少情况,对驱虫效果作出全面评价,总结经验,找出问题,供今后参考。抗生素和化学药物的联合应用,亦常用于治疗某些细菌性传染病,如链霉素和磺胺类药物协同作用治疗布鲁氏杆菌病。青霉素与磺胺药联合应用要好于单独使用。喹诺酮类药物为高效广谱抗菌药,对革兰氏阴、阳性菌和支原体均有作用。

3. 干扰素等生物活性物质

干扰素是动物体内天然存在的一种生物活性物质,资料报道,当机体发生任何病毒感染时,都能产生干扰素进行防御,所以肯定了干扰素的抗病毒作用。除此外,尚具有抗肿瘤、免疫调节和抗纤维化等非特异性生物学活性。目前,临床上对干扰素应用甚广,已经实现通过基因工程方法进行工业化大批量生产。

(二)针对动物机体的疗法

在治疗染疫动物的工作中,既要考虑帮助机体消灭或抑制病原体,消除其致病作用,又要帮助机体增强抵抗力,调整恢复生理机能,依靠机体战胜疫病,恢复健康。

1. 加强护理

“三分治疗,七分护理”,可见护理工作直接影响到治疗效果的好坏。疫病动物的治疗须在严格隔离的条件下进行,隔离房舍应注意保暖或降温。圈舍光线充足,通风良好,保持干燥,清洁卫生并经常消毒,严禁闲人入内。应给予动物足够饮水,必要时亦可注射葡萄糖、维生素、补液及其他营养物品以维持其基本代谢需求。此外,需根据具体情况,疫病的性质和病畜的临诊表现进行适当的护理工作。

2. 对症治疗

为缓减或消除患病动物的临床症状、调节和恢复机体的生理机能而进行的内、外科疗法,均属于对症治疗。如清热、止痛、止血、利尿、强心、镇静、止泻、止咳、平喘、防止酸中毒或碱中毒,调整电解质平衡以及某些急救手术和局部处理等。在治疗过程中,根据具体情况选择相应对症疗法,促进患病动物早日康复。

(三)微生态制剂调整疗法

微生态制剂也称益生菌或益生素或活菌制剂等，是以微生态基本理论为基础，利用动物正常微生物群的成员或其促生长物质经特殊工艺制成的活菌制剂，用来补充、调整和充实微生物菌群落，维护或调整动物肠道微生态平衡，从而起到防治疾病、促进动物健康和提高生产性能的作用。

抗生素及化学药物在对抗人和动物疫病(疟疾、肺结核、斑疹伤寒、腹泻等)方面，曾发挥着重大作用，但现今使用的药物明显失去效果，连被医生们称为能够击败任何细菌感染的万古霉素对某些肠球菌菌株的感染也不起作用，人类面临着病原菌的反扑和挑战。2008 年，FDA (food and drug association)透露，禁止开发和研究新一代抗生素类药物。魏曦、康白(1950)曾报道一个因患鼠咬热的病人，在大剂量使用抗生素并使病情一度好转后，旋即恶化而死亡。究其原因，乃因肠道正常菌群遭到破坏，致使本来被正常菌群所抑制的病原菌得以繁殖。

在正常动物肠道内稳定定植了 400 多种不同微生物，其总数可达 10^{14} 个。这些正常定殖的微生物菌群落之间以及微生物和宿主之间，在动物的不同发育阶段均建立了动态的稳定平衡关系，这种稳定平衡关系是动物健康的基础。正常的微生物菌群的生理功能是动物生存所必需的，动物是动物真核细胞和细菌原核细胞构成的综合体。微生态系统也是动物的生理系统，其发挥一系列重要作用：①胃肠菌群促进胃肠黏膜细胞的发育和成熟；②肠黏膜菌群的屏障作用；③激活免疫系统，促进免疫细胞(B 细胞、T 细胞、M 细胞及吞噬细胞、体液免疫、细胞免疫、产溶菌酶细胞等)成熟；④分泌多种消化酶，促进食物消化、吸收和代谢；⑤产生迁移传动复合物(migrating drive complex，MDC)，刺激肠蠕动；⑥菌群代谢产酸，酸化肠道环境，活化酶系统和抑制偏碱性有害微生物的生长。动物的微生态系统通过上述综合作用，能够颉颃致病菌群、增强免疫功能、防治疾病、提高饲料转化率、改善动物的生产性能和竞赛成绩。

(四)中药制剂的治疗

中药制剂有单方和复方之分，其疗效概括如下：

1. 对病原体有抗菌、抗病毒、抗寄生虫作用

有些中药具有抗菌和抗病毒作用。如黄连(有效成分为小檗碱)、大蒜(有效成分大蒜素)、连翘、金银花、鱼腥草等对革兰氏阴、阳性细菌都有一定的抑制作用，对某些真菌和原虫也有抑杀作用；板蓝根、黄柏、贯众、牛蒡子、射干等对某些病毒有抑制作用。有些中药抗菌力并不强，而是对细菌产生的毒素有明显解毒作用，如金荞麦、地锦草、丹皮、知母、黄连等。如青蒿琥酯(主要成分为青蒿)能很好地抗疟疾原虫，此外奎宁也有此效果，但副作用大。

2. 增强机体的免疫功能

中药制剂对机体的免疫功能有促进作用，如黄芪可增加病毒诱生干扰素，黄芪多糖能使动物脾内浆细胞增生，促进抗体合成，提高体液免疫功能；白花蛇舌草能刺激网状内皮系统增生，促进抗体形成，使网状细胞、白细胞的吞噬能力增强，达到抗菌消炎的目的。

3. 其他作用

大多数中药在抗感染的同时，具有消除伴随症状的作用，如川贝、枇杷等有止咳清肺作用；栀子、丹皮、赤芍等有镇静作用；牛黄、冰片、青黛、百草霜等有清热解毒、消肿止痛作用；黄连、大黄、连翘、薄荷、旋覆花、黄芩、荆芥穗等有清热通便、散风止痛作用。

中(医)药制剂的治疗作用，往往是以下几种兼而有之；不同炮制方法可能其作用有细微差别，如生地有凉血、止血功效，而熟地则偏向补血作用；再者同一植物的不同器官可能功效也有

差异，如板蓝根和大青叶。这就是中药治疗疾病的独到之处。中医药是祖国的宝贵遗产，中药具有药源丰富、价格低廉、疗效确实、副反应少、不易产生耐药性等优点，其应用前景极其广泛，并日益受到青睐。在防治疫病的实践中，如能把针灸也引入进来，那中医的未来将起到锦上添花的功效。

第二节　切断传播途径

一、消毒

消毒就是利用机械性清扫方法，物理、化学或生物学方法来清除或杀灭环境中的病原体的技术或措施，从而切断传播途径，防止疫病的传播和蔓延。

根据消毒的不同目的，可分以下 3 种情况：

(1)预防性消毒　在平时的饲养管理中，定期对动物厩舍及其空气、场地、用具、道路或动物群等进行的消毒，如临产前对产房、产栏和临产动物体表的消毒，动物断脐、断尾、骟马时的术部消毒，饲料、饮用水乃至空气的消毒以及医疗器械如体温表、注射器、针头等的消毒。

(2)随时消毒　发生传染病时，为及时消灭刚从患畜体内排出的病原体而采取的消毒措施。消毒的对象包括患病动物所在的圈舍、隔离场地以及可能被其分泌物、排泄物污染的一切场地、用具和物品。患病动物的隔离舍应每天多次消毒，以防止病原体的扩散和传播。

(3)终末消毒　在患病动物解除隔离、痊愈或死亡后，或在疫区解除封锁前，为消灭疫区内可能残留的病原体所进行的全面彻底的大消毒。

下面介绍防疫工作中比较常用的消毒方法。

(一)机械性清除

用机械性清扫、洗刷和通风换气清除病原体是最常用的消毒方法，也是日常的卫生工作之一。动物饲养环境的清扫和洗刷、畜体被毛的刷洗等，可以将畜舍的粪便、垫草、饲料、粕渣清除干净，也可除掉动物体表被毛上的污物。若环境较干燥，应在清扫前用清水或化学消毒剂喷洒，防止尘土飞扬而造成病原体散播。清扫出来的污物应进行堆沤发酵、掩埋、焚烧或用其他药物消毒处理，不能随意堆放。该法能将大量病原体清除出来，但不能达到彻底消毒的目的，须配合其他方法才能将残留的病原体消灭干净。

通风可在短期内使舍内空气交换，减少病原体的数量。通风时间视温差大小适当掌握，一般每次不少于 30 min。

(二)物理消毒

1. 阳光、紫外线和干燥

阳光通过光谱中的紫外线以及灼热和蒸发水分变干作用直接杀灭多种病原体。直射阳光经过几分钟至几小时可杀死病毒和非芽孢性病原菌，反复曝晒还可使带芽孢的菌体变弱或失活。因此，阳光对牧场、草地、畜栏、用具和物品等的消毒具有很大的实际意义。

实际工作中(如手术室)常用紫外线进行空气消毒。紫外线对细菌的繁殖体和病毒消毒效果好，但对细菌尤其是带芽孢的细菌无效。紫外线消毒的空间要洁净，且只对表面光滑的物体才有较好的消毒效果。对污染表面消毒时，灯管距表面不超过 1 m，有效消毒范围是 1.5～2 m，消毒时间为 1～2 h。

2. 高温灭菌

灭菌是通过一定方法杀灭物体中所有微生物(包括病菌和非病原菌)的过程。高温灭菌通常分为干热灭菌法、煮沸灭菌法和蒸汽灭菌法。

(1)干热灭菌法　该方法中最简单又有效的灭菌方法就是灼烤和烘烤。当病原体抵抗力较强时,通过火焰喷灯对粪便、场地、墙壁、笼具和其他废弃品进行灼烧灭菌;动物尸体以及传染来源污染的饲料、垫草、垃圾等进行焚烧;烘烤灭菌主要用于手术器械、干燥的玻璃器皿如烧杯、吸管、试管、离心管、培养皿、玻璃注射器、针头、滑石粉等灭菌。将灭菌物品放入烘烤箱内,使温度逐渐上升到160℃维持2 h,可杀死全部细菌及其芽孢。

(2)煮沸灭菌法　100℃沸水中能迅速杀死绝大部分非芽孢病原微生物,煮沸30 min也能使芽孢菌致死,如煮沸液中加1%～2%苏打或0.5%肥皂等,可大大增强灭菌效果。

(3)蒸汽灭菌法　相对湿度在80%～100%的热空气使物品快速均匀受热,加压下提高沸点,饱和蒸汽比热容大,杀菌力极强,如高压蒸汽灭菌,乡村有时利用铁锅和蒸笼进行。医疗及相关实验室、研究室中,多应用高压蒸汽灭菌设备进行多量器械与物品等的消毒。

(三)化学消毒

化学消毒法是利用各种化学消毒剂对病原微生物污染的场所、物品等进行清洗、浸泡、喷洒、熏蒸,以杀灭病原体,达到防制疫病的目的。

1. 影响化学消毒效果的因素

(1)消毒剂的理化性质　不同消毒剂的化学特性和化学结构不同,对微生物的作用机理及其代谢过程有明显差异,因而消毒效果也不一致。如阳离子表面活性剂抗菌谱广,效力快,对组织无刺激性,能杀死多种革兰氏阳性菌和阴性菌,但对绿脓杆菌和细菌芽孢作用弱,其水溶液能杀死结核杆菌。

(2)病原体的种类和抵抗力　不同种类病原体,对各种消毒剂的敏感性差异较大;甚至同一病原体在不同生长期,其抵抗特点也有很大差别。如细菌的芽孢体比其繁殖体的抵抗力要强大。

(3)消毒剂的浓度及作用时间　消毒剂要发挥作用,必须达到一定浓度和作用时间。一般浓度越高,作用时间越长,消毒效果越好,反之则达不到应有的效果。

(4)消毒环境的温度　消毒剂一般在温度较高的环境中使用效果好,若温度降低则消毒效果会降低甚至不起作用。

(5)酸碱度　许多消毒剂的使用效果与环境的pH相关。如来苏儿等阴离子消毒剂在酸性条件下的杀菌能力较强,而阳离子消毒剂如新洁尔灭则在碱性环境中的杀菌能力增强。

(6)有机物的存在　当消毒环境有饲料残渣、粪便、脓汁、血液等有机物大量存在时,也会严重削弱消毒剂的使用效果。

(7)联合使用消毒剂的配伍禁忌　如阴、阳离子型表面活性剂联合使用会发颉颃作用,从而使消毒效果降低,甚至消毒效果完全丧失。

实际工作中,应根据当地的疫情和消毒对象及所处环境条件、使用要求、气候条件等选择合适的消毒剂进行消毒。本着“以人为本,保护环境”的宗旨,以对病原体有高效杀灭作用,对人和动物无毒或低毒,并且不会或极小对环境造成残留为原则。合理规范消毒程序,严格消毒措施,建立完整的档案记录工作,保障消毒工作取得预期效果。

2. 化学消毒剂的类型

临床实践中常用的消毒剂种类很多，根据其化学特性分为：酚类、醛类、醇类、酸类、碱类、氯制剂、氧化剂、碘制剂、染料等、重金属盐和表面活性剂等。目前，就常用的化学消毒剂介绍如下：

(1)酚类消毒剂　它可使病原体的蛋白质变性凝固而达到消毒作用。新型酚类消毒剂主要是复合酚类。复合酚是酚、有机酸、焦油酸、苯磺酸等组成的混合物。其特点高效广谱、低毒或无毒、安全可靠，对大多数细菌包括芽孢体、病毒、支原体、多种寄生虫虫卵都有杀灭作用，对蚊蝇等昆虫也有明显的抑杀作用。其消毒作用具有长效持续性，使用一次可维持约1周。常单独使用，主要用于畜禽饲养场地、环境、用具及污染物体表消毒。商品名有：农乐、菌毒敌、消毒灵、农福等。

(2)含氯(卤)消毒剂　它是遇水能产生灭菌性次氯酸的消毒剂。可快速杀灭细菌繁殖体、芽孢、病毒、真菌、藻类和原虫。其作用有赖于有效氯的含量，有效氯含量高则杀菌力强，随着外界环境酸性增强和温度升高，其杀菌力增强。有些种类不稳定，有效氯易丢失。

①漂白粉。其主要成分为次氯酸钙，曾应用广泛。因遇水易离解为氧原子和氯原子，经氧化和氯化作用，而呈现强大而迅速的杀菌作用。因漂白粉中的氯易丢失，所以常保存于密闭、干燥容器中，放在阴凉通风处。即使在妥善条件下保存，有效氯每月也会损失，当低于16%时即不适用于消毒。常用剂型有粉剂、乳剂和澄清液。5%溶液可杀死一般病原菌，10%～20%溶液可杀死芽孢。一般用于畜舍、地面、水沟、粪便、运输车船等，有轻度毒性，应注意人畜安全。

各种铵化物(如氯化铵、硫酸铵、硝酸铵、氨等)均为含氯制剂的促进剂，能加强化学反应，缩短消毒时间及降低消毒剂的浓度。

氯胺(氯亚明)为结晶粉末，含有效氯11%以上。性质稳定，密闭条件下长期保存，携带方便，易溶于水。消毒作用缓慢持久，用于饮水消毒(0.000 4%)、污染器具和畜舍的消毒(0.5%～5%)。

次氯酸钠为广谱消毒剂，因易分解不易保存而未能广泛应用，但其成本低、高效、无毒，故有推广价值。对细菌、真菌、病毒均有较强杀灭作用。代表产品有84消毒液等。

②二(三)氯异氰尿酸钠。高效广谱消毒剂，对各种病原体均有显著杀灭效果。二者易溶于水，但水溶液稳定性差，需现配现用。饮水消毒时，每升水用4 mg，作用30 min后即可饮用；可用10～20 g/m^{2}的量直接喷洒干粉消毒地面，作用时间2～4 h。也可与多聚甲醛按76∶24比例混合制成醛氯烟熏合剂，在18～20℃、湿度大于70%条件下，药量3 g/m^3，点燃后关闭门窗1 h，可对畜舍空气、用具等消毒。类似消毒药还有溴氯异氰尿酸钠等。

二氯异氰尿酸钠又名优氯净，以其为主要成分的商品消毒剂有：消毒威、消特灵、灭菌净、强力消毒灵等。

③二甲基乙内酰脲卤化衍生物。简称甲基海因，其卤化衍生物是国内外近年来应用较普遍的一类新型广谱高效的卤素类消毒剂，主要有二氯海因、二溴海因、溴氯海因等。对细菌、真菌、病毒具有强的杀灭作用，尤其对病毒消毒效果好，对藻类和真菌也有杀灭作用，广泛用于动物养殖场和水的消毒。

④二氧化氯。新型广谱消毒剂。加硫酸或乳酸活化后，可产生原子氧和氯，和病原体分子结构中某些主要物质发生卤代反应，来杀灭这些病原微生物，可清洁用水及其他养殖环境如畜

舍、地面等。商品名为“氧氯沙星”，含10%二氧化氯的粉剂或片剂，能与微生物蛋白质半胱氨酸的巯基发生反应，使以巯基为活性点的酶钝化，吸附和穿透微生物表面进入内部，破坏酶系统，导致微生物代谢机能障碍而死亡。

商品名为“益康”的含氯消毒剂，其有效成分为二氧化氯，近年来发展较快。因不产生抗药性、无“三致”物质生成等优势，常用于环境物体表面、餐饮容器、食品加工设备等的消毒。因其能除臭去味，所以也用来净化水质和空气。此外还有解毒功效，特别可快速分解黄曲霉毒素，其他类消毒剂无法与其相媲美。

(3)含碘消毒剂　即以碘为主要成分制成的各种制剂，可杀灭细菌、芽孢、霉菌和病毒及原虫等。

①传统的碘制剂。碘水溶液、碘酊(俗称碘酒，含碘1.8%～2.2%、碘化钾1.25%～1.65%的可溶性三碘化合物)和碘甘油。碘酊中碘的质量分数为2%～5%，可用于手术部位、注射部位的消毒，也用于皮肤霉菌病的治疗。碘甘油是一种质量为分数为1%的碘的甘油制剂，常用于口炎、咽炎和病变皮肤等局部的涂擦。

②碘伏。即复方络合碘，是碘与不同表面活性剂(载体)及增溶剂等形成稳定的络合物，可缓慢释放碘，保持较长时间的杀菌作用。在酸性环境中杀菌能力更强，主要用于环境用具的喷雾消毒、种蛋的浸洗消毒、孵化器的洗刷和发病动物群的消毒。有非离子型、阳离子及阴离子型3大类。

非离子型：元素碘与非离子表面活性剂等形成稳定的络合物。非离子型碘伏是使用最广泛、最安全的碘伏，主要有聚维酮碘(PVP-I，如宝维碘、金维康等)、聚醇醚碘(NP-I，如宝灵碘等)、聚乙二醇碘(PEG-I)、聚乙烯醇碘(PVA-I)，尤其是PVP-I和NP-I，已被收入我国药典中。聚维酮碘又名聚乙烯吡咯烷酮碘、碘络酮等。

阳离子型：元素碘与阳离子表面活性剂等形成的络合物，如季铵盐碘、双链季铵盐络合碘。

阴离子型：元素碘与阴离子表面活性剂等形成的络合物，如烷基磺酸盐碘。

③其他复合型。如碘酸溶液，商品名为百菌消，为碘、碘化合物、磷酸、硫酸制成的水溶液，深棕色，有特殊碘臭味，易挥发，作用时间快，杀灭病毒效果好。如三氧碘，是碘制剂中的广谱高效消毒剂，它是一种以两性表面活性剂、非离子表面活性剂与碘复合而成的表面活性剂型碘制剂。由于本品还加入了增效剂，氧化杀菌活性更优异。

(4)醛类消毒剂　该类消毒剂可与蛋白质的氨基结合，引起蛋白质变性，从而达到消毒作用。该类消毒剂对各种病原体呈现高效广谱杀灭作用，较为常用。

①福尔马林。为甲醛的水溶液，粗制的福尔马林约含36%甲醛的水溶液。它具有较强的杀毒作用，2%～4%水溶液可用于喷洒墙壁、地面、护理用具、饲槽等，1%水溶液可对动物体表消毒。对0.5%碱液洗涤过的皮毛，在60℃用4%福尔马林浸泡2 h，可杀灭其中的炭疽芽孢。福尔马林常用作畜舍、孵化器、化验室等可封闭场所的熏蒸消毒。熏蒸时，可在容器中先加入高锰酸钾再加入福尔马林熏蒸，密闭门窗24 h后，可达到消毒效果。

②戊二醛。市售商品名为25%的水溶液。常用2%溶液，溶液呈酸性，用0.3%碳酸氢钠调pH至7.5～8.5，杀菌作用较甲醛更强、更快。常有剂型为2%碱性戊二醛水溶液、2%强化酸性戊二醛等。常用于不耐高温的医疗器械等消毒，如金属、橡胶、塑料和有透镜的仪器等。2%溶液使肠道病毒2 min灭活，对腺病毒、呼肠孤病毒和肝炎病毒等30 min内灭活。30 min内也能杀死结核杆菌，3～4 h杀死芽孢。此外，戊二醛与过氧化氢复配可协同杀菌增强效果。

③邻苯二甲醛。作为新型醛类消毒剂，具有戊二醛的优点，且有些细菌对戊二醛产生的耐

药性，也对过氧乙酸耐药，而邻苯二甲醛却对其有良好杀灭作用，所以有望代替戊二醛。

(5)表面活性剂　能降低溶液界面的表面张力并具有清洁作用。另外，一部分表面活性剂可聚集在细菌表面，引起细胞膜通透性改变，使菌体内的酶和中间代谢产物逸出，妨碍细菌的生理代谢，且使菌体蛋白变性而呈杀菌作用。按其带电荷不同分为：非离子型、阳离子型、阴离子型、两性离子型表面活性剂。其中，杀菌能力最强的为阳离子型表面活性剂。

①新洁尔灭、洗必泰、消毒净、度米芬。为季铵盐类阳离子表面活性剂。新洁尔灭(苯扎溴铵)为胶状液体，其余为粉末，易溶于水，其共同特点是杀菌浓度较低，为千分之几，毒性低，抗菌作用强、起效快，能杀灭多种革兰氏阳性和阴性菌，且对病毒和霉菌也有一定抑制和杀灭作用。质量分数为0.1%溶液可用于皮肤、黏膜和器械的消毒，0.01%～0.02%洗必泰用于伤口或黏膜冲洗消毒。皮肤消毒时，可用0.1%新洁尔灭或消毒净溶液，或0.02%～0.05%洗必泰、消毒净或度米芬的醇(70%)溶液，其效果与碘酊相当。

②百毒杀。市场出售较多的双链季铵盐，与新洁尔灭等单链季铵盐不同，消毒效果优于前者。其化学名为十烷基二甲基溴化铵，仅用单链季铵盐1/2浓度就能达到相同消毒效果。它能迅速渗入胞浆膜脂质和蛋白质，改变细胞膜通透性，具有速效、长效的杀菌作用，可快速杀灭细菌繁殖体、芽孢、病毒、真菌和藻类等。其杀菌力持续期长，不受环境有机物、酸碱度的影响，可广泛用于皮肤、黏膜、饮水和环境的消毒。

(6)氧化剂类消毒剂　该类消毒剂含有不稳定的结合态氧，当它与病原体接触后可通过氧化反应破坏其活性基团而呈现杀灭作用。常用制剂有以下几种：

①过氧化物类。具有强氧化能力，各种微生物对其十分敏感，包括过氧化氢、过氧乙酸和臭氧等。使用时现用现配，未分解高浓度时氧化能力强，可刺激、损害皮肤黏膜、腐蚀物品。过氧乙酸无色透明，易溶于水，性质不稳定，易挥发，强氧化性。高浓度溶液遇热快速分解，甚至引起爆炸，但市售的质量分数为20%的溶液无此危险，且能快速有效杀灭细菌、真菌、病毒及细菌芽孢等病原体。喷雾消毒时操作人员戴口罩、手套和防护眼镜。质量分数为0.5%溶液用于动物圈舍、饲槽、车辆等物品的喷洒消毒；0.04%～0.5%溶液用于污染物品的浸泡消毒；5%溶液用于污染实验室、无菌室、动物圈舍、仓库、车间等喷雾消毒，用量约为2.5 mL/m^3。有时也用于患病动物舍的空气熏蒸消毒，按1～3 g/m^3 的比例，配成质量分数为3%～5%溶液加热熏蒸消毒1～2 h。

②高锰酸钾。强氧化剂，遇有机物或加热、加酸或碱能释放出初生态氧，呈现杀菌、杀病毒、除臭和解毒作用，但高浓度会出现刺激和腐蚀作用。本品易溶于水，其0.1%水溶液能杀死繁殖体，2%～5%溶液能杀死细菌芽孢。在酸性液中杀菌能力增强，常用于水果、蔬菜、皮肤和黏膜的消毒。

(7)碱类和其他类消毒剂　碱类制剂包括氢氧化钠、碳酸钠、石灰乳等。碱制剂对细菌、病毒和细菌芽孢都具有强大的杀灭作用，用于多种疫病的消毒。

①石灰乳。用于消毒的石灰乳是生石灰(氧化钙)1份加水1份制成熟石灰(氢氧化钙，亦称消石灰)，然后用水配成10%～20%的混悬液用于消毒。若熟石灰存放过久，吸收空气中二氧化碳变成碳酸钙，则失去消毒作用。因此，在配制石灰乳时，随配随用，适用于粉刷墙壁、圈栏、消毒地面、沟渠和粪尿等。生石灰1 kg加水350 mL化开而成的粉末，也可撒布在阴湿地面、粪池周围等处进行消毒，但不能杀灭细菌的芽孢。直接将生石灰粉撒播在干燥地面上，不发生消毒作用，反而会使蹄部干燥开裂。生石灰的杀菌作用主要改变介质的pH，夺取微生物

细胞的水分，并与蛋白质形成化合物。

②氢氧化钠(苛性钠、火碱)。对细菌和病毒均有强大杀灭力，且能溶解蛋白质。常用1%～2%的热水溶液消毒各种病原体(巴氏杆菌、沙门氏菌等)或病毒(口蹄疫、水疱病、猪瘟等)污染的畜舍、地面和用具等。此氢氧化钠热溶液中加5%～10%食盐时，可增高其对炭疽杆菌的杀伤力。对金属物品有腐蚀性，使用完注意洗刷；对皮肤和黏膜有刺激性，注意防护。

③环氧乙烷。通过对微生物蛋白质分子的烷基化作用，干扰酶的正常代谢而杀灭细菌。其沸点10.3℃，常温常压下为无色气体，当空气中该气体的体积分数超过3%时，遇火引起爆炸，所以贮存或消毒过程应远离火源。一般按1∶9的比例与液态二氧化碳混合装进高压钢瓶贮存备用。本品对各种微生物和某些昆虫及其虫卵都有杀灭作用，无腐蚀性，不污染物品，且极易扩散，消毒彻底，适用于精密仪器、医疗器械、皮革、裘皮、羊毛、橡胶、谷物、饲料等忌热、忌湿物品的消毒，也可用于仓库、实验室、无菌室等空间的消毒。该品价格贵、消毒时间较长时，会对人和动物有一定毒性作用。

消毒方法是在密闭条件下，用热水使环氧乙烷容器加热，使之汽化。在室温18℃，相对湿度30%以上，用量0.4～0.8 kg/m^3，维持12～48 h。

(四)生物热消毒

生物热消毒主要用于污染的粪便、垃圾等的无害处理。在粪便堆沤过程中，利用粪便、垃圾、垫草等污物中的微生物发酵产热，可使温度达70℃以上。经过一段时间处理，可杀死病毒、病菌(芽孢除外)、寄生虫卵等病原体而达到消毒目的，同时又提高粪便的肥效。常用方法有堆粪法和发酵池法。

当发生一般疫病时，这是一种粪便消毒和处理的好方法。但处理炭疽、气肿疽等所致疫病的粪便时，最好予以焚毁。

以上消毒的种类和方法，要视病原体的性质、消毒对象、场所等具体情况而定。

二、杀虫

螺蛳是人兽共患寄生虫病的中间宿主，蜱、螨、蚊、蝇是血液人兽共患寄生虫病的传播媒介。常用药物来杀灭这些中间宿主和传播媒介，有时破坏其滋生地来达到消灭或减少其数量的目的。贮藏宿主多是啮齿动物、野兔及野生肉食兽等，最大限度消灭鼠类可以截断许多人兽共患寄生虫的传播链，从而减少其发生。至于贮藏宿主中的野生动物，传统方法也常靠消灭它们来中断传播链，这与当前提倡的保护生态平衡、保护野生动物的做法格格不入。因此只能尽量避免人畜与野生动物的接触，来减少感染与发病。

蚊、蝇、虻、蜱、螨、蚤、虱等节肢动物不仅是动物疫病的重要传播媒介，而且是动物重要的体外寄生虫，严重干扰着动物的安宁和健康，是动物病原体的重要组成成员。因此，杀虫是阻止寄生虫发育而消灭中间宿主、传播媒介和切断虫媒疫病传播的重要措施，在预防和扑灭动物疫病方面有重要的意义。

(1)环境防制法　通过对饲养环境的合理规划布局或改造，整理来规避和消除媒介昆虫生长、繁殖和生存的条件，从而达到减少媒介昆虫的滋生和活动。例如，疏通沟渠、排出污水，清除垃圾、粪便并进行封闭处理等措施以消灭其滋生地和野外栖息场所。

(2)物理防制法　利用人工防护措施(如纱窗门帘的阻隔)和机械拍、打、捕、捉等方法杀灭一部分昆虫。也可喷烧昆虫聚居的墙壁、用具等的缝隙，以火焰焚烧昆虫聚居的垃圾等废物，利用100～160℃干热空气杀灭挽具和其他物品上的昆虫及其虫卵，用沸水或蒸汽烧烫车船、畜舍和衣物上的昆虫。

(3)生物杀虫法　以昆虫的天敌、病菌和雄虫绝育(辐射、激素)技术方法杀灭昆虫。这些方法具有安全、无公害、无污染、不产生抗药性等特点，已日益受到重视。

(4)药物杀虫法　运用化学杀虫剂来杀虫。化学杀虫剂具有经济、简便易行，既可大面积喷洒，也可小面积内应用，并可在短期内全残害虫，达到除害防病的目的。但部分杀虫剂会使昆虫产生耐药性和污染环境，在杀害虫时也杀灭了益虫。

三、灭鼠

鼠类除对人类经济生活造成巨大经济损失外，对人畜健康也有极大危害。鼠类是很多种人畜疫病的传播媒介和传染来源，如鼠疫、钩端螺旋体、流行性出血热等多种疫病。因此，灭鼠不仅可减少鼠类造成的经济损失，同时对切断传播途径，防止疫病传播意义重大。

灭鼠工作应从生态学灭鼠和直接灭鼠两方面着手。生态学灭鼠根据鼠类的生态学特点，通过环境改造的方法恶化鼠类的生活环境和条件进行防鼠、灭鼠。可通过改造建筑、断绝鼠粮与水源、搞好室内卫生、清除鼠类隐蔽处所等，来限制鼠类生存和繁衍。另外直接灭鼠法常采用器械灭鼠法和药物(毒饵和熏杀)灭鼠法。

四、防鸟

在传播疫病方面鸟类与鼠类有许多相似之处，而且比鼠类传播范围广、传播速度快。因此在动物集中饲养的场所、牧地应做好防鸟工作，尽量防止鸟类侵入厩舍、接触动物。

五、病尸的无害化处理

因患疫病死亡的动物尸体，含大量病原体，是重要的传染媒介。正确及时处理病死动物尸体，对防控动物疫病和维护公共卫生安全都具有重大意义。常见有以下几种处理方法：

(1)化制　将病尸经过某种特定的加工处理，既对尸体进行消毒处理，同时又可保留许多有再利用价值的东西，如工业用油脂、骨粉、肉粉、皮毛等。但因化制处理常需要一定设备条件而限制推广使用。

(2)掩埋　病尸掩埋于地下，经过一定时间的自然发酵后，可消除一般抵抗力的病原体。但掩埋时尸坑深宽在2 m以上，且选在远离住宅、道路、水井、牧场及河流的偏僻地区。该法应用广泛。

(3)腐败　将尸体投入专用尸坑内，使其自然腐败分解以达到消毒目的，并可以作肥料加以利用。此法较掩埋法方便合理，当尸体完全分解后，可取出作肥料。

(4)焚烧　通过高温火焰焚烧病尸，是一种较彻底病尸处理方法。该法最适于特别危险的疫病动物尸体的处理，如炭疽、气肿疽、痒病及新的烈性疫病等病尸的处理。

第三节　保护易感动物

一、生态预防

生态预防是从当地环境、宿主群和微生物群三联因素的相互关系与统一性中采取对易感动物的预防措施。

(一)保护生态环境

生态环境是一切生命生存与活动的基础。生态环境中的各种物理、化学、生物因素是相互作用、相互影响的统一体。其直接或间接选择不同动物群在不同地域的分布,并能过宿主对正常微生物群进行影响和调整。例如:大气的温度、湿度、清洁度(如沙尘暴等)的改变,以及空气污染至一定水平时,有害或刺激性物质,将常使从国外引入的马匹发生呼吸道疫病且易于发生与流行;土壤、水质受到农药、化学毒物的污染或重金属的过度富集都会对宿主的正常微生物群产生压迫,微群落的结构会有相应改变,从而可能会强烈地影响到宿主。因此必须重视生态环境的合理开发利用与改善,以减少其对动物群的不良影响。

(二)构建动物生产的生物安全体系和国际上的情报交流合作

多年来,以规模化动物养殖为特征的现代畜牧业的快速发展,动物疫病、环境污染和食品安全问题越来越突出。动物发病死亡率高,治疗和预防成本增加,养殖效益降低,人兽共患病等公共卫生事件频繁出现。动物产品价格偏高和食品安全受到严重挑战,有些消费者甚至丧失对本国产品的信任。尤其与欧美国家畜牧业对比,我国差距越来越大。突破畜牧生产及发展的瓶颈,单靠针对某一个领域的学术研讨已经无济于事,不能从根本上扭转当前局势。兽医专家学者和养殖企业早已看到我国目前动物生产存在的困难和问题的症结,关键在于理念和管理水平落后,以及技术措施滞后,直接影响养殖效益以及畜牧业的可持续发展。

改变旧的养殖理念,接受和采纳新的理论和技术,尤其借鉴欧美发达国家的经验教训,倡导动物福利饲养和环境健康管理,才能使我国的畜牧业健康和可持续发展。

构建动物生产的生物安全体系包括隔离、疫病传播控制和卫生制度3个基本要素,是预防临床或亚临床疾病的总规划及措施,重点强调环境因素在保证动物健康中所起的决定性作用,同时充分考虑动物福利和动物养殖对周围环境的影响,使动物生长处于最佳状态的生产体系中,发挥其最佳的生产性能,并最大限度减少对环境的不利影响,从而实现养殖利益与社会责任的和谐统一。

建立科学、完善、有效的动物生产的生物安全体系,将减少人兽共患病的发生。监测动物疫情是防治人兽共患病的第一道防线,及时对疫情反馈信息进行处理、确诊、分析和实施调查,提高疫情预警预报系统运行的精确度,为有效防控危害严重的动物疫病提供技术支持和保障。针对防治多种人兽共患病,加强国际合作极其重要。任何一个国家都应有一个世界兽疫流行的监测系统,当发现引入畜禽的产地国及邻国发生疫情时,应采取合理措施,严防疫病传入。面对国际贸易频繁、旅游事业发达的今天,特别容易通过人兽或媒介物等传入本国的新人兽共患病应予以重视。

(三)加强健康饲养与管理,增强畜群的抗病力

马的饲养管理对于疫病防治来说尤为重要。首先要加强马的科学饲养,根据不同体重、年龄、运动量和生理阶段(如妊娠、哺乳)马的营养需求,配制科学合理的日粮。饲料要多样化,尽量利用粗饲料和青绿饲料。温差变化比较大的季节或运动量大时,应适当调整日粮,多给精料,提高能量。不要突然改变饲喂方法和草料种类,给予充足、清洁、温度不要太低的饮水。其次,要加强马的日常管理。搞好厩舍卫生,保持马体卫生,正确及时地修蹄和护蹄,营造适宜于生长与活动的小环境,保证足够的运动。定期驱虫,预防各类中毒病的发生。尊重马自身的生活习性和生理规律,科学调教、训练有方、循序渐进。

二、免疫接种

免疫接种是指用人工方法将疫苗等生物制品引入动物体内使其产生特异性抵抗力，使易感动物转化为不易感动物的一种手段。有组织、有计划地进行免疫接种，是预防和控制动物传染病的重要措施之一，在某些动物疫病（马流感、犬瘟热等）的防治过程中，免疫接种具有关键性的作用。根据免疫时机不同分为预防接种和紧急接种。

（一）预防接种

在经常发生某些传染病或传染病潜在的地区，或易受到邻近地区某些传染病威胁的地区，为了防患于未然，有计划地给健康动物免疫接种，称为预防接种。预防接种通常使用疫苗、菌苗、类毒素等生物制剂作抗原激发动物产生免疫。用于人工主动免疫的生物制剂可统称为疫苗（vaccine），包括用细菌、支原体、螺旋体和衣原体等制成的菌苗，用病毒制成的疫苗和用细菌外毒素制成的类毒素。根据生物制剂的不同特点，采用皮下、皮内、肌肉注射或皮肤刺种、点眼、滴鼻、喷雾、口服等不同方法接种。接种后一定时间（数天至 3 周），动物可获得几个月至一年以上的免疫力。为保证该措施取得满意结果，应注意以下事项。

1. 预防接种应有周密计划

为做到有的放矢预防接种，应对当地传染病进行流行病学调查分析，由此针对性地制定当地的免疫接种计划。例如，预防猪瘟要根据当地该病的流行情况，猪群的免疫水平、母源抗体情况，进行调查分析，并在此基础上制定合理的免疫程序，尽可能做到头头接种，并定期检查，对新引进猪及时补种，以提高防疫密度。有些虫媒性传播的季节性疫病和周期性发生的疫病，应在其流行之前进行预防接种。

当输入或运出动物时，为避免在运输途中或到达目的地后暴发某些传染病，可采用疫苗、菌苗或类毒素等进行主动免疫，若时间紧迫，也可用抗血清进行被动免疫，后者立即产生免疫力，但维持时间较短。

当某一地区从未发生过某种传染病，也没有从别处传进来的可能，或已彻底消灭了某种传染病，就不必对该种传染病预防接种，尤其不使用弱毒苗，以防散毒和不利于该病的检疫和净化。

2. 接种前的注意事项

在接种前，先应观察了解动物群健康状况，若动物群正发生其他慢性疫病或康复后健康状况较差，就要推迟接种。若动物群健壮，就按预先制订好的计划进行预防接种。接种前要对免疫所用的所有器械消毒，检查疫苗质量并了解其使用方法，方可实施接种。疫苗接种前后，应对动物群加强饲养管理，增强机体抵抗力，提高免疫机能，使其免疫力发挥到最佳状态，并减少接种后的不良反应。

3. 接种后的注意事项

生物制品对动物机体而言都是异物，一般动物机体对接种疫苗都有一定程度的反应，所以必须仔细观察。此外疫苗接种后经过 15～30 d，应能通过测定抗体的方法来检查免疫效果。特别是采用了新的免疫程序及疫苗种类时更应重视免疫效果的评价。这样经免疫监测既可评价预防接种的免疫效果，又可评估被免动物的免疫机能状态，提前对疫情的发生做出应对措施。

动物接种后一般对生物制品都有正常反应，有时个别动物免疫后会出现不良反应，接种后发生反应的原因相当复杂，是多方面综合因素作用的结果。有的生物制品有一定毒性，接种后会发生轻度感染，也会发生某种局部或全身反应，但这些反应又会很快消失，对动物机体的功能不会造成任何不可恢复的损伤。如果出现过度反应甚至发病，须及时采取适当措施，并向有关部门报告。根据反应性质和强度可分为以下 3 种类型：

(1)不良反应　一般认为在接种疫苗后，动物机体产生了持久的或不可逆的组织器官损害，或功能障碍而致的后遗症。

(2)严重反应　和正常反应在性质上没有区别，但程度轻重或发生反应的动物数超过正常比例。引起严重反应的原因可能是生物制品质量较差；使用方法不当如接种剂量过大、接种技术不正确、接种途径错误等；个别动物对生物制品过敏。这类反应通过严格控制产品质量和遵照使用说明会减少到最低程度，只有个别特殊敏感动物才会发生。

(3)合并症　指与正常反应不同的反应，如超敏(血清病、过敏休克、变态反应等)、扩散为全身感染(继发感染引起)和诱发潜伏感染(如鸡新城疫气雾免疫可能诱发慢性呼吸道病)等。

在现有研究水平条件下，遵守科学的操作程序、执行规范操作技术，可将不良反应降至最低。同时，接种弱毒苗前后数天，动物应停止使用杀灭活疫苗效力的药物。

4. 几种疫苗的联合使用

同一地区，同一种动物，在同一季节往往可能有两种以上疫病流行。国内外经过大量试验研究，已试制成功多种联苗。如马脑脊髓炎、流感和破伤风三联苗，马脑脊髓炎和破伤风二联苗、马流感、疱疹、破伤风和脑脊髓炎四联苗等。实践证明，这些联苗制剂可一针防多病，大大提高防疫工作效率，给兽医人员和养殖户带来很多方便，这也是预防接种工作的发展方向之一。

5. 合理的免疫程序

一个地区、一个畜牧场可能发生的传染病不止一种，因此，畜牧场往往需用多种疫(菌)苗来预防不同的疫病。用来预防这些传染病的疫(菌)苗的性质各不相同，免疫期长短不一。所以为达到理想的免疫效果，需要根据各方面情况制定科学、合理的免疫程序。所谓免疫程序(vaccination program)是根据一定地区、养殖场或特定动物群体内传染病的流行状况、动物健康状况和不同疫苗特性，为特定动物群制定的接种计划，包括接种疫苗的类型、顺序、时间、次数、方法、时间间隔等规程和次序。不同的传染病其免疫程序一般也不相同，有的简单，有的复杂。例如鸡马立克氏病和鸡痘一般只用弱毒活疫苗免疫一次，而鸡新城疫和传染性支气管炎则要用弱毒活疫苗和灭活苗免疫多次。各种传染病的免疫程序组合在一起就构成一个地区、一个牧场或特定动物群体的综合免疫程序。每种传染病的免疫程序之间都有密切联系，某种传染病免疫程序的改变往往会影响到其他传染病的免疫程序。因此，一个地区或一个牧场要制定免疫程序将是一项十分重要而严肃的工作，应该考虑各方面的因素。凡是有条件能做免疫监测的，最好根据监测结果即抗体水平变化结合实际经验来指导、调整免疫程序。

免疫程序的制定，至少应考虑以下 8 个方面的因素：①当地传染病的流行情况及严重程度；②母源抗体的水平；③上一次免疫接种引起的残余抗体水平；④动物的免疫应答能力；⑤疫苗的种类和性质；⑥免疫接种方法和途径；⑦各种疫苗的影响；⑧对动物健康及生产能力的影响。这 8 个因素是互相联系、互相制约的，必须统筹考虑。一般来说，免疫程序的制定首先要考虑当地疫病的流行情况及严重程度。据此才能决定需要接种什么种类的疫苗，达到什么样的免疫水平。首次免疫接种时间的确定，除了考虑疫病的流行情况外，主要取决于母源抗体的水平，如鸡新城疫母源抗体滴度低的要早接种，高的推迟接种效果好些。

免疫过的种用母畜所产后代在一定时间内有母源抗体存在，对建立自主免疫有一定影响，因此对幼龄动物免疫接种往往不能取得满意结果。以猪瘟为例，据试验，母猪于配种前后接种猪瘟疫苗者，所产仔猪由于从初乳中获得母源抗体，在 20 日龄前对猪瘟具有坚强免疫力，30 日龄后母源抗体急剧衰减，至 40 日龄后几乎完全丧失。哺乳仔猪如在 20 日龄左右首次免疫接种猪瘟弱毒疫苗，至 65 日龄左右进行第二次免疫接种，这是目前国内认为较合适的猪瘟免疫程序。为避免母源抗体对免疫接种的影响，初生仔猪进行超前免疫，就是在吃初乳以前接种猪瘟弱毒疫苗，可免受母源抗体的影响而获得可靠免疫力。

目前，国际上马的免疫还没有一个可供统一使用的疫（菌）苗免疫程序，各国都在实践中总结经验，通过免疫检测为基础不断研究改进，制定出合乎本地区、本场具体实际的免疫程序。推荐的免疫程序见附录 6。

6. 免疫接种失败的原因

动物免疫接种后，在免疫有效期内不能抵抗相应病原体的侵袭，仍发生了该种疫病（接种猪瘟疫苗后仍发生猪瘟），或者效力检查不合格（如疫苗接种后测不到抗体或抗体滴度达不到应有水平、抽检或攻毒保护率低于标准要求）均可认为是免疫接种失败。出现免疫失败的原因很多，必须从客观实际出发，考虑各方面的可能因素。事实上，每次免疫接种失败，都有其特殊的原因。下面是一些常见原因，这些原因可归纳为三大方面，即疫苗因素、动物因素和人为因素。

（1）疫苗质量存在问题，如生产的疫苗低于国家规定的质量标准而导致疫苗本身的保护性能差，或具有一定毒力，如猪副伤寒菌苗、鸡喉气管炎疫苗和鸡法氏囊病中毒疫苗等。

（2）合格疫苗因运输、保存、配制或使用不当，使其质量、含量下降甚至失效，或使用过期、变质的疫苗。

（3）疫苗毒（菌）株与田间流行毒（菌）株血清型或亚型不一致，或流行株的血清型发生了变化，如口蹄疫、禽流感、传染性支气管炎等都有这种情况；或疫苗选择不当甚至用错疫苗，在疫病严重流行的地区，仅选用安全性好但免疫原性差的疫苗品系。例如，在有速发型嗜内脏型新城疫流行的地区选用了Ⅱ系或Ⅲ系疫苗；只能用于成年鸡的新城疫Ⅰ系疫苗却误用于雏鸡等。

（4）免疫程序不合理，不同种类疫苗之间的干扰作用，如雏鸡法氏囊中等毒力疫苗与其他疫苗同时接种或间隔太近接种等。

（5）接种活疫苗时动物有较高的母源抗体或有次免疫残留的抗体，对疫苗产生了免疫干扰。

（6）接种时动物已处于潜伏感染状态，或在接种时由接种人员及用具带入病原体。如先天性猪瘟感染猪及亚临床感染猪，长期带毒、排毒，具有免疫耐受性，其接种疫苗后不仅不能产生免疫力，反而激发猪瘟，甚至因注苗针头引起猪瘟病毒的扩散。

（7）动物群中有免疫抑制性疾病存在，如猪圆环病毒病、猪繁殖与呼吸综合征、鸡法氏囊病、牛慢病毒感染等；或有胚源性传染病或其他传染病存在，动物处于亚健康状态而导致发病或免疫失败。

（8）畜牧生产力发展不均衡，防疫措施不当，多种疾病感染以及饲养管理水平低，各种应激因素的影响等，使动物免疫力降低。

（9）免疫接种工作不认真，免疫接种途径或方法错误，疫苗稀释错误（用消毒自来水稀释）或稀释不均匀，如只能注射的灭活苗却采用饮水法接种，饮水免疫时饮水器不足，免疫剂量不足或有遗漏等。

(10)药物的干扰,免疫接种前后使用了免疫抑制性药物,或在活苗免疫时使用了抗菌抗病毒药物。

(二)紧急接种

紧急接种是发生传染病时,为了迅速控制和扑灭传染病的流行,而对疫区和受威胁区尚未发病的动物进行的应急性免疫接种。如马流感,传播迅速,一旦发生疫情,紧急免疫接种尤为重要。理论上紧急接种以使用免疫血清或高免卵黄液较为安全有效。多年来的实践证明,在疫区内使用某些疫(菌)苗进行紧急接种是切实可行的,尤其适合于急性传染病。

疫区应用疫苗紧急接种时,由于在外表正常无病的动物中可能混有一部分潜伏期患者,这一部分患者在接种疫苗后不能获得保护,反而促使它更快发病,因此在紧急接种后一段时间内动物中发病反而有增多的可能,但由于这急性传染病潜伏期较短,而疫苗接种后又能很快产生抵抗力,因此发病不久即可下降,最终能使流行很快停息。若用免疫血清或抗体进行紧急接种时,可不分病健均可接种,并使疫情很快停息。

紧急接种在周围受威胁区也常进行,受威胁区的大小视疫病的性质而定。某些流行性强大的传染病如高致病性禽流感和口蹄疫等,其受威胁区在疫区周围 5～10 km。这种紧急接种的目的是建立“免疫带”以包围疫区,就地扑灭疫情,防止其扩散蔓延。该措施与疫区的封锁、隔离、消毒等综合措施相配合能取得较好效果。

三、药物预防

预防疫病除了加强饲养管理、搞好检疫淘汰、环境卫生和消毒工作,消除影响人兽共患疫病感染和流行的因素,如改变不良风俗习惯、饮食习惯和肉食品加工方式等外,应用群体药物预防也是一项重要措施和一条有效途径。实践证明,在具备一定条件时,对某些疫病采取此方法可以收到显著效果。这里指的群体是包括没有症状的动物在内的动物群体单位。

长期以来,对人和动物的寄生虫防治都以药物驱虫为主,并取得显著成效。过去的几十年,驱虫药成为动物药品市场中增长最快的药品之一,占到世界药品销售额的 1/4。如今,药物驱虫仍在防治寄生虫病中起着重要作用,是控制传染的一项重要措施,如日本血吸虫病、绦虫病、旋毛虫病等已经有了有效的防治药物。群体预防使用安全廉价药物,曾大规模使用在牛群灭蜱和羊群灭疥的药浴。根据寄生虫的生活史、药物性能和流行病学资料,一般要赶在虫体成熟产卵前驱虫,可防止性成熟的成虫排出虫卵或幼虫对外界环境的污染;或采取一年两次驱虫的措施。春季驱虫在放牧前进行,目的在于防止污染牧场;秋季驱虫在转入舍饲后进行,目的在于将动物已经感染的寄生虫驱除,有利于保护动物安全过冬;此外,冬季可冻死虫卵,减少牧场污染。

后来发展了以保健添加剂(磺胺类药物、抗生素、中草药)加入饲料和饮水中进行群体药物预防。近年来也有将喹乙醇、喹诺酮类药物作为保健添加剂的。这些预防措施在防控动物疫病中收到较好效果。但药物预防弊端和误区不容忽视,而中草药的应用前景比较广阔。

中医上注重:动物机体要与时令节气融为一体,动物“在其时,有其气”时,通常能保持健康。因此运用中药复方剂调理动物机体,特别是季节更换时喝汤药来接地气,会增强动物抵抗力。再结合每年早春,给马匹放蹄头血,这样会使马匹全年安康。

第二篇
多种动物共患病及马传染病

第三章　多种动物共患病毒性传染病

本章介绍马和多种动物共患病毒性传染病共 9 个，从经济意义和公共卫生方面来说都有重要意义。本节中传染病的病原体：流行性乙型脑炎和森林脑炎由黄病毒科病毒引起；狂犬病和水疱性口炎由弹状病毒引起；流行性感冒由正黏病毒科病毒引起；亨德拉病毒为副黏病毒科病毒引起；盖他病由披盖病毒科病毒引起；轮状病毒感染由呼肠孤病毒科病毒引起；痘病病毒为 DNA 病毒。这些病毒病的流行病学特点是：宿主范围广，不仅可感染马、人，而且感染其他多种动物，一般都有公共意义；几乎所有的病都由节肢昆虫传播，具有明显季节性。所以防控的重点就是要防止昆虫叮咬，防止将病原体引入马匹或人群。其中流感、狂犬病、流行性乙型脑病有疫苗用于人加以预防，但没有供马用的任何疫苗。

第一节　流行性乙型脑炎

流行性乙型脑炎（epidemic encephalitis B）又称日本脑炎（Japanese encephalitis，JE），简称“乙脑”，是由日本脑炎病毒（*Japanese encephalitis virus*，JEV）引起的一种蚊媒性人兽共患传染病。该病属于自然疫源性疾病，人和多种动物均可感染，其中人、猴、马和驴感染后出现明显的脑炎症状、病死率较高。猪群感染最为普遍，商品猪大多不表现临床症状，怀孕母猪可表现为高热、流产、产死胎和木乃伊胎，公猪则出现睾丸炎。其他动物多为隐性感染。

流行性乙型脑炎最先发现于日本，从 1871 年开始，每年夏、秋季节都有发生。由于当时冬、春季节还流行一种昏睡性脑炎，二者容易混淆，为了区别起见，于 1928 年将昏睡性脑炎称为流行性甲型脑炎；而将夏、秋季节流行的脑炎称为流行性乙型脑炎。1935 年在日本人群中流行本病时，马也发生了流行，同年日本学者从人和马的脑组织中分离到日本脑炎病毒，首次确定了该病的病原，并证明其抗原性不同于美国圣路易斯脑炎。我国于 1940 年从脑炎死亡病人的脑组织中分离出日本脑炎病毒，证实该病存在。该病分布很广，主要存在亚洲地区，我国大部分地区也时有发生。由于本病疫区范围较大，人兽共患，危害严重，被世界卫生组织列为需要重点控制的传染病。

【病原】

JEV 属于黄病毒科（*Flaviviridae*）黄病毒属（*Flavivirus*）。病毒粒子直径 30～40 nm，呈球形，二十面体对称，在氯化铯中的浮密度为 1.24～1.25 g/cm^3。病毒核心为衣壳蛋白包裹的 RNA，外层为囊膜糖蛋白。JEV 具有血凝活性，能凝集绵羊、鹅、鸽和雏鸡的红细胞，但不同毒株的血凝特性有明显差异，JEV SA4 株和 YN 株血凝性较好，而 SH3 株和 P3 株血凝性较差，此外，蚊源细胞 C6/36 增殖的乙脑病毒血凝性较好。

JEV 基因组为单股正链 RNA，长约 10 976 bp。JEV 抗原性稳定，只有一个血清型，但可根据 *E* 基因的差异分为 5 个基因型，我国流行的毒株多为基因Ⅰ型和基因Ⅲ型，基因Ⅴ型仅有一株的报道。

JEV 适宜在鸡胚卵黄囊内繁殖，也能在鸡胚成纤维细胞、原代仓鼠肾细胞以及 C6/36、

BHK-21、Vero等传代细胞中增殖，并产生细胞病变和形成空斑。不同JEV毒株在C6/36细胞上增殖形成的细胞病变不同，一类以细胞圆缩堆积脱落为主，如P3株等；一类以细胞大片融合为主，如SA14株等。不同JEV毒在BHK-21细胞上形成的空斑大小和形态也有差别，JEV弱毒疫苗株SA14-14-2的空斑小(<1.0 mm)，而其亲本毒株SA14的空斑较大(≥1.5 mm)，JEV分离株的空斑大小与其毒力有一定的相关性，但不完全一致。此外，毒力强的毒株其空斑边缘清晰，而毒力弱的毒株则空斑边缘模糊。

病毒在感染动物血液内存留时间很短，主要存在于中枢神经系统。动物感染该病毒后，均产生补体结合抗体、中和抗体和血凝抑制抗体。流行地区的吸血昆虫，特别是库蚊和伊蚊体内常能分离出病毒。小鼠是最常用来分离和繁殖JEV病毒的实验动物，各种年龄的小鼠都有易感性，但以1～3 d乳鼠最易感。小鼠脑内接种后3～5 d发病，表现离巢，被毛无光泽，并于发病后1～2 d内死亡。根据感染途径的不同，JEV的毒力可以分为脑内毒力(神经毒力)和皮下毒力(神经侵袭毒力)。JEV分离株的毒力差异大多表现在皮下毒力的差异，脑内毒力差异不显著。根据不同JEV毒株对成年鼠皮下致病力的不同，可以将JEV分为强毒株和弱毒株。

JEV对外界环境的抵抗力不强，常用消毒药都有良好的灭活作用。JEV在－20℃可保存一年，但病毒滴度降低；在50%甘油生理盐水中4℃可存活6个月；在pH 7以下或pH 10以上，活性迅速下降。

【流行病学】

本病为自然疫源性传染病，动物和人均可作为传染源。在流行期间，猪的感染率100%，马90%以上，为本病重要动物传染源。人是终末宿主。人被感染后仅发生短期病毒血症且血中病毒数量较少，故患者及隐性感染者作为传染源的意义不大。

在本病流行地区，畜禽的隐性感染率均很高，特别是猪，其次是马和牛，国内很多地区的猪、马、牛等的血清抗体阳性率在90%以上。带毒猪是人乙型脑炎的主要传染源，往往在猪乙型脑炎流行高峰过后1个月便出现人乙型脑炎发病高峰。

本病主要通过带毒的蚊虫叮咬传播，已知库蚊、伊蚊、按蚊属中的很多蚊种以及库蠓等均能传播本病。其中尤以三带喙库蚊(*Culex triaeniorhynchus*)为本病主要媒介，病毒在三带喙库蚊体内可迅速扩增。三带喙库蚊的地理分布与本病的流行区相一致，它的活动季节也与本病的流行期明显吻合。三带喙库蚊是优势蚊种之一，病毒能在蚊体内繁殖和越冬，且可经卵传至后代，带毒越冬蚊能成为次年感染人畜的传染源。因此，蚊不仅是传播媒介，也是病毒的贮存宿主。蝙蝠、蛇、蜥蜴和候鸟也可成为传染源。某些带毒的野鸟在传播本病方面的作用亦不应忽视。

人和家畜中的马属动物、猪、牛、羊等均有易感性。未成年马，尤其是当年幼驹发病率高，一般为散发，成年马多为隐性感染。但在新疫区常可见到猪、马集中发生和流行。人群对乙脑病毒普遍易感，但感染后出现典型乙脑临床症状的只占少数，多数人通过临床上难以辨别的轻型感染或隐性感染获得免疫力。通常以10岁以下的儿童发病较多，尤以3～6岁发病率最高。但因儿童计划免疫的实施，近来报道发病年龄有增高趋势。病后免疫力强而持久，罕有二次发病者。

在热带地区，本病全年均可发生。在亚热带和温带地区本病有明显的季节性，主要在7～9月份流行，这与蚊虫的活动有密切关系。我国华南地区的流行高峰在6～7月份，华北地区为7～8月份，而东北地区则为8～9月份。气温和雨量与本病的流行也有密切关系，夏季连续阴雨后易发生本病流行。在自然条件下，每 4～5 年流行一次。

【临床症状】

潜伏期为 1～2 周。病初体温短期升高，可视黏膜潮红或轻度黄染，精神不振，头下垂，驻立于暗处，常打呵欠，食欲减退，肠音稀少，粪球干小。

部分病马经 1～2 d 体温恢复正常，食欲增加并逐渐康复。有些病马由于病毒侵害脑和脊髓，出现明显的神经临床症状，表现沉郁、兴奋或麻痹。视力和听力减退或消失。针刺反应减弱，常有阵发性抽搐。

有的病马以沉郁为主，表现呆立不动，低头垂耳，眼半开半闭，常出现异常姿势，后期卧地昏迷。有的病马以兴奋为主，表现狂暴不安，乱冲乱撞，攀越饲槽，后期因过度疲惫，倒地不起，麻痹衰竭而死。一般病马多为沉郁和兴奋交替出现。

还有的病马主要表现为后躯的不全麻痹，步行摇摆，容易跌倒，甚至不能站立。多数预后不良，治愈马常遗留弱视、舌唇麻痹、精神迟钝等后遗症。

【病理变化】

马脑脊髓液增量，脑膜和脑实质充血、出血、水肿，肺水肿，肝、肾浊肿，心内、外膜出血，胃肠有急性卡他性炎症。脑组织学检查，见非化脓性脑炎变化。

人感染后从隐性到急性致死性脑炎，潜伏期一般为 7～14 d。患者大多数为儿童，也有少数免疫低下的老年人感染发病。多突然发病，最常见的临床症状是发热、头疼、昏迷、嗜睡、烦躁、呕吐以及惊厥等。主要神经体征为颈强直、腹壁反射及提睾反射消失，腱反射减弱或亢进。病例分为轻症型和重症型（又分为脑型及脑脊髓型），重症常发生呼吸衰竭而死亡。一般于体温正常后，多数患者的脑系临床症状及体征亦同时消失。治愈后少数人可能留有失语、四肢软弱、精神错乱、痴呆等后遗症。

【诊断】

临床综合诊断　本病有严格的季节性，散发，有明显的脑炎症状。死后取大脑皮质、丘脑和海马角进行组织学检查，发现非化脓性脑炎等，可作为诊断的依据。

病毒分离鉴定　在本病流行初期，采取濒死期脑组织或发热期血液，立即进行 1～5 d 乳鼠脑内接种或 SPF 鸡胚卵黄囊接种，可分离到病毒。分离获得病毒后，可用中和试验、间接免疫荧光试验、RT-PCR 和基因测序鉴定病毒。

血清学诊断　酶联免疫吸附试验、血凝抑制试验、中和试验和间接免疫荧光试验是本病常用的实验室诊断方法。由于本病毒抗体在发病的初期效价较低，且隐性感染或免疫接种过的人、畜血清中都可出现抗体，因此均以双份血清抗体效价升高 4 倍以上作为诊断标准。血清学方法多用于回顾性诊断或流行病学调查。

感染本病毒后 3～4 d 即可产生特异性 IgM 抗体，2 周达高峰，因此测定血清中的 IgM 抗体可作早期诊断。比较同一被检血清在 2-巯基乙醇（2-ME）处理前后的血凝抑制效价，如效价相差 4 倍以上，即可证明血清中的血凝抑制抗体为 IgM。此法的早期诊断率可达 80％以上。

鉴别诊断

（1）马　需与苏联传染性脑脊髓炎、狂犬病、镰刀菌毒病及肉毒梭菌中毒病相区别。

（2）人　应与西尼罗河热、尼帕病毒病、登革热、埃博拉出血热、森林脑炎区别。

【防制】

预防流行性乙型脑炎，应从控制传播媒介和易感畜群免疫接种这两个方面采取措施。

控制传播媒介以灭蚊防蚊为主，尤其是三带喙库蚊。应根据其生活规律和自然条件，采取有效措施。对猪舍、马栅、羊圈等饲养家畜的地方，应定期进行喷药灭蚊。对重要易感动物（如种公猪）畜舍必要时应加防蚊设备。

免疫接种易感动物可接种乙脑疫苗。目前所用疫苗有2-8减毒株，主要用于马属动物；5-3减毒株可用于马和猪；我国研制的流行性乙型脑炎减毒活疫苗种毒为JEV SA14-14-2株，安全性和免疫原性好，可用于人、马、猪，保护率均可达80%以上。

预防人类乙型脑炎主要靠免疫接种，我国对本病实行计划免疫，即所有儿童都要按时接受疫苗接种。疫苗注射的对象主要为流行地区儿童。8月龄儿童首次免疫，于上臂外侧三角肌附着处皮下注射0.5 mL；分别于2岁和7岁再各注射0.5 mL，以后不再免疫。

磺胺类药物（磺胺嘧啶）及抗生素防止继发感染。高烧时可用物理降温或安乃近等退烧药物。高烧且出现神经症状可应用氯丙嗪，既降温又镇静。出现神经症状时用巴比妥类等镇静同时静脉注射甘露醇、山梨醇等降低颅内压。

中药治疗：可用石膏汤、双花汤加减。

石膏汤：生石膏160 g、元明粉125 g、天竺黄25 g、板蓝根62 g、大青叶62 g、青黛20 g、滑石31 g、朱砂6 g（另包），除朱砂外，水煎2次，候温加朱砂灌服。加减：患畜高热不退者，加知母、生甘草，重用石膏；大便秘结者，加大黄，重用元明粉；津液不足者，加玄参、生地、麦冬，轻用元明粉、滑石；高热昏迷者，重用天竹黄、青黛之类；抽搐不止者，加全蝎、蜈蚣；病后体虚者，加黄芪、当归、党参、白术等滋补药。

双花汤：双花62 g、天竺黄31 g、栀子20 g、黄芩31 g、生地62 g、花粉20 g、郁金62 g、玄参62 g、白芷20 g、石膏62 g、蜈蚣4条（去头足）、菊花138 g、蝉蜕31 g、薄荷31 g、板蓝根31 g、大青叶31 g，水煎2次灌服。加减：黄疸明显的去蜈蚣，加茵陈、柴胡、龙胆；精神沉郁的去蜈蚣、茵陈；嘴唇麻痹的，采食困难的加当归、川芎，去石膏、蜈蚣；狂暴抽搐的加朱砂、枣仁、琥珀、伏神；粪便干燥者加大黄和芒硝。

【思考题】

流行性乙型脑炎的流行病学特征有哪些？

第二节 狂 犬 病

狂犬病（rabies）又名疯狗病或恐水症，由狂犬病病毒引起人和动物的一种接触性传染病。狂犬病病毒感染中枢神经系统，引起所有温血动物的急性脑炎，其临床特征是神经兴奋、狂暴和意识障碍，最后全身麻痹死亡。

狂犬病是人畜共患的自然疫源性疾病，我国在《左传》中有记载公元前556年发生过本病。Aulus Cornelius Celsus于公元1世纪首次对本病及其感染宿主范围进行准确描述。1881年巴斯德发现了狂犬病病毒，并于1885年成功研制出人用的减毒疫苗。目前，人狂犬病仍是全世界一个重要的公共卫生问题，除日本、英国、新西兰等岛国外，世界各地均有本病发生，尤其中亚和东南亚国家。我国随着犬、猫等宠物养殖量逐渐扩大，对该病的防制需给予高度重视。

【病原】

狂犬病病毒（*Rabies virus*）属于弹状病毒科（*Rhabdoviridae*）狂犬病病毒属（*Lyssavirus*），基因组为单一分子的单股RNA，大小为11～15 kb。病毒粒子呈子弹形，大约180 nm×75 nm，有囊膜及纤突。核衣壳圆柱状，螺旋形对称。在 4℃ pH 6.2 时能凝集鹅和 1 d 雏鸡红细胞的血凝特性。

本病毒能在鸡胚成纤维细胞、鸡胚绒毛囊膜、小鼠和仓鼠肾上皮细胞、BHK-21 以及人 WI-38 二倍体细胞培养物中增殖，并在一定条件产生蚀斑。适应鸡胚成纤维细胞的毒株，如 Flury 的 LEP 和 HEP 株，在细胞培养物中的病毒产量较高，可用于制备疫苗。

狂犬病病毒属包括狂犬病病毒(*Rabies virus*)、拉各斯蝙蝠病毒(*Lagos bat virus*)、蒙哥拉病毒(*Mokola virus*)、杜文哈根病毒(*Duvenhage virus*)、澳大利亚蝙蝠病毒(*Australian bat virus*)、欧洲蝙蝠病毒 1 型及 2 型(*European bat virus* 1 & 2)。从自然病例分离到的狂犬病流行毒株称为“街毒”(street virus)。巴斯德将“街毒”经家兔脑内等多次继代，使其对家兔的潜伏期缩短，对原宿主犬的毒力下降，但仍保持免疫原性的毒株称为“固定毒”(fixed virus)。

本病毒对外界抵抗力不强，易被光、紫外线、高温、强酸、强碱、有机溶剂(如乙醚、甲醛、苯酚)、含氯制剂及大部分消毒剂等灭活。56℃ 30～60 min 或 100℃ 2 min 即可灭活，但病料在 25～37℃保存 5～7 d 可检测到抗原。

【流行病学】

人和所有温血动物均易感，其中有 4 000 多种哺乳动物易感。不同种类的动物易感性不同，主要与动物年龄(幼龄动物更易感)、病毒变异、病毒感染量及咬伤的部位等有关。犬是最主要的发病者，其次是猫，偶尔可见牛、猪、马等家畜，蝙蝠是主要携带者。野生动物(如狐、狼、豺、鹿及某些啮齿动物)是该病毒的自然宿主。国内的犬、绵羊、山羊、马和非灵长类动物亦是本病毒的自然宿主。所有鸟类和低等哺乳动物的易感性都低。

患病动物和带毒者是本病传染源，野生动物如狼、狐、貉、臭鼬和蝙蝠等是狂犬病病毒的自然保毒者，尤其是蝙蝠是重要的储主之一。野生啮齿类动物一定条件下可成为本病的危险疫源而长期存在，可能会被食肉兽吞食而传播本病。

狂犬病病毒最主要的传播方式是由患病动物咬伤或伤口被含狂犬病病毒的唾液污染而引起感染。此外，人和动物都有经呼吸道、消化道和胎盘等非咬伤途经感染的病例。

本病的流行方式以锁链式出现。一般头面部咬伤者比躯干、四肢咬伤者发病率高；伤口越深，伤处越多者发病率越高。此外，被狼咬伤者其发病率可比被犬咬伤者高 1 倍以上，这是因为野生动物唾液腺中含病毒量比犬高，且含毒时间更为持久。本病的发生有明显的年龄、性别特征和季节性，一般以青少年及儿童患者较多，男性较多，温暖季节发病较多。

【临床症状】

马　潜伏期 12 d。早期虽有神经症状，但不典型，末期有兴奋表现(狂暴性狂犬病)。通常出现口鼻震颤，表现痛苦和极度兴奋，类似绞痛的症状。感染马乱咬和恶意攻击，因为它们个体大，在短时间内变得难以控制。其他症状表现为跛行或虚弱、共济失调，剧烈的肢体运动，沉郁，食欲减退，尿频、发汗，啃咬周围的物体，频繁嘶叫，猛烈摇头和横卧。

人　人的潜伏期 2～6 个月。病初头痛、疲乏、食欲不振、恶心、呕吐等症状，被咬部位有发热、发痒、蚁走等感觉，病人瞳孔散大、流涎、出汗随后则出现呼吸难、恐水及咽部和呼吸肌痉挛，但痉挛呈间歇发作；发作期间，病人恐怖和忧虑，有时表现为狂躁不能自制，通常发病 3～4 d 全身麻痹、昏迷而死。

【病理变化】

本病无特征性剖检变化。病理组织学检查有非化脓性脑炎和神经炎变化。大脑海马角、大脑或小脑皮质等处的神经细胞中可检出嗜酸性核内包涵体——内基氏小体(Negri's bodies)。血管周围有明显的血管套现象和神经胶质细胞增生。

【诊断】

综合性诊断　本病有明显被狂犬病动物咬伤的病史,各种动物不分年龄、季节均可发病,患病动物均具有明显前驱期、兴奋期和麻痹期,攻击其他人畜,舔咬伤口,死后大脑海马角病理组织学检查有内基氏小体、非化脓性脑炎和神经炎病变等可作为临床诊断的依据。

病毒分离鉴定　患病动物死后采取脑或唾液腺等病料,制成10%的乳剂,接种成神经细胞瘤细胞系CCL131细胞上分离培养,还应将病料接种5～6 d乳鼠脑内,每只注射0.03 mL,每份样品接种4～6只,经3～4 d乳鼠出现痉挛、麻痹死亡后,即可取脑组织做内基氏小体检查。分离的病毒用直接荧光试验或病毒中和试验进行鉴定。

血清学诊断　用小鼠或细胞培养物做病毒中和试验和补体结合试验。还有血凝抑制试验、酶联免疫吸附试验。

其他诊断如PCR等。

家畜感染狂犬病病毒后,可产生多种特异性抗体,如IgG、IgM和IgA。接种狂犬病病毒细胞苗之后7 d左右出现IgM,第14天便由IgG取代IgM。

【防制】

对家犬进行大规模免疫接种和消灭野犬是预防人狂犬病最有效的措施。欧美很多国家在消灭家犬狂犬病的基础上,对野生动物采用空投疫苗诱饵等方法预防野生动物狂犬病,取得明显防疫效果。应加强犬、猫管理,扑杀无主野犬和病犬。在流行区给家犬和家猫强制性疫苗接种并登记挂牌,是一种重要的预防措施。

疫苗接种　接种狂犬病疫苗是预防和控制本病的有效措施之一。国内,将Flury毒株鸡胚低代毒(LEP)适应于BHK-21细胞培养后制成弱毒疫苗,适用家犬免疫。近年来从国外引进的ERA株狂犬病弱毒疫苗比LEP株毒力弱,经肌肉注射成年牛、山羊、绵羊、犬和家兔均安全有效,可用于马的免疫。目前人类用原代仓鼠肾细胞培养的狂犬病疫苗,采用常规5针法(即0、3、7、14、30 d各肌注2 mL)免疫,在免疫后90 d血清中中和抗体出现高峰。

治疗　人和家畜在咬伤之后,应尽早处理伤口,以清除残留唾液。用大量肥皂水或0.1%新洁尔灭冲洗消毒,然后再对局部用75%酒精或3%碘酒消毒。对创腔较深的伤口,应将导管插入伤口内,用上述洗液充分冲洗,但如果引起剧痛可局部麻醉。伤口不应缝合,暴露在空气中以限制病毒在组织中复制和扩散。咬伤严重者应注射免疫血清。人可用人源抗狂犬病免疫球蛋白(RIGH)做创周局部浸润注射。

【思考题】

1. 狂犬病诊断的主要依据是什么?
2. 狂犬病的主要传播途径有哪些?应该如何有效预防狂犬病的发生?

第三节　流行性感冒

流行性感冒(influenza)简称流感,原来是指由正黏病毒科中的病毒引起的人类中快速传播的卡他热性流行病。现今正黏病毒被认为是人类、马、猪和各种禽类的多种自然感染和疾病的病因,通常侵害上呼吸道,在水貂和各种海生哺乳动物则为自然发生的散发病例。

此病在动物间存在历史悠久。1878 年意大利报道发生真性鸡瘟(fowl plague),该病后来在世界各地发生多次流行,造成巨大经济损失;1918 年,猪流感在美国大流行,此后几乎每年都有发生,很快蔓延到许多国家;1955 年瑞典、东欧各国流行马的呼吸道感染时,首次从马分离到流感病毒,其后在美国、西欧、大洋洲都有马流感流行。人流感的流行,迄今已有百余次之多,20 世纪有详细记载的世界大流行有 3 次。第一次是发生于 1918—1919 年的"西班牙流感",死亡人数达 2 100 万,为第一次世界大战战死总人数的 2 倍以上,第二次和第三次是 1957—1958 年的"亚洲流感"和 1968—1969 年的"香港流感",死亡人数虽较第一次大为减少,但仅美国这两次的死亡人数就分别有 7 万和 3.4 万。

【病原】

流感病毒(influenza virus)属正黏病毒科(*Orthomyxoviridae*),分为 4 个属,A、B、C 和托高土病毒属。A、B、C 型流感病毒的内部核蛋白(NP)和基质蛋白(M)的抗原性有很大不同,通过琼脂扩散等试验可将它们区分开来。这三型病毒在基因组结构和致病性方面也存在很大差异。这里主要介绍引起各种动物感染和发病的 A 型流感病毒。

A 型流感病毒粒子呈多形性,直径 20～120 nm,也有呈丝状者。基因组含有由 8 个节段组成的单股 RNA,分别编码 PB_2、PB_1、PA、HA、NP、NA、M_1、M_2、NS_1 和 NS_2 共 10 种蛋白质。核衣壳呈螺旋对称,外有囊膜,囊膜上有两种纤突:一种是血凝素(HA),可使病毒吸附于易感细胞的表面受体,诱导病毒囊膜和细胞膜的融合;另一种是神经氨酸酶(NA),可水解细胞表面受体特异性糖蛋白末端的 *N*-乙酰基神经氨酸,当病毒在细胞表面成熟时,NA 可除去细胞膜出芽上的神经氨酸。两者都是糖蛋白,具有良好的免疫原性,同时又有很强的变异性,是流感病毒亚型及毒株分类的重要依据。HA 与病毒侵袭宿主有关,决定了病毒的宿主特异性,同时能吸附和凝集红细胞,这种凝集作用能被特异性抗血清(单抗)所中和,因此可用 HA-HI 试验来鉴定病毒及其血清型。

HA 有 16 个亚型,NA 有 10 个亚型,不同 HA 和 NA 的组合使流感病毒具有了不同的血清亚型。由于流感病毒的基因组具有多个片段,在病毒复制时易发生不同片段的重组和交换,从而出现新的亚型,尤其是同一细胞中可感染两个不同血清型或血清亚型的病毒更是如此。流感病毒的变异主要发生在 HA 和 NA 抗原上,这种变异只引起个别氨基酸或抗原位点出现变化时叫作"抗原漂移",此时产生新毒株不产生新的亚型;但当抗原变化幅度较大时,如由 H1 变为 H2 或由 N1 变为 N3 等,叫作"抗原转换",这时产生新的亚型。人流感病毒的变异趋势是 2～3 年一漂移,15 年一转换,且每次大变异都会导致大的流行。由于流感病毒不同亚型间不能相互交叉保护,这给本病的疫苗研制和防制带来了极大困难,必须常年监控流行毒株的血清型状况来安排疫苗生产,因此,监测与预警预报就显得尤为重要。

马流感为引起马属动物的一种急性暴发式流行的传染病,为高度接触性、呼吸道传染病。

不同血清亚型的流感病毒对宿主的特异性与致病性是不同的,特异性决定于 HA 对宿主细胞受体的特异性识别。感染人的流感病毒血清亚型主要有 H1N1、H2N2、H3N2,而感染猪的流感病毒血清亚型主要为 H1N1、H3N2,感染禽的血清亚型主要为 H9N2、H5N1、H5N2、H7N1 等,感染马的血清亚型为 H7N7(马甲 1 型)和 H3N8(马甲 2 型)。同一血清亚型病毒的致病性并不完全相同,这种致病性的差异主要取决于 HA 上蛋白水解酶位点处的碱性氨基酸的多寡,连续的碱性氨基酸数量越多,致病性也越高。

培养流感病毒最好用发育鸡胚。病毒也能适应雪貂、小鼠、仓鼠、发育鸡胚以及许多组织培养细胞。马、猴、犊牛、雏鸡和人胚胎的肾细胞的敏感性也很高。但在鸡胚成纤维细胞和其他一些细胞培养低致病性流感病毒时，需添加外源性胰酶，以裂解 HA，产生传染性病毒。流感病毒对环境抵抗力相对较弱，热、高或低 pH、非等渗环境和干燥均可使病毒灭活，在－70℃稳定，冻干可保存数年。60℃ 20 min 可使病毒灭活。因带有囊膜，一般消毒剂对病毒均有作用，对碘蒸汽和碘溶液特别敏感。

【流行病学】

除禽类、猪以外，A 型流感病毒还可自然感染人、马、貂、海豹、鲸等动物，通常只有自然宿主感染，但某些亚型具有同时感染人、猪或禽的能力。各种动物不分年龄、品种、性别均可感染，以禽（鸡、火鸡）、猪、马和人的病情严重。小鼠对某些毒株易感并发病，但仓鼠、豚鼠、犬、猫等多为隐性感染。

患病动物是本病的主要传染源，其次是康复或隐性感染动物。病马退热后可能较长时间内带毒和排毒，成为传染源。

马流感主要由 H7N7 和 H3N8 亚型引起，病马咳嗽喷出含有病毒的飞沫，经呼吸道传染是本病主要的传染方式。亦可通过污染的饮水、饲料经消化道感染。病毒在康复马匹的精液中存在很久，因此配种，尤其是本交是此病的一种重要传播方式。

本病传播极为迅速，常呈暴发性流行，经 1 周或稍长时间，所有易感马都感染发病。由于病马感染以后能获得长时间免疫，因此 3 岁以上的马匹都带有大量的各种抗体，所以在流行时发病的多是 2 岁以下的幼龄马。另外，由于两个亚型毒株之间交叉免疫保护力甚小，当二者同时或相继在同一马群流行时，就会出现持续波浪式流行。天气阴冷季节多发，运输、拥挤和营养不良等因素也可诱发。

【临床症状】

潜伏期为 2～10 d，大多 3～4 d。发病的马匹中常有一些症状轻微者，呈顿挫型经过，并多为隐性感染。

典型病例先表现发热，体温上升到 39.5℃，稽留 1～2 d 或 3～4 d，然后徐徐降到至常温。如有复相体温反应，说明有继发感染。

最初 2～3 d 内经常干咳，干咳渐变为湿咳，持续 2～3 周，亦常发生鼻炎，先流水样鼻液而后变为黏稠鼻液。马甲 1 型病毒感染时，常发生轻微的喉炎，有继发感染时才呈现喉、咽和喉囊的病症。

病马发热时呈现全身症状：呼吸加速、脉搏频数、食欲降低、精神委顿，眼结膜贫血浮肿，大量流泪。马甲 1 型病毒所致的变化，往往呈呼吸表浅加快，甚至有时气喘。病马在发热期中常表现肌肉震颤，肩部的肌肉最明显，病马因肌肉酸痛而不愿活动。

马甲 2 型病毒与马甲 1 型病毒相比，有较大的毒力而更呈趋肺性。因感染本病而死亡的多是幼驹或有继发感染的病例，死亡率一般不超过 5%。发热也较 H7N7 亚型高达 41.5℃。欧洲发生的 H3N8 亚型病毒流行时，多数马都在发病的第 4 天后，因继发细菌感染而呈复相发热。

病马取良性经过，经 3～6 d 即恢复正常，几乎无死亡。

【病理变化】

主要病变在下呼吸道。H3N8（马甲 2 型）所致病例能观察到细支气管炎或扩散而呈支气管炎、肺炎和肺水肿。

【诊断】

综合性诊断　根据流行特点、临床表现、病理变化一般不难对马流感做出初步诊断。

病毒分离鉴定　样品最好为发热初期的鼻液，接种 9～11 日龄鸡胚尿囊腔或 MDCK 细胞，35℃培养 2～4 d，取尿囊液或细胞培养上清进行 HA 试验，对 HA 阳性病料培养物进行 HI 试验鉴定病毒及其亚型。

血清学诊断　取发病初期和恢复期动物的双份血清，用 HI 试验检测抗体滴度变化，当恢复期抗体效价升高 4 倍以上作为诊断标准。此外，ELISA、补体结合试验也是常用的方法。

分子生物学诊断　最常用的是 RT-PCR 法进行快速而灵敏诊断。此外，荧光 PCR、实时定量 PCR、环介导等温 PCR 以及核酸探针等也用于该病诊断和血清型鉴定。

鉴别诊断　应与马腺疫、马胸疫、马支气管炎、马动脉炎、马鼻肺炎鉴别诊断。

【防制】

可采用建立健全疫情报告制度、加强地区间的联防措施进行预防。在南方地区要加强冬春季节马匹的饲养管理，同时做好防寒保暖、饮水清洁、圈舍消毒等工作。

坚持自繁自养，尽量不从外地购马，或者从非疫区购买。经严格检疫的健康马，购回后要隔离观察半个月以上，确认无病后方可混群饲养。

目前马尚无理想疫苗。

治疗主要以对症治疗为主，注意清肺止咳并防止继发感染。

方 1：金银花 40 g、连翘 40 g、牛蒡子 40 g、薄荷 30 g、菊花 30 g、浙贝母 20 g、天花粉 25 g、大青叶 30 g、陈皮 20 g、生甘草 20 g。

用法：上药共为细末，开水冲调候温灌服，1 日 1 剂。

方 2：金银花 100 g、野菊花 100 g、一枝黄花 100 g、紫苏 50 g、薄荷 50 g、陈皮 50 g。

用法：上药切细入锅加水煎沸 1 h，取液 600 mL，候温灌服，1 日 1 剂。

方 3：诃子肉 30 g、柏香 30 g、睡菜 15 g、雪上一枝蒿(刺)15 g。

用法：上药共为细末，大马 10～20 g，小马 3～7 g，早晚各内服 1 次。

【思考题】

1. 马流感的流行病学是什么？
2. 如何根据马流感的流行病学知识对该病进行防治？

第四节　水疱性口炎

水疱性口炎（vesicular stomatitis，VS）是由水疱性口炎病毒引起马、牛、羊、猪等动物和人的一种急性、热性传染病。此病具有季节性，其特征为患病动物的口腔黏膜发生水疱，流泡沫样口涎，间或在蹄冠和趾间皮肤上发生水疱。人畜共患的重大动物疫病，感染人后出现急性热性类似流感和登革热的症状，在肉食品安全中具有重要意义。

本病于 1821 年发生于北美的骡、马，之后在南部非洲的马、牛、骡中发生。1916 年第一次世界大战期间，本病随美国的军马传到欧洲，此后在非洲、南美洲广泛流行。

【病原】

水疱性口炎病毒（*Vesicular stomatitis virus*，VSV）属于弹状病毒科（*Rhabdoviridae*）水疱病毒属（*Vesiculovirus*）成员，为线性单股负链 RNA 病毒。病毒粒子有 5 种结构蛋白：糖蛋白

(G)、基质蛋白(M)、核蛋白(N)、磷酸蛋白(NS)和 RNA 聚合酶大蛋白(L)。G 蛋白具有型特异性，可刺激产生中和抗体和血凝抑制抗体；N 蛋白和 M 蛋白具有不同血清型交叉反应的特性。通过中和试验和补体结合试验可将水疱性口炎病毒分为两个血清型：印第安纳(Indiana)型和新泽西(New Jersey)型，且两者不能交叉免疫。印第安纳型又分为 1、2、3 三个亚型。

水疱性口炎病毒可在 9～11 日龄鸡胚绒毛尿囊膜上/腔中增殖，于接种后 24～48 h 使鸡胚死亡。病毒几乎可在所有常用的实验室培养细胞中生长，如牛、猪和豚鼠的原代肾细胞、鸡胚上皮细胞、羔羊睾丸细胞以及 Vero 和 BHK-21 传代细胞。病毒有致细胞病变作用，并能在肾单层细胞上形成蚀斑。人工接种马、牛、猪、绵羊、兔、豚鼠的舌面均可发生水疱。给豚鼠、仓鼠和南美绒鼠接种可引起脑炎而死亡。鸡、鸭、鹅在趾蹼上接种也可感染。

病毒对环境因素不稳定，对乙醚敏感，加热 58℃ 30 min 即可灭活，2%氢氧化钠或 1%福尔马林能在数分钟内将病毒杀死，在直射阳光和紫外线照射下可迅速死亡，病毒在 50%甘油磷酸盐缓冲液中(pH 7.5)可存活 4～6 个月，在 4℃可生存 100 h，真空干燥、于冰箱中保存 5 个月内失去活力。

【流行病学】

马、牛、螺、猪是主要的易感动物。啮齿动物、浣熊、郊狼、红猫、野猪、鹿、麋鹿、加拿大寒羊、羚羊、豪猪、蝙蝠、猴子、鸟和节肢动物均可感染。人与患病动物接触也易感染此病。实验证明，易感宿主可因病毒基因型不同而有所差别，新泽西病毒的主要宿主是马、牛、猪，而印第安纳型病毒则能引起牛和马的水疱性口炎，但不能使猪发病。

本病的主要传染源为病畜。病畜的唾液和水疱液中含有大量病毒，在水疱形成前 96 h 就可从唾液中排出病毒。病毒可通过污染的饲料、饮水、饲养用具而经消化道侵入体内，或通过损伤的皮肤和黏膜而引起感染；也可通过媒介昆虫叮咬而传染，有人认为双翅目昆虫(包括蚊、螯蝇等)是本病的重要传播媒介，曾从白蛉及伊蚊体内分离到病毒。

本病具有明显季节性，多流行于夏、秋季节，秋末趋于平息，也有冬季暴发本病的报道。本病呈地方流行性，在美洲常发生于低洼热带雨林和亚热带地区。有些疫区可连年发生，但传染性不强。

【临床症状】

自然感染潜伏期 3～5 d，人工感染 1～3 d。

马最基本的损伤发生在口腔，尤其是唇和舌面，起初黏膜变白或有微量的渗出液，进而破溃、糜烂，当水疱出现时，疾病迅速发展，频繁流涎，随后有发热反应，表现为精神沉郁、厌食，但饮水正常，病马虚嚼、磨牙，从嘴中流出黏稠液体。感染马常在食槽或其他物体上摩擦嘴唇，有时损伤会波及口咽和鼻骨，导致咽下困难，轻度鼻流血或呼吸困难。蹄部的损伤最初表现为蹄冠充血和溃疡，继之蹄冠裂缝或持续性跛行，如果继发细菌感染会加重病情。马体的其他部位偶尔有次发性病变。

人感染后呈流感样症状，表现突然发热、恶心、肌肉酸痛、头痛，有时伴有眼痛、胸痛和呕吐，少数病人发生口炎、轻度肾炎和扁桃体炎。一般 1 周内可完全康复，康复后可产生中和抗体。

【病理变化】

主要病理变化发生在口腔、乳头、蹄及蹄冠周围、形成水疱，病变同症状。

【诊断】

临床综合诊断　本病的发生具有明显的季节性和区域性。根据本病常发生于夏、秋季节，各种动物均可感染，发病率和死亡率较低，以及水疱、溃疡等临床症状可以做出初步诊断。确诊必须进行实验室诊断。

病毒分离鉴定　采取水疱皮研磨成10%的悬液或采集水疱液，经绒毛尿囊膜或尿囊腔途经接种于7～13 d鸡胚，于37℃培养，鸡胚常于24～48 h死亡；也可接种猪肾细胞和鸡胚成纤维细胞，并形成蚀斑。然后用中和试验进行鉴定。

血清学诊断　OIE推荐的有间接夹心ELISA、液相阻断ELISA、竞争ELISA、病毒中和试验、补体接合试验。夹心ELISA是当前诊断水疱性口炎的常用方法，用于该病毒各种血清型鉴定，也可用于区别其他水疱性疾病。

PCR技术　选择恰当引物用PCR方法可以扩增出水疱性口炎新泽西株和印第安纳株的不同核酸片段，从而区别这两个血清型，同时也可以诊断此病。

【防制】

疫苗接种常发地区应对易感动物进行疫苗注射。已有水疱性口炎弱毒苗和灭活苗，并在奶牛场中应用。

发生本病时应及时隔离病畜及可疑病畜，对疫区严格封锁。封锁期间严禁从封锁区内运出饲料、畜产品及易感动物，人员通过时应严格消毒。对畜舍、场地和用具用2%～4%氢氧化钠溶液、10%石灰乳、0.2%～0.5%过氧乙酸或1%强力消毒灵喷洒消毒。动物粪便应堆积发酵处理或用5%氨水消毒。一般经过14 d再无病畜发生，可以解除封锁，解除封锁时进行一次终末消毒。

本病一般可以自愈。为促使本病早日痊愈，缩短病程，特别是为防止继发感染，应在严格隔离的条件下对病畜进行对症治疗。口腔可用清水、食醋或0.1%高锰酸钾进行洗涤，糜烂面上涂以1%～2%明矾或碘甘油或使用冰硼散（冰片15 g、硼砂150 g、芒硝18 g，研磨成粉末）治疗。蹄部可用3%臭药水或来苏儿洗涤，然后涂以松馏油或鱼石脂软膏。乳房可用2%～3%硼酸水洗涤，然后涂以青霉素软膏或其他防腐软膏。如果奶牛正值泌乳期，应定期将奶挤出，以防发生乳房炎。

第五节　森林脑炎

森林脑炎（forest encephalitis）又名蜱传脑炎（tick-borne encephalitis）或称苏联春夏脑炎（Russian spring summer encephalitis），是由森林脑炎病毒引起的以中枢神经系统症状为主的急性传染病。感染者表现以突发高热、昏迷、瘫痪、脑膜刺激等中枢神经临诊症状为主，重症病例死亡率可达20%，轻度病例只有发热和头痛等临诊症状。1937年，在苏联远东地区发现，后主要流行于亚洲和欧洲部分地区，在我国主要分布于东北的大兴安岭、小兴安岭、长白山地区、新疆以及云南等西南地区的林区。

【病原】

森林脑炎病毒属于黄病毒科（*Flaviviridae*）黄病毒属（*Flavivirus*）。成熟病毒粒子呈球形，直径约50 nm，有囊膜，囊膜表面有棘突。基因组为单股RNA。

病毒可以在人胚肺、肾、肌皮细胞，小鼠和大鼠肌皮细胞，猴肾、犬肾、地鼠肾细胞以及Hela、Vero、BHK-21等细胞上培养。也可以接种到3～4周龄小鼠、乳鼠脑内或7 d前后的鸡胚培养。

病毒在50%甘油中0℃时可存活1年，在pH 8.4～8.8的环境中稳定，在56℃条件下，30 min全部灭活。3%～8%甲醛，2%戊二醛，2%～3%过氧化氢、乙醇，1%～2%碘酊及紫外线均可杀灭病毒。

【流行病学】

人对森林脑炎病毒普遍易感。动物中马、山羊和猴最为敏感。感染羊经乳汁长期排出病毒，人类或其他动物可因饮用这种带毒生乳而受感染。牛、野生鼠类和鸟类可能也是病毒的贮存宿主。当易感者进入本病存在的森林地带，被带有病毒的蜱叮咬后即可感染得病，大部分为隐性感染或为轻型病例，仅一小部分出现典型症状。

野生啮齿动物如灰鼠、野鼠、刺猬等及鸟类是主要传染源，林区的幼畜及幼兽也可成为传染源。人类并非森林脑炎传播环中的固有宿主，虽然患者症状严重，并有较高病死率，但患者不能成为传染源。

主要由于硬蜱叮咬，我国以全沟蜱为主。当蜱吸吮受染啮齿动物的血液后，病毒在蜱体内繁殖，并可越冬和经卵传代，故蜱不仅是传播媒介也是重要的储存宿主。病毒可在蜱体内增殖，幼虫和成虫分别可保存病毒1～2年，能经卵垂直传播。

疾病流行具有严格季节性，主要与蜱的活动有关，一般从5月开始，6月达高峰，而后下降，约80%病例发生在5～6月间。多散发。分布具有严格地区性，疫区通常为阔叶和针叶树混杂的林地，我国主要见于东北和西北的原始森林地区。患者多为森林工作者及进入林区的旅游人员和野外作业者，尤其多见于采伐工人，以20～30岁青壮年居多。感染后有较久免疫力。

【临床症状】

潜伏期7～21 d，多数10～15 d。

马　病马初期出现短暂的体温升高，精神沉郁，易疲劳，出汗，可视黏膜黄染。经1～2 d后出现与乙脑相似的症状，有的精神沉郁，有的狂躁不安，有的两者交替出现。血液黏稠，血沉缓慢，血清析出缓慢且颜色深黄。

人　患者常在7～10 d的潜伏期后突发高热、头痛、恶心、呕吐，并出现意识不清和脑膜刺激症状，有的出现肌肉瘫痪，病程10 d左右，严重者最后昏迷而死。

【病理变化】

病理变化与乙脑相似，神经系统出现广泛的炎症病变，灰质、白质和脑膜均被累及，有渗出性和退行性病变，并有胶质细胞反应和淋巴血管套形成。

神经细胞有变性、坏死和脑组织软化等，血管周围和软脑膜浸润和局部神经胶质细胞增生。常累及基底节、视丘和脑干，也可累及脊髓，以颈部上段较为显著，重症患者的病变可波及延髓。除神经系统外，心、肝、肾亦可有退行性病变。

【诊断】

临床综合诊断　依据发病季节、发病地区、患病人畜进入林区或饮用疫区牛羊生乳的历史等流行病学资料，结合临床表现，如突然高热、意识障碍、脑膜刺激症和肌肉瘫痪等，可做出初步诊断的依据。

也可通过血液学进行检查，常表现为血液黏稠，血沉缓慢，血象中白细胞数目1万～2万，中性粒细胞增高；脑脊液压力稍高，细胞计数一般在0.2×10^9以下，淋巴细胞占多数。糖及氯化物正常。

病毒分离鉴定 病初以血清与脑脊液分离病毒，但阳性率低，死后可取脑组织分离病毒。通常是剖检取脑，对死者则通过眼眶或延脑穿刺术采取脑组织。脑组织以 10%脱脂乳盐水制成乳剂，经离心沉淀和抗生素处理后脑内注射乳鼠或接种 BHK-21、Vero 等细胞培养物，方法与乙脑病毒相同。随后用标准血清与新分离病毒进行补体结合试验和中和试验。

血清学诊断 应用森林脑炎免疫血清进行血清学试验，检测人畜血液或死亡者脑组织内的病毒抗原，具有直接的快速诊断价值，方法与乙脑病毒相同。

由于疫区人畜常因隐性感染和疫苗接种而呈阳性抗体反应，以检测抗体为目的的血清学试验通常对急性期和恢复期双份血清进行补体结合、中和或血凝抑制试验以及酶联免疫吸附试验等，但只是一种回顾性诊断。

补体结合试验呈属或群特异性，黄病毒属的各个成员间常常呈现交叉反应，故需进行中和试验进行鉴别。补体结合试验双份血清效价增长 4 倍以上者或单份血清价 1∶16 以上可确诊；血凝抑制试验双份血清效价增长 4 倍以上者或单份血清效价 1∶320 以上可确诊。用 ELISA 或间接免疫荧光技术试验检测特异性 IgM 可早期诊断。

分子生物学诊断 用 PCR 方法直接检测病毒。

鉴别诊断 森林脑炎病毒与乙型脑炎病毒同为黄病毒科黄病毒属的成员。在形态和理化特性上两者相似，但两者的抗原性不同，生物学特性也有差别，如中国地鼠在脑内接种森林脑炎病毒时发病死亡，但接种乙脑病毒不发病，反之，黄鼠在脑内接种乙脑病毒后发生致死性脑炎，但接种森林脑炎病毒后不发病。

【防制】

消灭本病的传播媒介是预防本病的重要措施。因此应搞好饲养场所周围的环境卫生，消除路边杂草，加强防鼠、灭鼠、灭蜱工作，减少来往人、兽受蜱侵袭机会。

疫苗接种由于接种后 1.5～2 个月方能产生抗体，故进入林区者预防接种应在 3 个月前完成。接种森林脑炎组织培养疫苗第一次肌注 2 mL，7～10 d 后再肌注 3 mL，以后每年加强免疫 1 次，可获得良好效果。

个人防护 进入林区工作时，应做好防护工作，防止蜱的叮咬。衣帽可浸邻苯二甲酸二甲酯，每套 200 g，有效期 10 d。同时每 2 d 检查一次，发现蜱后立即消灭。如果发现蜱已刺入皮肤，不可猛拉，以免蜱的刺器断于皮肤内。可用烟头烫蜱的尾部使之退出，也可用油类或乙酯滴于蜱体致死，然后轻摇动，缓缓拔出。

治疗 疾病早期可给予恢复期的血清，每日肌肉注射 20～40 mL，直到体温降至 38.5℃以下为止。对有高热、昏迷、惊厥、呼吸衰竭等症状可采取对症治疗。

高效价免疫丙种球蛋白每日 6～9 mL 肌肉注射，至体温降到 38℃以下停用。干扰素、转移因子、免疫核糖核酸，核糖核酸均可酌情采用。

【思考题】

如何做好森林脑炎的个人防护工作？

第六节 轮状病毒病

轮状病毒病由轮状病毒感染多种幼龄动物而引起的一种消化道疾病。临床上以厌食、呕吐、腹泻、脱水和体重减轻为特征。成年动物一般呈隐性感染。

1943 年在患腹泻的儿童中发现该病毒，以后在多种动物的腹泻粪便中分离到该病毒。1974 年由 Flewe 等首次提出轮状病毒这个名称，并于 1976 年的国际病毒命名委员会所采用。本病分布广，侵害多种幼龄动物和婴幼儿，也可使某些野生动物感染，感染率极高，有时发病率相当高，对人类健康和畜牧业发展有较大危害。近几年来，国内也从牛、羊、猪、犬、兔、鸡等动物中分离到轮状病毒。

【病原】

轮状病毒属于呼肠孤病毒科(*Reoviridae*)轮状病毒属(*Rotavirus*)。无囊膜，双股 RNA 病毒。不同动物的轮状病毒在形态结构上非常相似，有双层衣壳，直径 65～75 nm，因在电镜下观察像车轮而得名。

已报道了 7 个抗原性差异的轮状病毒血清群(A～G)。各血清群轮状病毒均有独特的电泳型。在哺乳动物中，以 A、B、C 群检出较为普遍。A 群为典型的轮状病毒。

轮状病毒很难适应细胞培养生长，需加胰蛋白酶和胰凝乳酶等处理后才能适应细胞。用于轮状病毒分离培养的敏感细胞有 MA-104、CV-1、ST 等。猪轮状病毒常用猪肾原代细胞，羊轮状病毒也可用原代牛肾细胞。一般在 3～5 代时可出现细胞病变。可在琼脂覆盖下的 MA-104 单层细胞上产生清晰的、大小不等的圆形蚀斑。适宜条件下可凝集人和多种动物的红细胞。除 A 型轮状病毒外，其他轮状病毒的许多毒株迄今未能适应细胞培养，分离成功率为 40%～70%。因此，只能通过易感动物来分离和复制病毒。最理想的模型动物是 4～14 d 小鼠。人轮状病毒较动物轮状病毒的分离培养难。

【流行病学】

马、牛、猪、羊、兔、鹿、叉角羚、猴、犬、猫、大鼠、小鼠、貂鼠等哺乳动物和家禽等均易感，各种年龄都可感染，且感染率高达 90%～100%，但多呈隐性经过，只有新生或幼龄动物感染时可造成严重临诊症状和死亡。

患病动物和隐性感染者是本病主要传染源，可由污染饲料、饮水、垫草及土壤等媒介物经口传播。

本病多发于晚秋、冬季、早春，环境寒冷、潮湿、卫生条件差、饲料品质不良、感染其他疾病等应激因素对本病的发生、发展、病程及转归产生严重影响。

【致病机制】

轮状病毒对酸(pH 3.0)和胰酶稳定，经口感染抵抗蛋白分解酶和胃酸的作用而达小肠，经胰蛋白酶激活而感染小肠绒毛顶部上皮，在此增殖而使之发生变性、溶解、脱落或扁平化及绒毛固有层的网状细胞增数等，从而吸收不良，尤其是乳糖消化障碍。电解质随细胞外液转移至肠腔导致腹泻。

【临诊症状】

马驹　多发生于 1～6 周龄。病驹体温微升，减食，重者食欲废绝。水样腹泻，粪便色黄，有的粪便黏稠发绿。白细胞减少。重症病驹常因高度衰弱、脱水而死亡。大多经 3～7 d 而康复。

人　潜伏期为 1～3 d。多突然发病，有呕吐、腹泻、腹痛、发热等症状，少数病婴病初有上呼吸道症状、中耳炎。一般是先吐后泻。大便次数增多，每天 10 次左右，呈水样或蛋花样黄色或黄绿色，无腥臭味。腹泻重者可出现轻度至中度脱水症状。发热持续 2～5 d 后消退，腹泻持续 5～8 d，个别长达 28～30 d。本病临床表现轻重悬殊，轻者仅有数次糊状便，重者可因严重脱水、电解质紊乱而死亡。病程 3～8 d，少数较长。

【诊断】

临床及病理学诊断一般难以确诊。因此，实验室诊断更为重要。

病原学检查　电镜检查是常用的诊断法。一般粪样中的病毒粒子达 10^8 才获得阳性结果。因此，应收集发病初期的腹泻粪样，其含毒量较高，易于检出。

病毒分离鉴定　用胰蛋白酶处理粪便标本或将粪便抽提浓缩后感染剥夺初乳的同源动物 1～2 代，以提高适应细胞培养的成功率。

聚丙烯酰胺凝胶电泳法为目前常用方法。利用轮状病毒基因组分 11 片段的特征，直接从粪便中提核酸，PAGE、银染观察，区分人和动物的轮状病毒。

血清学方法　ELISA 双抗体夹心法，已被 WHO 列为标准检测方法。

分子生物学方法　核酸探针杂交技术、PCR 技术。

【防制】

综合防治　改善环境卫生条件，加强营养，搞好被动免疫，遵循全进全出的管理措施、定期消毒，有益于减少发病率及死亡率。

对症治疗　采取补液、应用肠道收敛剂、免疫球蛋白制剂、饲喂含葡萄糖-甘氨酸的电解质流液等措施，以最大限度地减轻由轮状病毒感染引起的脱水和体重减轻。抗生素可防继发感染。

葡萄糖盐液给病畜口服，效果良好。

配方：氯化钠 3.5 g、碳酸氢钠 2.5 g、氯化钾 1.5 g、葡萄糖 20 g、常水 1 000 mL，每千克体重口服 30～40 mL，每日 2 次。同时对症治疗。

【思考题】

轮状病毒的流行病学特点有哪些？

第七节　痘　　病

痘病(pox)是由痘病毒引起多种动物的一种急性、热性传染病。临床特征是皮肤和黏膜上发生特征性痘疹。典型病例的发展过程是初期为丘疹，后变为水疱，再变为脓疱，脓疱干燥结痂，最后痂皮脱落自愈。大多动物发病时，多取良性经过。

痘病是一种古老的疾病，相传 3 000 年前的埃及法老的王妃就死于天花，绵羊痘也是出现最早的动物痘病毒，早在元世纪初 Collumea 所著的 *Dere rustica* 有对绵羊痘的记载。人们从 19 世纪末开始对绵羊痘有了系统的研究。我国晋朝葛洪(281—361)所著《肘后方》第一次对天花作了临诊记载。宋真宗时(998—1022)发现了人痘接种法，并一直传至清代，甚至传至欧洲。但直到 1796 年，英国人 Jenner 发明人工接种牛痘防治天花，痘病的防治才真正引起世人重视。我国从 1976 年起在全国范围内消灭天花，世界卫生组织于 1980 年宣布"天花已在全世界消灭"，这是人类传染病防治方面取得的重大成就。

【病原】

马痘病毒属于痘病毒科(*Poxviridae*)正痘病毒属(*Orthopoxvirus*)的马痘病毒(*Horse pox*)。痘病毒为 DNA 病毒，有囊膜呈砖形或卵圆形。

各种动物的痘病毒有其固有的宿主，一般不出现交叉感染，它们最初很可能来源于同一祖先，由于在不同动物体内传染继代，逐渐适应形成各种动物特有的病毒。

病毒对热、直射阳光、碱和多数常用消毒药物均较敏感，如 58℃ 5 min 可杀死病毒；但痂皮中痘病毒耐受干燥，自然环境可存活 6～8 周。

【流行病学】

在各种痘病中以绵羊痘、山羊痘、鸡痘较多见，而猪痘、牛痘、马痘少发生。

病马是主要传染源。通过与健马接触或者通过被污染的饲料、饮水、鞍具和梳刷经呼吸道、消化道或磨损的皮肤传播本病，也可通过交配、人工授精和产道检查等获得传播。系凹部的痘疹主要是由蹄铁工人打掌时传播。

【致病机制】

痘病毒对皮肤、黏膜有特殊的亲和力，经各种途经进入血液到皮肤、黏膜。在上皮细胞增殖，引起炎症过程和特异性病理经过如丘疹、水疱、脓疱、结痂等特征性痘斑。

【临诊症状】

根据发病部位可分为皮肤型、黏膜型和外阴型。

皮肤型又叫传染性脓疱皮炎，在系部和球节处皮肤上出现丘疹、水疱、脓疱等病变，因局部疼痛而出现跛行；黏膜型又叫传染性脓疱性口炎，在唇内侧、齿龈、舌、舌系带、颊部等黏膜发生特征性痘疹，幼驹发病较为严重，可造成死亡。外阴型是在外生殖器皮肤黏膜上形成脓疱和溃疡，且有高度接触传染性。

【诊断】

综合性诊断根据流行病学、临床症状及病理变化可做出初步诊断。确诊需做病变组织的包涵体检查。

鉴别诊断注意与水疱性口炎和脓疱性口炎相区别。

【防制】

饲养管理人员要注意洗手消毒，防止自身感染或成为传播媒介。刷拭用具等要固定使用，并经常消毒。

治疗首先是隔离病马，冲洗患部，涂擦抗生素或磺胺软膏（含磺胺 10%）等，较严重病例可对症治疗。

疫苗接种发生马痘时，对假定健康马匹，用牛痘苗涂擦颈部划破的皮肤处，剂量为人的 10 倍。用良性经过病马唾液涂擦在假定健康马的唇内，可起紧急接种作用。

【思考题】

马痘的常发部位在哪？如何防制？

第八节 亨德拉病

亨德拉病（Hendra disease）是由亨德拉病毒（*Hendra virus*）引起的，马以呼吸道症状为主，人以脑炎病症为主的一种人兽共患传染病。

1994 年首次发现于澳大利亚昆士兰洲 Brisbane 市郊 Hendra 镇。目前，只有澳大利亚报道有该病的发生。

【病原】

亨德拉病毒（*Hendra virus*，HeV）为单股负链 RNA 病毒，初步将其列为副黏病毒科

(*Paramyxoviridae*)麻疹病毒属(*Morbillivirus*)。该病毒粒子呈球形或丝状,直径 150～200 nm。核衣壳呈螺旋状排列,病毒有囊膜,表面有两种不同的突起,长度分别为 15 nm 和 8 nm,使病毒呈现特殊的“双层边缘”(double fringes)结构。

病毒可在 Hela-CCL2、MRC 等多种细胞系上培养,也可在鸡胚尿囊液中生长。

病毒对理化因素的抵抗力不强,离开动物体很快死亡,高温和一般消毒剂均能将其杀死。

【流行病学】

马是唯一能被自然感染的家畜。家猫和豚鼠可经实验室方法感染。感染动物包括马、猫和豚鼠,共同的组织病理学变化是合胞体形成,与亨德拉病毒在 Vero 细胞培养中诱生的特征 CPE 一致。

迄今为止,还没发现节肢动物作为媒介的任何迹象。与马匹有接触的果蝠(狐蝠)曾怀疑为病毒的天然贮主,但未证实。澳大利亚的感染者主要为驯马师和养马工。感染动物尿中病毒滴度很高,可认为尿是感染动物排毒的主要途径。

【临诊症状】

马 自然感染潜伏期 8～11 d,最长 16 d。马感染后的主要临诊特征为严重的呼吸道症状,病死率高。病马表现发热,体温高达 41℃。精神沉郁,食欲不振,病马的面部、眼眶、唇部、颈部等明显肿胀,呼吸窘迫,共济失调。病的晚期可见鼻内流出大量带泡沫的液体,或者液体中带有血液。

人 表现流感样症状,轻度呼吸道症状,发热,常出现脑炎症状并反复发作。有时表现中度脑膜脑炎。

【病理变化】

马常见淋巴结肿大,严重的肺水肿、脑充血,气管、支气管内充满大量带泡沫液体。有时可见肠系膜水肿、胸腔和心包积液。组织病理学变化:肺泡有浆液性、纤维素性渗出,肺泡壁出血或坏死,内有大量巨噬细胞。在脑、心、肺、脾、淋巴结、胃和肾小体的毛细血管和小动脉有多个内皮细胞融合成的合胞体细胞,此为马的特征性病理变化。

【诊断】

主要采用实验室诊断。

病毒分离鉴定主要采取病变组织(脑、肺、肾、脑脊液等)经细胞培养后,再用间接免疫氧化酶、免疫荧光试验、RT-PCR 等检测,病变组织也可经福尔马林固定后,再检测组织中的病毒抗原。

【防制】

目前尚无特效药物和治疗方法,故必须采用严格的预防措施,加强进出口马的检疫。

【思考题】

怎样进行亨德拉病的防控?

第九节 盖 他 病

盖他病(Getah)是由盖他病毒引起多种动物共患的一种虫媒性传染病。自然宿主表现无症状或高滴度病毒血症,但通过蚊虫传播给人或家畜后,则可引起流行。

1955 年美国陆军医学研究所从马来西亚的雪背库蚊(*C. gelidus*)分离到该病毒,命名为

Getah virus，其原型株为MM2021。此后，日本、苏联的东部、东南亚和澳大利亚等从三带喙库蚊、刺忧伊蚊和猪的血液中也分离到该病毒。1964年在我国海南省也分离到该病毒(M1)，直到1992年才得到美国CDC虫媒中心的认定。随后在河北、云南、上海、甘肃也都从蚊虫分离到该病毒。此外，上海、浙江、新疆等地还检测到猪盖他病毒的阳性抗体，且在夏季阳性率有上升趋势。

【病原】

盖他病毒(*Getah virus*，GETV)是属披盖病毒科(*Togaviridae*)甲病毒属(*Alphavirus*)成员。病毒颗粒为球形，直径约60 nm，有囊膜和纤突，3个基本组成成分为糖蛋白外壳、双层类脂膜和含有RNA的核心。基因组是单股线状正链RNA，沉降系数为49S，具有感染性。补体结合试验证明，该病毒与甲病毒属中的非洲基孔肯雅热病毒(*Chikungunya virus*)和澳大利亚罗斯河病毒(*Ross river virus*)存在抗原交叉反应。

该病毒的易感细胞为Vero、BHK-21、C6/36、MA-104、Hmlu、RK-13；能凝集成年鹅的红细胞。

该病毒对酸(pH 3.0)、去氧胆酸盐和氯仿等有机溶剂敏感。在1 mol/L的$MgCl_2$状态下对50℃以上温度较敏感；10℃条件下存活3个月；4℃达6个月时仍对4 d以下的小白鼠有致病性。

【流行病学】

该病毒可感染人、猪、马、牛、山羊、犬、兔、袋鼠、鸡和部分野鸟，但许多动物有较好耐受性而抑制疾病发生；目前只在日本和印度发现马和猪有临诊症状。

实验条件下可使老鼠感染发病；且可垂直感染，对怀孕母鼠接种后，可使母鼠产仔数明显减少甚至乳鼠死亡。

该病的传播媒介与气候有关，具有明显季节性和地域性。

【临诊症状与病理变化】

马感染后精神沉郁、不食、急性发热(38.5～41℃)，后肢常有荨麻疹和肿胀。血象检查淋巴细胞减少；全身淋巴结肿大、瘀血、脾脏实质软化、脾淋巴滤泡肿大。但病马一般在1周后痊愈，呈良性耐过，在患马的血清中可检测出特异性中和抗体、补体及血凝抑制抗体。

【诊断】

综合性诊断　根据流行病学、临诊症状可做出初步诊断。

病原学诊断　捕捉叮咬马匹的蚊虫进行病毒分离，然后电镜观察、补体、免疫荧光或中和试验等对病毒抗原鉴定。

血清学诊断　可采用间接ELISA、间接免疫荧光和间接血凝抑制试验检测血清抗体。

分子生物学诊断　根据该病毒的保守序列设计引物来进行RT-PCR检测。

【防制】

加强饲养管理，搞好环境卫生，控制传染源并切断传播途径，改善与提高动物群和人群免疫力。

消灭蚊虫，防止蚊虫叮咬；严格检疫，防止病源传入或传出；兽医、检疫、经贸、政府间加强合作；国际上有效协作、互通信息，增强对突发疫病的防控。

【思考题】

如何防控盖他病毒病？

第四章 多种动物共患的细菌病

本章共介绍24个多种动物共患细菌病，其中介绍马的症状和病变，这些病在经济意义和公共卫生上极其重要。这些病的病原体有细菌、支原体、立克次氏体、真菌、钩端螺旋体。有少数几个病的流行病学特点和上一章传染病相似，由昆虫传播具有明显的季节性，如Q热、莱姆病和钩端螺旋体病等。对这些病的防控主要防止昆虫叮咬；有极少病可用疫苗如炭疽，但效果一般不及病毒病效果好；对细菌性传染病通常用抗生素治疗或预防，但耐药性问题已引起广泛关注，应把重点放在强化生物安全措施、改善饲养管理、搞好马匹福利、加强检疫净化环境方面。

第一节 Q 热

Q热(Q fever)是由贝氏柯克斯体引起的一种多种动物共患急性传染病。以发热、头痛和间质性肺炎为特征。家畜中主要发生于牛、绵羊和山羊，多呈无症状经过；在人表现为类似于伤寒和流行性感冒的症状。

1935年和1937年在澳大利亚先后发现这种原因不明的热性病，称之为Q热。Q来自英文词Query，意为“疑问”。

本病分布于全世界的大部分国家和地区，我国于1950年首次发现本病，目前已经证实内蒙古、四川、云南、新疆、西藏等10多个省、市、区存在本病，其暴发流行大多与人类频繁接触家畜及其产品有关。

【病原】

贝氏柯克斯体(*Coxiella burnetii*)(原名贝氏立克次体，*Rickettsia burneti*)，为γ-变形菌纲(Gammaproteobacteria)军团菌目(Legionellales)柯克斯体科(Coxiellaceae)柯克斯体属(*Coxiella*)成员。

呈短杆状或球杆状，多成对排列，有时聚集成堆，在内皮细胞和浆膜细胞的胞浆内构成微小集落。用姬姆萨染色呈紫色，麦氏染色呈红色，吉姆尼茨染色呈鲜红色，革兰氏染色色性多不稳定，但以含1%碘的酒精溶液做媒染剂，用4∶1的酒精丙酮混合液脱色，则为革兰氏染色阳性，据此可以与立克次体相鉴别。其抗原结构也与立克次体不同。电镜下观察有2或3层与胞质膜隔开的细胞壁。

贝氏柯克斯体不能在人工培养基上生长，通常用鸡胚、实验动物(鼠、豚鼠)或细胞培养。

贝氏柯克斯体对理化因素有较强的抵抗力。在干燥的蜱组织、蜱粪以及感染动物的排泄物和分泌物中，经数周至半年仍有感染性，在病畜肉中可存活30 d，在水和牛乳中可存活4个月以上。巴斯德消毒法不能把牛乳中污染的病原体全部杀死。牛乳煮沸不少于10 min方可达到可靠消毒。3%～5%石炭酸、2%漂白粉或3%双氧水中，经1～5 min死亡。

【流行病学】

人类对该病普遍易感。家畜、野生哺乳动物和鸟类等都有易感性。已查明我国感染Q热的家畜有黄牛、水牛、牦牛、绵羊、山羊、马、骡、驴、骆驼、犬和猪等，家禽有鸡、鸭、鹅等。已发现能自然感染Q热的野生动物有60多种，猫感染Q热后，可将Q热传染给人。

Q热是一种自然疫源性疾病，在自然界，蜱、野生动物、禽类等均可为贝氏柯克斯体的宿主。蜱在自然界保存和传播贝氏柯克斯体方面起着关键作用，贝氏柯克斯体对多种硬蜱和软蜱具有明显的适应和寄生能力，因此，蜱不仅是媒介，还是贝氏柯克氏斯体的贮存宿主。该菌依靠多种宿主的相互感染和节肢动物经卵传递，两者之间相互传播构成循环。全世界已分离到本病原体的硬蜱和软蜱已有50多种，蜱主要通过叮咬方式传播感染，并能通过蜱粪和基节液污染宿主皮肤和被毛。蜱在叮吸感染Q热的野生动物(主要是啮齿类动物)血液后，贝氏立克次体在蜱体内繁殖，并在蜱体内保存很长时间，有些蜱还可经卵传递。啮齿类动物被蜱叮咬或食入感染的蜱，以及啮齿类动物间相互残食构成了Q热疫源地。当家畜进入疫源地，常因食入被污染的饲草或被感染的蜱叮咬而感染。病原体可随家畜分泌物、排泄物及分娩时的羊水、胎盘等污染土壤和空气。其他家畜接触污染物后，或者牛犊、羔羊吸吮乳汁，都可被感染。该病在家畜中传播构成独立的循环，形成传染的连续性。人类Q热的传染源主要为感染家畜，特别是牛、羊。人则主要是经吸入感染性气溶胶、尘埃和接触污染物而受到感染。

该病可经呼吸道、消化道及血液等途径传播。该病以呼吸道感染为主，通常是因为吸入传染性气雾和污染的尘埃而感染，其次是经直接接触(或间接接触)感染和经某些节肢动物(主要是蜱)叮咬而感染，还可因饮入病畜乳汁、食入其乳制品，或食入病畜肉而经消化道感染。在实验小鼠中，该病可经交配传染。

该病呈散发或暴发性流行，一般呈散发，但如发生呼吸道感染，则可能暴发流行。一年四季均可发生。但在农村、牧区，多见于春季接羔、产犊时期，且与职业有明显关系，主要见于饲养员、生产或加工畜产品的工人、兽医及实验室工作者。据报道，在牧区、半农半牧区，本病与布鲁氏菌病的流行有十分密切的关系。这两种病具有共同的传染源和传播途径，常使动物和人受到双重感染，使病情变得复杂化。

【致病机制】

Q热立克次体由呼吸道黏膜进入体内。先在其靶细胞局部单核—巨噬细胞内繁殖，能抵抗溶酶体的水解作用，在吞噬溶酶体内定位和繁殖。然后入血形成柯克斯体血症，并可由巨噬细胞运送至全身，扩散感染。贝氏柯克斯体属专性细胞内寄生，细胞免疫起着免疫应答的关键作用。适当的细胞免疫反应可以使感染局限化和加速微生物的排除，但超强免疫反应则可造成严重损伤，波及全身各组织、器官，造成小血管、肺、肝等组织脏器病变，因此Q热形成特殊病变的肉芽肿。

【临诊症状】

动物感染后多呈亚临床经过，但绵羊和山羊有时出现食欲不振、体重下降、产奶量减少和流产、产死胎等现象；牛可出现不育和散在性流产。多数反刍动物感染后，因病原定居在乳腺、胎盘和子宫，所以病原随分娩和泌乳大量排出。少数病例出现结膜炎、支气管肺炎、关节肿胀、乳房炎等症状，多数呈隐性感染。呈显性感染表现为发热、消化不良、消瘦，患病母畜常发生流产和产死胎，泌乳量减少，有的还表现为鼻炎、结膜炎、支气管炎、乳房炎等。

【病理变化】

Q热形成特殊病变的肉芽肿，血管病变主要有内皮细胞肿胀，可有血栓形成。肺部病变与病毒或支原体肺炎相似。小支气管肺泡中有纤维蛋白、淋巴细胞及大单核细胞组成的渗出液，严重者类似大叶性肺炎。国外近有Q热立克次体引起炎症性假性肺肿瘤的报道；肝脏有广泛的肉芽肿样浸润；心脏可发生心肌炎、心内膜炎及心包炎，并能侵犯瓣膜形成赘生物，甚或导致主动脉窦破裂、瓣膜穿孔；其他脾、肾、睾丸亦可发生病变。

【诊断】

在本病流行区，根据患者与家畜特别是牛、羊的接触史，以及发热、剧烈头痛和肺部炎症，可怀疑为本病，但本病与其他传染病如流感、伤寒、肺炎或传染性肝炎等容易混淆，因此，该病的诊断必须依靠实验室检查结果，而血清学检测结果在临床诊断中具有重要参考价值。

病原学检查由于Q热病原体传染性强，取样本时应注意防护措施，如戴手套、口罩等，病原学检查方面必须在生物安全三级实验室进行。豚鼠对贝氏柯克斯体高度易感，可用作试验动物。采取发热期人、畜的血液或感染动物的胎盘、脾、肝、肾制成悬液，腹腔接种豚鼠。豚鼠发热后再将其脾脏悬液接种正常豚鼠睾丸，待此豚鼠发热7～10 d后剖检，从睾丸实质中可查见贝氏柯克斯体。也可用鸡胚卵黄囊或细胞培养方法分离病原体。

血清学试验是最常用的诊断方法。一般取急性期和康复期血清做补体结合试验，测定其抗体滴度，如康复期滴度高于急性期4倍以上，即可确诊。微量凝集试验常用于本病的早期诊断，约90%患者在病的第2周即可测出凝集素，间接免疫荧光和酶联免疫吸附试验也用来诊断本病。

【防制】

由于家畜是Q热的主要传染源，因此控制病畜是防止人、畜发生Q热的关键。为此，医学、兽医学应密切配合，平时应了解本病疫源的分布和人、畜感染情况，注意家畜的管理。孕畜分娩后要隔离3周以上，对出现流产、早产、胎盘滞留的家畜，应做血清学检查。对家畜分娩期的排泄物、胎盘及被污染的环境应进行消毒处理。从疫区运入的家畜和皮毛等畜产品应进行检疫及消毒处理。Q热实验室人员、兽医、饲养人员以及屠宰场、肉食加工厂、乳制品厂及其他从事畜产品加工的人员，应加强集体和个人预防。

治疗本病首选药物为四环素族抗生素，如甲烯土霉素、强力霉素等，但用药剂量和疗程均要足，一般需连用2周。贝氏柯克斯体卵黄囊灭活苗肌内注射，可用于预防牛Q热。

【思考题】

从流行病学分析Q热为什么不易消灭？

第二节 莱 姆 病

莱姆病（Lyme disease）又称伯氏疏螺旋体病，是由若干不同基因种的伯氏疏螺旋体引起人和多种动物的一种蜱传自然疫源性传染病。临诊表现以发热、皮肤损伤、关节炎、脑炎、心肌炎为特征。人得该病后引起游走性红斑，故又称蜱性红斑、移行性红斑和环行红斑。

本病于1974年最先发生于美国康涅狄格州莱姆镇，因而命名为莱姆病。1977年，Steere报告本病是一种独立的疾病，并称为莱姆关节病。1982年，Burgdorferi及其同事首次从蜱的中肠发现和分离出莱姆病螺旋体。1984年，Johnson根据其基因和表型特征，认为该螺旋体是一个新种，命名为伯氏疏螺旋体。随后的调查研究证实该病是一种能引起人体多系统、器官损伤的全身感染性疾病，并沿用其最初的命名，即莱姆病。

目前该病分布甚广，已有30多个国家发现有本病存在。美国已有48个州发生本病，欧洲的疫区也在扩大，且发病率呈迅速上升的趋势，对人类健康构成威胁，对畜牧业的发展也有影响，已成为世界性的卫生问题，在国际上受到普遍重视。伯氏疏螺旋可引起人体多系统、器官的损害，严重者终生致残甚至死亡，对人的健康乃至国民经济的发展有着较大的影响。

由于该病分布广泛、发病率高、对人群健康危害严重，在美国被称为第二艾滋病，其防制研究受到重视。我国于1986年首先在黑龙江省证实有本病存在，迄今已在东北、西北、华北、华东及华中地区的19个省(市、区)发生。

【病原】

伯氏疏螺旋体(*Borrelia burgdorferi*)是1982年最先从达敏硬蜱(*Ixodesdamini*)中分离到的一种新的疏螺旋体，1984年被正式命名，属于螺旋体类(*Spiroehetes*)螺旋体属(*Borrelia*)。革兰氏染色阴性，用姬姆萨法染色良好。呈弯曲的螺旋状，平均长30 μm，直径为0.2～0.4 μm，有7个螺旋弯曲，末端尖锐，有多根鞭毛。暗视野下可见菌体做扭曲和翻转运动。本菌微需氧，最适培养温度为33℃。

常用培养基为含牛、兔血清的复合培养基，即Barbour-Stoenner-Kelly培养基(简称BSK培养基)。如在此培养基内加入1.3%琼脂糖，可形成菌落。菌体生长缓慢，在12～24 h内伸长，然后分裂繁殖。经10～15代培养后可使丧失致病性。

伯氏疏螺旋体原来被认为是一个同质的菌种。但自1991年以来，对从世界各国分离到的许多菌株研究证实，欧洲与美洲分离株在形态、外表蛋白、质粒和DNA同源性方面均有所不同，一般欧洲分离株的变化较大。

这种多样性化可能与不同地区中临诊表现上的差异有关。国内已从动物、人体和硬蜱中分离到80多株伯氏疏螺旋体，经对某些菌株从分子水平上进行分析，也证明与从美国分离鉴定的国际标准菌株B31在鞭毛基因上有明显不同。

一般从硬蜱体内分离培养菌株较易，从动物体内分离培养则较难。本菌对青霉素、红霉素敏感，而对新霉素、庆大霉素、丁胺卡那霉素在8～16 μg/mL仍能生长，因此可将此类抗生素加入BSK培养基中作为选择培养基，以减少污染，提高分离检出率。

【流行病学】

人和多种动物(牛、马、犬、猫、羊、鹿、白尾鹿、浣熊、兔、狼、狐、多种小啮齿动物、鸟类和蜥蜴)对本病均有易感性，可成为宿主。

在美国北部主要为白足鼠，其感染率达86%，带菌时间长达13个月。在白足鼠数量少的地区，其他啮齿动物也可作为主要贮存宿主，如草地田鼠、褐家鼠等。已经证明褐家鼠有作为伯氏疏螺旋体储存宿主的能力，其体表的若虫有25%感染了伯氏疏螺旋体。在欧洲，一般认为姬鼠属和鼠平属是主要贮存宿主，终身带菌。

最近研究表明，鸟可以长距离传播*Borrelia garinii*基因种，有使疫区扩大的作用。有人还指出大城市居民感染莱姆病的危险性在增加，如美国巴尔的摩布的公园等存在莱姆病疫源地。我国血清学调查证实牛、马、羊、犬、鼠等动物存在莱姆病感染，不同地区以及不同种动物其感染存在较大的差异。

已从棕背鼠、大林姬鼠、小林姬鼠、黑线姬鼠、社鼠、花鼠、白腹巨鼠的胎鼠中分离到莱姆病螺旋体，证实其可通过胎盘垂直传播，这对莱姆病自然疫源地的维持和扩大具有重要意义。作为我国北方林区莱姆病的主要生物媒介即全沟硬蜱成虫的主要供血者之一，犬是重要宿主动物。

病原体主要以蜱类作为传播媒介。在美国东北部和中西部主要为达敏硬蜱，西部为太平洋硬蜱，新泽西州为美洲花蜱；在欧洲，瑞士及德国北部为蓖子硬蜱；苏联和日本等国为全沟硬蜱，卵形硬蜱和肩胛硬蜱；在我国，主要为嗜群血蜱、长角血蜱和全沟硬蜱。

本病的流行与硬蜱的生长活动密切相关，因而具有明显的地区性，在硬蜱大量生长繁衍的山区、林区、牧区此病多发。同时还具有明显的季节性，多发生于温暖季节，一般多见于6～9月份，冬、春季很少发生。

硬蜱的感染途经主要是通过叮咬宿主动物，但有些硬蜱还可以经卵垂直传播。有人证实直接接触也能发生感染。

【临诊症状】

伯氏疏螺旋体在蜱叮咬动物时，随蜱唾液进入皮肤，也可随蜱粪便污染创口而进入体内，经3～32 d潜伏期，病菌在皮肤中扩散，形成皮肤损害，当病菌侵入血液后，引起发热，肢关节肿胀、疼痛，神经系统、心血管系统、肾脏受损并出现相应的临诊症状。

马　嗜睡，低热(38.6～39.1℃)，触摸蜱叮咬部位高度敏感，被蜱叮咬的四肢常易发生脱毛和皮肤脱落。前肢或后肢疼痛和轻度肿胀，跛行，或四肢僵硬不愿走动。有些病马出现脑炎临诊症状，大量出汗，头颈倾斜，尾巴弛缓、麻痹，吞咽困难，不能久立一处，常无目标地运动。妊娠马易于发生流产和产死胎。

人　被蜱叮咬的皮肤部位出现慢性游走性红斑，多数患者发热恶寒，头痛，骨骼和肌肉游走性疼痛，关节疼痛，易疲劳、嗜睡，随后出现不同程度的脑炎、脑膜炎、多发性神经炎、心脏活动异常和关节炎等症状。

【病理变化】

动物常在被蜱叮咬的四肢部位出现脱毛和皮肤剥落现象。马在心和肾表面可见苍白色斑点，腕关节的关节囊显著变厚，含有较多的淡红色浸液，同时有绒毛增生性滑膜炎，有的病例胸腹腔内有大量的液体和纤维素，全身淋巴结肿胀。

【诊断】

综合性诊断　根据流行特点和临诊表现，可以做出初步诊断，确诊需进行实验室检查。

血清学诊断　由于本病病原体的分离培养或直接镜检较困难，因而利用血清学方法检测血样中的抗体是实验室检查的主要方法，目前应用最普遍的是免疫荧光抗体试验和酶联免疫吸附试验，以后者较为敏感。

但这两种方法对早期感染的检出率都不高，抗体检测阴性并不能排除该病的存在，此时应结合流行病学调查、试验性治疗、病原体的检查以及追踪观察血清抗体消长情况等进行综合判断。对于出现关节炎和神经临诊症状的动物，用免疫荧光抗体试验能从关节滑液及脑脊髓液中检测出高滴度的抗体。

免疫组织学诊断　用免疫荧光组化染色法及免疫过氧化酶组化染色法可直接从病理切片中检查出病原体。

此外，免疫印迹法是早期诊断本病最敏感的方法，当免疫荧光抗体法和酶联免疫吸附试验的检查结果不一致时，可用此法做最后验证。

分子生物学诊断　最近，有人用PCR检测本菌，认为敏感性、特异性强。

【防制】

目前尚未研究出特异性的预防措施，因此防制本病应避免动物进入有蜱隐匿的灌木丛地区；采取保护措施，防止人和动物被蜱叮咬；受本病威胁的地区，要定期进行检疫，发现病例及时治疗；对感染动物的肉应高温处理，杀灭病菌后方可食用；采取有效措施灭蜱。

常用治疗药物有青霉素、红霉素、强力霉素、先锋霉素等，大剂量使用，并结合对症治疗，可收到良好疗效。也有人认为，在被蜱叮咬后用抗生素液做局部处理可防止发病。

【思考题】

1. 莱姆病流行具有哪些特点？

2. 如何确诊莱姆病病例？

3. 预防莱姆病发生的关键措施是什么？

第三节　鼻　疽

马鼻疽(glanders)是由鼻疽伯氏菌引起马、骡、驴等马属动物多发的一种危害较大的人兽共患病。在马多为慢性经过，驴、骡常呈急性，人也可感染。其特征是鼻腔、喉头、气管黏膜或皮肤上形成特异性鼻疽结节、溃疡或瘢痕，在肺、淋巴结或其他实质器官发生鼻疽性结节。人鼻疽的特征为急性发热，局部皮肤或淋巴管等处发生肿胀、坏死、溃疡或结节性脓肿，有时呈慢性经过。

鼻疽早在公元前5世纪就有记载，曾在世界各国广泛流行，危害严重。近几十年来大多数经济发达国家已先后消灭了本病。

【病原】

过去称鼻疽假单胞菌(*Pseudomonas mallei*)属假单胞菌科假单胞菌属，现列入新建立的伯氏菌属，改称为鼻疽伯氏菌(*Burkholderia mallei*)。菌体长2～5 μm、宽0.3～0.8 μm、两端钝圆、不能运动、不产生芽孢和荚膜，幼龄培养物大半是形态一致呈交叉状排列的杆菌，老龄菌有棒状、分枝状和长丝状等多种形态，组织抹片菌体着色不均匀时，浓淡相间，呈颗粒状，酷似双球菌或链球菌形状。本菌的正常菌落为光滑(S)型，变异的菌落最常见的为粗糙(R)型，还可见皱襞(C)型、矮小(C)型、黏液(M)型及伪膜(P)型等。

革兰氏染色阴性，常用苯胺染料可以着色，以稀释的石炭酸复红或碱性美兰染色时，能染出颗粒状特征。电镜观察，在胞浆内见网状似的包含物而与其他革兰氏阴性菌有所区别。

血清学上有两种抗原：一种为特异性抗原；另一种与类鼻疽假单胞菌出现交叉反应。本菌不产生外毒素而仅有极其耐热的内毒素，内毒素对健康动物毒性不强，但注射于已感染鼻疽的动物，则可引起剧烈的病灶激发反应。

本菌对外界抵抗力不强。在腐败的污水中能生存2～4周。日光照射24 h死亡。加热80℃ 5 min将其杀死，氢氧化钠等消毒药能将其杀死。

对抗生素和磺胺药敏感，以金霉素最敏感；其次是土霉素；再次链霉素和磺胺等。

【流行病学】

马、骡、驴对本病易感。尤其以驴、骡感染后常取急性经过，但感染率比马低，马多呈慢性经过。自然条件下，牛、羊、猪和禽类不感染，骆驼、犬、猫、羊及野生食肉动物虎、狮、狼等也可感染。

鼻疽病马是本病的传染源，尤其开放性鼻疽马最危险。病菌存在于鼻疽结节和溃疡中，主要随鼻涕、皮肤的溃疡分泌物等排出体外，污染饲养管理用具、草料、饮水、厩舍等。

本病主要经消化道传染，多由病马与健康马同槽饲喂、同桶饮水而发生，可经损伤皮肤、黏膜传染，也可经呼吸道传染，个别经胎盘和交配传染。人在饲养、诊治、屠宰病畜和处理病尸时，病菌经损伤皮肤、黏膜(消化道、呼吸道)感染，人类感染多与职业有关，多发生与病畜有密切接触的饲养员、屠宰工人、兽医和接触病料的实验室工作人员。

本病一年四季都可发生。新发地区常呈暴发流行，多呈急性经过；常发地区，马鼻疽多呈慢性经过。

【致病机制】

鼻疽杆菌进入机体后，一般经淋巴、血液进入肺脏，在细菌内毒素的作用下，在肺脏形成原发性病灶即鼻疽结节。原发性病变能否发展为继发性病变，取决于机体的抵抗力、细菌的毒力等。

当机体抵抗力弱时，病菌可大量繁殖，沿淋巴、血液或支气管而蔓延，引起继发性鼻疽病变。若改善饲养管理，使机体抵抗力增强，病理过程可由活动型转为相对静止型。

另外，一些病例(尤其是驴)，由于机体易感性大，病菌可直接进入血液而迅速扩散到全身，在各脏器中形成大量鼻疽结节，病畜常取急性经过，呈败血症状而死亡。

【临诊症状】

本病潜伏期长短不一，自然感染为数周或更长时间，人工感染为 2～5 d。《陆生动物卫生法典》规定为 6 个月。

临床上分急性和慢性两种类型，根据病菌侵害的部位不同，又分肺鼻疽、鼻腔鼻疽、皮肤鼻疽。

急性鼻疽：体温升高 39～41℃，呈弛张热型。呼吸迫促，颌下淋巴结肿痛(常为一侧性)，表面凹凸不平。可视黏膜潮红。

重症马由于心脏衰竭，在胸腹下、四肢下部和阴筒处呈浮肿。部分病马还发生滑液囊炎、关节炎、睾丸炎及胸膜肺炎等，并呈相应症状。病马红细胞及血红蛋白减少，血沉加快，白细胞增多，核左移，淋巴细胞减少。

当肺部出现大量病变时，称为肺鼻疽。肺鼻疽表现干咳，流鼻液，呼吸增数呈腹式呼吸。病重时叩诊肺部有浊音，听诊有湿啰音和支气管呼吸音。

鼻腔鼻疽表现鼻黏膜红肿，并出现粟粒大黄色小结节，边缘红晕，随后中心坏死，破溃形成溃疡。流灰黄脓性或带血鼻涕。重者可致鼻中隔和鼻甲壁黏膜坏死脱，甚至鼻中隔穿孔。

皮肤鼻疽多发生在后肢、胸、头、颈及阴囊等部位的皮肤。患部热性肿痛，继而形成节，软化破溃后形成溃疡，排灰黄色或混有血液的脓液。病灶附近淋巴结呈索状肿胀，沿索状肿有许多串珠样结节，结节破溃又形成新的溃疡。

由于病灶扩大蔓延、淋巴管肿胀和皮下组织增生，导致皮肤高度肥厚，使后肢变粗变大，俗称“象皮腿”。

慢性鼻疽：感染马多呈此种病型。有的不表现临床症状，可持续数月至数年。本型由急性或开放性鼻疽转来，由开放性鼻疽转业的病马在鼻腔留鼻疽瘢痕或慢性溃疡，不断流出少量脓性鼻汁。机体抵抗力降低时，又转为急性或开放性鼻疽。

【病理变化】

鼻疽的特异性病变，多见于肺脏，占95%以上；其次见于鼻腔、皮肤、淋巴结、肝及脾等处。

在鼻腔、喉头、气管等黏膜及皮肤上可见到鼻疽结节、溃疡或疤痕；有时可见鼻中隔穿孔。肺脏的鼻疽病变主要是鼻疽结节和鼻疽性肺炎的病理变化。

【诊断】

对鼻疽病马用临诊观察、变态反应、血清学和病理变化可做出综合诊断，但在大规模鼻疽检疫中，以临诊检查及鼻疽菌素点眼为主，配合进行补体结合反应，必要时进行病理学诊断。

综合性诊断　开放性鼻疽具有特异的鼻疽症状，一般通过临诊检查即可确诊，尤其对一些变态反应消失的开放性鼻疽马和不出现变态反应的开放性鼻疽驴、骡，更有十分重要的诊断意义。对慢性病马的诊断意义不大，发现鼻腔或皮肤有鼻疽结节或溃疡时，一般诊断为开放性鼻疽病马。为慎重起见，用鼻疽菌素点眼，呈阳性反应时，即可最后确诊。

血清学诊断　变态反应：马匹感染鼻疽后，经2～3周出现变态反应。鼻疽病马保持变态反应的时间较长，有的达8～10年，甚至终生。有的反应有波动，也有少数病马自愈后，经一定时间反应可能消失。另有一些患马因病情恶化，陷于极度衰竭时，也可出现阳性反应的消失。

变态反应检查中有鼻疽菌素点眼法(常用，简易、特异性和检出率较高，对急性、开放性和慢性鼻疽马诊断价值高)、眼睑皮内注射法、颈侧皮内注射及皮下热反应法(限于有眼病或补体结合反应阳性而点眼反应阴性的马匹，或用于驴的鼻疽检疫)。

补体结合试验　凡补体结合试验阳性的马匹，剖检时有鼻疽病变的达95%～99%，是鼻疽菌素点眼反应极为重要的辅助诊断方法，但补体结合试验只能检出大多数活动型鼻疽病马(急性鼻疽和开放性鼻疽)，很少能检出慢性鼻疽病马(静止型鼻疽)。因此，检出率不高，只是为了在点眼阳性反应马中检出有无急性鼻疽时使用。

据报道，曾患马腺疫、马流感、重症化脓性疾病的马匹，有时可能出现类似反应，应予以注意。

组织学诊断　该病有价值的诊断方法，解剖时必须做好人员防护工作。根据各脏器、淋巴结、鼻腔黏膜及皮肤等的鼻疽结节、溃疡和疤痕进行诊断，应注意与寄生虫结节鉴别。必要时采取鼻疽结节组织学检查，也有一定诊断意义。

鉴别诊断　与流行性淋巴管炎、马腺疫、鼻炎及颌窦等鉴别。

对鼻疽病人常可从以下几方面综合诊断：

①了解病人的职业和接触史；

②察看局部皮肤、黏膜的病变及全身症状；

③采取患者脓汁、疱疹液或发热期的血液进行涂片染色镜检和分离培养，也可取病料接种于体重250 g雄性豚鼠腹腔，2～3 d发生睾丸炎和睾丸鞘膜炎者为Strauss氏试验阳性反应；

④皮内试验：鼻疽菌素1∶1 000稀释，皮内注射0.1 mL，大部分病人于病后4周左右呈阳性反应，并可持续数年；

⑤血清学检查(补体结合试验)发病2～3周后，血液中可测出补体结合抗体，效价在1∶20以上。

在国际贸易中，指定诊断方法为Mallein试验和补体结合试验，无替代诊断方法。鼻疽的病情复杂，须用临床、细菌学、变态反应、血清学及流行病学等进行综合诊断。但在大规模鼻疽检疫或对个别可疑鼻疽马诊断时，通常以临床检查和鼻疽菌素点眼为主，配合进行补体结合反应进行诊断。

病原分离和鉴定　病料采集从未开放、未污染的病灶采集病料。涂片镜检、腹腔接种豚鼠试验。血清学试验用马来因试验（国际贸易指定试验）、补体结合试验（国际贸易指定试验）、酶联免疫吸附试验。

【防制】

无鼻疽菌苗，为迅速消灭本病，须抓好控制和消灭传染源这一环节，采取养、检、隔、处、消等五字综合性防疫措施。

加强饲养管理，增强体质，认真执行兽医卫生制度，控制传播途径，防止鼻疽的侵入。

严格检疫

(1)定期检疫　春、秋季各检一次。每次检疫时进行临诊检查、鼻疽菌素点眼，阳性者采血做补体结合试验。

(2)临时检疫　进出口检疫马、驴、骡。根据检疫结果将可疑马分为5群：明显临诊症状的开放性鼻疽马；无临诊症状、点眼反应和补体结合试验阳性的鼻疽马或称血检阳性马；无临诊症状、点眼反应阳性、补体结合试验阴性的慢性鼻疽马或称鼻疽菌素阳性马；无临诊症状，仅点眼呈阳性，未做补体结合试验的阳性马；临诊检查、点眼及补体结合试验都呈阴性的阴性马或称假定健康马。

(3)处理　开放性鼻疽马危害最大，确诊后立即扑杀。尸体烧毁或深埋。

(4)隔离　鼻疽马、鼻疽菌素阳性马，烙印后送隔离区，管制使役，后不再检疫，隔离形式可因地制宜，如以县划乡或以乡划村，集中隔离，管制使役。鼻疽马群繁殖健康幼驹较复杂，故不主张鼻疽母马进行繁殖，其幼驹仍按鼻疽处理。

(5)消毒　检疫中发现马群有鼻疽马时，应立即对畜舍、系马场、饲槽、水桶、用具等彻底消毒。消毒药选用3%来苏儿、10%石灰乳、2%热碱水、10%～20%漂白粉等。粪便发酵消毒后使用。

开放性和急性病马，一般不治疗。必须治疗时，在严格条件下，组织专人治疗，多用的药物是磺胺和土霉素。病马难以彻底治愈，临床康复后仍应隔离使役。

【思考题】

如何控制乃至消灭马鼻疽？

第四节　类　鼻　疽

类鼻疽（melioidosis）是由类鼻疽假单胞菌（又称类鼻疽杆菌）引起的多种动物和人的一种细菌性传染病。马患类鼻疽的症状与鼻疽类似，其特征性病变是受害组织器官如皮肤、肺、肝、脾、淋巴结等处发生化脓性炎症和特异性肉芽肿结节。在鼻腔和眼有脓性分泌物，有时出现关节炎。

本病早在1913年由Whitmore在缅甸首次发现人的鼻疽样疾病，并称为类鼻疽。主要分布于南北回归线间的热带、亚热带地区，近年发现其分布有从传统流行地区向外扩展的趋势，但大量病例仍发生于东南亚、南亚、中西非、中美洲及大洋洲北部等地区。

【病原】

类鼻疽假单胞菌(*B. pseudomallei*)为革兰氏阴性短杆菌，呈单个、成双、短链或栅状排列，形似别针或不规则形态，具有两极浓染特性，该菌有3～8根鞭毛；病料用姬姆萨染色可见假荚膜。形态与鼻疽假单胞菌相似，所不同的是有鞭毛能运动。

25～27℃生长良好，42℃仍可生长，pH 6.8～7.0，培养过程中能够散发出一种特殊土霉味。4%甘油琼脂上形成半透明的光滑菌落；随培养时间的延长，菌落增大，表面粗糙，出现皱纹。血琼脂上生长良好，缓慢溶血。

抗原结构复杂，与鼻疽假单胞菌有共同抗原，各种血清学试验均有交叉反应，在琼脂扩散试验中类鼻疽可溶性抗原与抗血清呈2～7条沉淀线，与鼻疽抗血清产生1～3条沉淀线。我国研制的类鼻疽单抗可区别这两种菌。

根据不耐热抗原有无，将本菌分为两个血清型，Ⅰ型具有耐热和不耐热抗原，主要存在亚洲(包括中国)；Ⅱ型只有耐热抗原，主要存在大洋洲和非洲。

自然土壤和水中存活1年，不耐高热低温，常用消毒药就能杀灭。对多种抗生素有耐药性，但对强力霉素、四环素、卡那霉素和磺胺类较敏感。

【流行病学】

本病为自然疫源性疾病，病原菌与生存环境的温度、湿度、雨量及水和土壤性状均有密切关系。我国南方热带甚至某些亚热带较适合该菌生存，以稻田水、土壤及稻田泥土分离率较高。地表下25～45 cm的黏土层也适合本菌生存。降雨量与类鼻疽发生呈正相关。

多种动物和人易感，猪、羊较易感，马、牛易感性较低。

动物和人多因接触污染的水或土壤，经损伤皮肤黏膜而感染，也经呼吸道、消化道或泌尿生殖道感染。动物与人常呈隐性感染，病菌长期在体内生存，可随动物和人的流动将病菌带到新的地区，当动物或人受到某些诱因时，促进本病的发生。

【临诊症状】

马和骡常呈慢性或隐性经过，缺乏明显症状。急性病例，体温升高，食欲废绝，呼吸困难。有的有急性肺炎症状，有的呈现腹泻及腹痛症状。慢性病例，除上述一般症状外，有的在鼻黏膜上出现结节，流黏液脓性鼻汁。病马渐消瘦、下痢，偶尔在体表形成化脓灶。

人患本病时的症状表现多种多样，可概括为3种类型：急性型(或暴发型)，表现为败血症，病程平均约2周，病死率可达90%以上；亚急性和暴发型，均具有呼吸道或泌尿生殖道感染，或呈现多发性脓肿，骨髓炎，前列腺炎等局部感染症状，病程由3个月至15年或更长不等；亚临床感染，其病菌可在体内长期潜伏，当宿主抵抗力下降时，可突然发病死亡。

【病理变化】

动物和人感染后，主要表现化脓性炎症。急性感染在体内各部位发现小脓肿和坏死灶；亚急性和慢性感染病变常局限于某些器官，最常侵害器官是肺脏，其次是肝、脾、淋巴结、肾、皮肤，其他如骨骼肌、关节、骨髓、睾丸、前列腺、肾上腺、脑和心肌也见到病变。

【诊断】

本病没有特征性症状，故确诊有赖于细菌学及免疫学诊断。

细菌学诊断　细菌标本直接镜检，也可用荧光抗体试验。分离培养用含有头孢菌素和多黏菌素的选择培养基。最敏感方法是通过接种仓鼠或豚鼠分离本菌。对可疑菌落用抗类鼻疽阳性血清做凝集试验，或用类鼻疽单抗做间接ELISA或IFA试验，进行鉴定。

免疫学诊断 间接血凝试验和补体结合试验。变态反应多用于马和羊诊断。马属动物感染类鼻疽时，对鼻疽菌素也呈阳性反应而干扰鼻疽检疫。此时用亲和层析纯化的类鼻疽菌素点眼和皮内试验，注射后类鼻疽感染马的皮肤增厚，其最高峰值出现在 24 h 后，鼻疽感染马出现在 72 h 后，再结合流行病学材料，加以鉴别。

【防制】

本病无菌苗。预防采取一般防疫卫生措施，防止污染本菌的土壤和水经损伤的皮肤、黏膜感染。病人、病畜的排泄物和脓性渗出物应以漂白粉消毒。为预防带菌动物扩散病菌，应加强动物检疫和乳肉品卫生检验，感染猪、羊的产品应高温处理或废弃。加强饲料及水源管理，做好畜舍及环境卫生工作，消灭邻近的啮齿动物。

病人应隔离。对急性病例须采取强有力的治疗措施，早期选用数种敏感的抗菌药物联合治疗，疗程宜较长(1～3 个月)。常用氯霉素、卡那霉素、强力霉素、四环素或磺胺嘧啶加 TMP。

【思考题】

1. 如何鉴别假单胞菌与类鼻疽伯氏菌？
2. 马属动物的鼻疽与类鼻疽的临诊症状有何不同？

第五节 破 伤 风

破伤风(tetanus)又名强直症，俗称锁口风、脐带风等，是由破伤风梭菌经伤口感染引起的一种急性中毒性人兽共患病。临诊上以骨骼肌持续性痉挛和神经反射兴奋性增高为特征。本病广泛分布于世界各国，呈散在性发生。

【病原】

破伤风梭菌(*Clostridium tetani*)又称强直梭菌，为一种大型厌氧性革兰氏阳性杆菌，多单个存在。本菌在动物体内均可形成芽孢，其芽孢在菌体一端，似鼓槌状或球拍状；多数菌株有周鞭毛，能运动；不形成荚膜。

破伤风梭菌在动物体内、培养基内均可产生破伤风外毒素，最主要的是痉挛毒素，它作用于神经系统的神经毒，是引起动物特征性强直症状的决定性因素，亦是仅次于肉毒梭菌毒素的第二种毒性最强的细菌毒素。以 9^{-11}～10^{-11} g 剂量即能致死一只豚鼠。它是一种蛋白质，对热较敏感，65～68℃经 5 min 即可灭活，通过 0.4%甲醛杀菌脱毒 21～31 d，可将它变成类毒素。其他毒素如溶血毒素和非痉挛毒素，对于破伤风发生意义不是太大。

本菌繁殖抵抗力不强，一般消毒药均能在短时间内将其杀死，但芽孢抵抗力强，在土壤中可存活几十年。

【流行病学】

各种家畜均有易感性，其中以单蹄兽最易感，猪、羊、牛次之，犬、猫仅偶尔发病，家禽自然发病罕见。实验动物中豚鼠、小鼠均易感，家兔有抵抗力。

本菌广泛存在于自然界，人、畜粪便都可带有，尤其是施肥的土壤、腐臭淤泥中。感染常见于各种创伤，如断脐、去势、手术、断尾、穿鼻、产后感染等。在临诊上有 1/3～2/5 的病例查不到伤口，可能是创伤已愈合或可能经子宫、消化道黏膜损伤感染。

人的易感性也很高。本病无明显的季节性，多为散发，但在某些地区的一定时间里可出现群发。幼龄动物的感受性更高。

【致病机制】

当破伤风梭菌芽孢侵入机体组织后，有深创、水肿及坏死组织存在的条件下，或有其他化脓菌或需氧菌共同侵入时，菌体能大量繁殖，产生毒素，引起发病。破伤风痉挛毒素通过外周神经纤维间的空隙上行到脊髓腹角神经细胞，或通过淋巴、血液途径到达运动神经中枢。

业已证明，毒素与中枢神经系统有高度的亲和力，能与神经组织中神经节苷脂结合，封闭脊髓抑制性突触，使抑制性突触末端释放的抑制性冲动传递介质（甘氨酸）受阻，这样上下神经元间的正常抑制性冲动不能传递，由此引起了神经兴奋性异常增高和骨骼肌痉挛的强直症状。

下行性破伤风的强直性痉挛起始于头、颈部，随后逐渐波及躯干和四肢；上行性破伤风最初在感染周围的肌肉出现强直症状，然后扩延到其他肌群。痉挛毒素对中枢神经系统抑制作用，导致呼吸功能扰乱，进而发生循环障碍和血液动力学的扰乱，出现脱水、酸中毒，这些扰乱成为破伤风患畜死亡的原因。

【临诊症状】

潜伏期最短 1 d，最长可达数月，一般 1～2 周。潜伏期长短与动物种类与创伤部位有关，创伤距头部较近，组织创伤口深而小，创伤深部严重损伤，发生坏死或创口被粪土、痂皮覆盖等，潜伏期缩短，反之则延长。人和单蹄兽较牛、羊易感性更高，症状也相应严重。

单蹄兽　最初表现对刺激的反射兴奋性增高，稍有刺激即高举其头，瞬膜外露，接着出现咀嚼困难，唾液积于口腔而流涎，且口臭，头颈伸直，两耳竖立，鼻也开张，四肢腰背僵硬，腹部收缩，粪尿潴留，甚至便秘，尾根高举，行走困难，形如木马，各关节屈曲困难，易跌倒，且不易自起，病畜此时神志清楚，有饮食欲，但应激性高，轻微刺激可使其惊恐不安，痉挛和大汗淋漓，末期患畜常因呼吸功能障碍（浅表、气喘、喘鸣等）或循环系统衰竭（心律不齐、心搏亢进）而死亡。体温一般正常，死前体温可升至 42℃，病死率 45%～90%。

人　病初低热不适、头痛、四肢痛、咽肌和咀嚼肌痉挛，继而出现张口困难、牙关紧闭、呈苦笑样，随后颈背、躯干及四肢肌肉发生阵发性强直痉挛，不能起坐，颈不能前伸，两手握拳，两足内翻，咀嚼、吞咽困难，饮水呛咳，有时出现便秘和尿闭，严重时呈角弓反张状态。任何刺激均可引起痉挛发作或加剧，强烈痉挛时有剧痛并出现大汗淋漓，痉挛初为间歇性以后变为持续性，患者呈表情惊恐，但神志始终清楚，大多体温正常，病程一般 2～4 周。

【诊断】

综合性诊断　根据本病的特殊临诊症状，如神志清楚，反射兴奋性增高，骨骼肌强直性痉挛，体温正常，并有创伤史，即可确诊。

鉴别诊断　对于轻症病例或病初症状不明显病例，要注意与马钱子中毒、癫痫、脑膜炎、狂犬病及肌肉风湿等相鉴别。

【防制】

免疫接种　在本病常发地区，应对易感家畜定期接种破伤风类毒素。牛、马等动物在阉割等手术前 1 个月进行免疫接种，可起到预防本病作用。对较大较深的创伤，要注意除外科处理外，应肌肉注射破伤风抗血清 1 万～3 万 IU。

防止外伤感染　平时要注意饲养管理和环境卫生，防止家畜受伤，一旦发生外伤，要注意及时处理，防止感染。阉割手术时要注意器械的消毒和无菌操作。

治疗　尽快查明感染的创伤和进行外科处理。消除创内的脓汁、异物、坏死组织及痂皮，对创伤、创口小的要扩创，以 5%～10%碘酊和 3% H_2O_2 或 1%高锰酸钾消毒，再撒以碘仿硼酸合剂，然后用青、链霉素作创周注射，同时用青、链霉素做全身治疗。

药物治疗：早期使用破伤风抗毒素疗效较好，剂量 20 万～80 万 IU，分 3 次注射，也可 1 次全剂量注入。临床实践上，也常同时应用 40%乌洛托品，大动物 50 mL，犊牛、幼驹及中、小动物酌减。

对症治疗：当病畜兴奋不安和强直痉挛时，可使用镇静解痉剂。一般多用氯丙嗪肌肉注射或静脉注射，每天早晚各 1 次。也可应用水合氯醛(25～40 g 与淀粉浆 500～1 000 mL 混合灌肠)或与氯丙嗪交替使用。可用 25%硫酸镁用肌肉注射或静脉注射，以解痉挛。以咬肌痉挛、牙关紧闭者，可用 1%普鲁卡因溶解于开关、锁口穴位注射，每天 1 次，直至开口为止。人的预防也以主动或被动免疫接种为主要措施，此外，要注意用新法接产。

中药药方：蜈蚣 7 条、斑蝥 7 个、红娘子 5 个、冰片 10 g、轻粉 10 g(此为大畜用量，小畜酌减)；用法：上药共末，吹入两耳内，布条扎住耳根。随后用芥穗 500 g、黑豆 1 500 g 加水煎煮后，分数次任患畜饮食，用完再煮，连服 7 d。

【思考题】

1. 破伤风临诊上有哪些特征性的表现?
2. 如何防止破伤风的发生?

第六节 肉毒梭菌毒素中毒症

肉毒梭菌毒素中毒症(botulism)简称肉毒中毒，是由肉毒梭菌分泌的肉毒毒素引起的一种人畜共患疾病。临床上以运动神经中枢神经麻痹症状为主要特征。

肉毒梭菌中毒症发现于 1896 年。Van Ermengem 从保存不良的熏火腿中和死于此病的一个病理组织中发现病原体。病原体在厌氧环境中可分泌强烈的肉毒毒素；人、鸡、猪、牛、马、羊和水貂等食入后即可发病。小鸡的肉毒中毒及其致病菌是 1922 年鉴定的。我国于 1958 年首次发现人发生本病，目前至少有 15 个省发现了本病。本病多在局部范围内暴发，死亡率有时也很高，引起本病发生的病原遍布于各地土壤中。

【病原】

肉毒梭菌(*Clostridium botulinum*)属于梭状芽孢杆菌属，是一种专性厌氧的革兰氏阳性杆菌，两端钝圆，大小为(4～6) μm×(0.9～1.2) μm，有 4～8 根周鞭毛，能运动，多散在，也可双在或形成短链，在不利条件下很快形成芽孢。芽孢为卵圆形，位于菌体的近端，比菌体宽度稍长。

本菌严格厌氧，在 28～37℃生长良好，但产生毒素的最适温度为 25～31℃，最适 pH 为 6～8，在 pH 7.2～8.2 时产毒量最多。在厌气肉肝汤中加入新鲜肝块生长旺盛。血液琼脂表面形成圆形或不规则形、半透明、灰白色、表面扁平或微凸、边缘呈叶状、扇贝状菌落，β-溶血。本菌能分解葡萄糖、果糖及麦芽糖，产酸产气。产生硫化氢，不形成靛基质。

厌氧条件下本菌可在动物尸体、肉类、饲料、罐头食品内繁殖，同时产生毒力极强的外毒素。毒素的毒力很强，1 mg 纯毒素约含 1 万个人的致死量，或能使 4×10^{12} 头小鼠致死，对豚鼠皮下注射的最小致死量为每千克体重 0.000 12 g。其毒性比氰化钾大 1 万倍。

用中和试验可将本菌毒素分为 A～G 7 个型，其中 C 型又分为 C_α 和 C_β 两个亚型，各型毒素是由同型细菌产生，其主要来源和致病性如表 4-1 所示。

表 4-1 毒素主要来源和致病性

型别	毒素主要来源	主要易感动物	所致疾病	抗毒素
A	发酵或罐头食物	人、鸡、牛、马、水貂等	人食物中毒，鸡、鸭颈病，牛、马、水貂中毒	特异性
B	发酵食物、肉制品	人、马、牛、水貂、鸡等	人食物中毒，牛、马、水貂中毒，鸡软颈病	特异性
C_α	灰绿蝇蛆、池沼腐烂植物	水禽	禽类软颈病	可中和 C_α 和 C_β 毒素
C_β	含毒素饲料、腐尸	牛、羊、马、水貂	牛、羊、马、水貂中毒	可中和 C_α 和 C_β 毒素
D	腐肉	牛	非洲牛跛病	特异性
E	生鱼、海生哺乳动物	人	食物中毒	特异性
F	发酵食物、肉品	人	食物中毒	特异性
G	谷物	实验动物	实验动物中毒	特异性

引自李铁栓主编《兽医学》，中国农业出版社，2002，151。

引起人类中毒的主要是 A、B、E、F 型，引起动物发病的主要是 C、D 型，其中 C_α 型多见于禽类，C_β 型面广，D 型多见于牛羊。

本菌抵抗力并不强，加热 80℃ 30 min 或 100℃ 10 min 即可将其杀死。但芽孢耐热性极强，在动物尸体中能存活 6 个月以上，沸水中 6 h、干热 180℃经 5～15 min 方能将其杀死；5%石炭酸或 20%福尔马林 24 h 才能将芽孢杀死。肉毒毒素不能被胃液破坏，对酸及消化酶都有很强的抵抗力，以 pH 3.6～8.5 不被减弱。在动物尸体、青贮饲料及发霉饲料中的毒素可保持数月。液体中毒素需煮沸 15～20 min 才能被破坏，固体中毒素则需经 2 h 才能被破坏。

【流行病学】

肉毒梭菌广泛分布于自然界，如土壤淤泥、人、家禽及家畜的粪便中，亦可存在于饲草、饲料中。肉毒梭菌芽孢在一些杂草丛生、腐烂有积水的盐碱沼泽地带与一些腐生菌共生，也可繁殖产生毒素。

另外，豆腐、豆瓣酱、罐头、腊肠、香肠及火腿等均适合本菌的生长繁殖。在适宜条件下产生毒素，动物食入了含毒素的饲料后即可发生肉毒梭菌毒素中毒症。

各种动物对肉毒梭菌毒素均易感，其中以鸭、鸡、牛和马较为多见，绵羊、山羊次之，猪、犬、猫少见。兔、豚鼠和小鼠都很易感。

自然发病主要因摄食腐败尸体，腐烂草料引起。在池塘、湖泊干涸时，腐烂的动、植物是此菌繁殖和产生毒素的良好环境，前来觅食的鸭群或其他水禽常发生大批死亡。

在缺磷地区畜禽嚼食动物尸体残骸时可引起中毒。在动物尸体上繁殖的蝇蛆，也常含有大量毒素，被动物吞食后引起中毒。

腐烂的动物下脚料和鱼肉及肉骨粉也易引起水貂和狐狸肉毒毒素中毒。

【发病机制】

肉毒梭菌毒素中毒病是由于动物摄入被肉毒梭菌毒素污染的饲料、饮水等引起的。

动物摄入毒素后由胃及小肠黏膜进入淋巴和血液，随血流到达外周神经，作用于神经肌肉结合点，抑制了乙酰胆碱的释放而阻断神经冲动的传导，因而使运动神经麻痹。

毒素损害中枢神经系统的运动中枢(延髓神经核和骨髓神经细胞)和外周肌肉纤维的神经腱,最后膈神经麻痹导致呼吸肌麻痹,动物窒息死亡。

【临诊症状】

马　食入毒素后,多在 3～7 d 内发病。初期精神沉郁,患马先由头部开始出现运动神经麻痹,衔草咀嚼无力,以后不能咀嚼和吞咽。肠蠕动音减弱,眼半闭,瞳孔放大,舌伸口处、口吐白沫或流涎,四肢瘫软,左右摇摆,最后卧地不起,腹式呼吸,最终以呼吸麻痹致死。死前体温、意识和反射仍正常。严重者病死率可达 80%～90%。

人　潜伏期长短取决于患者摄入毒素的含量、媒介食物的种类和性质以及个体对毒素的敏感性,一般为 12～36 h。以神经麻痹为主要症状。发病急,初感乏力、软弱、头昏、眩晕、头痛。胃肠道机能紊乱。眼机能障碍,视觉模糊,张口和伸舌困难,声音嘶哑,抬头费力,瞳孔散大。但神志清楚,体温正常。重症由于严重呼吸困难而死亡。

【诊断】

依据特征性临床症状、结合发病原因进行分析,可做出初步诊断。确诊需采病畜血清、胃肠内容物及可疑饲料,检查有关毒素。

综合性诊断　本病是由于摄入毒素引起,因此多表现为发病急,肌肉软弱无力,全身麻痹,呼吸困难,最后多因呼吸麻痹死亡,食入可疑饲料可作为诊断的依据。

病原分离及毒素检查　可采取粪便、饲料为分离病原的材料,涂片染色可见革兰氏阳性、两端钝圆的粗大梭菌。选择血琼脂平板可分离到该菌。本菌本身无致病力。重点检查其毒素,可将培养物进行毒素试验。取饲料及胃内容物,加 2 倍无菌生理盐水,充分研磨制成混悬液。经室温 1～2 h,离心,取上清液加抗生素处理后,分成 2 份,一份不加热,用于毒素试验;另一份 100℃加热 30 min 供对照用。

动物试验　以鸡做实验动物时,分别吸取上述液体注射于鸡内眼角皮下,一侧供试验,另一侧供对照,注射量为每只 0.1～0.2 mL。如注射后 0.5～1 h 试验眼出现闭合,而对照眼仍正常,试验鸡于 10 h 后死亡,则证明有毒素。

以小鼠做试验时,则将上述两种液体分别给小鼠作皮下或腹腔注射,每只 0.2～0.5 mL,如实验小鼠在 1～2 d 内麻痹死亡,而对照组正常,则证明有毒素,检出毒素后,即可确诊。另外,对毒型的鉴别,可选择小鼠和豚鼠作中和试验。

血清学诊断　迄今尚无一种方法能完全取代原始的生物学方法,但可以进行初筛试验。主要有 ELISA、RPHA[reverse(d) passive hemagglutination]。反向被动乳胶凝集法(RPLA)。

鉴别诊断　肉毒梭菌毒素中毒症应与其他中毒、低镁血症、低钙血症、葡萄穗霉中毒、家禽传染性脑脊髓炎等中枢神经系统等急性疾病相区别。

【防制】

预防本病的主要措施是搞好环境卫生,在牧场和畜舍中发现动物尸体、残骸时,应及时清除;调制和保存饲料时应防止腐败,已经腐烂的饲料、肉类、鱼类、青菜等,不可用以饲喂动物。

免疫接种在常发地区可用类毒素(同型或多价)或明矾菌苗预防接种。

治疗对确诊或可疑动物,应立即用 0.025%高锰酸钾液或 5%碳酸氢钠洗胃、灌肠,以清除摄入的毒素。对病畜尽早使用足量多价抗毒素是治疗本病的特效疗法,在毒素型确定后,应用同型抗毒素效果更佳。还应采用对症疗法和支持疗法。盐酸胍和维生素 E 单醋酸脂能促进神经末梢释放乙酰胆碱和加强肌肉的紧张性，对本病有良好疗效。

【思考题】

肉毒梭菌毒素中毒症的典型临诊症状有哪些？

第七节　马　腺　疫

马腺疫(strangles)是马、骡、驴的一种急性接触性传染病，典型病例以发热、上呼吸道黏膜发炎、颌下淋巴结肿胀化脓为特征。马腺疫又叫槽结，该病常发生在冬末春初气候潮湿多变季节。主要发生于幼龄马和马驹，此病在牧区经常发生，危害较大。

本病发生年代较早，我国明代《元亨疗马集》七十二症中的第四十一症中就有所论述。该病呈世界性分布，其病原体是 Schiitz 等学者在 1888 年从病马鼻漏及淋巴脓肿病灶中首次分离出来的。

【病原】

马腺疫链球菌(*Streptococusegui*)，呈球形或椭圆形，革兰氏染色阳性，无运动性，不形成芽孢，但能形成荚膜，属于链球菌属 C 群成员。存在于马的鼻漏、颌下淋巴结的脓肿以及转移性脓肿的脓汁中。本菌在脓汁和液体培养中常形成 40～50 个或更多的菌体形成的长链。无鞭毛，在脓汁中可形成荚膜。在培养物和鼻液中的为短链，短的只有几个甚至两个相连。

在血琼脂培养基上培养 18～24 h，生长菌落直径为 0.8～1.0 mm，呈圆形、表面隆起、湿润黏稠、透明如露珠样，菌落周围有明显 β 型溶血环。本菌发酵葡萄糖、果糖、半乳糖、麦芽糖、蔗糖、水杨苷、糖原产酸，不发酵福寿醇、卫矛醇、山梨醇、肌醇、阿拉伯糖、鼠李糖、木糖、蕈糖。该菌存在变异株，主要有溶血性的变异，有人分离到除溶血性不典型外其他特性均符合典型马腺疫链球菌的流行株，经几次传代后恢复为正常的 β 型溶血。

本菌对外界环境抵抗力较强，在水中可存活 6～9 d，脓汁中的细菌在干燥条件下可生存数周。但菌体对热的抵抗力不强，煮沸则立即死亡。对一般消毒药敏感。

【流行病学】

易感动物为马属动物，以马最易感，骡和驴次之。4 个月至 4 岁的马最易感，尤其 1～2 岁马发病最多，1～2 个月的幼驹和 5 岁以上的马感染性较低。传染源为病畜和病愈后的带菌动物。主要经消化道和呼吸道感染。也可通过创伤和交配感染。

不良因素容易诱发本病，如圈舍通风不良、温度过高、湿度过大、气候骤变等都可成为发生腺疫的有利条件。本病呈地方性流行，传播较快，发病率较高，但死亡率不高。本病多发生于春、秋季节，一般是 9 月份开始，至次年三四月份，其他季节多呈散发。

【临诊症状】

本病潜伏期为 1～8 d。

临床常见有一过型腺疫、典型腺疫和恶性腺疫 3 种病型。

一过型腺疫：鼻黏膜炎性卡他，流浆液性或黏液性鼻汁，体温稍高，颌下淋巴结肿胀。多见于流行后期。

典型腺疫：以发热、鼻黏膜急性卡他和颌下淋巴结急性炎性肿胀、化脓为特征。表现病畜体温突然升高(39～41℃)，鼻黏膜潮红、干燥、发热，流水样浆液性鼻汁，后变为黄白色脓性鼻汁。颌下淋巴结急性炎性肿胀，起初较硬，触之有热痛感，之后化脓变软，破溃后流出大量黄白色黏稠脓汁。病程2～3周,愈后一般良好。

恶性腺疫:病原菌由颌下淋巴结的化脓灶经淋巴管或血液转移到其他淋巴结及内脏器官,造成全身性脓毒败血症,致使动物死亡。

比较常见的有喉性卡他、额窦性卡他、咽部淋巴结化脓、颈部淋巴结化脓、纵隔淋巴结化脓、肠系膜淋巴结化脓。

【病理变化】

鼻、咽黏膜有出血斑点和黏液脓性分泌物。颌下淋巴结显著肿大和炎性充血,后期形成核桃至拳头大的脓肿。

有时可见到化脓性心包炎、胸膜炎、腹膜炎及在肝、肾、脾、脑、脊髓、乳房、睾丸、骨骼肌及心肌等有大小不等的化脓灶和出血点。

【诊断】

综合性诊断　根据流行病学上的特点和临床症状可做出初步诊断,如马驹多发,体温升高,鼻腔黏膜和咽部黏膜呈急性卡他化脓性炎症,并从两侧鼻孔流出大量浓厚的脓性鼻漏,颌下淋巴结急性肿胀形成脓肿。确诊需进一步做实验室诊断。

病原学诊断　以脓汁涂片染色镜检可检查病原菌。

【防制】

加强饲养管理、改善饲养环境是预防本病的重要环节,要做到易发季节增加精饲料,冬季改喂热水,认真做好马圈的维修和保温工作,提高马匹的抗病能力。

加强对马匹的检疫,发现疫病应立即隔离治疗。同时对圈舍、运动场、马槽和用具进行严格消毒。

免疫接种自然感染的马匹恢复后对本病有坚强的免疫力。一般可用马腺疫灭活苗,但制苗株须与流行株菌型一致才有作用。外毒素可用于紧急预防接种,用量同治疗量。与流行株一致的菌株作为抗原制备的免疫血清具有一定的防治作用,产生的免疫力可保持15～20 d。

治疗发生本病时,病马隔离治疗。病初,颌下淋巴结轻度肿胀未化脓时,用磺胺或青霉素进行治疗,2～3次/d,至恢复为止。颌下淋巴结开始化脓而没有破溃的硬固肿胀,可涂擦鱼石脂或10%～20%松节油软膏等,促使脓肿成熟,脓肿出现柔软而波动时,可手术割开脓灶,使之充分排出脓汁,同时用0.1%高锰酸钾液冲洗,经数日治愈。对继发肺炎、腮腺炎的病马,应采取综合治疗,可结合注射抗生素药物,防止细菌扩散,引起脓毒败血症和继发其他疾病,造成死亡。

用腺疫外毒素和抗血清进行特异性治疗。早期注射外毒素可阻止化脓,使淋巴结消肿;于化脓后注射,可缩短病程并退热。外毒素的用量为1岁以下的病驹皮下注射50 mL,其他为100 mL,如有需要可在5～6 d后再注射一次。抗血清对早期病例有效,可皮下注射或静脉注射,用量为100～200 mL。

中药治疗也有疗效。方1:黄药子30 g、白药子30 g、射干25 g、连翘25 g、大黄30 g、芒硝100 g;方2:黄柏50 g、冰片少许。

用法　方1:共研为细末,开水冲候温灌服;方2:研末,用水调成粥状,涂槽口肿胀处。

应用上药,同时结合静脉放血500 mL,效果更佳。

【思考题】

根据马腺疫的流行病学特点,谈谈应如何防控该病。

第八节 恶性水肿

恶性水肿(malignant edema)是由以腐败梭菌为主的多种梭菌引起多种家畜的一种经创伤感染的急性传染病,病的特征为创伤局部发生急剧气性炎性消肿,并伴有发热和全身毒血症。本病分布于世界各地,我国也时有散发病例。

【病原】

本病的病原为梭菌属(*Clostridium*)中的腐败梭菌(*Cl. septicum*)、魏氏梭菌(*Cl. welchii*)及诺威氏梭菌(*Cl. novyi*)、溶组织梭菌(*Cl. histolyticum*)等。据报道恶性水肿病例中有60%可分离到腐败梭菌,其次是魏氏梭菌,而诺威氏梭菌、溶组织梭菌仅占5%。

腐败梭菌为严格厌氧菌。本菌产生多种外毒素(主要是α、β、γ、δ),α毒素为卵磷脂酶,具有坏死、致死和溶血作用;β毒素是DNA酶,具有杀白细胞作用,γ和δ毒素分别具有透明质酸酶和溶血素活性,它们可使血管通透性增强,致炎性渗出,并不断向周围组织扩张,使组织坏死。

本菌广泛分布于自然界,如各种动物的肠道、粪便和土壤表层都有大量菌体存在。强力消毒药(如10%~20%漂白粉液,3%~5%硫酸、石炭酸合剂,3%~5%氢氧化钠)可于短时间内杀灭菌体。

而本菌的芽孢抵抗力则很强,一般消毒药需长时间作用。

【流行病学】

本菌广泛分布于自然界,以土壤和动物肠道中较多,而成为传染源,病畜不能直接接触传染健康动物,但能加重外界环境的污染。

传染主要由外伤引起感染,尤其是创伤深并存在坏死组织,造成缺氧更易发病。

自然条件下,以绵羊、马较多见,牛、猪、山羊较少发生,禽类除鸽外,即使人工接种也不发病;实验动物中的家兔、小鼠及豚鼠均易感,犬、猫不能自然感染。

本病一般为散发,但在断尾、去势、剪牙、剪耳号或预防注射时如消毒不严,则在畜群中可能出现群发病例。

经口食入芽孢,除绵羊和猪可发生感染外,一般无致病作用。

【临诊症状】

潜伏期一般12~72 h。

牛、马病初减食,体温升高,伤口周围出现气性炎性水肿,并迅速扩散蔓延,肿胀部初期坚实,灼热,后变无热痛,触之柔软,有轻度捻发音,尤以触诊部上方明显;切开肿胀部,则见皮下和肌间结缔组织内流出多量淡红褐色带少许气泡、味酸臭的液体,随着炎性气性水肿的急剧发展,全身症状严重,表现高热稽留,呼吸困难,脉搏细速,发绀,偶有腹泻,多在1~3 d内死亡。

因去势感染的,多于术后2~5 d,在阴囊、腹下发生弥漫性气性炎性水肿,病畜黏膜充血发炎,有不洁、红褐色恶臭液体流出。会阴呈气性炎性水肿,并迅速蔓延至腹下、股部,以致发生运动障碍和严重的全身症状。

【病理变化】

病原菌经创伤侵入机体后,在缺氧条件下,芽孢变为繁殖体,并产生外毒素,损害血管壁,使血管通透性增强,血浆及有形成分渗出,局部组织发生炎性水肿,同时细菌毒素还分解病变部肌肉的肌糖和蛋白质，产酸产气，使病变呈现气性水肿；毒素及组织分解产物吸收入血后，引起毒血症或脓毒血症，病畜因高度缺氧和心力衰竭而死亡。

剖检可见发病局部的弥漫性水肿，皮下和肌肉间结缔组织有污黄色液体浸润，常会有少许气泡，其味酸臭。肌肉呈白色，煮肉样，易于撕裂，有的呈暗褐色。实质器官变性，肝、肾浊肿，脾、淋巴肿大，偶有气泡，血凝不良，心包、腹腔有多量积液。

【诊断】

根据本病临诊特点，结合外伤情况可怀疑为本病，此时应进行细菌学检查，取病变组织，尤其是肝脏浆膜，制成涂片或触片染色，可见到长丝状菌体，并可将病料制成乳剂接种于豚鼠、家兔、小鼠或鸽等实验动物，观察病变特点。

必要时，可作病原体厌氧培养，然后对获得的培养物进行培养特性及生化鉴定。此外，还可应用免疫荧光对该病快速诊断。

【防制】

我国已研制成包括预防快疫的梭菌病多联苗。在梭菌病常发地区，常年注射，可有效预防本病发生。平时注意防止外伤，当发生外伤后要及时进行消毒和治疗，还要做好各种外科手术、注射等无菌操作和术后护理工作。

该病经过急，发展快，全身中毒严重，治疗应从早从速，从局部和全身两方面同时着手，局部治疗应尽早切开肿胀部，扩创清除异物和腐败组织，吸出水肿部渗出液，再用氧化剂（如0.1%高锰酸钾或3%过氧化氢液）冲洗，然后撒上青霉素粉末，并施以开放疗法。

或在肿胀部周围注射青霉素，甚为有效，全身治疗以早期采用抗菌消炎（青霉素、链霉素及土霉素或磺胺类药物治疗）为好，同时还要注意对症治疗，如强心、补液、解毒。

病人可肌肉注射干燥精制多价气性坏疽抗毒素，一次 3 万～5 万 IU。病死动物不可利用，必须深埋或焚烧处理，污染物品和场地要彻底防止感染。

【思考题】

1. 恶性水肿有哪些流行病学特点？
2. 马发生恶性水肿后有哪些典型临诊表现？

第九节 坏死杆菌病

坏死杆菌病（necrobacillosis）是由坏死梭杆菌引起的各种哺乳动物和禽类的一种慢性传染病。本病的特征为组织坏死，多见于皮肤、皮下组织、口腔或消化道黏膜，有的在内脏形成转移性坏死灶。

一般为慢性经过，多呈散发，有时表现为地方流行性。本病广泛发生于世界各地。我国也有猪、马、牛、绵羊、鹿和兔子发病的报道。其中猪、牛、鹿的坏死杆菌较为多见，在南方奶牛、耕牛较为严重，是其主要传染病。

【病原】

坏死梭杆菌（*Fusobacterium necrophorum*）为多型性杆菌，一般长 700 μm 或更长，宽为 0.5～1.0 μm；也有小者可见 3～4 μm 长的，呈球杆状；大者为长丝体，且多见于病灶及幼龄培养物中；在液体培养基中多型性尤为明显。幼龄培养均着色均匀；超过 24 h 培养物，用碳酸—复红加温染色，因着色不均，犹如串珠状；若用碱性复红—美蓝染色，表现更为明显。本菌无鞭毛，无芽孢，无荚膜。

本菌严格厌氧。培养适宜温度 34～37℃，适宜 pH 7.4～7.6。初次分离一般在含 10% CO_2、80% N_2、10% H_2，并以钯作为催化剂的厌氧罐中培养。本菌一般难从病畜体表坏死病灶中分离到(因含有杂菌)；本菌易从病畜的肝、脾等内脏的病变部位分离获得。在培养基中加入血液、血清葡萄糖、肝块等可助其生长；加入亮绿或结晶紫抑制杂菌生长，利于获得本菌纯培养。在血清琼脂培养平板上经 48～72 h 培养，形成表面有条纹、边缘呈波状的小菌落。在血琼脂平板上呈 β 溶血。在肝片肉汤中，初在管底或肝片周围出现云絮状生长、肉汤浑浊，至 8～10 d，生长物全部沉淀，肉汤变清。

本菌发酵葡萄糖、麦芽糖、果糖、乳糖、蔗糖和水杨苷，产生微酸和气体，分解苏氨酸生成丙酸和气体，产生硫化氢和靛基质，还原美蓝，不还原硝酸盐，不液化明胶，M.R. 和 VP 试验阴性。本菌至少产生 2 种毒素。其外毒素皮下注射(兔)可引起组织水肿，静脉注射则使之数小时内死亡。内毒素注射(皮下或皮内)可导致组织坏死。外毒素具有溶血性，并产生杀白细胞毒素，使吞噬细胞死亡，释放分解酶，使组织溶解。

本菌有耐热和不耐热两种抗原，不同菌株的抗原性有所不同，根据株间抗原性不同，将本菌分为 A、B、C 三相；A 相能溶血，产生血凝素，对小鼠有致病性；B 相，能溶血，不产生血凝素，对老鼠有微弱的致病性；C 相，不能溶血，也不产生溶血素，无致病性。

本菌对理化因素抵抗力不强，60℃加热 30 min，65℃加热 15 min 或煮沸 1 min 即可杀死本菌，日光直射 8～10 h 可杀菌。但在污染的土壤中能长时间存活(10～30 d)。1%高锰酸钾、5%氢氧化钠、1%福尔马林 15 min 内可将其杀死；对氯霉素、四环素、多黏菌素、青霉素 G 和磺胺类药物敏感。

在本病的一些流行病例中，除坏死梭杆菌外还可能分离到结节拟杆菌、巴氏杆菌、魏氏梭菌、化脓棒状杆菌、化脓球菌、螺旋体或霉菌等。

【流行病学】

多种畜禽和野生动物均有易感性，其中羊(绵羊)、牛(奶牛)最易感，马、猪稍次，禽类更次，人偶尔感染。幼畜较成年畜易感。实验动物中兔及小鼠易感，豚鼠次之。坏死杆菌病也见于动物园中各种动物，如袋鼠、猴、羚羊、蛇类及龟类等。

本菌在自然界中分布很广，在动物饲养场，被污染的沼泽、土壤中可发现此菌，此外还常存在于健康动物的口腔、肠道、外生殖器等处。

本病主要经损伤皮肤、黏膜而侵入组织，也可经血液而散播全身。

本病一年四季均可发生，但带有明显的季节性，以夏季多雨、潮湿及炎热季节多发，而秋、冬季节仅见散发病例，尤其是鹿，因角质保护的组织形成多，较少发生。

【临诊症状】

潜伏期长短不一，短的几小时，长的可达 2 周，一般为 1～3 d。

根据马坏死杆菌病的病程发展，可分为 3 种病型：

局限性坏死性皮炎：以炎性化脓性浸润为特征。初期在蹄冠边缘和系部皮肤发生痛痒、肿胀，有热痛和出现黄豆大小的脓肿。此时患肢着地困难，出现跛行。当脓肿破溃后，流出少量黏液性渗出物，此时痒觉消失，炎症稍退。如使病马休息，给予及时治疗，促使炎症渗出物吸收，则 3～7 d 可治愈。若炎症继续发展，则病理过程可由炎性化脓浸润转为湿性坏疽。

湿性坏疽：患处皮肤呈青紫色，柔软，跛行加重，从局部破溃的脓肿或冠蹄裂隙中流出带有特别恶臭味的黄色脓汁，并形成不易愈合的溃疡。创面污秽红色。一般病马全身症状基本良好。如治疗及时，尚能恢复。若病势严重时，则能发展成进行性坏疽。

进行性坏疽：坏疽过程深蹄匣，并蔓延至腱、韧带、蹄软骨甚至骨骼，进而形成瘘管和局部蜂窝织炎。有些病例由于真皮遭受损伤，蹄质发生变形导致蹄匣脱落。当病理过程转到肺时，则常出现坏死性肺炎。

病马体温升高，出现呼吸困难。听诊肺部有湿啰音。这种病例多数取死亡转归。

剖检常见转移性的坏死性小叶性肺炎变化。其他脏器也可见到坏死病灶。

【病理变化】

坏死杆菌在侵入处繁殖，发生炎症，其毒素使组织发生凝固性坏死。

病变组织污染其他细菌（如化脓菌、腐败菌等）则往往出现湿性坏疽或气性坏疽。在死亡的组织中坏死梭菌常迅速死亡，只有在病、健组织交界处，可见到放射状排列的菌体。

在坏死过程的同时，白细胞及组织细胞进入坏死组织中及其周围，进而形成肉芽组织，坏死组织被排出或被结缔组织包围、机化和钙化。当畜体抵抗力弱或细菌毒力强时，则病变蔓延或转移，最后由于饥饿（白喉）、全身中毒、大面积内脏坏死和栓塞或在继发性感染下，使病畜死亡。

【诊断】

本病常见于多雨、潮湿及炎热的季节，病变以组织坏死为特征。有特殊的脓汁和臭味以及相应的局部机能障碍。

病死畜有性坏死灶。据此可做出初步诊断。

确诊需进行实验室诊断。自坏死组织与健康组织交界处（体表或内脏病灶）用消毒锐匙取材料做涂片，用石炭酸复红或复红—美蓝染色法染色镜检，可见着色不均呈串珠状长丝形菌体或细长的杆菌。因病料多有污染，可按上法采取病料做成悬液，注射于兔耳静脉内，常在 1 周内死亡，内脏中有坏死性脓疡。可由病灶中分离培养或涂片镜检，进而做出正确判断。

病料尽可能以无菌和厌氧方法采取，随即进行培养或保存于厌氧容器内及时送检。

培养基必须新鲜配制，为提高分离率可用亮绿（0.02%）或含有 100 μg/mL 的卡那霉素、新霉素（或巴龙霉素）及 7.5 μg/mL 万古霉素，并加入降低电位差的物质（如半胱氨酸或血红蛋白等）的选择培养基，或硫乙醇酸盐等还原性培养基，进行分离培养。以厌氧罐（玻璃真空干燥器代替）先进行抽空，再充入 80% N_2、10% CO_2、10% H_2，以钯为催化剂，以厌氧培养法进行培养。如果有厌氧菌生长，应及时移植，取得纯培养后，再进行菌种鉴定。

【防制】

预防本病的发生，关键在避免皮肤、黏膜损伤，保持畜舍、环境用具的清洁与干燥，正确的饲料配合和科学的饲养。

牧场要注意排水，及时清理场地上的粪便、污水，对马、牛、羊应正确进行护蹄，猪群应避免过挤，防止相互咬斗，发现外伤应及时处理。

畜群一旦出现本病，应注意检查、隔离和治疗病畜。污染场地应铲土消毒。患畜腐败组织、创伤液和污染用具，应及时销毁和消毒。牛、羊群可通过 10%～30% 硫酸铜脚浴池，每天 1～2 次，连续 3 d。一般采用局部治疗方法，但应根据畜种和个体病情不同，配合全身疗法，如注射土霉素、四环素、磺胺类药物等，既可控制本病的发展，又可控制继发感染。同时，还应按病情施以对症治疗，如强心、解毒、补液等措施，可促使康复，提高治愈率。

对“白喉”患畜应先除去伪膜，再用0.1%高锰酸钾轻擦患处至出血为止，隔天1次，连续3次。

腐蹄病的治疗，应彻底清除患部坏死组织，用1%高锰酸钾冲洗，或用6%福尔马林，或用10%硫酸铜洗脚。然后，在蹄底孔或洞内堵塞硫酸铜、水杨酸粉或高锰酸钾粉。

对软组织可用松馏油、磺胺碘仿或抗生素如土霉素等药物，以绷带包扎，再以融化的柏油涂布以防污水渗入创内。

【思考题】

1. 马感染坏死杆菌后的临诊症状怎样？

2. 如何做好坏死杆菌病的预防工作？

第十节 放线菌病

放线菌病(actinomycosis)又称大颌病(lumpy jaw)，是牛、马、猪和人的一种细菌性的非接触性慢性传染病。以头、颈、颌下和舌的放线菌肿，形成特异性的肉芽肿和慢性化脓性脓灶，其脓汁中含有“硫黄颗粒”。本病广泛分布于世界各地，我国也有本病存在，对人、畜健康造成一定的危害。

【病原】

放线菌的种类繁多，分布广泛，但多数没有致病性，只有牛放线菌(*Actinomyces bovis*)、林氏放线菌(*Actinobacillus lignieresi*)和伊氏放线菌(*Actinomyces israellii*)等少数几种具有致病性。牛放线菌和伊氏放线菌是牛的骨骼放线菌和猪的乳房放线菌病的主要病原，伊氏放线菌是人放线菌病的主要病原。两者都是革兰氏染色阳性、不运动、不形成芽孢的杆菌，有长成菌丝的倾向。

在动物组织中呈现带有辐射状菌丝的颗粒性聚集物——菌芝，外观似硫黄颗粒，其大小如别针头，呈灰色、灰黄色或微棕色，质地柔软或坚硬。制片经革兰氏染色后，其中心菌体为紫色，周围辐射状菌丝为红色。

林氏放线菌是皮肤和柔软器官放线菌病的主要病原菌，是一种不运动、不形成芽孢和荚膜的、多形态的革兰氏染色阴性杆菌。

在动物组织中也形成菌芝，无显著的辐射状菌丝，以革兰氏法染色后，中心与周围均呈红色。除以上各种放线菌外，金色葡萄球菌、某些化脓性细菌感染常是本病的重要发病辅因。

【流行病学】

牛、猪、羊、马、鹿等均可感染发病，人也可感染。动物中，以牛最易感，尤其是2～5岁的牛。

放线菌病的病原体存在于污染的土壤、饲料和饮水中，寄生于动物口腔和上呼吸道中。

因此只要黏膜或皮肤上有破损，便可以自行发生。当给牛饲喂带刺的饲料，如禾本科植物的芒、大麦穗、谷糠、麦秸等时，常使口腔黏膜损伤而感染。

本病呈散发性。据观察，当将动物放牧于低湿地时，常有本病发生。

【临诊症状】

马主要发生于精索，呈现硬实无痛觉的硬结，有时也可在颌骨、颈部或鬐甲部发生放线菌肿。

人根据病变部位及感染方式，可分为3种：

面颊型最为常见，起因于口腔或咽部黏膜损伤，多发于面颊和下颌等部位。起初为局部肿痛，皮下形成硬肿块。后逐渐软化形成脓肿，破溃后从瘘管流出带有硫磺样颗粒的脓汁，颌骨常有骨膜炎和骨髓炎，病变可直接到达眼眶、鼻旁窦，甚至累及脑膜。

胸部型一般表现为轻度肺炎，病变见于肺下叶，有咳嗽、咯血等症状。病变可波及胸膜，形成脓腔和胸壁瘘管，排出含硫磺样颗粒的脓汁。

腹部型常见原发部位为阑尾，然后波及输卵管、胆囊、肝等，日久也可穿破肠壁形成瘘管，有时可随血液蔓延而影响中枢神经系统。

【诊断】

综合性诊断　放线菌病的临诊症状和病理变化比较特殊，不易与其他传染病混淆，故易诊断。

病原学诊断　必要时可取脓汁少许，用水稀释，找出硫黄样颗粒，在水内洗净，置玻片上加一滴15%氢氧化钾溶液，覆以盖玻片用力挤压，置显微镜下检查。如欲辨认何种细菌，则可用革兰氏法染色后判定。

鉴别诊断　人放线菌病在诊断上易与一般化脓感染、结核病、恶性肿瘤混淆，应注意区别。

【防制】

防止本病的发生，应避免在低湿地放牧。舍饲牛最好于饲喂前将干草、谷糠等浸软，避免刺伤口腔黏膜。

加强饲养管理，遵守兽医卫生制度，特别是防止皮肤、黏膜发生损伤，有伤口时及时处理、治疗，在本病的预防上十分重要。

牛放线菌对青霉素、红霉素、林可霉素比较敏感，林氏放线菌对链霉素、磺胺类药比较敏感，故可有针对性地应用抗菌药物进行治疗，但需大剂量应用，方可收效。

预防人放线菌病，要注意口腔卫生，拔牙或其他手术后出现的慢性化脓要及时处理，以防病理变化扩散。

【思考题】

放线菌病在流行病学上有哪些特征？

第十一节　钩端螺旋体病

钩端螺旋体病(leptospirosis)简称钩体病，是由钩端螺旋体引起的人兽共患病和自然疫源性传染病。临诊表现形式多样，主要有发热、黄疸、血红蛋白尿、出血性素质、流产、皮肤和黏膜坏死、水肿等。

本病在世界各地流行，热带、亚热带地区多发。我国许多省区都有本病的发生和流行，并以盛产水稻的中南、西南、华东等地区发病最多。

【病原】

钩端螺旋体科(Spirochaetaceae)螺旋体属(*Leptospira*)的似问号钩端螺旋体(*L. interrogans*)，螺旋体属共有6个种，其中似问号钩端螺旋体对人和动物有致病性。

根据抗原结构成分，以凝集溶解反应可将本菌分为黄疸出血(Icterohemorrhagiae)、爪哇(Javanica)、犬热(Canicola)、秋季热(autumnalis)、澳洲(Australis)、波摩那(Pomona)、流感伤寒(Grippotyphosa)、土日热(Hebdomadis)等血清型，共有200个血清型。我国至今分离出来的致病性钩端螺旋体共有 19 个血清群,75 个血清型。

钩端螺旋体很纤细,中央有一根轴丝,螺旋丝从一端盘绕至另一端,整齐而细密,在暗视野检查时,常似细小的珠链状。革兰氏染色阴性,但常不易着色,常用姬姆萨染色和镀银法染色,以后者较好。

钩端螺旋体在一般的水田、池塘、沼泽及淤泥中可以生存数月或更长,这在本病的传播上有重要意义。

适宜的酸碱度为 pH 7.0~7.6,超出此范围以外,对酸和过碱均甚敏感,故在水呈酸性或过碱的地区,其危害亦大受限制。一般常用消毒剂的浓度均易将其杀死。

【流行病学】

钩端螺旋体几乎遍布于世界各地,尤其是气候温暖、雨量较多的热带、亚热带地区的江河两岸、湖泊、沼泽、池塘和水田地带为甚。

钩端螺旋体的动物宿主非常广泛,几乎所有温血动物都可感染,其中啮齿目的鼠类是最重要的贮存宿主。

鼠类感染后,大多数呈健康带菌,尤以黄胸鼠、沟鼠、黑线姬鼠、罗赛鼠、鼷鼠等分布较广,带菌率也较高。鼠类带菌时间长达 1~2 年,甚至终生,是本病自然疫源地的主体。

现证明爬行动物、两栖动物、节肢动物、软体动物和蠕虫等亦可自然感染钩端螺旋体。其中引人注意的是蛙类,蛙感染后可持续 1 个多月从尿排出钩端螺旋体;其次,蛇、蜥蜴、龟等均可感染钩端螺旋体,但这些动物在流行病学中的作用被认为不如温血动物。

各种年龄的家畜均可感染,但以幼畜发病较多。

钩端螺旋体侵入动物机体后,进入血流,最后定位于肾脏的肾小管,生长繁殖,间歇或连续地从尿中排出,污染周围环境如水源、土壤、饲料、栏圈和用具等,使家畜和人感染。鼠类、家畜和人的钩端螺旋体感染常相互交错传染,构成错综复杂的传染锁链。

低湿草地、死水塘、水田、淤泥沼等呈中性和微碱性有水的地方被带菌的鼠类、家畜的尿污染后成为危险的疫源地。本病主要通过皮肤、黏膜和经消化道食入而传染,也可通过交配、人工授精和在菌血症期间通过吸血昆虫等传播。

本病有明显的流行季节,每年以 7~10 月为流行的高峰期,其他月份常仅为个别散发。

【致病机制】

钩体侵入机体后 12 h 即可在肝脏发现大量菌体,在体温升高以前,菌体主要积聚于肝脏,心肌和肺脏中很少见,偶见于肾脏和肾上腺。

菌体侵入血液并进行增殖时,患病动物体温升高,血糖含量降低,红细胞大量崩解,血中血红蛋白增多,引起溶血性黄疸。在发热期,菌体在肝和肾中数量增加,使肝脏变性、坏死,由于肝组织受到破坏,胆红素直接进入血液和组织内,引起实质性黄疸。

因此,本病引起的黄疸,属混合性黄疸。随着黄疸的出现,菌体逐渐自血液、肺、心、肝内消失,但在肾脏内数量增加,这与血液内凝集素和溶解素的聚集期相吻合,此时,体温下降,肾脏发生变性、坏死和出血,同时随尿不断向外排菌和血红蛋白。在菌体毒素作用下,毛细血管(特别是皮肤和口腔黏膜)发生血栓和周围细胞浸润,血管狭窄,局部组织营养障碍,形成坏死。

【临诊症状】

不同血清型的钩端螺旋体对各种动物的致病性有差异,动物机体对各种血清型的钩端螺旋体的特异性和非特异性抵抗力又有不同。

因此，各种家畜感染钩端螺旋体后的临诊表现是多种多样。一般感染率高，发病率低，临诊症状轻的多重的少。多为隐性感染。潜伏期 2～20 d。

马　急性病例呈高热，稽留数日，食欲废绝，皮肤与黏膜发黄，点状出血。皮肤干裂和坏死，病的中后期出现胆色素尿和血红蛋白尿。病程数天至 2 周，病死率 40%～60%。

亚急性病例有发热、委顿、黄疸等临诊症状。病程较长，2～4 周，病死率较低，为 10%～18%。

马周期性眼炎可能与感染钩端螺旋体有关。

病马表现羞明流泪，结膜红肿，角膜混浊，眼前房充满纤维素性出血性渗出物，虹膜色淡，轮廓不清，可持续 2～3 周，恢复后间隔 6～8 周，又可反复发作，最终导致晶状体、玻璃体和视网膜受损，最后失明。

人　潜伏期平均为 7～13 d。患者突然发热、头痛、肌肉疼痛，尤其是腓肠肌疼痛并有压缩，腹股沟淋巴结肿痛，并有蛋白尿及不同程度的黄疸、皮肤黏膜出血等临诊症状；有的病例出现上呼吸道感染，类似流行性感冒的临诊症状；也有表现为咯血或脑膜脑炎等临诊症状。

临诊表现轻重不一，大多数经或轻或重的临诊反应后恢复，少数严重者，如治疗不及时则可引起死亡。

【病理变化】

皮肤有干裂坏死性病灶，口腔黏膜有溃疡，黏膜及皮下组织黄染，有时可见浮肿。肺、心、肾和脾等实质器官有出血斑点。肝肿大、泛黄。肾稍肿，且有灰色病灶。膀胱积有深黄色或红色尿液。肠系膜淋巴结肿大。

【诊断】

综合性诊断　由于本病血清型和血清群十分复杂，临诊和病理变化多种多样，单靠临诊症状和病理剖检难于确诊，只有结合微生物学和血清学诊断进行综合性分析才能确诊。

微生物检查　采取血液、尿液、脑脊液等病料，制成压滴标本，暗视野检查。采取肝、肾、脾等制成悬液，离心，用沉淀物制片，镜检，可见钩端螺旋体。

血清学诊断

(1)凝集溶解试验　钩端螺旋体可与相应的抗体产生凝集溶解反应。抗体浓度高时发生溶菌现象(在暗视野检查时见不到菌体)，抗体浓度低时发生凝集现象(菌体凝集成菊花样)。一般先以被检血清做低倍稀释与各个血清群的标准菌株抗原做初筛试验(或称定性试验)，查明被检血清是否有抗体存在及其群别。

若有反应，再做进一步稀释与已查出的群别各型抗原做定量试验，测定其型别的凝集效价，以判定属于何种血清型的抗体。反过来，用已知抗血清测定从患病动物中分离的菌株属何种血清型，其方法也是一样。

(2)补体结合试验　在钩端螺旋体病的诊断上只有群的特异性，不能用来鉴定血清型。虽然准备试验较复杂，但本试验一次可以完成大批的血清样本检查，常用于流行病调查和普查。

(3)ELISA 试验　国内已用此方法检查钩端螺旋体病患者抗体，证明本法特异性及敏感性高，具有早期诊断意义。有人曾用此法与显微镜凝集试验做比较，发现本法检出率较高，因此成为一种很有前途的诊断方法。

(4)炭凝集试验　系以活性炭作为载体吸附钩端螺旋体作为抗原或吸附血清作为抗体。

(5)间接血凝试验　本试验具有属特异性，比凝集溶解试验更敏感，能检出血清中微量抗体，可作为本病的早期诊断法。

(6)间接荧光抗体法　本法只有属特异性而无型特异性。其阳性率较凝集溶解试验要高，但可出现一定比例的非特异性反应。

分子生物学诊断　DNA 探针技术、PCR 技术。

多价苗紧急接种诊断　怀疑本病时，可立即用钩端螺旋体人用 5 价或 3 价苗作紧急接种，若接种后 2 周内不再有新病例出现，且疫情平息，则可诊断为本病。一般接种后 5～7 d 即有明显效果。

鉴别诊断　应注意与附红细胞体病、衣原体病相区别。

【防制】

综合预防　平时防制本病的措施应包括 3 个方面，即消除带菌排菌的各种动物（传染源）；消除和清理被污染的水源、污水、淤泥、牧地、饲料、场舍、用具等以防止传染和散播；实行预防接种和加强饲养管理，提高动物的特异性和非特异性抵抗力。

预防本病，人医和兽医必须密切配合，平时应做好灭鼠工作，加强动物管理，保护水源不受污染；注意环境卫生，经常消毒和清理污水、垃圾；发病率较高的地区要用多价疫苗定期进行预防接种。

免疫接种　当动物群发现本病时，及时用钩端螺旋体病多价苗（人用多价苗也可应用）进行紧急预防接种，同时实施一般性防疫措施，多数能在 2 周内控制疫情。

药物治疗　人钩端螺旋体病的治疗，应按病的表现确定治疗方案，一般是以抗生素为主，配合对症、支持疗法，首选药物为青霉素 G，其次为四环素族、庆大霉素、氨苄青霉素，强力霉素也有良好疗效。

【思考题】

1. 钩端螺旋体病流行具有哪些特征？
2. 钩端螺旋体病的典型临诊症状与病理变化有哪些？
3. 怎样预防动物钩端螺旋体病的发生？

第十二节　附红细胞体病

附红细胞体（eperythrozoonosis，简称附红体病）是由附红细胞体（*Eperythrozoon*，简称附红体）引起的一种人兽共患传染病，以贫血、黄疸和发热为特征。

本病最早发现于 1928 年，直到 1950 年确定猪的黄疸性贫血是由附红细胞体所引起，才逐渐被重视起来。目前，本病已广泛分布于世界许多国家和地区。我国于 1981 年首先在家兔中发现附红体，相继在牛、羊、猪家畜中查到附红体，之后在人群中也证实了附红体感染的存在。

【病原】

根据附红细胞体使用 16S rRNA 基因序列分析法，将其列入柔膜体纲支原体属。在不同种动物中寄生的附红体各有其名，如牛的温氏附红体（*E. wenyoni*）、绵羊的绵羊附红体（*E. ovis*）、猪的猪附红体（*E. suis*）和小附红体（*E. parvum*）等。其中猪附红体和绵羊附红体致病力较强，温氏附红体致病力较弱，小附红体基本上无致病性。

附红体呈多形态性。如球形、环形、椭圆形、杆状、月牙、逗点形等。寄生于红细胞的表面、骨髓。对苯胺色素易于着染，革兰氏染色阴性，姬姆萨染色呈紫红色，瑞氏染色为淡蓝色。血涂片做瑞氏染色，红细胞呈单紫红色，附红体呈现淡蓝色。

对干燥和消毒药的抵抗力不强，0.5%石炭酸于37℃经3 h可将其杀死，一般常用浓度的消毒剂在几分钟内即可使其死亡。但对低温冷冻的抵抗力较强，可存活数年之久。

【流行病学】

附红体寄生的宿主有鼠类、绵羊、山羊、牛、猪、犬、猫、鸟类、骆马（美洲驼）和人等。在我国也查到马、驴、骡、猪、牛、羊、奶山羊、兔、鸡、鼠和骆驼等感染附红体。附红体有相对宿主特异性。

动物之间、人与动物之间长期或短期接触可发生传播。吸血昆虫（虱、螨）、污染的手术器械、注射器针头等器具或打耳标、剪毛、人工授精等可经血液传播，也经口、子宫等传播。垂直传播主要见于猪。

在正常动物和人的血液中均能发现附红体。拥挤、殴斗、卫生条件差等因素会诱发该病。本病主要发生在温暖的季节。

【临诊症状】

动物感染附红体后，多数呈隐性经过。少数情况受应激因素刺激可出现临诊症状。由于动物种类不同，潜伏期也不同，介于2～45 d之间。

发病后的主要临诊症状是发热，食欲不振，精神委顿，黏膜黄染，贫血，背腰及四肢末梢瘀血，淋巴结肿大等，还可出现心悸及呼吸加快、腹泻、生殖力下降、毛质下降等。血液学检查表明，红细胞数减少，血红素下降，血浆白蛋白、β-蛋白、γ-球蛋白均下降，淋巴细胞及单核细胞上升等。病程长短不一，短者几天，长者数年，严重者可出现死亡，死亡原因可能与低血糖有关。

【病理变化】

死亡动物或实验感染动物的病理变化可见黏膜、浆膜黄染，弥漫性血管炎症，有浆细胞、淋巴细胞和单核细胞等聚集于血管周围，肝、脾肿大，肝有脂肪变性，胆汁浓稠，或有实质性炎性变化和坏死，脾被膜有结节，结构模糊，肺、心、肾等都有不同程度的炎性变化。

【诊断】

综合诊断　根据临诊症状，可做出初步诊断，确诊需进行实验室诊断。

直接镜检　该方法是诊断人和动物附红体的主要手段，包括鲜血压片和涂片染色。用吖啶黄染色可提高检出率。在血浆中和红细胞上观察到不同形态的附红体为阳性。

动物试验　用可疑人和动物血液接种健康实验动物（小鼠、兔、鸡等）或鸡胚，接种后观察其表现并采血查附红体。此法费时长，但有辅助诊断意义。

血清学试验　补体结体试验、间接血凝试验、荧光抗体试验和酶联免疫吸附试验。

分子生物学诊断　DNA探针技术和PCR技术等。

鉴别诊断　本病在流行病学、临诊症状等方面与焦虫病、无浆体病等类似，但本病一般发病率较低，且往往需其他诱因，不会造成大流行。

【防制】

综合性措施　驱除媒介昆虫，做好针头、注射器的消毒，消除应激因素。

治疗　对于病人和各种患病动物，可用卡那霉素、强力霉素、土霉素、黄色素、血虫净（贝尼尔）、氯苯胍、黄色素、纳加诺尔等抗血液原虫类药物及砷制剂，中药如白头翁四君子汤治疗动物附红细胞体病，疗效较好。除使用上述药物外，还应配合强心、补液、健胃、导泻等对症治疗。

【思考题】

1. 适用于基层附红细胞体检测的方法有哪些？如何操作？

2. 猪附红细胞体病的预防和治疗措施有哪些？

第十三节　隐球菌病

隐球菌病(cryptococcosis)又名隐球酵母病，是由新型隐球菌引起的亚急性或慢性深部真菌病，人兽均可感染发病。其特征是肺、皮肤、淋巴结和内脏器官(尤其是中枢神经系统)发生局限性或全身性病变。

本病遍布于全世界，我国京、沪、津、宁、穗等十多个省市均有报道，且发病率有逐渐增多的趋势。

【病原】

新型隐球菌(*Cryptococus neoformans*)属不全菌类隐球菌目隐球菌属，是一种酵母样真菌。隐球菌为直径4～8 μm的圆形或卵圆形厚壁孢子，内有大小不等的颗粒，周围有黏多糖构成的宽阔而有折光性的胶质样荚膜，后者具有抗原性，且与隐球菌的毒力有关。有时可见出芽孢子，但无菌丝。培养基上生长的菌落为酵母型，初为乳白色，逐渐转变为棕黄色。根据荚膜抗原的特异性，隐球菌可分为A、B、C、D 4种血清型，各血清型的地区分布不同，生化反应也不同。

【流行病学】

易感动物有犬、猫、猪、马、牛、猴、兔和禽类。人以青壮年较多见，男性多于女性。人体免疫功能低下，如淋巴瘤、白血病、系统性红斑狼疮、肾功能减退、糖尿病和长期应用肾上腺皮质激素、免疫抑制剂等药物的病人，容易诱发本病。

本菌是一种腐生或寄生性真菌，广泛存在于自然界中，可从土壤、空气、水果、牛奶和人的皮肤及黏膜，以及马、犬、猫、牛，特别是鸽粪中分离到本菌。鸽粪中的隐球菌可能是人类感染最常见的原因。

主要的感染途径是经呼吸道，本菌随尘埃吸入后，停留于肺部，如果机体的防御功能低下，则病原体在肺部生长繁殖，继而随血流扩散到全身。此外，也可经体表外伤或经口感染。本病通过动物传给人或人与人之间相互传染的实例尚未报道。本病一般为散发。

【临诊症状和病理变化】

动物特征性变化为患病部位有肉芽肿性病变。

人本病起病缓慢，病程迁延，虽可侵害人体任何部位，但以中枢神经系统为最常见，其次是肺、皮肤及骨骼。

【诊断】

综合性诊断　隐球菌病的临床表现缺乏特征性，其血、尿常规也属正常，因此，在易感病人出现中枢神经系统或肺部症状而进行鉴别诊断，应将本病考虑在内。

病原学检查　这是确诊的可靠依据。采取肺型患者的痰、中枢神经型患者的脑脊液或皮肤型患者的脓汁，直接涂片，加墨汁负染，可见到厚壁孢子，有时可发现出芽孢子，但无菌丝。也可将病料进行分离培养鉴定。

血清学诊断　约90％的脑膜炎病人的脑脊液和血清中能测得多糖荚膜抗原，乳胶凝集试验、补体结合试验、对流免疫电泳和酶联免疫吸附试验可作为检测抗原的方法，但以乳胶凝集试验最敏感，特异性强，而且可快速获得结果，故目前广泛应用。乳胶凝集试验检测脑膜炎病人的血清标本中抗原的阳性率为70%,在非脑膜炎病人的血清标本中阳性率较低。乳胶凝集滴度1∶8以上有诊断意义。

鉴别诊断 隐球菌脑膜炎应与结核性脑膜炎、其他真菌性脑膜炎、病毒性脑膜炎或恶性肿瘤的脑膜转移相鉴别。肺隐球菌应与肺结核、其他慢性肺部感染或肿瘤相区别。

【防制】

预防 注意环境卫生和保健,防止吸入含隐球菌的尘埃,特别是带鸽粪的尘埃。不食隐球菌污染的水果和牛奶,尽可能避免长期使用皮质类固醇激素和免疫抑制剂等,消除诱发因素。

治疗 脑膜炎的首选药物为两性霉素B和5-氟胞嘧啶。两性霉素B单独应用也可获得满意结果,但剂量要大,每天0.4~0.7 mg/kg体重,或隔天0.6~1.0 mg/kg体重,总剂量至少3 g,除静脉给药外,应加鞘内或脑室内给药。此外,红霉素也有较好疗效。除病原治疗外,应加强一般支持疗法,增强病人免疫功能。

【思考题】

怎样预防和治疗隐球菌病?

第十四节 厌酷球孢子菌病

厌酷球孢子菌病(coccidioidomycosis)是由厌酷球孢子菌(*Coccidioides immitis*)引起的一种人兽共患真菌病。该病的临床表现分为原发性和进行性两种,原发病的临床表现是急性、良性、自限性的肺部感染或皮肤感染,有自愈倾向。少数发展为进行性厌酷球孢子菌病,表现为慢性、恶性、散播性,病菌可侵袭脑、肺和骨骼,严重者可致人畜死亡。

【病原】

厌酷球孢子菌的形态具有双重性,在病变组织中呈球形,具有双层壁,其大小相差悬殊,直径为10~80 μm,有的可达100 μm以上。成熟的球形体内含有许多内生孢子,孢子的直径为2~5 μm,孢子成熟后,球形体自行破裂,孢子散出,并在附近组织中继续发育,形成新的球形体。在腐物或人工培养物上生长培育,可形成有隔菌丝,菌丝中可形成很多关节孢子,甚至形成链孢子。

本菌为需氧菌,对营养要求不严格,最适生长温度为37℃,在室温下生长缓慢。在沙保劳氏培养基中,与室温下培养3~4 d可形成圆形、银灰色、湿润、薄膜状的菌落。菌落紧贴于培养基表面,继续培养即可形成繁茂的空中菌丝,此时菌落呈棉絮状,初为白色,后转为褐色。当用显微镜观察时,菌丝分支、分隔,呈球拍状,如继续培养,这些菌丝就发展为厚壁、长方形或椭圆形的关节孢子。

【流行病学】

在自然条件下,马、牛、羊、猪、犬以及啮齿类动物等均可被感染,人也可被感染。

主要侵害呼吸道、皮下组织、内脏和骨骼。

人和动物感染主要是通过呼吸道吸入含有本菌的灰尘所致,也可因外伤后接触本菌污染物而发病。

【致病机制】

对本病发病机理的研究较少,一般认为,厌酷球孢子菌形成的关节孢子可随空气中的尘埃进入肺脏,经4~7 d后,在小支气管黏膜上可形成球形体,经8~21 d可于感染的部位见到细小的肉芽肿形成。早期仅见肺泡腔充以中性粒细胞和球形体，随即病变扩大，并蔓延到整个肺小叶，使肺小叶出现出血、化脓和坏死，最后形成特征性肉芽肿，继而纤维化，有时还可发生钙化。若没有足够的肉芽肿形成，而继续化脓时，内生孢子可随淋巴流扩散到肺脏淋巴结，也可经血流扩散到全身，引起其他器官的继发性病变。

【临诊症状】

原发性厌酷球孢子菌病：由呼吸道吸入菌体或孢子，引起肺部感染，表现咳嗽、发热、厌食等；经受伤皮肤感染，皮肤出现丘疹、结节、糜烂，附近淋巴结肿大。

病变发生在鼻部或脸部，病菌可扩散到中枢神经系统，引起急性或亚急性脑膜炎。

如发生在颈部，可使颈部淋巴结发炎、软化及破溃，脓汁可穿透皮肤形成瘘管，酷似结构性淋巴结炎。局部的病菌也可扩散到全身，侵害内脏器官。

原发性肺厌酷球孢子菌病如延期不愈，则变为慢性进行性或急性全身性厌酷球孢子菌病。原发感染的肺部残留空洞，可并发胸腔积液，或表现为肺结核球样损害，或伴有支气管扩张、脓胸、气胸，随着病情的发展，可引起多发性结节性空洞，临床上出现持续性高热、食欲减退、消瘦、贫血、咳嗽、呼吸困难和紫绀等症状。

通过血液传播可引起骨骼、关节、皮肤和内脏病变。如侵害脑和脑膜，则可出现脑膜炎及脑水肿症状，侵害脾脏可呈现肉芽肿或化脓性病变。也可引起骨髓炎、关节炎等。

【病理变化】

原发性肺厌酷球孢子菌病的主要病理变化是肺炎，有的在肺叶中出现结核球样病变，有的出现肺门淋巴结肿大、胸腔积液。

原发性皮肤厌酷球孢子菌病的主要病理变化是慢性肉芽肿，内有中性粒细胞、嗜酸粒细胞、淋巴细胞及浆细胞。淋巴结肿大，有明显的肉芽肿病变，其中有上皮细胞及巨噬细胞，也可形成脓肿，脓肿内可检查到含有内生孢子的球形体。

进行性厌酷球孢菌病的病理变化因病菌侵害的组织器官不同而不同，但以在组织器官中形成肉芽肿、疣状结节、脓肿或脓疡为主。

【诊断】

综合性诊断　根据临床症状和病理检查结果做出初步诊断，确诊须进行实验室检查。

病原学检查　取脓液、渗出液、脊髓液、病灶刮取物、活体组织及尸检标本等涂片，经氢氧化钾溶液处理后镜检，可见圆形厚壁的球形体，内充满内生孢子，若球形体破裂，内生孢子游离在外。

取病料在沙保劳氏培养基或葡萄糖蛋白胨琼脂培养基上培养 3～4 d，形成与本菌菌落特征相符的菌落，取菌落涂片镜检，可见分支分隔的菌丝，长方形的关节孢子，关节孢子间有间隔空隙。

动物实验　以病料或菌悬液接种小鼠腹腔或豚鼠睾丸，小鼠 7～10 d 内可在腹膜、肝、脾、肺等脏器病灶内检出球形体，有的球形体内充满内生孢子，有的仅环边排列少量孢子，有的是空泡。豚鼠于接种后 1 周内，睾丸肿胀，取病料也可检测到菌体。

血清学诊断　感染者体内可产生沉淀素(IgM)，但轻症者为阴性；也可产生补体结合抗体(IgG)，但轻症者和早期感染者常为阴性。通过沉淀反应或补体结合试验检查特异性抗体可作为本病的辅助诊断方法。

感染本菌者对厌酷球孢子菌素要产生变态反应。以 1∶1 000 球孢子菌素 0.1 mL 皮内注射，于 24、48、72 h 检查，注射部位出现直径大于 5 mm 的红斑硬结为阳性。患者感染后第 1 周阳性率为 87%，第 2 周阳性率为 99%。皮试阴性转为阳性有诊断意义，由阳性转为阴性表示病情恶化。

【防制】

预防　目前没有特异疫苗。在流行区要注意防止呼吸道感染。

治疗　原发性厌酷球孢子菌病给予支持疗法，肺部有空洞者应采取保守疗法，一般经数月即可自愈。较重者可用两性霉素 B 和皮质类固醇激素。进行性厌酷球孢子菌病可选用两性霉素 B 及酮康唑等药物治疗，但剂量要大，用药时间要长。

【思考题】

如何防控厌酷球孢子菌病的发生？

第十五节　皮肤真菌病

皮肤真菌病（dermatomycosis）在动物称为脱毛癣、钱癣或匐行疹等，在人医临床上简称为癣。它是由皮肤癣菌（或称皮肤丝状菌）引起的动物和人的一种慢性皮肤传染病。

侵害畜、禽及人的毛发、羽毛、皮肤、指（趾）甲、爪、蹄等角质化组织，形成癣斑，表现脱毛、脱屑、渗出、结痂及痒感等症状。本病分布于世界各地。

【病原】

对动物和人有致病性的皮肤癣有 3 属：即小孢霉属（*Microsporum*）、毛癣菌属（*Trichophyton*）和表皮癣菌属（*Epidermophyton*）。其中由动物传给人类的有犬小孢霉（*M. canis*）、石膏样小孢霉（*M. gypseum*）、奥杜盎氏小孢霉（*M. audouinii*）、疣状毛癣菌（*T. verrucosum*）、须毛癣菌（*T. mentagrophytes*）等。

除上述皮肤癣菌外，人兽共患皮肤真菌病的致病性真菌还有小孢霉属的铁锈色小孢霉（易感宿主为人、猫等）、鸡类小孢霉（鸡、猴、犬、猫等）、红色毛癣菌（人、犬、猴等）、猴毛癣菌（猴、犬、鸡等）、埃泽楼毛癣菌（马、牛、犬、人等）。

小孢霉菌属主要侵害毛发、羽毛和皮肤，一般不侵害指甲、爪及蹄。多为毛内菌丝，在毛根长出毛干后，由菌丝产生许多孢子，不规则地紧密排列在毛干周围形成镶嵌样的菌鞘，毛内菌丝不形成孢子。感染毛发在紫外线照射下，多数可出现绿色荧光。

毛癣菌属可侵害皮肤、指甲、爪、蹄、毛发及羽毛等角质组织，孢子连接呈链状，沿毛干长轴有规则地平行排列在毛干外缘（毛外型）、毛干内（毛内型）或在毛干内外（混合型）。感染毛发经紫外线照射无荧光。

表皮癣菌属主要侵害皮肤（头癣、黄癣）。在感染的毛发内有分节的排列不规则的菌丝、孢子、气泡和脂肪滴，感染毛发在紫外线照射下出现暗绿色荧光。

皮肤癣菌为需氧或兼性厌氧菌。可在沙氏培养基上生长，喜潮湿。适宜生长温度为 20～30℃。常以出芽产生孢子及菌丝分支、断裂等进行无性繁殖。生长速度较细菌为慢，常需数日至 3 周始见菌落。皮肤癣菌对外界的抵抗力很强，耐干燥，对一般消毒药也有很强的耐受性。对一般抗生素和磺胺类药均不敏感。

【流行病学】

动物是嗜动物皮肤癣菌的主要自然宿主和人类感染的来源，病畜和病人均为本病的传染源，主要经直接接触传播，也可经梳刷用具、鞍挽具、搔痒、摩擦等间接传播。嗜人类皮肤癣菌主要在人群中传播流行。亲土壤型真菌(如石膏样小孢霉等)，常栖于动物密集饲养的畜禽圈舍附近的表层土壤中，人、犬、猫、马和猴等接触污染的土壤，可被感染。亲动物型真菌(如毛癣菌)是牛、马、猪、羊、犬、猫、兔和鸡等动物的致病性真菌，人也可通过上述动物而感染。属于亲人型皮肤真菌的奥杜盎氏小孢霉，也可引起兔、犬、豚鼠、猴等动物感染。

本病全年均可发生。动物以秋、冬季舍饲期间发病较多，在人类以夏、秋季发病较多，一般无年龄和性别差异，但幼年较成年易感。营养缺乏，皮肤和被毛卫生不良，环境温暖、潮湿、污秽、阴暗，均可促进本病的发生。

【致病机制】

霉菌孢子污染损伤的皮肤后，在表皮角质层内发芽，长出菌丝，蔓延深入毛囊。由于霉菌的溶蛋白酶和溶角质酶的作用，菌丝进入毛根，并随毛向外生长，受害毛发长出毛囊后很易折断，使毛发大量脱毛形成无毛斑。由于菌丝在表皮角质中大量增殖，使表皮很快发生角质化和引起炎症，结果皮肤粗糙、脱屑、渗出和结痂。

【临诊症状】

马　主要发生于头部(眼周、耳、面)、颈、胸侧等处。多数是由马小孢霉或犬小孢霉所致。可见到圆形如剪毛状斑块。有的患部发生丘疹(扁豆大或更大)、水疱，干燥后形成薄痂，同时皮肤增厚，粗糙，并有面粉样鳞屑，被毛于距皮肤数毫米处折断，癣斑不断扩大，融合成不规则的癣面。有时老病灶痊愈后，周围又可形成新的癣斑。病畜无痒觉。

少数病例可由马毛癣菌、须毛癣菌、疣毛癣菌引起。癣斑部被毛蓬乱，继则形成小疱，破溃后其上盖以灰色鳞屑，并不断脱落，经 1～2 周被毛从皮肤折断，癣斑大小不一，有痒觉。

人　各种病原性皮肤真菌引起本病的共同症状是毛发脱落、形成皮屑、皮肤肥厚和结痂等。病变局限一处，或扩散全身。分为黄癣和白癣两类。黄癣由石膏样小孢霉引起，以湿疹样，黄癣痂和鼠尿臭味为特征。白癣主要由大小孢霉、毛癣菌等所致，按发病部位可分为头癣、体癣、股癣、手足癣和须癣等，在头上可形成圆形或不整形灰白色鳞屑性脱发斑，有时伴发毛囊性脓疱。

【诊断】

综合性诊断　一般根据病史和症状可做出初步诊断。确诊时可进行实验室检查。

显微镜诊断　刮取病、健交界处的皮屑和毛根少许，置于载玻片上，加少量 10%～20%氢氧化钾液浸泡 15～20 min，或微加热 3～5 min，待毛发软化、透明时加盖玻片，显微镜检查，注意观察菌丝、孢子的类型和分布情况。也可用紫外线灯检查，直接观察毛发的荧光反应，被小孢霉菌侵害的毛发出现绿色荧光。

细菌分离培养　需要判定病原种属时，应进行分离培养。先将病料用 70%酒精或 2%石炭酸浸渍数分钟，再以无菌生理盐水冲洗，接种在沙氏葡萄糖培养基(内含氯霉素 50 μg/mL、放线菌酮 500 μg/mL)，在 25～28℃培养 2～3 周观察和镜检。为了便于镜检观察，可挑取少量菌体放玻片上，然后滴加棉蓝染液(石炭酸 20 g、乳酸 20 mL、甘油 40 mL、蒸馏水 20 mL、棉蓝 0.05 g)，再以盖玻片，镜检。

在分离疣状毛癣菌时，必须添加硫胺或硫胺加肌醇。对致病性真菌的属、种鉴定，可根据生长状况、菌落性状、色泽、菌丝、孢子及其特殊器官的形态特征来确定。

鉴别诊断　应注意与螨病和湿疹区别。

螨病：痒觉剧烈，皮肤上没有特征的圆形癣斑，镜检可检出螨。

湿疹：无传染性，没有境界明显的癣斑，并且受害的毛不从毛根部附近折断，轻度发痒，尤其是皮脂溢出性湿疹，通常不发生痒觉。镜检皮肤病料，检不出病原体。

【防制】

预防　平时应加强饲养管理，搞好圈舍及畜体皮肤卫生，用具固定使用。发现病畜应全群检查，全面触诊皮肤，对病畜隔离治疗。圈舍及用具等用2%火碱或0.5%过氧乙酸或次氯酸钠消毒。饲养人员应注意身体防护，对理发室、幼儿园和公共浴室加强卫生管理，发现病人及时治疗。

治疗畜局部先剪毛，用肥皂水洗净痂壳或直接涂擦下列药物：

(1)10%水杨酸酒精或油膏，或5%～10%硫酸铜液，每天或隔天1次，直至痊愈。

(2)水杨酸6 g、苯甲酸12 g、石炭酸2 g、敌百虫5 g、凡士林100 g，混匀后外用。

(3)石炭酸15 g、碘酊25 mL、水合氯醛10 mL，混匀后外用，每天1次，3 d后用水洗掉，涂以氧化锌软膏。

(4)克霉唑癣药水外用，贵重动物可选用制霉菌素或灰黄霉素等。

(5)10%福尔马林软膏，用于鸡皮肤真菌病。

(6)Imazalil(imidazole衍生物)对各种皮肤霉菌及烟曲霉菌都有很好疗效。牛、马钱癣用其稀释乳剂喷洒，使用4次，治愈率可达88%～96%。

人局部剃发、洗净，涂以3%克霉唑液、5%硫黄软膏、复方雷锁辛擦剂、复方苯甲酸擦剂或软膏、复方十一烯酸锌软膏、土槿皮酊等。内服药可选用灰黄霉素，成人每日口服600 mg，儿童酌减，2～3周为一疗程。

【思考题】

如何防控皮肤真菌病？

第十六节　曲霉菌病

曲霉菌病(aspergillosis)是多种禽类、哺乳动物和人的真菌病，主要侵害呼吸器官。幼禽常呈急性暴发，发病率和病死率较高，成年禽则多为散发。哺乳动物和人也呈散发。病的特点是形成肉芽肿结节，在禽类以肺及气囊发生炎症和小结节为主，哺乳动物则在肺形成多发性肉芽肿，人则发生支气管肺炎和曲霉菌瘤。

【病原】

本病的主要病原为烟曲霉(*Aspergillus fumigatus*)，其次黄曲霉(*A. flavus*)、构巢曲霉(*A. nidulans*)、黑曲霉(*A. niger*)和土曲霉(*A. terreus*)也有不同程度的致病性。

曲霉菌的形态特点是分生孢子呈串珠状，在孢子柄顶部囊上呈放射状排列。烟曲霉的繁殖菌丝呈圆柱状，色泽由绿色、暗绿色至熏烟色，在沙氏葡萄糖琼脂培养基上生长迅速，菌落最初为白色绒毛状，迅速变为灰绿色、黑蓝色以至黑色，随着培养时间的延长，颜色逐渐变暗。曲霉菌类，尤其是黄曲霉，能产生毒素，这些毒素能引起组织坏死，使肺产生病变，损害肝脏，甚至发生肝硬化和诱发肝癌。

曲霉菌孢子的抵抗力很强，煮沸5 min才能杀死。在一般消毒液中需经1～3 h才能灭活。

【流行病学】

哺乳动物如牛、绵羊、山羊、马、猪和人均可感染，但为数不多，实验动物兔和豚鼠可人工感染。

曲霉菌极其广泛地存在于自然界,对生活条件要求较低,可在各种类型基质上生长繁殖,如土壤、死草、饲料、谷类、动物尸体等都可以成为它的寄生场所。其孢子很轻,可借助空气流动而散播到很远地方,在不利于生长地点,它可休眠一个时期,待温度和湿度合适时再萌芽繁殖。一般由于孢子被吸入气管而感染。饲喂发霉饲料也可感染发病。在严重污染的孵化室内,曲霉菌的孢子容易穿过蛋壳侵入蛋内而使鸡胚感染(国内报道,只在气室内繁殖)。不发生接触性传染,既不能由动物传染给人和动物,也不能由人传染给动物和人。

卫生条件不良、各种应激因素、长期应用抗生素和皮质类固醇药等,均可促进本病发生。

【症状与病变】

马主要侵害呼吸道和肺,呈现咳嗽、喷嚏、流鼻液、发热等症状。剖检见肺有豌豆大至榛子大的多发性肉芽肿,呈灰白色或淡黄色,其中心为着色(淡绿、淡黄、褐色、熏烟色)的干燥坏死物。

如病变起源于支气管,则呈支气管肺炎,病灶中心有扩大的支气管腔,管腔积有大量黏液,内含着色霉菌颗粒,支气管黏膜肥厚、粗糙。此外,曲霉菌可使马发生喉囊曲霉菌病。

人有多种临床型,较多见的是肺曲霉菌病。多发生于慢性支气管炎、支气管扩张、肺结构、石棉肺、肺脓肿、肺癌、白血病以及长期应用广谱抗生素或肾上腺皮质激素的病人。这些病人的抵抗力低下,当吸入大量曲霉菌孢子时,可引起支气管肺炎,表现咳嗽,咯血,咯绿色或深绿色颗粒痰及脓性痰,还有低热、乏力、食欲减退等症状。

一般有肺内形成局限性的结核样肉芽肿,严重者在肺内播散,引起广泛性化脓性肺炎,伴发脓肿。如曲霉菌寄生于肺部慢性坏死病灶的空腔内(如肺结核空洞、支气管扩张),则可形成曲霉菌瘤。

过敏性曲霉菌病常于吸入大量曲霉菌孢子后,数小时内发生哮喘、发热等症状。播散性霉菌病多发生于烧伤或免疫功能低下的病人,曲霉菌可由原发部位进入血流,播散至其他器官,表现与念珠菌性败血症极为相似的症状。局限性曲霉菌病见于外耳道、鼻旁窦、眼及指甲等。

【诊断】

综合性诊断　根据流行病学、症状和剖检变化可做出初步诊断。特别是肺和气囊的特征性病变,很有诊断意义。确诊需进行微生物学检查。

病原学诊断　从绿色病变区采取病理组织(即结节中心的绿色区)少许或菌丝团,置于玻片上,加生理盐水 1～2 滴或 20%苛性钾少许,加盖玻片后镜检,见到特征性的菌丝体和孢子,可确诊。或者接种于沙氏培养基,进行分离培养和鉴定。

人的曲霉菌病可采取痰、尿、粪或局部病变组织,进行检查,结合临床表现综合判定。

【防制】

预防人曲霉菌病的主要措施是增强机体抵抗力,减少发病因素,及时处理外伤和治疗原发病。对免疫功能低下的病人应隔离治疗,改善环境卫生条件。

治疗人的肺曲霉菌病和播散型曲霉菌病,可用二性霉素 B、5-氟胞嘧啶或双氯苯咪唑等药物治疗,或两种药物联合应用。

【思考题】

如何防控曲霉菌病?

第十七节 李氏杆菌病

李氏杆菌病(listeriosis)是由产单核细胞李氏杆菌引起的人兽共患传染病。呈散发。人畜主要表现脑膜炎、败血症和单核细胞增多症。家禽和啮齿动物主要表现脑膜炎、坏死性肝炎和心肌炎。

本病于1926年首先于家兔中发现,以后在各种家畜、野兽及人中均有发病报道。迄今本病已分布于全世界,温带比热带更多见。20世纪80年代,人类因食用被污染的动物性食物而屡发李氏杆菌病,才认识到它也是一种食源性传染病,并受到人们广泛关注。

【病原】

产单核细胞李氏杆菌(*Listeria monocytogenes*)属于李氏杆菌属,革兰氏阳性小杆菌。在抹片中多单在,或两个菌排成V形。无荚膜,无芽孢,有周毛。22℃和37℃都能生长良好。用凝集素吸收试验已将本菌抗原分出15种O抗原(Ⅰ至ⅩⅤ)和4种H抗原(A至D),现在已知有7个血清型和16个血清变种。对人致病者以1a、1b、4b多见;牛、羊以1型和4b型最多见;猪、禽和啮齿动物以1型较多见。

目前该属内还有产单核细胞李氏杆菌(*L. monocytogenes*)、伊氏万诺夫李氏杆菌(*L. ivanovii*)、无害李氏杆菌(*L. innocua*)、威斯梅尔李氏杆菌(*L. welshimeri*)、西里杰李氏杆菌(*L. seeligeri*)。

该菌兼性厌氧菌,5%~10% CO_2 条件可促其生长。在普通琼脂表面上生长贫瘠,血琼脂上生长良好,形成S形、透明的露滴状小菌落,在血琼脂平板上呈狭窄β溶血环。0.6%酵母浸膏胰酪大豆琼脂(TSAYE)和改良McBride(MMA)琼脂上,用45°入射光照射菌落,低倍镜垂直观察,菌落呈蓝色、灰色或蓝灰色。该菌氧化酶阴性,接触酶阳性,发酵糖类产酸不产气。能分解葡萄糖、麦芽糖、乳糖、蔗糖、海藻糖、鼠李糖和水杨苷;不发酵棉籽糖、阿拉伯糖、纤维二糖、甘露醇、木糖、菊糖和卫矛醇;吲哚试验、硫化氢产生试验及枸橼酸盐利用均阴性,V-P、M.R.试验阳性。

本菌能产生α和β溶血素,裂解吞噬细胞膜、空泡及溶酶体膜,属于胞内寄生菌。脂溶素、超氧化物及过氧化氢等物与其毒力有关。本菌与葡萄球菌、链球菌及大肠杆菌等具有共同抗原成分,必须做交叉吸收试验,才能提高本菌的特异性。

在pH 5.0以下缺乏耐受性,pH 5.0以上才能繁殖,到pH 9.6仍能生长。在含10%食盐培养基中能生长,在20%食盐溶液中经久不死。对热的耐受性比大多数无芽孢杆菌强,牛奶中的病菌能耐受巴氏消毒。土壤、粪便中能生存数月至十多个月。一般消毒药易使之灭活,对链霉素、四环素和磺胺类药敏感。

【流行病学】

牛(乳牛、黄牛、水牛)、山羊、绵羊、猪、鸡、兔、犬、猫、马、骡、驴、老鼠、家雀和人等都有易感性。其中以牛、兔、犬和猫最易感,羊、猪和鸡次之。马属动物有一定抵抗力,发病率高,病死率低。人类李氏杆菌病中以新生儿最多见,其次是婴儿、孕妇、老人和免疫缺陷者。

本病自然界广泛分布,动物是贮存宿主,迄今已从42种哺乳动物、22种禽类、鱼类、甲壳类动物分离出本菌;也从污水、土壤和垃圾分离到。传染源是患病动物和带菌动物,从粪、尿、乳汁、流产胎儿、子宫分泌物等排菌。据报道病猫传播作用较大。健康带菌动物可能是人类李氏杆菌病的主要传染源。

传播途径不完全清楚。可能通过消化道、呼吸道、眼结膜及破伤皮肤。污染的饲料和饮水可能是主要传播媒介。人类李氏杆菌病主要经消化道传染，孕妇感染后可经胎盘或产道感染胎儿或新生儿，眼和皮肤与病畜直接接触，也可发生局部感染。

本病散发，一般只有少数发病，偶尔呈暴发流行，但病死率很高。各种年龄动物都可感染发病，以幼龄较易感，发病较急，妊娠母畜也较易感。主要发生于冬季或早春。冬季缺乏饲料，青贮饲料发酵不完全，气候突变，有内寄生虫或沙门氏菌感染等，可成为本病的诱因。

【致病机制】

李氏杆菌能产生类似溶血素样外毒素，并能在吞噬细胞内寄生繁殖。本菌侵入机体后，进入血液引起菌血症，并寄居于吞噬细胞内，一方面招致血液中单核细胞增多(反刍动物和马则为中性粒细胞增多)；另一方面使内脏发生细小坏死病灶。

旭兴正等(1957)认为，病菌可能随同污染饲料经口腔黏膜损伤侵入，继则进入相应部位感觉神经及运动神经(多为三叉神经支)的神经鞘。在神经鞘内增殖，而后上达三叉神经根，由此进入延髓大量繁殖，并在此中心形成化脓灶而发病，引起脑膜脑炎。

但对自然病例的研究指出，脑膜脑炎是通过血管途经而发生的，病菌存在于具有病变的中脑、桥脑等处，继而发展到脑膜，偶尔到眼。也可能上述两个途经同时存在。

【临诊症状】

马、骡　体温稍高或稍低，精神委顿，步态不稳，低头站立，不食，磨牙，粪干尿黄。特征性症状为脑脊髓炎，兴奋与沉郁交替出现。兴奋时狂暴不安，盲目前冲，攀登饲槽，或做圆圈运动，肌肉震颤，易出汗，有的出现口眼歪斜；沉郁时四肢、下颌、唇、舌及喉麻痹，针刺无反应，四肢软弱无力，视力减弱，心律不整。病程较长，一般多能痊愈。血液学检查，单核细胞可增至13%～19%。反刍动物和马常见中性粒细胞增多。

人　表现脑膜炎、粟粒样脓肿、败血症和心内膜炎等。成人主要表现为脑膜炎症候群，发病突然，发热，剧烈头痛，恶心，呕吐，颈部强直。个别病人有脑炎或脑脓肿症状。新生儿感染的早发型在产后立即发病或于出生后2～5 d内发病，病儿一般为早产儿，主要表现呼吸急促，黏膜发绀，呕吐，尖叫和抽搐等，体温常低于正常，时有出血性皮疹和化脓性结膜炎。迟发型在产后1～3周发病，有拒食、多哭、易激怒、高热和很快发生抽搐、昏迷等症状。

患脑膜炎的病人，多数同时存在败血症。心内膜炎较少见，多发生于二尖瓣或主动脉瓣。皮肤局部感染时，可出现散在、粟粒大的红色丘疹，以后变为小脓疱。

【病理变化】

有神经症状的病畜，脑膜和脑可能有充血、炎症或水肿变化，脑脊液增量浑浊，含很多细胞，脑干变软，有小化脓灶，血管周围有以单核细胞为主的细胞浸润，肝可能有小炎灶和小坏死灶。

败血症的病畜有败血症变化，肝有坏死灶。反刍动物和马不见单核细胞增多，而常见多形核细胞增多。流产的母畜可见到子宫内膜充血及广泛坏死，胎盘子叶常见出血和坏死。

【诊断】

综合诊断　病畜表现特殊的神经症状，孕畜流产，血液中单核细胞增多。在冬、春季节呈散发，发病率低，病死率高。剖检见脑及脑膜充血、水肿，肝有坏死灶，以及败血症变化。脑组织切片检查，见有中性粒细胞及单核细胞浸润灶，血管周围有单核细胞管套。可作为诊断的重要依据。

病原学诊断

(1)镜检　采病畜血液、肝、脾、肾、脑脊髓液、脑的病变组织等作触片或涂片，革兰氏染色镜检，如见革兰氏阳性、呈 V 形排列或并列的细小杆菌，可做出初步诊断。

(2)细菌分离培养　将上述病料研磨成乳剂，接种于血液葡萄糖琼脂，可长成露滴状小菌落，有 β 溶血环。当初次分离不到细菌时，可将在 4℃ 保存的病料再次分离培养，以提高检出率。也可用选择培养基培养。

(3)动物接种试验　用家兔、小鼠、幼鸽或幼豚鼠。将病料悬液滴于家兔或豚鼠眼内，1 d 发生结膜炎，不久发生败血症死亡。妊娠 2 周的动物接种后常发生流产。

血清学诊断　用凝集试验和补体结合试验。但本菌与金黄色葡萄球菌、肠球菌及其他一些细菌有共同抗原成分，须做交叉吸收试验，才能得出可靠诊断。荧光抗体染色直接法，可快速而特异地诊断本病。

人李氏杆菌病的诊断，主要依靠细菌学检查。对原因不明发热或新生儿感染者，可采取血、脑脊液、新生儿脐带的残端及粪尿等，进行镜检和分离培养，操作方法同前。

【防制】

预防　动物在平时应加强检疫、防疫和饲养管理，不从疫区引进畜禽，驱除鼠类，消灭畜体外寄生虫。一旦发病，立即隔离治疗，消除诱因，严格消毒。病畜禽尸体须严格处理，严防疾病传播。

人在参与病畜禽饲养管理或剖检尸体和接触污物时，注意自身防护。病畜禽肉及其产品，需经无害处理才能利用。平时应注意饮食卫生，防止通过污染的蔬菜或乳、肉、蛋而感染。积极治疗有病的孕妇。

治疗　常用链霉素，也可用广谱抗生素，病初大剂量应用，有较好疗效。对败血型，最好用青霉素、链霉素治疗，或青霉素与庆大霉素联合应用。

人李氏杆菌病一般采用氨苄青霉素 0.15～0.2 g/(kg · d)，静脉注射，同时加用庆大霉素 5～6 mg/(kg · d)，分次肌肉注射，疗程 2～3 周。有免疫功能缺陷者可延长几周，以免复发。

【思考题】

如何预防马李氏杆菌病的发生？

第十八节　马葡萄球菌病

马葡萄球菌病(equine staphylococcosis)是马的一种慢性传染病，以皮肤、皮下组织、阴囊、乳房等局灶性溃疡和化脓为特征。

【病原】

葡萄球菌是革兰氏阳性菌，不同型的菌株可产生不同色素。兼性厌氧菌，易被碱性染料着色。无芽孢、无鞭毛、一般不形成荚膜(某些幼龄菌形成荚膜或黏液层)。普通琼脂培养基上形成圆形、表面光滑、边缘整齐、湿润、隆起的不透明白色或奶油状菌落。

兽医上有重要意义的葡萄球菌属包括：金黄色葡萄球菌、表皮葡萄球菌、猪葡萄球菌。多数致病菌在血液琼脂平板上形成 β 溶血，并具有产生血浆凝固酶、肠毒素、皮肤坏死毒素、透明质酸酶、杀白细胞素等多种毒素，DNA 酶和分解甘露醇的能力。多数菌株在 10%NaCl 或结晶紫培养基上生长，菌苔呈土黄色。

外界抵抗力较强，在尘埃、干燥脓汁和血液中能存活数月。对常用酚类、卤素等消毒药敏感。易产生耐药性。近年发现以前被认为不具备致病性凝固酶阴性的葡萄球菌也能引起多种感染性疾病，如菌血症、尿路感染、创伤感染和食物中毒。

【流行病学】

本病主要经创伤感染。

【症状与病理变化】

潜伏期 4～6 周。局部感染初期呈结节状，进而结节增大，形成拳头大小肿块，以阴囊、胸、肩部形成皮肤化脓性病灶，精索内形成久不愈合的瘘管，乳房上出现凹凸不平结节、化脓性灶及瘘管为特征。有时脓肿可以转移到其他组织或器官，形成新的脓肿或化脓灶。

【诊断】

综合性诊断　可根据临床症状和病理变化做出初步诊断，确诊需进行病原分离和鉴定。

【防制】

加强饲养管理，搞好环境卫生。试用自家菌苗进行免疫预防。用喹诺酮类药物、大环内酯类药物、氨基糖苷类药物或头孢类抗生素有一定的治疗效果，可依据药敏试验选用。

【思考题】

怎么防控马葡萄球菌病？

第十九节　炭　　疽

炭疽(anthrax)是由炭疽杆菌引起的一种人兽共患传染病。以体温升高、腹胀腹痛、体表炎性肿胀、天然孔出血、中毒性休克为特征。1876 年，Koch 和 Pasteur 证明炭疽芽孢杆菌是炭疽的病原。

本病存在有数千年历史，近 30 年国家防制计划实施，使家畜发病呈下降趋势，但未消灭，在疏于防范情况下，散发病例，小范围暴发流行时有发生。分布世界各地，以南美、亚洲和非洲等牧区多见。

【病原】

炭疽杆菌(*Bacillus anthracis*)为革兰氏阳性菌，大小为(1.0～1.5) μm×(3～5) μm；菌体两端平直，无鞭毛，呈竹节状长链排列，在动物体内形成荚膜，该菌在患病动物体内和未剖开的尸体中不形成芽孢，但氧气充足，12～43℃人工培养基或外界环境易形成芽孢。椭圆形，抵抗力极强。炭疽杆菌的主要毒力基因位于质粒 pX01 和 pX02 上，染色体上也携带一些毒力因子，即荚膜和毒素均由质粒编码，质粒丢失则失去形成荚膜或产生毒素的能力，成为减毒株。炭疽杆菌有荚膜抗原、菌体抗原、保护性抗原及芽孢抗原 4 种。荚膜抗原是一种多肽，能抑制调理作用，与细菌的侵袭力有关，也能抗吞噬；菌体抗原虽无毒性，但具种特异性；保护性抗原具有很强的免疫原性；芽孢抗原有免疫原性及血清学诊断价值。

利用多位点可变数串联重复分析系统(multiple-locus variable-number tandem repeat analysis，MLVA)进行可变数的串联重复系列(variable-number tandem repeat analysis，VNTR)基因序列分析，对炭疽杆菌进行基因分型。世界各地炭疽杆菌分为 A、B 两组群，A 组 A1～A6 亚组，B 组分为 B1～B2 亚组。

炭疽杆菌繁殖体的抵抗力同一般细菌，于 75℃ 1 min 即可被杀灭。常用浓度的消毒剂也能迅速灭活。芽孢的抵抗力极强，在自然条件下或在腌渍的肉中能长期生存，在土壤中可存活数十年，在皮毛制品中可存活 90 年。

【流行病学】

哺乳动物以草食动物最易感，其次是人，再次是食肉动物和杂食动物。家畜中，绵羊、山羊和牛最易感，马、骡、驴次之。

病畜是本病的主要传染源，带菌动物次之。北方羊是主要传染源，南方是牛。患病动物和人痊愈后一般不带菌，但猪隐性带菌普遍。国内报道每次疫情后，一些缺乏毒力菌株可引起动物和人隐性感染或带菌，但其流行病学意义尚待研究。

动物炭疽主要经消化道感染，其次经污染芽孢的垫草、污水、马具、手术器材和饲养员接触到损伤皮肤造成家畜皮肤感染的情况较少见。由吸血昆虫，特别是虻类、蚊和刺蝇等机械传播引起发病较多。自然界经呼吸道吸入炭疽芽孢感染的情况罕见。

全年均可发生，有明显季节性，炎热多雨或炎热干旱季节，以 5～10 月多见，6～9 月为发病高峰。牧区半牧区皮毛加工厂利于炭疽芽孢富集。自然条件下，野生动物炭疽有周期性，南非克鲁格公园每隔 10 年或其倍数发生一次炭疽流行。自然灾害是高发主要诱因，多在干旱、洪涝灾害后暴发流行。环境卫生差、使役过重、长途运输、饥饿、营养缺乏，甚至换齿等降低畜体抵抗力均是本病诱因。

【临诊症状】

潜伏期多为 1～5 d，最长达 14 d，短至 24 h。

最急性型　偶见牛、马。突然倒地，意识丧失，黏膜发绀，全身战栗，呼吸迫促，心悸亢进，磨牙吐沫，口鼻流出混血的泡沫，肛门和阴户流出暗红色血液，骤然死亡，病程 1 h。

急性型　常见于马、牛。体温升高呈兴奋不安，惊慌吼叫，乱冲乱撞，渐转沉郁。伴有剧烈疝痛，黏膜发绀有出血点。肌肉颤，呼吸困难，初便秘后腹泻，粪尿乳汁带血，孕畜流产。濒死期体温下降，呼吸衰竭，休克死亡，病程 1～2 d。

亚急性型　也常见于马、牛，与急性基本相似，在颈部、胸前、腹下、乳房或肩胛等体表部位、直肠或口腔黏膜等处发生炭疽痈，初期坚实有热痛，后热痛消失，发生坏死或溃疡。原发性病灶常可康复，病程 3～7 d。

【病理变化】

急性型　呈败血症病变。尸僵不全，尸体易腐败膨胀，天然孔流出暗红色血液，黏膜发绀，有出血点。血凝不良，黏稠煤焦油样，皮下、肌间及浆膜下等结缔组织浆性出血性水肿，黏胶样，散在出血斑点。全身淋巴结肿大、出血。脾肿大 3～5 倍，脾髓暗红，似煤焦油样，粥样软化。肺及呼吸道黏膜充血、水肿。胃肠道出血性坏死性炎症。其他实质器官变性、充血、出血和水肿。

亚急性　呈局部病变。痈型皮下呈浆性出血性水肿。

【诊断】

临床综合诊断　本病多散发和地方流行，常在夏季多雨或干旱季节发生，经过急剧，死亡迅速，多数病畜缺乏临床症状，疑似病死动物严禁剖检，主要靠实验室检查才确诊。采临死前或死后病畜末梢血，或切一块耳朵，必要时局部切开取一块脾为病料，置入灭菌容器。

显微镜检查　革兰氏阳性染色、碱性美蓝染色、印度墨汁负染荚膜，呈竹节状短粗大杆菌；

有条件还可荧光、酶标抗体染色及酶标葡萄球菌A蛋白对涂片荚膜快速染色检验。

细菌分离　接种PLET或碳酸氢钠琼脂培养基平板，对分离的可疑菌作串珠试验、噬菌体裂解、青霉素抑制试验进行菌种鉴定。

血清学诊断　如Ascoli沉淀反应、BA-ELISA。

分子生物学诊断　DNA探针、PCR、串联重复序列分析、扩增片段多态性分布(AFLP)、和脉冲场凝胶电泳(PFGE)(目标片段针对PXO1、PXO2，少数针对16S rRNA基因)。

【防制】

加强兽医检疫、监测和卫生监督。凡死因不明动物尸体不得任意剥食和利用，经兽医人员检验后再作处理。

常发区和威胁区，每年春季(2～3月)须接种一次。我国疫苗有无毒炭疽芽孢疫苗、Ⅱ号炭疽芽孢疫苗和炭疽保护性抗原佐剂疫苗，免疫期为1年。

从事畜牧业及有关畜产品加工人员、兽医、疫区人群每年亦进行炭疽活疫苗接种。

疑似炭疽尸体须带皮焚烧，不宜深埋，免留后患。

发生炭疽后，立即上报，确定疫区范围，采取封锁隔离、紧急预防接种等综合防制措施，尽快扑灭疫情。

【思考题】

马患炭疽时有几种临床表现？该如何防控？

第二十节　幼驹大肠杆菌病

幼驹大肠杆菌病(colibacillosis of young foal)是一种急性传染病，以剧烈腹泻为特征。引起本病的血清型有O8、O9、O78、O101等，主要是ETEC。

【病原】

大肠杆菌(*Escherichia coli*)是中等大小的杆菌，有鞭毛，无芽孢，革兰氏阴性。易在普通琼脂上生长，形成凸起、光滑、湿润的乳白色菌落。在麦康凯培养基上形成中等大小、圆形、表面光滑，边缘整齐的粉红色小菌落；在伊红美蓝琼脂上形成带金属光泽的黑色菌落；在SS琼脂培养基上生长不良或不生长，生长者呈红色，也可形成粗糙的菌落，菌落较大，干燥，表面粗糙，边缘不整齐；部分菌株在绵羊血液琼脂培养基上呈β溶血。

致病性大肠杆菌和非致病性大肠杆菌在形态、染色、培养特性等方面没有差别，但抗原结构不同。大肠杆菌的抗原构造由菌体抗原(O)、鞭毛抗原(H)、和微荚膜抗原(K)组成，这3种抗原互相组合可构成几千个血清型。

该菌对外界不利因素抵抗力不强，常用消毒药易将其杀死。

【流行病学】

多发生于生后2～3 d幼驹，主要通过污染乳头、饮水或舔食粪便等经消化道感染，也可经脐带感染，子宫内感染很少见。饲养管理和卫生条件不良，能降低机体抵抗力的各项因素，都可促进本病发生，有时引起幼驹大批发病死亡。

【临诊症状】

病驹体温突然升高至40℃以上，发生剧烈下痢，肛门失禁，不断流出液状粪便，呈白色或灰白色，内含大量黏液，有时混有血液。病驹精神委顿，常卧地，吃奶时站立困难。最后呈现高度衰弱,经几天死亡。病程长者,下痢便秘交替出现,关节肿胀,出现跛行。病死率为10%～20%。

【病理变化】

胃黏膜脱落,点状出血。小肠、盲肠和结肠有出血性炎症。心内、外膜有出血点。脾肿大,包膜下有出血点。淋巴结肿大。病程长的关节肿大,关节内有多量混有纤维蛋白的红黄色液体。

【诊断】

综合性诊断 根据发病年龄和下痢特点,结合剖解变化,做出初诊。

鉴别诊断 为与幼驹副伤寒区别,须做细菌学检查。

【防制】

加强饲养管理,搞好环境卫生,及时清除粪便,厩床、运动场保持清洁和干燥,防止幼驹舔食粪便和污物。有的马场给初生驹带上嘴笼(用铁丝编制的),采取定时哺乳方法,对预防本病效果明显。

病驹内服链霉素对本病有良好治疗效果。

【思考题】

如何防控幼驹的大肠杆菌病?

第二十一节 马沙门氏菌病

沙门氏菌病(salmonellosis in horse)又名副伤寒(paratyphoid),是由沙门氏菌属细菌引起各种动物疾病的总称。临诊上多表现为败血症和肠炎,也可使怀孕母畜发生流产。

副伤寒遍布于世界各地,对牲畜繁殖和幼畜健康带来严重威胁。许多血清型沙门氏菌可使人感染,发生食物中毒和败血症等症状。

【病原】

沙门氏菌属(*Salmonella*)是一大属血清学相关的革兰氏阴性杆菌。不产生芽孢,也无荚膜。

沙门氏菌属依据不同的O(菌体)抗原、Vi(荚膜)抗原和H(鞭毛)抗原分为许多血清型。迄今,沙门氏菌有A～Z和O51～O57共42个O群,58种O抗原,63种H抗原,有2 500个以上的血清型,除了不到10个罕见的血清型属于邦戈尔沙门氏菌外,其余血清型都属于肠道沙门氏菌。

沙门氏菌属的细菌依据其宿主的感染范围,可分为宿主适应血清型和非宿主适应血清型两大类。前者只对其适应的宿主有致病性,包括马流产沙门氏菌、羊流产沙门氏菌、鸡沙门氏菌、副伤寒沙门氏菌(A. C)、鸡白痢沙门氏菌、伤寒沙门氏菌;后者则对多种宿主有致病性,包括鼠伤寒沙门氏菌、鸭沙门氏菌、德尔俾沙门氏菌、肠炎沙门氏菌、纽波特沙门氏菌、田纳西沙门氏菌等。至于猪霍乱沙门氏菌或者柏林沙门氏菌,现在发现不仅对猪和牛有致病性,而且对其他宿主也有致病性。沙门氏菌的血清型虽很多,但常见危害人畜的非宿主适应血清型只有20多种,加上宿主适应血清型,也不过仅30余种。

本属细菌对干燥、腐败、日光等因素具有一定的抵抗力,在外界条件下可以生存数周或数月。对化学消毒剂的抵抗力不强,一般常用消毒剂和消毒方法均能达到消毒目的。

随着抗生素在临诊上的广泛应用,沙门氏菌的耐药问题日趋严重,其耐药水平越来越高,多重耐药菌株的出现,给人类和动物的健康带来极大的危害。如何合理使用抗生素,控制多重耐药沙门氏菌的产生和扩散,成为研究的热点。

【流行病学】

幼龄动物较成年动物易感,常发生于6月龄以内的幼驹。感染的孕畜多数发生流产,特别多见于怀孕中后期的头胎母马及怀孕后期的母羊。在人发病于任何年龄,以1岁以下婴儿及老人最多。

病畜和带菌者是本病的主要传染源。可经粪便、尿、乳汁及流产胎儿、胎衣和羊水排出病菌,污染水源和饲料等,经消化道感染健畜。病畜和健畜交配或用病公畜精液人工授精可发生感染。此外,子宫内也能感染,有人认为鼠类传播本病,人类的感染是由于感染动物与动物性食品直接或间接接触,人类带菌者也可成为传染源。

畜禽带菌现象特别携带鼠伤寒沙门氏菌相当普遍。病菌潜于消化道、淋巴组织和胆囊内。当外界不良因素使动物抵抗力降低时,病菌活化发生内源性感染,连续通过若干易感家畜,毒力增强扩大传染。

本病一年四季均发生,马多发生于春(2~3月)、秋(9~11月)季;一般呈散发,有时地方流行。

下列因素促进本病发生:分娩、手术;母畜缺奶;新引进家畜未实行隔离检疫等;长途运输中气候恶劣、疲劳和饥饿、内寄生虫和病毒感染;饲料饮水供应不良;环境污秽、潮湿,棚舍拥挤。

【临诊症状】

马流产沙门氏菌引起妊娠母马发生流产;幼驹关节肿大,下痢,有时见支气管肺炎;公马、公驴表现睾丸炎、鬐甲肿。

【诊断】

综合性诊断　根据流行病学、临诊特征初步诊断。确诊需做分离鉴定,近年单克隆抗体技术和ELISA用来对本病快速诊断。

血清学诊断　实践中用血清学方法对马副伤寒诊断,采马血清做试管凝集试验。

【防制】

综合预防　加强饲养管理,消除发病诱因,保持饲料和饮水清洁卫生。

微生态制剂　近年根据竞争排斥原理研制的活菌制剂CE(competitive exclusion)培养物,在鸡沙门氏菌的防制上取得进展。国外许多研究已证实,给新孵出病雏鸡提供从成龄鸡盲肠或粪排泄物所获细菌构成的CE培养物,可使沙门氏菌在盲肠定殖的发生率降低,国内自1986年以来,一些研究者在不同地区使用“促菌生”或其他活菌剂来预防雏鸡白痢,也获得较好的效果。

抗生素药物　本病治疗选敏感的土霉素、青霉素等,辅以对症治疗。磺胺类(磺胺嘧啶和碘胺二甲基嘧啶)也有效,根据具体情况而定。

预防人发生　为防止本病从畜禽传给人,病畜禽应严格执行无害化处理,加强屠宰检验,特别是急宰畜禽的检验和处理。肉类一定充分煮熟,家庭和食堂保存的食物注意防止鼠类窃食,以免被其排泄物污染。饲养员、兽医、屠宰人员及其他畜禽及其产品接触人员,应注意卫生消毒工作。

治疗人中毒　人食物中毒一般口服氟诺酮、氨苄青霉素、复方新诺明等治疗，脱水严重者静脉滴注葡萄糖盐水。大多数患者于数天内恢复健康。

【思考题】

如何防控幼驹的沙门氏菌病？

第二十二节　马巴氏杆菌病

马巴氏杆菌病(pasteurellosis)是由多杀性巴氏杆菌引起幼驹的一种急性、发热性、败血性传染病。以高热、腹泻和炎性肿胀为特征。

【病原】

多杀性巴氏杆菌(*Pasteurella multocida*)是一种两端钝圆的革兰氏阴性短杆菌，无鞭毛、无芽孢，多单个存在。新分离的强毒菌株具有宽厚荚膜，培养后，迅速消失。病料涂片用瑞氏、姬姆萨或美蓝染色见菌体呈明显的两极着色，培养物的两极着色现象不明显。

需氧兼性厌氧，在血清或血液的普通培养基上生长良好，37℃培养 18～24 h，形成灰白色、光滑、湿润、隆起、边缘整齐的中等大小菌落。在加有血清和血红蛋白培养基上呈荧光性。不溶血。在麦康凯和含有胆盐培养基上不生长。血清肉汤中培养初期轻度浑浊，24 h 后上清液清亮，管底出现灰白色絮状沉淀，表面形成菌环。

依据荚膜抗原和菌体抗原可区分多杀性巴氏杆菌的血清型。以荚膜抗原可分为 A、B、C、D、E、F 6 个型，菌体抗原有 16 个型。

1984 年 Carter 提出以阿拉伯数字表示菌体抗原，以大写英文字母表示荚膜抗原型的分型标准。不同血清型菌株的致病性和宿主特异性有差异。我国分离的禽多杀性巴氏杆菌以 5:A 为主，其次 7:A；猪的以 5:A 和 6:B 为主，其次为 8:A 和 2:D；羊的以 6:B 为多；家兔的以 7:A 为主，其次是 5:A。

此外，溶血性巴氏杆菌(*Pasteurella hemolytica*)也可成为本病的病原。溶血性巴氏杆菌在形态、培养特性等方面与多杀性巴氏杆菌相似，但在鲜血培养基上呈明显 β 溶血。

对理化因素抵抗力较弱，常用消毒药将其杀死。

对青霉素、链霉素、四环素、土霉素、磺胺类及许多新抗菌药物敏感。

【流行病学】

马巴氏杆菌是条件致病菌，存在于健康马的上呼吸道内。病马体内可排出毒力较强的巴氏杆菌，通过呼吸道和消化道传染。本病多为散发，但在幼驹可大批发病，特别是在断乳、驱赶、饲养管理的改变、环境气候变化等应激条件，易造成群发。

【临诊症状】

马　临床上分为高热和麻痹、腹泻、水肿 3 型。在本病暴发初期和中期，病驹多呈高热和麻痹型，预后不良，死亡率可达 90%。仅出现高热而无麻痹症状的死亡率显著下降，不到 4%。疫情的中后期可出现腹泻型和水肿型，预后较良好，死亡率低于 2%。

(1)高热和麻痹型　病驹体温升高，一般在 40℃以上，精神不振，口腔黏膜呈灰白色，眼结膜潮红或带黄色，脉搏急促。唇下垂，不能回缩。伏卧时，前肢外展，后肢向后外方，膝部着地。濒死期腋下和内股部出汗。病程一般不超过 2 d，短的几个小时死亡。而只有高热无麻痹病驹，上述症状较缓和，口腔黏膜潮红，不呈灰白色，也无特异的伏卧姿势。

(2)腹泻型　病驹体温稍高，一般不超过40℃。可视黏膜潮红，排软便或水样腹泻。

(3)水肿型　病驹体温一般为39.5～40.5℃。头部、颈部和肩前部出现炎性肿胀，呈河马头状。

人　临床上有伤口感染型和非伤口感染型。伤口感染型主要表现为伤口处剧烈疼痛、肿胀，有的出现发热、化脓、淋巴结肿胀；极少数人出现败血症；也有因角膜被猫抓伤而致全眼球发炎的病例。非伤口感染型一般表现为呼吸道感染。可从慢性支气管炎、支气管扩张症、肺炎、肺气肿、肺脓肿、鼻窦炎、扁桃体炎等病人的病变部位分离到多杀性巴氏杆菌。由本菌引起的其他感染包括中耳炎、脑膜炎、泌尿生殖道感染、阑尾炎、结膜炎、肠炎、膀胱炎、糖尿病等。溶血性巴氏杆菌和嗜肺性巴氏杆菌引起的伤口感染与多杀性巴氏杆菌引起的感染相似。

【病理变化】

以肠道的浆膜、胸膜和心包膜的出血性变化为主。心外膜特别是冠状沟的脂肪层散布大量出血斑点。大肠及小肠浆膜血管充盈，有大量大小不等出血点。严重病例整个肠段的浆膜严重出血，呈暗红色，但黏膜病变不明显。脑膜充血，有出血点。肺部尖端有出血点，肝、脾一般无明显病变。

【诊断】

细菌学诊断　无菌取病料(心血、脾、肝、水肿液及胸腔积液)进行涂片，染色(姬姆萨染色、美蓝染色、革兰氏染色等)，镜检见多量两极着色深的卵圆形小杆菌。如果患马死前应用了大量磺胺类药物和抗生素，可能检测不到细菌，所以最好从未治疗的病马采集病料。

鉴别诊断　应注意与炭疽、毒蛇咬伤、恶性水肿等进行鉴别诊断。

【防制】

综合性预防　加强饲养管理和环境卫生，减少应激，提高幼驹免疫力。在人防止被猫、犬或其他动物咬伤、抓伤。接触难以对付的动物时，应使用防护手套。伤后要及时消毒处理伤口。兽医或饲养员处理病畜时，要保证舍内通风良好，减少污染的飞沫和尘埃含量，以避免呼吸道感染。

免疫接种　常发地区，每年在离乳前20～30 d，对幼驹注射疫苗一次。对发病的马及时隔离和治疗。被污染场地和用具要彻底消毒，正确处理尸体。为控制疫情发展，用多价抗出血性败血症高免血清对全群马皮下注射，幼驹20～30 mL，成年马40～60 mL，1周后再接种出血性败血症菌苗。

及早治疗，抗生素有较好疗效，依据药敏试验结果来选敏感抗菌药物。可用多价抗出血性败血症高免血清静脉注射，对早期病例疗效显著，幼驹60 mL，成年马60～100 mL，24 h后重复一次或多次。可用10%磺胺嘧啶静脉注射，幼驹60～120 mL，成年马140～200 mL。

【思考题】

马巴氏杆菌的实验室诊断程序及防治要点是什么？

第二十三节　布鲁菌病

布鲁菌病(brucellosis)是由布鲁菌引起的人兽共患慢性传染病。马布鲁菌病的特点是生殖器官、胎膜及多种器官组织发炎、坏死和肉芽肿的形成，引起流产、不孕、睾丸及关节炎等症状。

1886—1887 年，英国医生 David Bruce 先发现人的马尔他热病原——马尔他小球菌属于本菌。1897 年丹麦从流产奶牛的子宫分泌物和胎膜中分离到牛流产杆菌。1914 年美国在猪流产样品中分离到相似猪流产杆菌。有抗原交叉反应性于 1920 年归为同一菌属，并定名为布鲁菌，以纪念首次分离病原菌者。此后，新西兰从病绵羊分离到绵羊附睾布鲁菌(1954 年)；美国从沙漠森林鼠中分离到沙林鼠布鲁菌(1957 年)；美国从犬体分离到犬布鲁菌(1966 年)。新中国成立初期，我国内蒙古、西北、东北及其他地区普遍流行羊布鲁菌病，且人患布鲁菌病也较多。

目前本病呈世界分布，各地流行程度不同，牛、羊、猪布鲁菌病分布较广，给畜牧业造成严重危害且具有重要公共卫生意义。

【病原】

布鲁杆菌(*Brucella*)属布鲁菌属，革兰氏阴性小杆菌。姬姆萨染色呈紫红色，无鞭毛不运动，不形成芽孢，S 型有荚膜。

本菌分为 6 个种 20 个生物型，即马尔他布鲁菌(羊种)生物型 1～3、流产布鲁菌(牛种)生物型 1～9、猪布鲁菌生物型 1～5、绵羊布鲁菌、沙林鼠布鲁菌和犬布鲁菌。

抗原结构复杂，分为属内抗原和属外抗原。属内抗原包括 A\M(光滑性布鲁菌)及 R(非光滑型菌株的共同抗原决定簇，为可溶性胞浆抗原)等表面抗原。

光滑性菌株变异后，R 抗原暴露，属外抗原可与巴氏杆菌、变形杆菌、弧菌、弯曲菌、钩端螺旋体、假单胞菌、沙门氏菌、耶尔森菌和大肠杆菌等属细菌有交叉凝集反应。

本菌为细胞内寄生菌。自然环境下抵抗力强。对四环素最敏感，其次是链霉素和土霉素，但对杆菌肽、多黏菌素 B 和 M 及林可霉素有很强抵抗力。

【流行病学】

易感动物范围很广，包括一些啮齿类动物及人，其中主要是羊、牛、猪。鹿对本病也敏感，北极狐和貂易感。

马尔他布鲁菌、流产布鲁菌和猪种布鲁菌都可感染马。本病随动物成熟易感性升高，通常公畜对本病有一定抵抗力。

直接接触病马或其排泄物是布病主要传播途径。马可通过消化道、呼吸道、生殖道、皮肤等接触被病菌污染的饲料、饮水、土壤、乳汁等感染发病，感染后终身带菌。也可经结膜、自然配种侵入机体感染，吸血昆虫也可传播本病。

传染源有病马及带菌动物，最危险的是受感染的妊娠马，在流产或分娩时将大量布鲁菌随着胎儿、羊水和胎衣排出，流产后的阴道分泌物以及乳汁中都会有布鲁菌。布鲁菌感染的睾丸炎精囊中也有该菌存在。

【致病机制】

本菌接触并穿过黏膜上皮侵入机体，淋巴细胞和浆细胞在黏膜下聚集。入侵细菌进入淋巴管定居于局部淋巴结。淋巴结由于淋巴细胞和网状内皮细胞感染增生浸润而增大；细菌进入血流引起菌血症、体温升高和抗体产生；细菌则藏在中性粒细胞和巨噬细胞内逃避宿主免疫作用而长期生存。同时，病菌通过血流散播于生殖系统和其他器官，如脾、肝、骨髓、乳腺组织、关节、腱鞘、滑液囊、睾丸、附睾和精囊等，引起不同程度病理变化或炎症。部分细菌从粪、尿排出，或在病理变化过程中死亡。

赤藓醇在生殖系统器官含量较高，促进本菌生长。马感染布鲁菌后，菌血症期发热轻微，后侵害各种组织，主要嗜好组织是滑液囊、腱鞘及项韧带范围以内的韧带与肌腱组织，引起非化脓性炎性病变，出现局部或全身性症状，或者无变化，不被察觉。

【临诊症状】

患马多为隐性。也有一部分患马有明显的化脓损害，特别是在头部和颈部，骨脓肿、关节炎及腱滑膜炎则少见。前期临诊症状常有发热、委顿和发炎部位疼痛，可持续数日以至数月，其脓肿可被吸收，但经常出现破溃，含有纤维凝块的黄色黏性渗出液；晚期病例则形成瘘管。也可引起母马流产，从马和驴流产的胎儿中分离出流产布鲁菌。

【诊断】

综合性诊断　本病除母畜流产外，流行病学、症状和病理变化等无明显特征。抽取马关节液做实验室诊断。

细菌学诊断　在选择培养基(100 mL 马丁琼脂或肝汤琼脂中，加入杆菌肽 2 500 IU、放线菌酮 10 mg、乙种多黏菌素 600 IU)分离培养，染色镜检，豚鼠接种后 3～5 周剖杀，再分离培养，染色镜检。

血清学诊断　孕马感染诊断应做凝集试验或同时做补体结合试验，近来间接血凝试验、抗球蛋白(Coombs)试验、ELISA、荧光抗体法、DNA 探针及 PCR 等新方法也用于本病诊断和检疫。

鉴别诊断　与其他病的区别主要靠病原体的分离鉴定和特异抗体的检测。

【防制】

综合性预防　治疗效果不佳，因此一般不做治疗，应淘汰屠宰。防治本病主要是保护健康马群、消灭疫点的布鲁菌和培养健康幼驹 3 个方面。

加强检疫　提倡自繁自养，不从外地购买马匹。新购入马匹，须隔离观察 1 个月，并做 2 次布鲁菌检疫，确认健康后，方能合群。每年配种前，种公马也必须进行检疫，确认健康后方能配种。养殖场每年需做 2 次检疫，检出的病马匹，应严格隔离饲养，固定放牧地点及饮水场，严禁与健康马接触。

免疫接种　在布鲁菌病常发地区，每年都要定期预防注射。在检疫后淘汰病马的基础上，第一年做基础免疫，第二年做加强免疫，第三年做巩固免疫，从而达到净化马群的目的。对马使用的疫苗多为 M5 和 S2，采用灌服、饮水方法。

严格消毒　对病马污染的厩舍、运动场、饲槽及各种饲养用具等，用 5%克辽林或来苏儿溶液、10%～20%石灰乳、2%氢氧化钠溶液等进行消毒。

流产胎儿、胎衣、羊水及产道分泌物等，更要妥善消毒处理。病马的皮，用 3%～5%来苏儿浸泡 24 h 后方可利用。乳汁煮沸消毒，粪便发酵处理。

病马处理　病马以淘汰为宜。确需治疗者可在隔离条件下进行。对流产伴发子宫内膜炎或胎衣不下经剥离后的病马，可用 0.1%高锰酸钾溶液、0.02%呋喃西林溶液等洗涤阴道和子宫。严重者可用抗生素和磺胺类药物进行治疗。

培育健康幼驹　50%以上的隐性病驹，在良好的隔离条件下，用健康公驹的精液人工授精，从而培育健康幼驹。幼驹出生食初乳后，隔离喂消毒乳和健康乳，经检疫为阴性后，送入健康群，以此达到净化疫场目的。

【思考题】

马的布鲁菌病的诊断方法主要有哪些？

第二十四节　耶尔森菌病

耶尔森菌病(yersiniosis)是由耶尔森菌属中的有关致病菌引起的几种人兽共患病的总称。本病因菌种不同而表现不同的临诊症状和病理变化。其中具有重要性的是由小肠结肠耶尔森菌引起的腹泻,由伪结核耶尔森菌引起的伪结核病以及由鼠疫耶尔森菌引起的鼠疫。小肠结肠炎耶尔森菌除使动物感染外,还是人类腹泻的重要病原菌,它在公共卫生上的重要性已不亚于沙门氏菌。伪结核耶尔森菌在我国主要危害家兔。鼠疫是对人类危害严重的烈性传染病,是自然疫源性疾病之一。

【病原】

耶尔森菌属(*Yersinia*)在分类上属于肠杆菌科,共有 11 个种,已知其中 4 个种有致病性,即鼠疫耶尔森菌(*Y. pestis*)(人和啮齿动物鼠疫的病原)、小肠结肠炎耶尔森菌(*Y. enterocolitica*)、伪结核耶尔森菌(*Y. pseudotuberculosis*)和鲁克氏耶尔森菌(*Y. ruckeri*)(虹鳟鱼红嘴病的病原)。

本菌为短杆菌状至球杆状,无芽孢,除鼠疫耶尔森菌外,其余均无荚膜。在普通培养基上生长良好,最适培养温度为 28～29℃。革兰氏阴性,有两极染色倾向,尤以鼠疫耶尔森菌最为明显。本属细菌具有肠道菌共同抗原,小肠结肠耶尔森菌由 60 个菌体(O)抗原组成至少 48 个血清型,其中 O9 与布鲁氏菌有交叉反应,O12 与沙门氏菌 O47 有交叉反应,最常见的致病性血清型是 O3、O9、O5、O27 和 O8,其中 O8 主要分布于北美洲,其余多见于欧洲、日本、南非、非洲南部、加拿大和中国。本菌据其生化特性的差异,可分为 5 个生物型。常用血清型与生物型搭配形式来表示,已知菌株有:血清型 O9/生物型 2、血清型 O3/生物型 4、血清型 O8/生物型 1、血清型 O5,27/生物型 2。伪结核耶尔森菌按 O 抗原有 11 个血清群(O1～O11),其中 1 群和 2 群各有 a、b、c 3 个亚群,4 群和 5 群各有 a 和 b 两个亚群,3、6、7、8、9、10、11 群无亚群。

(一)小肠结肠炎耶尔森菌病

【流行病学】

已报告分离到本菌的动物有:猪、牛、马、羊、骆驼、犬、猫、家兔、野兔、豚鼠、猴、鼠类、貂、浣熊、海狸、鸽、牡蛎、鱼等。动物可长期带菌,有的感染后可出现临诊症状。啮齿动物是本菌主要贮存宿主之一。患病和带菌动物是传染源,猪是最常见的传染源,在猪舌和扁桃体中,本菌的检出率可达 30%～70%。

本病的传播途径尚未完全明确,可能主要经消化道感染。本菌在自然界分布广泛,如食物、水和土壤等。蟑螂、苍蝇、蚤等常可带菌,成为本病的传播媒介,也可经节肢动物传播。

本病多为散发,季节性不明显。本病的发生与动物的抵抗力有密切关系,当外界各种因素导致动物抵抗力下降或免疫抑制时,易于发病。

【临诊症状及病理变化】

动物多为隐性感染,无明显临诊症状。曾观察到猪、犬、猫、羊、猴等感染后出现腹泻临诊症状或于肝脏形成结节性病理变化,但一般较为少见。

人主要是食用了污染的蔬菜、饮水后通过消化道感染该病,由动物直接感染的可能性也有。人临诊表现多样,有发热、腹泻、咽喉炎、扁桃体炎、颈部淋巴结肿大、末端回肠炎、肠系膜淋巴结炎、关节炎和败血症等。婴儿主要表现为急性胃肠炎,学龄前儿童和成年人可出现回肠炎、阑尾炎和肠系膜淋巴结炎，但成年人以关节炎、败血症和红斑狼疮为多见。

【诊断】

该病在临诊上常与其他腹泻类疾病难以区别，确诊要靠病原菌的分离鉴定。

分离培养与鉴定　采取肛拭、有病理变化脏器组织、回盲部的黏膜、扁桃体、腹泻患畜粪样等，可直接在SS琼脂或麦康凯琼脂平皿划线培养，无临诊症状带菌动物粪便、饲料、水样等宜先增菌后划线培养。增菌可采用冷增菌法（置pH 7.6 PBS增菌液中，在4℃增菌14 d）或普通增菌法（置加有新霉素、多黏菌素B和结晶紫的豆胨肉汤中，在25℃或37℃增菌24～48 h）。划线琼脂平皿可置25℃培养48 h，然后挑取可疑菌落，进一步做生化试验和血清型鉴定。血清型鉴定可用O因子血清做凝集试验。

血清学诊断　以试管凝集反应法效果较好。近年来，酶联免疫吸附试验（ELISA）和免疫荧光抗体法已被用来进行本病的诊断。

【防制】

预防　主要依靠一般性的防制措施，做好环境卫生和消毒，加强卫生监督，定期消毒、灭鼠，避免饲料和饮水的污染。加强肉品卫生检验，避免进食可疑污染的食物和水，不与病人或感染动物接触，注意个人卫生及安全防护。

治疗　应用链霉素或磺胺类药物治疗可减少死亡。

(二)伪结核病

【流行病学】

自然情况下，伪结核病（pseudotuberculosis）在鸟类和哺乳动物特别是啮齿目和兔形目（家兔和野兔）动物可引起地方流行性。曾多次从马、羊、猪、猴、狐、貂、鸡、鸽、犬、野鼠、栗鼠及猫体内分离到本菌。人也能被感染致病。

患病和带菌动物是传染源。病原菌随粪尿排出体外，污染饲料、饮水和周围环境。主要的传播途径是消化道，直接接触传播也有可能。鼠类是本病病原菌的自然贮存宿主。

人在与患病动物接触过程中可经口感染，或吃进被患病动物粪便污染的食物而感染。

【致病机制】

病原菌进入体内后，首先侵害消化道，并经淋巴管抵达肠系膜淋巴结，随后发生菌血症，病原菌随血液侵入各器官，肝、脾是最常见的受害部位。

【临诊症状及病理变化】

伪结核耶尔森菌病是一种食源性感染，一般仅是胃肠道临诊症状、肠系膜淋巴结炎等。但由于其临诊症状不典型，极易延误治疗，导致发生肠外多种自身免疫性并发症。

剖检病变是在肠壁、肠系膜以及各实质器官形成粟粒状干酪样坏死。

【防制】

综合性预防本病目前尚无疫苗可用。预防本病主要依靠一般性措施，重点是加强灭鼠工作，避免饲料、饮水或用具被污染。发病时要做好隔离、淘汰和消毒工作。

人感染该菌后可发生败血症、淋巴结炎和阑尾炎，通常是由被污染的食物和饮水所致。预防本病重在加强肉品卫生管理，注意个人的安全防护。

治疗用链霉素、氟哌酸或磺胺类药物。

【思考题】

耶尔森菌病有哪些流行特点？应如何预防？

第五章　马的病毒性传染病

本章介绍马的病毒性传染病主要包括非洲马瘟、马传染性贫血、马传染性鼻肺炎、马病毒性动脉炎、马脑脊髓炎、委内瑞拉脑脊髓炎、俄罗斯马传染性脑脊髓炎、波纳病和马传染性支气管炎，马流感在多种动物共患传染病中做了介绍。我国在马传染性贫血病的防控和研究工作中，取得突出成就。用弱毒的驴白细胞培养物或马胎二倍体培养物制成的马传染性贫血弱毒疫苗是目前国际上唯一的马传染性贫血活毒疫苗。随着我国马匹数量的迅猛增长，对马传染病的防控起着举足轻重的作用。

第一节　非洲马瘟

非洲马瘟(African horse sickness，AHS)是由非洲马瘟病毒引起马属动物的一种急性或亚急性虫媒性传染病。以发热、皮下结缔组织与肺水肿以及内脏出血为特征，马对此病的易感性最高，病死率高达95%。中国尚无本病发生。OIE将其列为法定报告疫病。

本病主要流行于非洲大陆中部热带地区，并传播到南部非洲，有时也传播到北部非洲。近东与中东(1959)、西班牙(1966、1987—1990)、葡萄牙(1989)等非洲以外的国家也曾流行。在非洲撒哈拉沙漠以南呈地方性流行，其中拟蚊库蠓(*Culioides imicola*)是最重要的传播媒介。

【病原】

非洲马瘟病毒属呼肠孤病毒科(*Reoviridae*)环状病毒属(*Orbivirus*)。现已知有9个血清型，各型之间没有交互免疫关系，不同型病毒的毒力强弱也不相同。病毒在37℃下可存活37 d，而50℃ 3 h、60℃ 15 min可被灭活。在pH 6.0～10.0之间稳定，在pH 3.0时迅速死亡。能被乙醚及0.4% β-丙烯内酯灭活。0.1%福尔马林48 h，以及被石炭酸和碘伏灭活。

【流行病学】

病毒的贮藏宿主，目前尚不清楚。马、骡、驴、斑马是病毒的易感宿主。马尤其幼龄马易感性最高，骡、驴依次降低。大象、野驴、骆驼、犬因接触感染的血及马肉也偶可感染。感染非洲马瘟的病死率最低为10%～25%，最高可达90%～95%，骡、驴病死率较低。耐过本病的马匹只能对这同一型病毒的再感染产生一定的免疫力。

本病主要通过媒介昆虫如库蠓、伊蚊和库蚊吸血传播。

传染源为病马、带毒马及其血液、内脏、精液、尿、分泌物及所有脱落组织。马的病毒血症期一般持续4～8 d，长的可达18 d；斑马、驴病毒血症期可持续28 d以上。

本病发生有明显的季节性和地域性，多见于温热潮湿季节，常呈地方流行或暴发流行，传播迅速；厚霜、地势高燥、自然屏障等影响媒介昆虫繁殖或运动的气候、地理条件，将使本病显著减少。

【致病机制】

带毒昆虫叮咬动物后，病毒进入体内。病毒主要在肺、脾和淋巴结中复制，病毒存在于马的血液、渗出液、组织液等体液中，大部分吸附于红细胞上。病毒的增殖导致特定组织器官或身体某些部位的血管渗透性增加，引起肺泡、胸膜下和肺间质水肿，有时也出现严重的胸腔积水。

【临床症状】

潜伏期通常为 7～14 d，短的仅 2 d。中国《陆生动物卫生法典》规定，非洲马瘟的感染期为 40 d。

按病程长短、症状和病变部位，一般分为肺型（急性型）、心型（亚急性型、水肿型）、肺心型、发热型和神经型。

肺型：多见于本病流行暴发初期或新发病的地区。呈急性经过。病马体温升高达 40～42℃，精神沉郁、呼吸困难，心跳加快。眼结膜潮红，羞明流泪。肺出现严重水肿，呼吸困难，并有剧烈咳嗽，鼻孔扩张，流出大量含泡沫样液体。病程 5～7 d，常因窒息而死。

心型：为亚急性经过，病程缓慢。病马体温不超过 40.5℃，持续 10 多天可见眼窝处发生水肿。其后消退或扩散到头部、舌，有的蔓延至颈部、胸腹下甚至四肢。由于肺水肿可引起心包炎、心肌炎、心内膜炎。伴有心脏衰弱的症状。该型康复率较高。

肺心型：呈亚急性经过，多发生于有一定抵抗力的马匹。具有肺型、心型的临诊症状。

发热型：此型多见于免疫或部分免疫马匹。该型潜伏期长，病程短。表现为病马体温升高到 40℃，持续 1～3 d。病马表现厌食，结膜微红，脉搏呼吸增数。

【病理变化】

显著特征的常见的病变是皮下和肌肉间组织胶冻样浸润，并以眶上窝、眼和喉尤为显著。胃底黏膜卡他性肿胀一直延伸到小肠前部。咽、气管、支气管充满黄色浆液和泡沫，约有 2/3 病例有急性水肿。心内膜和心包膜有出血点和出血瘀斑，心肌变性。有些病例胸腔和心包积存大量黄白色或红色液体，淋巴结急性肿大，肝和胃充血。

肺型病变为肺水肿，胸膜下、肺间质和胸淋巴结水肿，心包点状瘀血，胸腔积水。

心型病变为皮下和肌间组织胶冻样水肿（常见于眼上窝、眼睑、颈部、肩部）；心包积液，心肌发炎，心内外膜点状瘀血；胃炎性出血。

【诊断】

临床综合性诊断　根据本病的流行病学特点、典型症状及病变，可做出初步诊断。

接种小白鼠试验：将相同病料悬液接种 2～4 d 龄乳鼠，每鼠脑内接种 0.01 mL，从第 4 天起可产生临床症状，出现中枢神经系统感染或衰竭死亡。可作为诊断的依据。再利用其他试验，如补体结合试验、中和试验、荧光抗体试验、琼脂扩散试验、红细胞凝集试验等都可确诊本病。在国际贸易中检测的指定诊断方法有补体结合试验、酶联免疫吸附试验，替代诊断方法有病毒中和试验。

病毒分离与鉴定　采集发热期病畜全血，用 OPG（50%甘油＋0.5%草酸钠＋0.5%石炭酸）或肝素（按 10 IU/mL 添加）抗凝，于 4℃下保存或送检；或刚死亡动物的脾、肺和淋巴结（取 2～4 g 小块），置 10%甘油缓冲液，于 4℃下保存或送检。将样品接种乳鼠、细胞（BHK、MS、Vero）或鸡胚。然后采取 ELISA、病毒中和试验、PCR 鉴定病毒。

血清学诊断　ELISA、补体结合试验、免疫印迹。用于血清学诊断宜采集血清，最好采双份血清，分别在急性期和康复期，或相隔 21 d 采取，于－20℃下保存备用。

鉴别诊断　应与马病毒性脑炎、马病毒性动脉炎、锥虫病、焦虫病鉴别。

非洲马瘟病毒（AHSV）引起的临床症状和损伤易与马脑炎病毒（EEV）引起的临床症状和

损伤相混淆，AHSV 和 EEV 是密切相关的环状病毒。由这两种病毒引起的疾病在流行病学的许多方面都有相似之处。它们有相似的地理分布和脊椎动物宿主范围以及相同的媒介昆虫库蠓。所以它们可发生在相同的部位甚至相同的动物身上。幸运的是，快速、敏感、特异的 ELISA 法可检测 AHSV 和 EEV 的抗体和抗原，如果分别应用于两种病毒就可进行快速而有效的鉴别诊断。

其他几种疾病也可能与 AHS 某些疾病类型相混淆。出血性紫癜/血小板减少性紫癜(purpura haemorrhagica)和马病毒性动脉炎(equine viral arteritis，EVA)的出血和水肿与那些肺型 AHS 相似。早期巴贝斯虫病能与 AHS 相混淆，尤其是在血涂片中难以发现寄生虫时。

【防制】

尚无有效药物治疗。

感染区应对未感染马进行免疫接种，如多价苗、单价苗(适用于病毒已定型)、单价灭活苗(仅适用于血清 4 型)。

中国尚未发现此病，为防止从国外传入，禁止从发病国家输入易感动物。

发生可疑病例时，按《中华人民共和国动物防疫法》规定，采取紧急、强制性的控制和扑灭措施。采样进行病毒鉴定，确诊病原及血清型，扑杀病马及同群马，尸体进行深埋或焚烧销毁处理。采用杀虫剂、驱虫剂或筛网捕捉等控制媒介昆虫。

【思考题】

1. 非洲马瘟病毒有哪些突出特点？
2. 非洲马瘟的诊断方法有哪些？
3. 如何防止非洲马瘟传入我国？

第二节 马传染性贫血

马传染性贫血病(equine infectious anemia，EIA)简称马传贫，由马传染性贫血病病毒引起马、骡、驴的一种传染病。其特征主要为间歇性发烧、消瘦、进行性衰弱、贫血、出血和浮肿；在无热期间则症状逐渐减轻或暂时消失。

本病最早于 1843 年发生在法国，以后经两次世界大战，几乎遍发于世界各国，其中法国、德国、美国、日本和苏联等国流行严重。于 1954 年从苏联进口马匹传入我国，在我国东北和西北等地都有此病发生。1965 年我国首次分离出马传染性贫血病毒，并于 1975 年首次研制成功马传染性贫血弱毒苗。

【病原】

马传染性贫血病毒(EIAV)为 RNA 病毒，属于反转录病毒科(*Retroviridae*)慢病毒属(*Lentivirus*)。病毒粒子呈圆形，有囊膜，以出芽方式成熟和释放。

病毒有群特异性抗原，用补体结合反应和琼脂扩散反应可以检出，主要用于本病的诊断。另还有型特异性抗原，是各型毒株间不同的抗原，存在于病毒粒子表面，可用病毒—血清中和试验检出，主要用于病毒型的鉴别。本病至少有 14 个型。

病毒只在马属动物白细胞及驴胎骨髓、肺、脾、皮肤、胞腺等细胞培养时才可复制。用马属动物以外的其他动物人工感染和进行细胞培养均未获成功。

病毒对热的抵抗力弱，煮沸立即死亡，在 56～60℃加热 1 h 可使病毒完全失去感染力。日光照射经 1～4 h 死亡。3%来苏儿溶液可在 20 min 内杀死，2%～4%氢氧化钠溶液和福尔马林均可在 5～10 min 内杀死。病毒对外界的抵抗力强，粪中可存活 2.5 个月，在堆粪发酵中 30 d 死亡。在秋季收割的牧草上，可存活 6 个月。

【流行病学】

传染性贫血病马和带毒马是本病的传染源，特别是发热期的病马，其血液和脏器中含有大量病毒，随其分泌物和排泄物(乳、粪、尿、精液、眼屎、鼻液、唾液等)排出体外而散播传染。慢性和隐性病马长期带毒，是危险的传染源。

马传贫的传播途径是多方面的，主要是通过吸血昆虫(虻、蚊、蠓等)的叮咬而机械性传染；还可经病毒污染的器械(采血针、注射针头、诊疗器械或点眼瓶等)散播传染，消化道和交配以及胎盘感染亦是传播途径。

只有马属动物对马传贫病毒有易感性，且无品种、年龄、性别差异，其中马的易感性最强，骡、驴次之。进口马和改良马的易感性较强。其他畜禽和野生动物等均无感受性。

本病通常呈地方流行性，有明显季节性，在吸血昆虫滋生活跃的季节(7～9 月)发生较多。新疫区多呈暴发，急性型多，老疫区则断断续续发生，多为慢性型。

【致病机制】

EIAV 以在浆膜上向细胞外或向细胞质内空泡出芽的方式成熟。成熟病毒粒子以圆锥形或管状形态隆凸于细胞表面。EIAV 在马体内增殖时，主要在巨噬细胞内进行。引起 T 细胞和 B 细胞的应答性反应，引发马传染性贫血。

【临床症状】

临床特征以发热(稽留热或间歇热)为主，并有贫血、出血、黄疸、心机能紊乱、浮肿和消瘦等症状。

根据临诊表现，可分为急性型、亚急性型、慢性型和隐性型 4 种病型。

急性型：多见于新疫区的流行初期或者是老疫区内突然暴发的病马，体温升高，一般稽留 8～15 d，有的会有短时间下降，又骤升到 40～41℃以上，一直稽留到死。病程 3～30 d，症状和血液学变化明显。

亚急性型：在流行中期多见。呈现反复发作的间歇热，温差倒转现象较多。临床及血液学指标，随体温的变化而变化。病程 1～2 个月。

慢性型：最常见，主要是老疫区，特点与亚急性型基本相似，呈反复发作的间歇热或不规则热。发热程度不高，发热期短，一般 2～3 d。有热期短，临症及血液学变化比亚急性轻。无热期长，症状不明显。病程数月到数年。

隐性型：能长期带毒，无明显症状。

【剖检变化】

急性型呈现全身败血变化。浆膜、黏膜、淋巴结和实质脏器有弥漫性出血点(斑)。脾急性肿大，暗红或紫红色，红髓软化，白髓增生，切面呈颗粒状。肝肿大，黄褐色或紫红色，肝细胞索变性与中央静脉、窦状隙瘀血交织，使肝切面形成豆蔻状或槟榔状花纹，有“豆蔻肝”或“槟榔肝”之称。

亚急性和慢性病主要是脾、肝、肾、心脏及淋巴结等的网状内皮细胞的增生，肝脏内见有多量吞铁细胞。长骨的骨髓红区扩大，黄髓内有红髓增生灶，慢性严重病例骨髓呈乳白色胶冻状。

组织学变化主要表现为肝、脾、淋巴结和骨髓等组织器官内的网状内皮细胞明显肿胀和增生。急性病例主要为组织细胞增生，亚急性及慢性病例则为淋巴细胞增生，在增生的组织细胞内，常有吞噬的铁血黄素。

【诊断】

临床综合性诊断　此病的病情较复杂，应依据流行病学（发病动物种类品种、吸血昆虫、季节性、诱因）、临床症状和病理变化（西米脾、槟榔肝、淋巴结肿大）进行诊断。必要时，可采用肝脏穿刺的方法，直接采取肝组织一小块，做组织学检查，进行确诊。

鉴别诊断　应与马梨形虫病、伊氏锥虫病、马钩端螺旋体病及营养性贫血鉴别。马梨形虫病又叫血孢子虫病或焦虫病。典型症状为高稽留热，保持在 40～41℃，病马精神沉郁，反应迟钝，肌肉震颤，重病者昏迷。黏膜轻度充血，渐变苍白，并出现黄疸；有时有出血点。呼吸急促，心悸亢进，节律不齐。病初粪便干硬，后转为腹泻，粪便多黏膜，甚至带血。尿频，量少，黄褐，尿含蛋白，重症病例尿中含有血液。最后常因高度贫血，心力衰竭和呼吸困难而死亡。

马伊氏锥虫病是由伊氏锥虫引起的一种血液原虫病。急性病例多为不典型的稽留热（多在 40℃以上）或弛张热。发热期间，呼吸急促，脉搏增数，血象、尿液、精神、食欲、体质等均有明显新变化。一般在发热初期血中可检出锥虫，急性病例血中锥虫检出率与体温升高比较一致，而且有虫期长，慢性病例不规律，常见体躯下部浮肿。后期病马高度消瘦，心机能衰竭，常出现神经症状，主要表现为步态不稳、后躯麻痹等。

钩端螺旋体病是由有致病力的钩端螺旋体所致的一种自然疫源性急性传染病。为全身性感染疾病，病程常呈自限性，由于个体免疫水平上的差别以及菌株的不同，临床表现可以轻重不一。轻者可为轻微的自限性发热；重者可出现急性炎症性肝损伤、肾损伤的症状如黄疸、出血、尿毒症等，也可出现脑膜的炎性症状如神志障碍和脑膜刺激症等；严重病马可出现肝、肾功能衰竭、肺大出血甚至死亡。

营养性贫血是指因缺乏生血所必需的营养物质，如铁、叶酸、维生素 D 等，使血红蛋白的形成或红细胞的生成不足，以致造血功能低下的一种疾病。

【防制】

预防及扑灭马传染性贫血，应采取养、防、检、消、隔、处等综合性防制措施。

加强饲管，提高马匹的抗病能力。防止蚊、虻侵袭马体。禁止由疫区购买或交换马匹。

做好预防接种工作。在检疫的基础上，对健康马匹用马传染性贫血驴白细胞弱毒疫苗，在每年蚊、虻活动季节前 3 个月进行接种。

定期检疫。采用补体结合反应、琼脂扩散和临床诊断 3 种方法进行，任一种方法判为阳性，则都是传染性贫血病马。

隔离和封锁。对检出的传染性贫血病马及可疑马匹，要远离健马，予以隔离。在疫点确定后，立即进行封锁。

处理和消毒。对病马应报有关部门批准后进行扑杀。同时对马厩用具等进行严格消毒，病马尸体应烧毁或深埋。粪便堆集发酵处理。

【思考题】

1. 马传染性贫血的基本特性是什么？如何诊断？
2. 马传染性贫血的致病机理是什么？如何有效预防和控制该病？

第三节 马传染性鼻肺炎

马传染性鼻肺炎(equine rhinopneumonitis,ER)又名马病毒性流产,是由马传染性鼻肺炎病毒引起马的一种急性发热性传染病。临诊表现为头部和上呼吸道黏膜的卡他性炎症以及白细胞减少。妊娠母马感染本病时,易发生流产。

马传染性鼻肺炎于 20 世纪 30 年代初最早发现于美国,之后日本、印度、马来西亚均有报道,已发现于 30 多个国家或地区。在我国,1980 年解放军兽医大学从东北两个马场的流产胎儿首次分离到马鼻肺炎病毒,根据对马群的特异性血清抗体调查发现,阳性率一般都在 30% 以上,最高达 90%。本病所引起的危害主要是妊娠母马流产,经济损失严重。

【病原】

马传染性鼻肺炎病毒(ERV)属于马疱疹病毒Ⅰ型(EHV1),可分为 2 个亚型,即亚型 1 又叫胎儿亚型,主要导致流产;亚型 2 又叫呼吸系统型,主要导致呼吸道症状。来自流产胎儿的毒株在细胞培养物内增殖快速,细胞致病性强,感染细胞种类多,马体接种试验表明,来自流产胎儿的毒株较来自传染性鼻肺炎病畜的毒株有更强的致病性,前者能在鼻咽部广泛增殖。

EHV1 能在鸡胚成纤维细胞以及马、牛、羊、猪、犬、猫、仓鼠、兔和猴等多种动物的原代细胞上增殖,但不能在牛胎肾、绵羊胎肾和兔胎肾等多种传代细胞内增殖。马肾细胞最适于 EHV1 的分离培养,其次为猪胎肾。中国分离的毒株对乳仓鼠肾细胞的感受性很高。猪肾细胞与乳仓鼠细胞相同。由于来自不同马场的毒株之间有明显的差异,因此在作初代分离培养时,必须选择普遍易感的细胞种类。

初代分离毒株,随着在细胞培养物上传递代数的增加,出现细胞病变的时间明显缩短。当接毒量为 10%时,到第 3 代在 2～3 d 开始出现细胞病变,3～5 d 可收获。细胞层呈疏松的纱布状,继之网眼不断扩大,直至细胞层全部脱落,显微镜下观察,首先见细胞呈灶状圆缩,折光性增强,病变中心部的细胞首先脱落,随后逐渐形成葡萄状和带状的细胞集聚,细胞脱落空隙逐渐扩大直至全部脱光。经 H. E. 染色的细胞培养物,可见核内嗜酸性包涵体和少量多核巨细胞。

马传染性鼻肺炎病毒不能在宿主体外长时间存活,对乙醚、氯仿、乙醇、胰蛋白酶和肝素等都很敏感。能被许多表面活性剂如肥皂等灭活,0.35%甲醛液可迅速灭活病毒,pH 4 以下和 pH 10 以上迅速灭活。pH 6.0～6.7 最适于病毒保存。冷冻保存时以 -70℃ 以下为佳。在 56℃下约经 10 min 灭活,对紫外线照射和反复冻融都很敏感。蒸馏水中的病毒,在 22℃ 静置 1 h,感染滴度下降 10 倍。在野外自然条件下留在玻璃、铁器和草叶表面的病毒可存活数天。黏附在马毛上的病毒能保持感染性 35～42 d。

【流行病学】

在自然条件下只感染马属动物。病马和康复后的带毒马是传染源,主要经呼吸道传染,消化道及交配也可传染,可呈地方性流行,多发生于秋、冬季和早春。先在育成马群中暴发,传播很快,1 周左右可使同群幼驹全部感染,随后怀孕母马发生流产,流产率达 65%～70%,高的达到 90%。在老疫区,一般只见于 1～2 岁的幼马发病,3 岁以上的马匹因有一定的免疫力,一般不再感染,即使感染也多取隐性经过,再次怀孕的母马也较少发生流产。

【临床症状】

自然感染潜伏期为 2～10 d，幼驹人工感染的潜伏期为 2～3 d。临诊表现为，幼驹呈流感样症状，怀孕母马发生流产。

幼驹发病初期高热，体温高达 39.5～41℃，可持续 2～7 d。同时可见鼻黏膜充血并流出浆液性鼻液，颌下淋巴结肿大，食欲稍减，体温下降后可恢复正常。发热的同时白细胞数减少，而且主要是嗜中性白细胞减少，体温下降后可恢复正常。若无细菌继发感染，多呈良性经过，1～2 周可完全恢复正常。若发病后调教或劳役过度，易引起细菌继发感染，发生肺炎和肠炎等，造成死亡。

成年马和空怀母马感染后多呈隐性经过，怀孕母马感染后潜伏期很长，要经过 1～4 个月后才发病。母马的流产多数发生在怀孕后的 8～11 个月，流产前不出现任何症状，偶有类似流感的表现。胎儿一般顺产，未见胎盘滞留，生殖道能正常恢复，无恶露排出，也不影响以后配种和怀孕。流产的胎儿多为死胎，一般比较新鲜，无自溶和腐败现象。接近足月产出的马驹可能是活的，但衰竭，不能站立，呼吸困难，黏膜黄染，常于数小时或 2～3 d 死亡。

个别怀孕母马可并发麻痹症状，后肢共济失调，继而瘫痪，流产后减轻，可逐渐恢复。

【病理变化】

幼驹和成年马感染后一般只引起上呼吸道炎症。上呼吸道充血或有糜烂，黏液增多。流产胎儿呈急性病毒性败血症的变化，胎盘、胎膜有充血、出血和坏死斑，流产胎儿大多出现黄疸，黏膜有出血斑。胎儿皮下，特别是颌下、腹下、四肢浮肿和充血，脐带常因水肿而变粗。胸水黄色或血样，腹水增多。骨骼肌黄染。

肝脏充血肿大，质脆，被膜下有多量白色或黄色粟粒大的坏死灶。脾肿大，脾滤泡突起，小梁不明显。肾脏瘀血，呈暗红色，被膜下可见小出血点。肾上腺未见明显异常。心脏的心冠沟及纵沟部外膜上有瘀血，两心室内膜下，尤其在左心乳头肌部可见瘀血或瘀斑。心肌暗淡，无光泽。肺脏有水肿和点状出血。胃肠黏膜常见有瘀血和散在的小出血点。

幼驹的病理组织学变化可见急性支气管肺炎，支气管嗜中性粒细胞浸润，支气管周围及血管周围的圆形细胞浸润，局部肺泡有浆液性纤维素渗出物潴留。支气管淋巴结的生发中心见坏死及核内包涵体。成年马可见呼吸道上皮细胞坏死，圆形细胞浸润及核内包涵体。

流产胎儿肝高度瘀血，并有不同程度的颗粒变性，脂肪变性和水疱变性，严重时出现坏死。在肝实质内有不同大小的凝固性坏死灶，坏死灶中的肝细胞核溶解，并见有少数变性而肿大的网状细胞核。另外，在坏死灶中还可见大量蓝色的颗粒状或/和条状核碎片。坏死组织可被增生的网状细胞所取代，形成网状结构。在坏死灶周围的肝细胞呈严重的浊肿和脂变。在这些严重变性的肝细胞核内以及坏死灶边缘残存的裸核中经常可见特征性的核内包涵体。这种包涵体也见于肝内的胆管上皮，血管内膜和肺的细支气管上皮，肺泡壁上皮细胞的胞核内。

【诊断】

综合性诊断　在马鼻肺炎流行区，可根据流行病学、临床症状、流产胎儿病变，尤其是嗜酸性核内包涵体作出综合诊断，确诊需靠病毒分离或血清学试验。

病毒分离与鉴定　鼻咽样品应在发热、呼吸道症状出现的早期从马的鼻咽分泌物中采样，用 5 cm×5 cm 海绵纱布安在 1 段长 50 cm 的柔软的不锈钢丝一端，套在乳胶管内，以无菌手术擦拭鼻咽部。采样后，将试子从不锈钢丝上拿下，放入 3 mL 加有抗生素的冷的 MEM 中（运输液体培养基），立即送往病毒实验室。在有流产胎儿时，以无菌操作采取肺、肝、脾和胸腺等组织的样品进行病毒学检验最易成功，其中以肺脏病毒的检出率最高，其次为肝，再次为脾和胸腺。这些组织样品在送往实验室前，应4℃保存。不能在几小时内处理的样品，应置－70℃保存。在患EHV-1型神经性疾病的马死前，病毒常能从急性病例的血液白细胞中分离到。若从血液白细胞中分离病毒，无菌采血加柠檬酸钠或肝素抗凝，并用冰保存（不宜冻结），立即送往实验室。

电镜下除能看到典型的疱疹病毒形态结构外，还可以发现细胞培养物内马鼻肺炎病毒核芯的十字样形态特征。病毒的细胞感染范围、理化特性、核酸类型、乳仓鼠或乳豚鼠人工感染试验等均可作为鉴定的手段。必要时，可将分离的可疑马鼻肺炎病毒，以子宫或胎儿体内接种妊娠中后期的母马，妊娠母畜接种后大多3～4 d流产，流产一般不超过10 d。还可用免疫荧光技术检测病毒抗原。

鉴别诊断　应注意与马流行性感冒、病毒性动脉炎、马腺疫等鉴别诊断。

【防制】

隔离感染动物，减少应激，将马匹厩于干净通风良好的环境，能够有效地降低发病率并且减轻感染的严重程度。

美国现有EHV-1和EHV-4死苗和减毒活疫苗可以使用。澳大利亚和欧洲有联合的二价灭活苗可以应用，并且已证实能使免疫马匹产生高水平的血清抗体。在防止传染性鼻肺炎方面这些疫苗的功效尚存疑问，但可减轻临床症状的严重程度和机体的带毒时间。预防接种疫苗的另一个益处是通过减少感染马匹向外界环境释放的病毒数量来减少疾病的传播。

运用联合灭活疫苗（duvaxyn EHV-1,4）时推荐的疫苗接种免疫程序是：5～6月龄首免，4～6周后二次免疫，然后每间隔6个月再加强注射一次。

使用含有EHV-1抗原的疫苗对怀孕母马预防接种的时间分别在妊娠期5、7和9个月时进行，可以减少由于病毒感染引起的流产发生率。

【思考题】

马传染性鼻肺炎的基本特性是什么？如何诊断？

第四节　马病毒性动脉炎

马病毒性动脉炎（equine viral arthritis）又称流行性蜂窝织炎、丹毒。是一种由病毒引起的传染病，主要特征为病马体温升高，步态僵硬，躯干和外生殖道水肿，眼周围水肿，鼻炎和妊娠马流产。

该病于1953年在美国的Ohio的BUCYRUS暴发，Doll等从流产病马中分离到病毒，称为马病毒性动脉炎。此后在美国的肯塔基地区发病马中也分离出病毒，经鉴定与BUCYRUS株一致。后来瑞士、波兰、奥地利、加拿大也都分离到该病毒。此外，在英国、日本、法国、西班牙、爱尔兰、葡萄牙、南斯拉夫、埃及、埃塞俄比亚、莫洛哥、苏联、德国、瑞典、伊朗、印度、丹麦、荷兰、澳大利亚、新西兰和意大利等国家通过血清学调查证实有本病存在。本病的危害主要是引起妊娠母马流产。

【病原】

马病毒性动脉炎病毒属冠状病毒科（*Coronaviridae*）动脉炎病毒属（*Arteritisvirus*）。是一种有囊膜、单股RNA病毒，其病毒粒子直径为50～70 nm、核心平均直径为40 nm，表面纤突长 3～5 nm。病毒的浮密度为 1.7～1.24 g/mL，分子质量为 4×10 u，基因组长度为 12.7 kb。

美国从各州分离出来的病毒株，如 OHIO、INDIANA、CALIFORNIA、PENNSYVANIA、KENTUCKY 等毒株与 BUCYRUS 原型毒株血清型一致。此外，欧洲瑞士和奥地利分离的毒力稍弱的 BIBUNA 和 VIENNA 毒株也在血清学上和 BUCYRUS 毒株一致。所以马动脉炎病毒迄今为止只有一个血清型。

动脉炎病毒能在许多细胞培养物中增殖，产生细胞病变和蚀斑，并可用蚀斑减数实验等方法鉴定。马动脉炎病毒增殖最适细胞株为马的皮肤细胞株 E. derm NBL-6，病毒复制快，产量高。电镜检查证明，病毒的形态发生与病毒的生长密切相关。细胞在感染后 9～12h，出现核蛋白体聚积以及许多反常现象，例如细胞浆内出现特殊的膜样结构，但不能看到病毒粒子，到 18 h 即可初次看到病毒粒子，在感染后的 24 h、30 h、34～43 h，随着病毒浓度的增高，成熟病毒粒子的数目也增加，并可看到这些病毒粒子是从胞浆的空泡中芽生出来，聚集在空泡内和散在于细胞间的空隙中。细胞浆此时已完全损坏，细胞核内没有病毒复制的迹象。胞浆空泡病毒粒子的平均直径是 43 nm。将病毒粒子从赤道线切开时，可测得其核心蛋白的平均直径是(35±2)nm。

病毒对 0.5 mg/mL 胰蛋白酶有抵抗力，但对乙醚，氯仿等脂溶剂敏感。50℃ 1 mol/L 的 $MgCl_2$ 溶液中加速病毒灭活。病毒在低温条件下极稳定，在－20℃保存 7 年仍有活性。4℃保存 35 d，37℃仅存活 2 d，56℃ 30 min 使其灭活。

【流行病学】

马病毒性动脉炎主要是通过呼吸系统和生殖系统传染。患病马在急性期通过呼吸道分泌物将病毒传给同群马或与其相接触的马。流产马的胎盘、胎液、胎儿亦可传播本病。长期带毒的种公马可通过自然交配或人工授精的方式把病毒传给母马。通过饲具、饲料、饲养人员的接触也能将病毒传给易感马。人工接种病毒于怀孕母马及幼驹，可使 50%的幼驹死亡，母马则发生流产。

在实验室内，马动脉炎病毒常用易感马传代来保持其对马的致病性。Collum 等用接种强毒株后 5～8 d 死亡的马脾脏制成 20%脾脏悬液，经轻度离心澄清后取其上层液 10 mL 用喷雾器喷入幼驹鼻咽部 10 mL，易感马驹在人工感染后有半数发病死亡，其余则在发生急性动脉炎后恢复。

【临床症状】

大多数自然感染的马表现亚临诊症状，实验接种马可表现临诊症状。

典型症状是发热，一般感染后 3～14 d 体温升高达 41℃，并可持续 5～9 d。病马出现以淋巴细胞减少为特征的白细胞减少症，临诊病期大约 14 d。表现厌食、精神沉郁、四肢严重水肿，步伐僵直，眼、鼻分泌物增加，后期为脓性黏液，发生鼻炎和结膜炎。面部、颈部、臀部形成皮肤疹块。有的表现呼吸困难、咳嗽、腹泻、共济失调，公马的阴囊和包皮水肿，引起马驹和虚弱马死亡。

怀孕母马流产，其流产可达 90%以上。流产发生在感染后的 10～30 d，通常出现在临诊发病期或恢复早期。该病毒突破胎盘屏障而感染胎儿，胎儿常在流产前就死亡。流产胎儿水肿，呼吸道黏膜和脾被膜上有出血点。不论是流产胎儿或已在子宫内死亡胎儿的肝、脾和淋巴结中找不到核内包涵体，但易从流产胎儿特别是脾脏中分离出马动脉炎病毒。母马痊愈后很少带毒,而大多数公马恢复后成为病毒的长期携带者。

【致病机制及病理变化】

死亡病例的主要剖检变化是全身较小动脉管内肌层细胞的坏死,内膜上皮的病变导致特征性的出血和水肿以及血栓形成和梗死。常见大叶性肺炎和胸膜渗出物,发生全身性动脉炎的结果,所有浆膜和黏膜以及肺和中隔等都有点状出血。肾上腺上也有出血,在心、脾、肺、肾、怀孕母马的子宫、眼结膜、眼睑、膝关节或跗关节以下的皮下组织以及阴囊和睾丸内,均能发现出血及水肿变化。浆膜腔中含有大量坏死,盲肠和结肠的黏膜坏死。恢复期病马的慢性损害包括广泛的全身性动脉炎和严重的肾小球性肾炎。

在心血管系统的绝大多数部位中都可以发现损害和病毒复制,马动脉炎病毒在被吸入后,首先感染肺部的巨噬细胞,然后扩散到支气管的淋巴结。在巨噬细胞及内皮细胞中发生病毒复制,病毒继而在一些器官的中层肌细胞、间皮和上皮细胞内复制。

Hensen(1974)应用组织学观察及电镜和荧光抗体技术研究了马动脉炎全身性脉管炎的发病机理。病毒感染上皮细胞,使血管内膜的渗透性增加,并发生白细胞浸润,从而导致血管内壁弹性层的损坏和崩解。病毒随后进入血管壁中层,侵入并感染中层肌细胞。由于肌细胞的破坏以及其细胞和血浆的附着,结果发生纤维蛋白坏死,动脉管周围由淋巴细胞所包围并形成水肿。血栓和梗死常发生在肠管和肺脏中,也出现在所有伴发水肿的器官中。在实验感染后 10 d,静脉和淋巴管的损害已大部分消退,但动脉管的坏死仍极为严重。一般需在感染后 2 个月,动脉才能再生和恢复。

【诊断】

血清学诊断　目前世界各国采用中和实验(VN)、补体结合反应(CF)、免疫沉淀反应、荧光抗体测定和 ELISA 等方法进行血清学诊断。

CF 主要用于感染后 4 个月的诊断,感染后 2～4 个月滴度达高峰,8 个月后降到检测极限。CF 抗体在诊断近期感染中有一定作用,因为 CF 抗体比 VN 抗体滴度下降得更快。VN 抗体与 CF 抗体同时产生,感染后 2～4 个月达高峰,并可持续数年。加拿大和英国已建立 ELISA 法,用于检测 EAV 特异性抗体。ELISA 法虽然敏感特异,但不能准确证实是免疫还是感染所产生的抗体。

克隆表达的 EAV N 蛋白和 M 蛋白检测血清抗体:利用可产生重组麦芽糖结合融合蛋白(MBP-N、P、M)的原核表达载体表达 EAV N 蛋白和 M 蛋白进行免疫印迹试验。免疫印迹试验与血清中和试验有 100%相关性。因此重组的 M、N 蛋白可用来检测 EAV 感染的血清。

实时荧光定量 RT-PCR 检测 EAV:已研制出一管法实时 RT-PCR 检测 EAV,可以检测感染马的精液和鼻分泌液,不仅可检测传统的 RK13 细胞分离的病毒株,还可以检测到欧洲病毒和美洲病毒的变异株。设计的引物和荧光探针可以扩增和检测到 EAV ORF7 的高度保守序列。该方法非常敏感,可以检测到临床样品中 10 个 RNA 分子,或每毫升组织培养液 200 个病毒 RNA 拷贝。该方法快速、准确、简便,可以定量,可同时检测大量样品,还可以避免交叉污染。

快速敏感的检测精液和组织中 EAV 的方法:RT-PCR、斑点杂交、嵌套式 PCR 及 RT-PCR-ELISA。用 RT-PCR 检测精液和组织中的 EAV,最成功的扩增片段为编码 EAV 基因组的前导序列。敏感性方面,分子生物学方法比细胞培养高,而分子生物学方法中敏感为嵌套式

PCR＞斑点杂交＞RT-PCR＞限制性内切酶分析。考虑到敏感、快速、特异等方面，最好的检测方法是将 RT-PCR、斑点杂交或套式 PCR 相结合。

鉴别诊断 需要排除因马疱疹病毒(EHV)1 型和 4 型、鼻病毒、腺病毒和流感病毒引起的上呼吸道感染，以及马传染性贫血、钩端螺旋体、出血性紫癜、荨麻疹、低蛋白血症或因多食少动引起的四肢水肿；对流产诊断主要排除 EHV1 型感染。EHV 感染母马流产产出的是新鲜胎儿，而 EAV 感染产出的胎儿部分出现自溶。

【防制】

自然免疫 可以用 EAV 再感染来免疫从前感染过的马。自然免疫力可保持 7 年以上。EAV 感染期间存在的高滴度血清中和抗体可持续较长时间，能较好地保护呼吸道，防止交配感染。

疫苗免疫 传统疫苗许多学者对 EAV 疫苗进行研究，已研制出安全有效全灭活病毒疫苗和减毒活疫苗。Doll 等(1968)早期研究证实毒力 EAV 能通过组织培养传代而减弱毒力，但仍具有免疫原性。在马肾、兔肾和马真皮细胞上连续传代，得到 EAV 弱毒株，用以生产减弱活疫苗(MLV)。这种疫苗在 1984 年肯塔基州暴发 EVA 期间广泛应用，同时在美国某些州已注册使用。目前还未发现使用 MLV 疫苗而产生副作用的。在疫苗接种 7 d 后，可从血清和鼻咽中分离到病毒，但接种 32 d 后则仅有少数能分离到病毒。疫苗接种后 5～8 d 即可诱导产生中和抗体，并最少维持 2 年。Fuktmaga 等(1984，1990)开辟了应用福尔马林灭活的 EAV 疫苗。在初次免疫接种后 4 周实施第二次免疫接种，结果病毒中和滴度可达到 1∶5 320，抗体滴度迅速下降；2 个月后第三次免疫接种，则病毒中和抗体达 1∶(80～320)之间，并持续 6 个月。在病毒中和滴度为 1∶43 时，则有 50％的保护抗体。但不是所有的马有高滴度抗体都能抵抗由活病毒感染而产生的临床疾病。目前对这种疫苗在疾病控制中的稳定性还不清楚。

DNA 疫苗：带有 EAV ORF5 的表达载体，或位于 *ORF*5 基因产物 1～121 aa 残基的 N 端胞外区域的 cDNA 表达载体，可诱导高水平的中和抗体。

亚单位疫苗：大肠杆菌表达的重组蛋白，具有病毒 GL 蛋白整个胞外区域(18～322 aa)，是具有免疫原性的病毒抗原，能诱导比其他 GL 多肽更多的抗体，能使症状减轻或消失。利用亚单位疫苗，结合其他诊断试验，可以区分自然感染和疫苗接种。

用委内瑞拉脑炎病毒(VEE)疫苗株的 RNA 复制型颗粒作为载体来表达 EAV 的主要囊膜蛋白：M、GL、GL/M。用三者免疫老鼠均可产生抗体，但只有 L/M 异二聚体的复制型颗粒作为载体才能产生中和病毒的抗体。而且只有在 M 蛋白存在的情况下，才能发生重组 GL 蛋白的翻译后修饰和构象成熟，两者相互作用才能产生中和病毒的抗体。

治疗急性期病马一般都能康复，对发热期病马通常采用对症疗法。体温升高会损伤公马精子，使受精能力下降，应以非类固醇抗炎药退烧。Little 等最新证实对慢性感染公马给予睾丸激素，可以直接或间接调节 EAV 的存在。另一些学者同样发现在公马的副性腺中 EAV 的存在依赖于睾丸激素。

【思考题】

1. 马病毒性动脉炎的流行病学特点有哪些？
2. 马病毒性动脉炎的典型症状和病变有哪些？
3. 马病毒性动脉炎的实验室诊断方法有哪些？

第五节 马脑脊髓炎

马脑脊髓炎(equine encephalomyelitis)是由东方型马脑脊髓炎或西方型马脑脊髓炎病毒引起马属动物的一种严重的自然疫源性传染病。主要发生于美洲,临床表现为发热、厌食、精神沉郁,神经系统受到侵害,常引起严重的脑炎。感染东方马脑脊髓炎病毒(*Eastern equine encephalomyelitis virus*,EEEV)后往往是致死性的,而西方马脑炎病毒(*Western equine encephalomyelitis virus*,WEEV)能引起马的亚临床感染或死亡率在30%以下的温和性疾病。

1912年夏、秋季节,美国首先发生本病,1931年在美国西部加利福尼亚州从一匹病马体内分离到一株病毒,1933年美国东部的新泽西和马里兰等州的脑炎病马体内也分离到病毒。后来发现,发生于美国东部地区的马脑炎和发生于美国西部地区的马脑炎虽然症状类似,但前者的死亡率高达90%,后者仅30%左右。经对照比较试验发现,两者在免疫学上是不同的,交叉保护性差,故分别定名为东部型马脑炎病毒(EEEV)和西部型马脑炎病毒(WEEV)。

【病原】

马脑脊髓炎病毒为披膜病毒科(*Togaviridae*)甲病毒属(*Alphavirus*)的成员,EEEV和WEEV病毒粒子呈球状,直径为45~75 nm。有囊膜,表面有纤突,含2~3种糖蛋白。囊膜内包裹着呈二十面体对称的核衣壳。核酸为单股正链RNA。

EEEV在感染鼠脑和哺乳动物培养细胞中的特征是在细胞的膜样结构上出现大量核衣壳的堆集,但在蚊体唾液腺细胞内,则只形成少数核衣壳,且在通过胞膜进入唾液腺腔或内质网时,并不形成囊膜。

EEEV和WEEV均存在不同的血清型和抗原变异株。病毒的抗原性是由囊膜糖蛋白E1和E2决定的。一般认为甲病毒E2的膜外区含有病毒的主要中和抗原位点。E1也含有一个中和抗原位点,其保守区有细胞融合性,可吸附红细胞。

0.2%~0.4%甲醛、紫外线和60℃加热均可在短时间内使病毒灭活。对乙醚、氯仿等脂溶剂敏感,对胰酶有抵抗力。丙酮只能破坏病毒外膜,核衣壳几乎不受影响。冷冻干燥是最理想的病毒保存方法,病毒活力可维持5~10年及以上。50%的甘油缓冲盐水有较好的保存作用。对酸敏感,所以实验室内常用1%盐溶液作为玻璃或塑料器材的消毒液。

【流行病学】

鸟类对EEEV和WEEV十分敏感,在病毒的传播过程中起着扩大宿主的作用。不同种类的鸟对EEEV表现出不同的感染特性。人与马是非固有的感染对象,在特定的环境中,如进入病毒的生态圈,才有可能感染病毒。

EEEV和WEEV呈蚊—鸟传播方式。鸟是病毒的贮存与扩大宿主。发病的人和动物同样可成为传染源。

蚊是病毒的传播媒介,黑尾赛蚊是鸟类中EEEV的主要传播媒介;长附库蚊是鸟类中WEEV的主要传播媒介。白纹伊蚊对EEEV的易感性高,可自然感染EEEV。除蚊外,其他无脊髓动物在传播EEEV和WEEV上具有一定的意义,螨也可传播EEEV。笼养鸟也可因相互啄咬而直接传播。

目前EEEV和WEEV分布只限于整个美洲,尚未见于世界其他地区。EEEV和WEEV的传播方式决定疫病流行的季节性。温带地区通常在夏初开始零星发生,夏、秋季流行,11月中旬以后停息。流行暴发与蚊的密度呈现明显相关。

【致病机制】

EEEV 和 WEEV 专门侵害神经系统引起脑炎。EEEV 对神经系统的侵害性和毒力明显强于 WEEV,所以它引起的脑炎更严重,死亡率更高。动物被感染蚊叮咬时,病毒随蚊的唾液侵入,最先在局部淋巴结内增殖,随后侵入血液,到达内脏器官,再在内脏器官增殖。脑组织病变大多不可逆转,经常引起死亡。

【临诊症状】

马 在马群中常发生大规模流行。潜伏期为 1～3 周。病马发热,呈现病毒血症,持续 1～3 d,但血液中的病毒效价不高。随后出现神经症状,开始时兴奋不安,做圆圈状运动,冲撞障碍物,拒绝饮食。随后嗜眠,共济失调、垂头靠墙站立,但可能突然警觉,继而呈昏睡状。病马常呈犬坐等异常姿势,此后呈现麻痹症状,下唇下垂,舌垂口外,步态蹒跚,最后倒毙。病程为 1～2 d。EEE 的死亡率可高达 80%～90%,WEE 的死亡率为 20%～30%。

此外,鸭和鸽也可暴发东方型马脑炎。野鸡是自然界中除人、马以外的第 3 种易感动物,美国东海岸的圈养野鸡曾因东方型马脑炎的流行而损失 50%～90%。

人 人类可自然感染 EEEV 和 WEEV,呈散在发生。15 岁以下儿童和 55 岁以上的人更易感,可出现严重的后遗症。EEEV 对人有很高的致死率,最高可达 90%。WEEV 引起的感染比较缓和,死亡率约 10%。患者突然发病,40～41℃的高热,严重头痛,痉挛,强项强直,呕吐和嗜眠,有的迅速发展为昏迷和惊厥状态而死亡。

【病理变化】

马感染后,很少能观察到特征性病变。目前仅发现其大脑和脑脊膜充血。创伤部位最初可见瘀斑性出血。死亡马的病变主要在中枢神经系统,特别是大脑皮层、丘脑和丘脑下部的病变最明显。

人 EEE 和 WEE 的病变主要为中枢神经系统中血管周围有大量单核细胞浸润,脑和脊髓实质中散布有小神经胶质细胞灶。

病理组织学上呈现典型的病毒性脑炎变化,主要表现为神经细胞变性、单核细胞性和多核细胞性血管套、灰质中的多形核细胞浸润以及胶质细胞增生。西方型马脑炎的病理学变化较东方型马脑炎轻些。

WEE 病毒感染引起的脑损伤是局部的,有淋巴细胞浸润。而由 EEE 病毒感染而致的脑损伤更严重,常蔓延至整个灰质,以炎性细胞中聚集大量中性粒细胞为特征。

【诊断】

虽然东部型马脑炎和西部型马脑炎的临床症状相当特征,组织病理学上也有典型的病毒性脑炎变化,可提供一定的诊断依据,但是最后确诊必须依靠病毒的分离、鉴定以及特异性血清学诊断。OIE 推荐的替代诊断方法为补体结合试验(CF)、血凝抑制试验(HI)或蚀斑减数中和试验(PRN)。

综合性诊断 根据病马呈现的神经症状,且自然发病动物限于马属动物以及接触马或疫区中的人类,流行发生的地区和季节又与媒介昆虫的滋生有密切关系等临床、流行病学材料,加上病马脑组织内非化脓性脑炎的病理变化,可以建立马脑脊髓炎的初步诊断。

病毒的分离与鉴定 最确切诊断 WEE 或 EEE 的方法是病毒分离,如果出现临床症状和死亡之间不超过 5 d,马的 EEE 病毒则通常可从马脑组织中分离到。即使在较高的抗体滴度下，也往往能从脑组织分离到EEE病毒。而WEE病毒则不易从感染马的组织中分离到。

脑是分离病毒的首选组织，但也已从其他器官如肝、脾中分离到。新生鼠是最敏感的实验动物。1～4日龄鼠颅内接种0.02 mL接种物，观察10 d，每天收集死亡鼠。如果从接种后死亡鼠中不能分离出病毒，则应做第二代传代。用鸡胚初次分离WEEV和EEEV时，其敏感性比新生鼠要低。组织悬液经卵囊接种6～8日龄鸡胚，感染鸡胚不出现诊断病征或损害。接种后的鸡胚应培养观察7 d，但通常在接种后2～4 d发生死亡，如果不能从接种后死亡鸡胚中分离出病毒，则应做第二次传代。许多种细胞系如非洲绿猴传代肾细胞系（Vero）、兔肾RK-13可用于EEEV和WEEV的分离，最常用的细胞是原代鸡胚和鸭胚成纤维细胞，会在细胞培养物中产生细胞病变效应（CPE）。

在使用补体结合反应试验时，可用感染小鼠或小鸡的脑组织、细胞培养液、羊膜尿囊液来鉴定EEE或WEE病毒。

细胞培养物中的病毒可直接用免疫荧光试验鉴定。在蚊和组织中的EEE病毒核酸可通过PCR鉴定。

血清学诊断　EEE或WEE病毒感染的血清学试验，要求在相隔10～14 d所采的双份血清抗体滴度增加或减少4倍以上。大多数感染WEE病毒的马在出现临床症状时，体内具有较高的抗体水平，感染EEE病毒的马通常在急性期就具有抗体滴度，其抗体滴度比感染WEE病毒的低。因此，如果一匹有临床症状的未免疫马出现EEE或WEE病毒的抗体时，则可做出初诊。

用ELISA试验检测IgM抗体也能提供急性感染的初步诊断，蚀斑减少中和试验联合使用血细胞凝集抑制试验，是检测EEE和WEE病毒抗体的最常用方法。抗EEE和WEE病毒的补体结合抗体出现迟且不持久，因此，较少用于此病的血清学诊断。

补体结合试验常用于抗体检测。抗原通常用蔗糖和丙酮提取的感染鼠制成。如果没有溶血现象发生，滴度为1∶4即判为阳性，试验中需设阳性和阴性对照。

血凝抑制试验抗原通常用蔗糖和丙酮提取的感染鼠制成。抗原稀释度的选择取决于每份抗原的血凝试验，每次试验设阳性和阴性对照。只有在对照血清出现预期结果时，才认为试验有效。滴度为1∶(10～20)可疑，1∶40以上为阳性。

酶联免疫吸附试验利用酶标检测仪波长405 nm测定试验血清的吸光度。如果试验血清的吸光度是阴性对照血清的吸光度平均值的2倍，则判为阳性。

蚀斑减少中和试验是特异的，能用来鉴别WEE和EEE病毒感染。CE和HI试验中，抗EEE和WEE病毒的抗体有交叉反应。PRN试验用鸭胚成纤维细胞、Vero或BHK-21细胞进行。在PRN试验中，所用的血清与100个蚀斑单位的病毒反应，试验组与产生100个蚀斑的病毒对照组相比，蚀斑数减少90%时为终点。

【防制】

预防措施　消灭本病的传播媒介是预防本病的重要措施，因此应搞好饲养场所周围的环境卫生，清除路边杂草，加强防鼠、灭鼠、灭蚊工作，减少动物受到侵袭的机会。

免疫接种　EEEV和WEEV的预防制剂，包括弱毒疫苗和灭活疫苗两种。应用的疫苗大多是东方型马脑炎和西方型马脑炎的二联疫苗，有时再加入委内瑞拉马脑脊髓炎病毒，制成三联疫苗。有在二联疫苗中再加入破伤风类毒素作为联合疫苗的。

通过颈部肌肉或皮内途径在相隔2～4周分别接种两个剂量疫苗，每年再免疫一次。所有一岁以前免疫过的驹在昆虫的下个活动季节之前应再免疫一次。一般是在流行暴发前几周，即春季进行疫苗注射。亚热带地区提前至早春开始注射。

目前还没有适合于免疫家禽和鸟类的免疫制剂，用于马的疫苗可能并不适用于家禽和鸟类的免疫预防。

第六节 委内瑞拉马脑脊髓炎

委内瑞拉马脑脊髓炎(Venezuelan equine encephajomyelitis，VEE)是由委内瑞拉马脑脊髓炎病毒(VEEV)引起的马属动物和人类从中度发热到致死性脑炎的一种人畜共患传染病。本病的特征是发烧、明显的腹泻、神经症状和病毒血症。

委内瑞拉马脑炎首先在1935年报道于哥伦比亚，1938年在委内瑞拉分离到委内瑞拉马脑炎病毒。本病可引起严重的经济损失，而且危害人类。本病的发生与媒介昆虫的密度有关。在马匹大批发病的同时，常伴有人类病例的发生。VEE发生于南美、中美诸国以及美国南部几个州。自1935年以来，逐年或每隔几年就在哥伦比亚、委内瑞拉、特立尼达等国家出现新的暴发流行。现本病仍在许多美洲国家流行。

【病原】

VEEV属披膜病毒科(*Togaviridae*)甲病毒属(*Alphavirus*)的成员，基因组为单股正链RNA。病毒粒子呈球形，囊膜表面具有明显的微纤突。负染时的病毒粒子直径为60～70 nm。核衣壳直径30～35 nm，呈六角形。超薄切片中的病毒粒子直径为55 nm，有一电子密度高的中空核心以及清晰的晕圈。

病毒囊膜中含有2种糖蛋白:E1和E2。E2是主要的保护性抗原蛋白，可刺激机体产生中和抗体和血凝抑制抗体。对E2进行定点突变，将是研制弱毒疫苗的一种快捷而有效的途径。

VEEV不是一种单一的病毒，而是由一群具有明显毒力差异，特别是抗原差异的病毒组成的复合群。VEEV复合群由6种抗原相关的亚型组成，各亚型均有代表毒株。所有亚型和抗原变异株中只有I-A/B和I-C是委内瑞拉马脑炎的真正病原，主要引起马暴发流行VEE，并导致人的发病，称之为“流行株”，其他5个亚型均是非致病的，则称为“地方株”。

VEEV易在鸡胚内生长，可于48 h内使鸡胚死亡。鸡胚和鸭胚原代细胞，仓鼠肾原代细胞、豚鼠细胞以及Vero细胞、BHK-21细胞、L细胞和HeLa细胞等均可用于增殖病毒。细胞病变出现于接毒后约48 h。但在鸡胚细胞、HeLa细胞和豚鼠心肌细胞内连续传代后，毒力有所降低。

VEEV对乙醚敏感，胰蛋白酶破坏病毒粒子的感染性。

【流行病学】

鸟类的VEEV感染率较低，很少发现鸟类发病和出现病毒血症。啮齿类动物是VEEV地方株的贮存宿主和扩大宿主，马是流行株的扩大宿主。VEE在人和马群总是呈周期性的流行。马属动物自然条件下最易感，除马外，猪、犬、猫、绵羊和山羊也有一定的易感性。实验动物中豚鼠和小鼠最易感，家兔次之。

VEEV流行株呈马—蚊—马传播方式。总能从病马体内分离到病毒，马在病毒的扩大过程中起着重要作用。它是媒介昆虫蚊的主要传染来源。

黑色库蚊可能是最主要的昆虫媒介，病毒在蚊体内的增殖并不损害蚊的生活能力，因此感染蚊可终生带病毒，长达几周，甚至几个月。气溶胶的传染概率可能是一条较重要的传播途径。该病流行具有典型的雨季特征，其传播速度决定于下列一些因素：马匹移动的程度、媒介昆虫的数量和种类以及敏感动物的数量和密度等。病毒血症期间病马的迁移是本病流行蔓延的一个十分重要的因素。

【致病机制】

动物感染 VEEV 后，VEEV 通过血管和嗅觉途径进入中枢神经系统，引起动物出现双相热，第一相为发病起始，此时病毒主要侵犯淋巴系统并在其中增殖，随后出现病毒血症，病毒可在心、肝、脾、肺、肾和肾上腺等富有血管的器官中增殖，大约 18 h 后血液及所有淋巴器官中的病毒滴度最高。4 d 后血液和各器官中的病毒消失，发病进入第二相，此时病毒随循环系统进入中枢神经系统，沿神经通路向大脑移行，首先进入嗅区，再进入三叉神经分布区域，最后沿神经纤维和相伴的血管扩散至整个大脑，病毒持续存在于大脑中，从而引发脑炎症状和病理变化。

【临诊症状】

马　人工接种 24～48 h 可出现病毒血症，持续 2～3 d，同时出现停食、发热、严重腹泻和其他一些临床症状。严重病马大多发生中枢神经症状，包括应激性增强、无目的地转圈运动、衰竭、拒食和顶撞墙壁或厩栏等。神经症状一般发生于人工接种 5 d 后。实验感染马的死亡率约为 50%。自然感染马的死亡率有时高达 75%～83%。

VEE 常呈双相热型，第一相时体温增高，有病毒血症；第二相时有中枢神经症状，除高热外，尚有虚脱、共济失调、眼球震颤、下唇下垂等。

人　潜伏期 2～5 d。患者大多呈现头痛、发热、肌肉疼痛和身体衰弱等流感样症状。少数患者，特别是儿童可出现脑炎症状，如震颤及复视，病死率较高。

【病理变化】

主要是淋巴结和骨髓的坏死性变化。呈现神经症状的马属动物，死后可见脑内弥漫性坏死性脑膜炎，包括神经细胞坏死、出血和严重的中性粒细胞浸润，在病理形态学上难以与 EEEV 和 WEEV 区别。

【诊断】

综合性诊断　根据流行病学和病马典型的神经症状不难建立脑炎的初步诊断，但是不能最后确定，因此必须进行特异性诊断。OIE 推荐的替代方法有补体结合试验(CF)、血凝抑制试验(HI)或蚀斑减数中和试验(PRN)。

病原鉴定　感染后 12～24 h 内病毒血症与发热开始时间是一致的。分离病毒所需的血液样品，应从与临床脑炎病例密切接触的发热动物身上采集。死后病料应采集脑和脾脏，且必须在动物死后尽快采取，这是病毒分离能否成功的一个关键因素。污染病料要用抗生素处理，随后再接种。

可对 14 d 小鼠或仓鼠或其他实验动物脑内接种，也可接种不同的细胞培养物或鸡胚来分离病毒。通过 CF、HI、PRN 或间接免疫荧光可鉴定分离物是否为 VEEV。

用荧光抗体技术检测培养细胞中的 VEEV 可在 48 h 内得到结果，且与 EEEV 和 WEEV 不出现交叉反应。该法特异性高，但敏感性稍次于乳鼠脑内接种，可在短时间内获得结果。

血清学诊断　病毒血症终止于感染后 5～6 d，这与中和抗体的产生和出现临床神经症状是一致的。诊断马属动物 VEEV 的感染需要从分别采自急性期和恢复期的双份血清中检查特异性抗体。在感染之后，PRN 抗体出现在 5～7 d 内，CF 抗体出现在 6～9 d，HI 抗体出现在 6～7 d。第二份血清样品即恢复期血清，应在第一份急性期血清采集后的 4～7 d 采集或在临死前采集。

IgM 捕获 ELISA 用于早期诊断，实验感染后第 4 天可检测到 IgM，第 6 天时，用 ELISA、PRN、IFA 均可检测到 IgG，而 HI 和免疫印迹在第 10 天时才能检测出特异的抗体。结果表明，ELISA 可检测特异 IgM 和 IgG，而用 PRN 可进行确诊。

【防制】

免疫接种　抗 VEE 感染的疫苗主要有 TC-83 株的致弱病毒苗和利用该株制造的灭活病毒疫苗。灭活苗目前广泛应用，并以 EEE/VEE 和 EEE/WEE/VEE 联苗出售。

灭活苗的接种要分两次进行，间隔 2～4 周，建议每年加强免疫 1 次。

弱毒疫苗应以生理盐水配制并立即使用。在疫苗使用时，多剂量疫苗瓶应保存在冷冻环境中。在配制后 4 h 内未用的应废弃。2 周龄内的马驹和怀孕母马不应接种。疫苗接种部位为动物颈部皮下，使用一个单位剂量。

福尔马林处理的强毒力流行 VEEV 制品不应用于马属动物。残留的强毒力病毒在福尔马林处理后仍然存在，并能引起动物发病。

综合性治疗　发现可疑病例应立即向专门的控制机构报告，以便开展病毒的早期定型和及时的隔离检疫，如有可能，应把病重动物隔离在防蚊的单独厩舍内。

第七节　俄罗斯马传染性脑脊髓炎

俄罗斯马传染性脑脊髓炎（Russian equine encephalomyelitis，REE）是由俄罗斯马脑脊髓炎病毒（REEV）引起马属动物的一种急性传染病，临床上呈现兴奋或沉郁、意识障碍等中枢神经系统紊乱、明显黄疸、胃肠道弛缓及血沉缓慢等症状；剖检可见明显中毒性肝营养不良和轻度非化脓性脑炎。

19 世纪俄罗斯已有本病发生，至 1932 年才明确其病原及致病性。本病主要发生于苏联各地。我国曾在新疆、四川、甘肃、内蒙古、吉林和黑龙江等省区有疑似本病的流行。

【病原】

俄罗斯马脑脊髓炎病毒的分类位置尚未确定。病毒直径在 80～130 nm，在苏联各地分离出 45 株以上病毒，分成哈萨克斯坦型和莫斯科—沃龙涅什型。前者可使猫感染，用猫分离成功，却不感染大鼠、豚鼠、家兔及绵羊；后者用家兔分离成功，也能感染猫、豚鼠和小鼠，鸡胚也有易感性。

本病毒与美洲马脑脊髓炎病毒、波纳病病毒不同，而与狂犬病病毒有密切亲缘关系，可在实验动物中检出内基小体，但体积小、构造致密、无嗜碱性颗粒。

病毒可在鸡胚、鸡胚成纤维细胞和肾细胞中增殖。对低温抵抗力强，在 0℃ 能存活 3～10 个月，一般消毒剂可将其杀死。

【流行病学】

马易感性最高。驴、骡较少发病，人工接种可使绵羊、猫、家兔、小鼠、豚鼠和犬感染。

病马、带毒马及其他带毒动物均为传染源，主要通过吸血昆虫（如蚊、蜱）传播（病毒能在吸血昆虫体内增殖),也可经消化道传染。

本病无明显季节性,在7～9月发生较多,冬、春季有散发。呈地方流行性和周期性。多发于放牧马。

【临诊症状】

潜伏期1个月左右。病初短期体温升高,精神沉郁,常打哈欠,易疲劳,出汗,气喘,可视黏膜黄染,流涎,胃肠蠕动减弱,皮肤敏感性增高等。

经1～2 d出现神经症状。有的沉郁,衔草不嚼,磨牙,交叉站立姿势,做圆圈运动,视力障碍,皮肤反射减弱等。有的狂暴不安,攀登饲槽,前冲,不顾周围事物乱走,常碰撞摔伤,或倒地做游泳状运动,甚至麻痹,各种反射消失。

有的兴奋沉郁交替出现。一般临诊症状随之加重,结膜显著黄染,食欲明显减退或不食,口腔干燥,肠音沉衰或废绝,排粪难或便秘,粪球干小。尿少,色红黄,呈豆油样。

血液学检查:血液黏稠,血沉缓慢,15 min血沉值(涅氏法)0～4刻度。血清胆红素显著增多,呈双相反应。血液碱储下降,乳酸含量增多,总氮量增加,血清氮化物减少,产生氮血症和酸中毒。

【病理变化】

特征性病理变化为中毒性肝营养不良和轻度非化脓性脑炎。肝体积缩小,被膜皱缩,质地柔软,表面呈暗红色或红褐色。肝小叶中心细胞坏死、崩解,小叶周围肝细胞肿大呈脂肪变性,肝细胞索紊乱。汇管区血管充血,胆管增生,周围有多量淋巴细胞、组织细胞和少量中性粒细胞浸润。

软脑膜充血、出血、水肿,脑脊液增多,神经细胞肿大,胞浆空泡化,胞核浓缩或消失,神经胶质细胞呈轻度增生,形成卫星现象等。

【诊断】

综合性诊断　根据流行病学、临诊症状及病理变化特点即可做出初步诊断,确诊必须通过病毒的分离鉴定和血清学试验。

病毒分离鉴定　可采集病料人工接种感染猫、兔、豚鼠及小鼠等分离病毒。

血清学诊断　应用补体结合反应和中和试验可在患马康复后数月内检出特异性抗体。

鉴别诊断　应注意与流行性乙型脑炎、狂犬病、肉毒梭菌毒素中毒症等鉴别。

【防制】

综合预防　防止蜱、蚊的侵袭,如防止叮咬、夜间放牧、白天在暗舍饲养等;采取提高动物机体抵抗力的措施,如正确饲喂、卫生的饲养条件和正确的使役等;在疫区检疫防止疫情扩散;对急性病马分群隔离并进行治疗;用5%苛性钠或2%来苏儿溶液彻底消毒。

免疫接种　目前无商品化疫苗。可用自然马脑组织制备灭活疫苗、人工感染马脑组织制成弱毒苗、鸡胚适应的弱毒株制成灭活苗、强毒兔脑组织制成灭活苗,但这些疫苗在实验室和田间试验均未获得理想免疫保护效果。

用高免血清治疗病马可降低10%～15%的死亡率。较好的治疗方案是在马胸下部或颈部皮下注射200～300 mL血清,同时注射强心剂和缓泻剂,重复治疗3～4次。

治疗　根据马的中枢神经系统紊乱、肝脏严重损害、肠道弛缓、急剧脱水、酸中毒及氨中毒等特点,进行调整中枢神经系统机能、保肝解毒、通便利尿等对症治疗。对表现高度兴奋症状的患马,可采用氯丙嗪肌肉注射或水合氯醛灌肠。为降低患马的颅内压,可静脉放血1 000～

2 000 mL，再静脉注射 5%葡萄糖溶液 1 000～2 000 mL 和 10%氯化钠 200～300 mL。为了保肝解毒，应每天静脉注射葡萄糖和 40%乌洛托品溶液。为纠正酸中毒，可静脉注射 5%碳酸氢钠液 100～1 000 mL。为疏通肠道可投服盐类泻剂，与此同时还应注射维生素 B_1、维生素 B_2 和维生素 C 等。

第八节　波　纳　病

波纳病（Borna disease，BD）是由波纳病病毒引起马的一种传染性脑脊髓炎，亦称马地方性流行性脑脊髓炎。本病因 1894 年在德国波纳地区严重流行而得名。本病在德国曾周期性发生，以后在东欧、中东及北非相继发生。现已在美国、德国、荷兰、波兰、以色列、伊朗、北非和日本都检出了临床健康而血清学阳性的马匹。

有关本病的最早报道是在 1660 年，描述了一种马的头痛病，此病可导致马反应迟钝和听力丧失。在 1716 年出版的一部书中也记录了这种马的头痛病，具有嗜睡、抑郁、焦躁不安等症状。1900 年前后，因本病在德国波纳城周围地区的家养动物和军马中的严重流行，德国政府实施了强制性的研究，结果证实该病在中脑能引起炎性反应，并出现核内包涵体（即 Joest-Degen 小体）的特征性病变。20 世纪 20—30 年代，Zwick 成功地将波纳病病毒在兔子体内获得适应，并用兔脑悬浮液进行了免疫接种试验。到了 50—60 年代，前民主德国的科学家发表了大量文献，进一步扩展了本病在马、绵羊、兔和大鼠中的临床和病理学知识。70—80 年代证实该病毒能在中枢神经系统中的轴索内传播，并存在于大脑的不同部位和脑脊髓液中。90 年代波纳病病毒的特异性抗原和核酸在动物和人类的外周血单核细胞中的发现引起了世界范围内的研究兴趣。

越来越多的证据表明波纳病病毒感染在包括人类在内的脊椎动物中呈世界分布，特别是发现波纳病病毒在人类精神病患者中的作用及从人体内分离到病毒的事实，使得波纳病病毒的流行病学研究已成为医学和兽医学病毒学家共同关心的问题。我国尚未有马匹感染波纳病病毒的报道。

【病原】

波纳病病毒（*Borna disease virus*，BDV）是一种嗜神经性病毒，是波纳病毒科（*Bornaviridae*）的一个原型病毒。含有单股负链 RNA 病毒，病毒粒子大小为 85～125 nm。病毒基因组不分节，大小约为 8.9 kb，至少有 6 个开放阅读框，编码 6 种蛋白，分别为核蛋白 N、磷酸蛋白 P、p10-蛋白 X、基质蛋白 M、糖蛋白 G 和大多聚酶 L。病毒在宿主细胞核内增殖和转录，利用细胞 RNA 剪切系统来调节基因的表达，并在感染的神经细胞内形成核内包涵体。

病毒主要存在于中枢神经系统、乳腺、唾液腺、鼻黏膜及肾脏。本病毒只有一个血清型，病毒可被高滴度的抗波纳病病毒血清中和，可实验感染兔引起波纳病，并能重新分离到病毒。本病毒与其他脑炎病毒无交叉反应。其不同分离株在宿主体内虽有不同的生物学表型，但在复制过程中都不产生溶细胞作用，对神经细胞具有高度的亲和性，非神经细胞类的组织和细胞的感染性较低。波纳病病毒在体外培养中的细胞感染谱很广，很多传代细胞系和原代细胞都可感染。

波纳病病毒有囊膜，对有机溶剂、洗涤剂和紫外光照射敏感。56℃加热 3 d 或 37℃ 5 d 可使病毒失活。pH 5.0 以下或 pH 12.0 以上时，病毒失去活性。在外界环境中，病毒能长期存活，水中 1 个月，奶中 100 d，腐败物中 3 个月。含有氯离子或甲醛的消毒剂可迅速破坏其感染性。

【流行病学】

自然情况下，波纳病病毒主要感染马，绵羊、牛、猫、犬和鸵鸟也可感染，还发现该病毒也可感染人。实验感染时病毒可在家兔和小鼠体内增殖。

病马和带毒马是本病的主要传染源，其他种类的感染动物也可能是传染源。引入带毒动物或输入被污染饲料是传播本病的主要原因。病毒可随病畜的唾液、鼻液、粪便、乳汁等排出，可经消化道和呼吸道传播。

本病一年四季均可发生，以 5～6 月份发生的病例最多，说明本病的传播与吸血昆虫无关。波纳病病毒感染的一个主要特点是动物群中的大部分动物是病毒携带者，因而在某一时间内会引起病毒的传播。波纳病病毒不同分离株所表现出的生物学和分子特性的一致性，说明动物与人类病毒具有密切的相关性。此外，一切可降低马体自身抵抗力的因素都可诱发本病。

【致病机制】

波纳病病毒感染机体后，可沿神经元在神经轴索内传播，也可经病毒血症而到达机体的各个部分。波纳病病毒可在大脑和外周神经系统中增殖，既侵害神经细胞，也侵害脑部的动脉和静脉内皮细胞。病毒还可进入肌肉干细胞。波纳病引起的神经系统损伤是由宿主所产生的抗病毒 T 细胞应答反应造成的，是一种免疫病理过程。波纳病病毒是一个很好的分析病毒介导的中枢神经系统免疫病理损伤的模型，可用于研究病毒介导的神经系统损伤进展。

【临诊症状】

本病的潜伏期为数周至数个月。不同的感染宿主具有不同的临床表现，但都具有神经系统症状。

患马表现为脑膜炎和脑脊髓炎的综合症状。表现体温升高，食欲减退，黄疸，便秘，疲倦无神，并出现踉跄、摇摆，有强制的转圈运动，晕眩或突然倒地。脊柱感觉过敏，呈严重的神志扰乱。患马反射兴奋性增强，对光线、音响和触摸都表现突然地惊恐，甚至发生全身痉挛。严重者瞳孔散大，吞咽困难，颈项强直。全身虚弱和发生麻痹，末期卧地不起，呈游泳样姿势。始终伴有微热，心跳加快，脉搏疾频。血液变化只表现白细胞减少。典型病例的病程为 1～3 周，预后不良。

【病理变化】

肉眼可见的病变为中度的脑膜充血或出血。主要的组织学变化为中枢神经系统血管周围的淋巴细胞、浆细胞和其他单核细胞的浸润。自然感染宿主体内，神经细胞变性和噬神经细胞现象不明显。在组织学变化方面，以脑干的病变最为显著。本病的一个特征性病变是在神经细胞，特别是海马角和嗅球的神经细胞内具有小型的圆形嗜伊红核内包涵体，即 Joest-Degen 小体。

【诊断】

综合性诊断　本病的生前诊断较难。应注意与狂犬病和马疱疹病毒 1 型感染引起的神经症状相区别。确诊需要进行病毒分离、病毒抗原和核酸检测、动物接种试验、血清学试验和病理组织学检查等。

病毒分离　用幼兔脑组织原代细胞从发病动物脑组织或外周血白细胞中分离病毒，出现阳性结果后可确诊。

病毒抗原和核酸的检测　用 ELISA 和荧光标记细胞分类法(FACS)来检测波纳病病毒抗原,已成为检测波纳病病毒感染的主要手段。检测病毒核酸 RNA 时,用套式 RT-PCR 来进行,操作时注意避免核酸样品的污染。

动物接种试验　用病马脑组织的悬液对家兔进行脑内感染试验,出现阳性结果后可确诊。

血清学诊断　免疫荧光试验、免疫印迹试验和酶联免疫吸附试验来检测感染动物体内存在的抗体。但其特异性还有待进一步证实。

病理组织学检查　生前被诊断为波纳病的患畜,在死后应对脑组织进行组织学检查以确诊。

【防制】

综合性预防　加强马匹饲养管理,严格进行检疫、消毒和隔离等防疫措施。发现患马时,应立即进行隔离。尽快查明疫情,划定疫区。因对发病马尚无有效的治疗方法,病马最好扑杀,尸体销毁,将马厩及其有关的地方进行彻底消毒。不同种类的动物应分开饲养,特别是将马和绵羊分开饲养可防止波纳病的传播。

治疗　采取对症治疗。20 世纪 20 年代,法国研究人员用乌洛托品对患有波纳病的马匹进行治疗,疗效较好。此后德国一些地方也采用此方法。研究还表明,硫酸金刚烷胺对波纳病病毒感染有一定疗效。

【思考题】

1. 马脑脊髓炎包括哪几种病?其病原各有何特点?
2. 如何防控不同种类的马脑脊髓炎?

第九节　马传染性支气管炎

马传染性支气管炎(equine contagious bronchitis)又名马传染性咳嗽,是由病毒引起马的一种以咳嗽为特征的传染性强、传播迅速的传染病。世界各地均有发生。

近年在美洲和非洲发生一种由马鼻病毒感染引起的与本病极其类似的呼吸道疾病,但它们是否为同一疾病或两者存在何种关系,目前尚不清楚。

【病原】

1934 年,Waldman 和 Kobe 证实本病病原是一种病毒,以后 Miller 确认是一种亲细胞性病毒,但这种病毒的特性及其分类位置,迄今尚不清楚。

病毒在病极盛期存在于肺脏,发热时也存在于血液中。病毒对外界环境的抵抗力较弱,但在冰冻情况下却能保持其传染性达 23 d 之久,用 2%苛性钠溶液可迅速杀灭。病毒除能自然感染马匹外,人工实验感染也可使牛致病。

【流行病学】

本病多于晚秋突然暴发流行,短时间内感染整个马群。

传播方式主要是通过患马咳嗽喷出的气溶胶悬滴经马吸入而感染,被污染的饲料和饮水能否经消化道途经感染尚不能肯定。马在感染后,多在 2～3 周内恢复健康。康复马似乎没有带毒现象。

在自然条件下,本病每隔几年暴发一次,其传染源以及有无其他类动物参与病毒的保存及传播,均不清楚。

【致病机制】

病毒被吸入后在鼻咽部增殖，然后进入血液，随着血液循环到达支气管而导致其周围组织的细胞浸润。几天之后，病毒即从支气管组织内消失。倘若患马仍受到使役或其他不良饲养管理的影响，在机体抵抗力下降的情况下，某些条件性致病菌，特别是化脓链球菌即可引起继发性感染即支气管肺炎。

【临诊症状】

潜伏期为 1～6 d(多数为 1～3 d)。患马最初稍显精神委顿，出现结膜炎及鼻卡他。鼻黏膜潮红，流出少量浆液性鼻汁，咽喉部知觉过敏。体温微有升高(39～40℃)，经 12～24 h 恢复正常。与此同时发生干而粗的阵发性咳嗽，出现的次数甚多，几乎成为患马最主要的症状。随着时间的推移，咳嗽逐渐减少，多于 2～3 周内恢复正常。

某些受不良因素影响的病例可能继发支气管肺炎，体温重新升高(39.5～40.4℃)，呈不规则热，呼吸和心跳加快，流黏液-脓性鼻汁，结膜潮红，分泌多量黏液-脓液眼眵，至后期表现明显精神沉郁，食欲减损或废绝，咳嗽加重。多数病例由于发生慢性支气管炎、肺膨胀不全、肺硬化及肺气肿而变为哮喘症。

【病理变化】

单纯病毒所致的病变只有支气管卡他，支气管分支中含有一种微黄色玻璃样黏液。支气管淋巴结呈髓样肿胀。组织学检查可见支气管周围有淋巴细胞及大单核细胞浸润。继发感染的病例多呈化脓性支气管肺炎和实质器官的变性，偶尔可见败血性变化。

【诊断】

根据本病呈暴发流行，传染性猛烈、传播迅速、发病率高，结合患马表现阵发性咳嗽和全身症状轻微等特点，即可确诊。

【防制】

预防　没有有效预防方法，只有尽量设法防止继发症的发生。

治疗　将患马置于清洁、干燥和温暖的环境中，令其充分休息。一般病例不用治疗，即可自行痊愈。对继发感染的病例，应及时选用青霉素、链霉素、土霉素、卡那霉素等抗生素或磺胺类药物进行治疗。

【思考题】

如何防制马传染性支气管炎？

第六章　马的细菌性传染病

本章介绍马的细菌性传染病，主要有马流行性淋巴管炎、马传染性子宫炎、幼驹红球菌性肺炎和马传染性胸膜肺炎。细菌性传染病常用药物治疗，但针对我国没有马兽药市场的现况，加强检疫和饲养管理显得尤其重要。

第一节　马流行性淋巴管炎

马流行性淋巴管炎（epizootic lymphangitis，EL）是由伪皮疽组织胞浆菌（*Histoplasma farciminosum*）引起马属动物（偶尔也感染骆驼）以形成淋巴管和淋巴结周围炎、肿胀、化脓、溃疡和肉芽肿结节为特征的慢性传染病。

该病分布于世界各地，如意大利、北非、埃及、东西赤道非洲、南非、苏丹、伊朗、土耳其、希腊、德国、英国、芬兰、瑞典、丹麦、比利时、苏联、北美、秘鲁、日本、印度、印度尼西亚、缅甸、越南、中国、泰国等国家。

流行性淋巴管炎是一种顽固性疾病，一旦感染发病很难清除，至今无有效的治疗方法。初期局部感染病例多数可治愈，全身性重症病例，病程长达 3～4 个月，较难治愈。

【病原】

伪皮疽组织胞浆菌（HF）是 Rivolta 在 1873 年从病马溃疡的脓性分泌物中发现的。发现本菌的当时 Rivolta 称它为伪皮疽隐球菌（*Cryptococcus farciminosus*），Tokishge（1896）获得本菌纯培养物，命名伪皮疽酵母菌（*Saccharomyces farciminosus*），1934 年 Redailli（Rivolta）和 Ciferri 定名伪皮疽组织胞浆菌（*Histoplasma farciminosum*），1935 年 Dodge 称之伪皮疽酵丝菌（*Zymonema farciminosum*）。近半个世纪，国际公认本菌的分类学位置是半知菌纲（Deuteromycetes）念珠菌目（Candida）组织胞浆菌科（Histoplasma）组织胞浆菌属（*Histoplasma*）。

原菌为双相型。本菌寄生在动物机体内以孢子芽裂繁殖为主的寄生型和在培养基上生长阶段呈以菌丝繁殖为主的腐生型。寄生型伪皮疽组织胞浆菌呈球形、卵圆形、梨子形。长 2.5～3.5 μm、宽 2.0～3.5 μm，菌体有双层细胞膜，细胞原浆均质，半透明，可清楚看到透明折光的类脂质包含物。新生体呈淡绿色，其中有 2～4 个折光率强、能回转运动的颗粒。在病变组织和脓液中也经常发展成少量菌丝。腐生型伪皮疽组织胞浆菌呈长的菌丝，在培养基上形成皱褶菌落。菌丝分枝有横隔，菌丝直径为 2.1～4.2 μm。当培养时间延长时形成直径为 5～10 μm 的厚垣孢子。在腐生型的菌体中也有少量寄生型的孢子菌体。

本菌一般不需染色即可清楚地看出，如用革兰氏、姬姆萨等方法染色，则可见到特征性的孢子、菌丝体和正在发育中尚未分离的母子孢子。其孢子在脓液涂片中常呈单个或成簇、成链状，有的游离，有的在白细胞或巨噬细胞中。

本菌能在多种培养基上生长，如蛋白胨肝汤琼脂、睾丸琼脂、含 2%葡萄糖和 1%甘油卵黄培养基、沙堡罗培养基、2.5%葡萄糖马肉汤等培养基，但生长发育都很缓慢，一般接种后 15～

20 d才能看出菌落开始生长。在动物脏器浸液琼脂上28℃经7 d培养可旺盛生长。本菌在斜面培养基上形成蚕豆至拇指大小、爆玉米花样不正形多皱褶隆起，呈灰白色至淡黄色、浅褐色菌落。在液体培养基深部发育微弱，很长时间仅呈高粱粒大的毛球样发育；但在液体培养基表面发育良好，30～40 d发育旺盛，形成浅灰淡黄色多皱襞的菌膜，表面呈撒粉样，液体保持透明。

马流行性淋巴管炎能在pH 6.5～9.0生长，pH 7.7～7.8生长发育旺盛。培养温度为26～30℃，27～28℃培养时发育旺盛。

该菌不能分解任何糖，不产生吲哚和硫化氢，V-P试验阴性，能在牛乳培养基生长并逐渐使其凝固；在明胶中生长极慢，5～6 d呈沙粒样发育，能轻微液化明胶。

伪皮疽组织胞浆菌对外界因素抵抗力强。病变部位的病原菌在直射阳光作用下能耐受5 d，60℃能存活30 min；在80℃仅几分钟即可杀死。0.2%升汞要60 min杀死，5%石炭酸1～5 h死亡。在0.25%石炭酸、0.1%盐酸溶液中能存活数周。在1个大气压的热压消毒器中10 min杀死。病畜厩舍污染本菌经6个月仍能存活。

在培养基上生长的本病原菌在日光直接作用下能存活5 d，60℃加热能抵抗1 h，在80℃几分钟即可杀死。0.2%升汞、5%石炭酸、1%甲醛溶液、5%石灰乳1～5 h杀死本菌，在5%～20%漂白粉中要1～3 h才能杀死本菌。在干燥的培养基上可生存一年，在密封的培养基能存活一年以上。

【流行病学】

在低湿地区及多雨年份、洪水泛滥之后发生较多，无明显季节性，一年四季都可发生，但一般秋末到冬初发生较多。马、骡、驴对本病有同样的易感性。本病与年龄关系不大，幼龄及老龄的马属动物都可发生，但2～6岁马较敏感，在牧区则以1～3岁育成马发病率较高。一般污染地区发病率为2%～5%，流行严重地区为10%左右，个别严重的发病率可达32%～51%。

自然感染是通过病畜溃疡脓性分泌物直接或间接通过受损伤的皮肤和黏膜侵入而发病。包皮及阴囊有病变的种公马与母马交配也可直接感染。病变部位的脓液或分泌物污染的厩舍、厩具、马具、刷具、垫草、土壤、厩肥、管理人员用品（鞋、靴、工作服）医疗器械、保定架、绳、绷带材料等都是间接传染本病的媒介物。当皮肤、黏膜有损伤时亦可借污染的媒介物而感染。

蚊、蝇、虻等刺螯昆虫是本病的机械传递者，刺螯昆虫通过对皮肤的刺吮传播此病。另外，厩舍中易造成外伤的钉头、铁丝断端、挽具、装蹄及马匹互相咬踢等引起的外伤容易感染本病。本病不能经消化道感染。

【临床症状】

潜伏期的长短与机体抵抗力、感染次数及病原菌毒力强弱等因素有关，短的40 d左右，长的达半年以上。人工感染潜伏期30～60 d。病灶最常见于四肢、头部（特别是唇部），其次为颈、背、腰、尻、胸侧和腹侧。病灶通常从皮肤的某一部位开始，出现豌豆大的硬性结肿，初期被毛覆盖，用手触摸才能发现。结节逐渐增大，突起于皮肤表面，变成脓肿，然后破溃流出黄白色或淡红色脓液，逐渐形成溃疡。继后由于肉芽增生，溃疡高于皮肤表面如蘑菇状或周围突起中间凹陷，易于出血，不易愈合。

这种病灶发生在某一部位淋巴管上，则这个淋巴管变粗呈索状，若其上面形成许多小结节则为串珠状。局部淋巴结变大，有的如拇指大，有的如核桃大。初期硬性肿胀，后变软直至化脓穿孔形成溃疡。溃疡不断地分泌出脓性分泌物，使病灶附近的毛黏结成痂皮。

除皮肤病变外，也常侵害鼻腔黏膜和颌下淋巴结。典型的是鼻黏膜上发生大小不同的黄色圆形或椭圆扁平隆起，表面干燥，多数具有明显的边缘。这种隆起逐渐增大形成结节并破溃形成溃疡。当有此病变时，鼻腔流出少量脓性鼻漏，临诊上很像鼻疽。会阴、阴囊、睾丸、乳房、阴筒、阴唇、眼结膜等处也可有病灶出现。

在结节、溃疡、淋巴管索状肿之间皮肤一般正常。但有的恶化演变成成片的溃烂，弥漫性肿胀。当有化脓病菌感染时，则发展为全身性症状，病畜消瘦、运动障碍、食欲减退，以至瘦弱死亡。

本病全身症状不明显，一般体温不升高，当有化脓性病原菌混合感染时体温才升高。

本病常呈慢性经过，每例的病程不同。有些病例病变仅限于侵入的原处，可在 2 个月痊愈；严重病例可拖延数月。有的病例似乎临诊痊愈，但等到湿冷季节又重新复发，病程慢长，乃至消瘦和衰竭，最后力尽而死。

【致病机制及病理变化】

伪皮疽组织胞浆菌进入机体并能抵抗机体的防御得到生长发育的机会则在淋巴间隙中繁殖，并随淋巴液向远处蔓延。当病原体蔓延到淋巴管的瓣膜部位受阻形成阻塞，由于病原菌繁殖和侵害，引起淋巴管内膜和周围炎及淋巴结炎，致使淋巴管变厚、肿胀。在肿胀的淋巴管上由于局部淋巴液高度瘀滞，管腔高度炎性扩张，形成结节。

患畜病变多的时候能引起全身性病症。不良的饲养管理及继发感染(链球菌、葡萄球菌和坏死杆菌等)都可使病情加重，病势恶化，致使病畜逐渐消瘦而死亡。

皮肤和皮下组织中有大小不同的化脓病灶，其间的淋巴管充满脓液和纤维蛋白凝块，淋巴管内壁则呈高度潮红和细颗粒状。单个结节是由灰白色柔软的肉芽组织构成，其中散布着微红色病灶。局部淋巴结通常肿大，含有大小不等的化脓病灶，陈旧者被坚韧的结缔组织所包围。

个别四肢关节含有浆液脓性渗出液，周围的组织中有的布满许多化脓病灶。

鼻黏膜上有扁豆大扁平突起的灰白色小结节和由这种小结节形成的较大溃疡，溃疡边缘隆起。有的病例鼻窦、喉头和支气管中也有类似的病变。有的病例还可在肺、脑中见到小的化脓病灶。

【诊断】

综合性诊断　根据流行病学、临床症状、病变做出初步诊断，确诊需靠病毒分离或血清学试验。

病原学检查　采取病畜脓汁及分泌物镜检，可见大小不等的囊球菌，呈卵圆形或瓜子状，一端或两端尖锐，长 3～5 μm，宽 2.4～3.6 μm。菌体内部为均质状态，外壁呈双层轮廓构造，多单个存在，也有 1～2 个菌体相连。

将采集的分泌物接种于固体培养基上，置于 22～28℃恒温箱内 6～10 d 后观察，病菌开始如蚕豆大，湿润，多皱褶，稍带黄褐色，以后逐渐干燥和增大，呈深褐色。在 4%葡萄糖肉汤培养，表面生长成较厚、多皱褶、淡黄褐色菌膜，液体保持透明。将不同培养基生长的菌落抹片镜检，革兰氏染色，用丙酮短时脱色，均为革兰氏阳性且形态相似的卵圆形囊球菌。

鉴别诊断　应与脉管炎、创伤、葡萄球菌感染引起的蜂窝织炎、过敏、皮鼻疽鉴别诊断。

必要时取脓肿病灶内的脓性血清和脓汁，对其进行细胞学检查、培养和组织病理学检查，皮鼻疽是由鼻疽假单胞菌感染引起，流行性淋巴管炎是由假皮疽组织胞浆菌（仅限于非洲和亚洲）感染引起。

【防制】

隔离感染动物，减少应激，将马匹置于干净通风良好的环境能够有效地降低发病率，并且减轻感染的严重程度。

划定疫区，严格封锁，隔离治疗。除去圈舍垫草和粪便，改善环境卫生，粪便堆集发酵，农具，鞍具固定专用，防止疫源扩散。污染的场地、用具、圈舍用5%氢氧化钠溶液每天消毒一次；饮用水源用1%～2%漂白粉溶液消毒，每隔10 d消毒一次。病畜尸体焚烧、深埋。

重症病畜采用全身疗法，选用青霉素400万IU，复方氨基比林20 mL，混合一次肌注，每天2次，连用7 d；长效土霉素分数点深部肌肉注射，每天1次，连用5 d，治疗3～4个疗程。对体质虚弱的病畜强心、补液，5%葡萄糖500～1 000 mL，10%维生素C 20 mL，10%安钠钾20 mL，一次静脉注射，连用3 d。

轻症病畜局部治疗，首先剪毛，用3%来苏儿清洗，除去坏死组织，脓汁，然后扩创，再用2%高锰酸钾溶液反复冲洗创面，直至肉芽组织带有鲜红色即可，接着患部涂擦达克宁软膏或克霉唑软膏，每天1～2次，并覆盖灭菌纱布。

【思考题】

1. 流行性淋巴管炎的流行病学、临诊症状和病理变化有何特点？

2. 流行性淋巴管炎怎样与鼻疽、溃疡性淋巴管炎和颗粒性皮炎（夏疮）等类症相鉴别？如何有效预防和控制本病？

第二节 马传染性子宫炎

马传染性子宫炎（contagious equine metritis，CEM）是由马生殖器嗜血杆菌（*Haemophiluse quigenitals*）引起良种马的一种高度接触传染性的性病。主要侵害良种母马，临床上以过早发情和数量不等的脓性或黏液脓性子宫分泌物为特征。公马感染后不呈现临床症状，但能传播本病。本病能降低怀胎率，严重阻碍良种马的正常流通和世界范围的商业贸易。

本病开始发生于法国，但未被认识，1976年作为一种新病首先发现于爱尔兰。1977年英国Newmarket暴发了本病，196匹母马和23匹种公马感染，有18个种畜畜牧场受到影响，有的牧场母马感染率达30%。Crowhurst于1977年第一个报道了CEM，同年爱尔兰、澳大利亚，1978年法国、美国等正式报道了本病。由于各国采取了有效的防制措施，本病的发病数明显下降。但是，由于国际上的良种马贸易，本病有不断扩散的趋势，1980年日本也暴发了本病，有大约200匹母马和几匹种公马感染。目前本病已扩散到四大洲8个国家。

【病原】

马生殖嗜血杆菌通常又称马传染性子宫炎菌（CEMO），系嗜血杆菌属的一个新种，是一种革兰氏阴性球杆菌，有荚膜、无鞭毛、不能运动。

CEMO是一种微需氧菌，在Eugon巧克力琼脂（ECA）和胰胨巧克力琼脂（TCA）平板上，37℃、含有5%～10%二氧化碳、5%氧、85%氮或90%氢气中生长良好。本菌生长不依靠V因子和X因子。能产生过氧化氢酶、细胞色素氧化酶和磷酸酶。其他细菌学试验阴性。

本菌所生长的培养基能影响其主要形态（杆状或球形），来自宫颈的CEMO在ECA上生长 48 h，多数呈杆状，而在 TCA 上生长 48 h，多数呈球形。

在 ECA 平板上培养 CEMO 能见到 3 型菌落：①光滑型菌落，有凸圆而发亮的外观，并在孵化 15 d 达到最大(直径 5～7 mm)，该型菌落最常见；②沙型菌落，与光滑型菌落相同，但菌落表面像撒了一层沙子，该型菌落也比较常见，并且也在孵化 15 d 达到最大(直径 5～7 mm)；③极小型菌落，菌落很小(直径 0.15～0.2 mm)，孵化 5～7 d 才能看见。该型菌落类似于 TCA 平板上生长的 CEMO 菌落。极小型菌落又分 3 型：圆形、扁平和圆锥形。前两型不透明，后者半透明。极小型菌落在 ECA 上通过几次之后，长得更快更大一些，孵化 3 d 即可看见，在第 7 天时菌落直径增大到 0.75 mm，看上去像光滑型菌落。此外，还发现沙型菌落的后代通过 ECA 平板时能产生上述 3 型菌落，其中多数是光滑型和极小型菌落。菌落变异型的抗原性和毒力上的差异目前正在研究。

一般外用消毒药对本菌无效。平板扩散试验表明本菌对氨下青霉素、红霉素、氯霉素、金霉素、土霉素、庆大霉素、新霉素、呋喃唑酮、妥布霉素、丁胺卡那霉素、卡那霉素、多黏菌素 B、褐霉素等敏感；对青霉素中度敏感；对链霉素不敏感，但在美国分离到了链霉素敏感株。

本菌存在于感染母马的子宫、宫颈、阴道、阴蒂凹、阴蒂窦及感染公马的尿道、尿道窝、阴茎鞘等部位，感染公马的精液中也带有细菌，阴垢可以长期存留细菌。

【流行病学】

CEM 主要侵害良种母马。良种公马也有易感性，但感染后不呈现临床症状。实验表明，驴、鼠、兔和豚鼠对 CEMO 均有易感性。

病马和带菌马是本病的主要传染源，尤其是无症状的带菌马是最危险的传染源。

本病主要通过性交传播。但是，也可以通过被该菌污染的物品、器械、场所以及接触过病马、带菌马和污染物的人员传播。

本病多发生于配种季节，呈散发或暴发。感染本病后可获得一定的免疫力。重复感染实验的结果表明有局部抗体的存在，当用小量的 CEMO(8.4×10^5 个)重复感染后第 2、7、15 天都未分离到 CEMO，当用大量 CEMO(7.2×10^8 个)重复感染时，所有母马于重复感染后第 2 天都分离出了 CEMO，而在第 7 天有 50%能分离出，第 15 天全部阴性，证明对 CEMO 的抵抗力增强。

【临诊症状】

潜伏期自然感染为 2～14 d，多为 3～10 d；实验感染为 2～4 d。

感染母马多数交配后出现过早发情，见有数量不等的淡灰白色的黏液脓性或脓性子宫分泌物，分泌物量多时污染臀部、使尾毛缠结，并在会阴部皮肤上结块，量少时多沉积在阴道底部弯窿内，不呈现外部症状。同时并发有宫颈炎和阴道炎。少数母马可成为隐性带菌者，而且能怀驹分娩。

公马感染后不呈现临床症状而成为无症状带菌者。

Timoney 等(1979)将 CEM 成功地传递到母驴。母驴感染后的临床症状与母马相似。感染母驴能自然临床康复。

【病理变化】

轻者可见子宫稍扩大，内有小量淡灰白色黏液。重者子宫显著扩大、肿胀，子宫内充满淡灰白色黏液脓性分泌物，子宫内膜肥厚，有玻璃状外观。

组织学变化发现子宫内膜的病理组织学变化与常见的子宫细菌感染时的变化非常不同，

内膜出现局部性宫腔上皮增殖，宫腔上皮下腺体和基质变性、坏死和单核细胞浸润。宫腔上皮表面常见有一层含有多形核白细胞(PMNs)的无定形层。某些上皮细胞显示有上皮下“液泡”，“液泡”内含有无定形碎片，有时给人以“包涵体”的印象。

【诊断】

综合性诊断　本病根据流行病学资料、临床症状和病理学变化可以做出初步诊断，但确诊需要进行实验室检查。

细菌学检查　涂片检查：于发情期从母马子宫内膜或宫颈采集标本，制作涂片，用 Leishmann 染色或快速三色染色能发现大量 PMNs，用革兰氏染色能发现革兰氏阴性球杆菌。

分离培养　从母马子宫颈、阴蒂凹、阴蒂窦，公马尿道、尿道窝、阴茎鞘采集标本，接种到 ECA 平板上，在 37℃含有 5%～10%二氧化碳、5%氧、85%氮或 90%氢中培养，孵化 24 h 后 15 倍放大可以看到球杆菌的菌落，孵化 48 h 菌落的直径约 1 mm，菌落灰白色，有光泽、隆起。标本在培养到 15 d 之前不应废弃。标本阴性时，应检查 3 次，每次间隔不少于 7 d。

由于该菌存在着链霉素敏感株，所以培养基要用两种，一种加链霉素(200 或 400 μg/mL)，一种不加。在接种的 ECA 上常有真菌的过度生长，在培养基中加入两性霉素(5 μg/mL)可以消除这种现象，而 CEMO 对两性霉素有高度耐受性。

动物接种试验　对于无临床症状、病原学检查阴性的可疑带菌马用此法。将无菌从公马的尿道窝收集的阴垢，或从公马尿道、阴茎鞘，母马的阴蒂窦、阴蒂凹采集的标本，放入 30 mL 灭菌馏水中，使用类似于人工授精的技术，通过人工授精管直接接种到试验母马的子宫内。如果试验母马不在发情期，人工授精管放入子宫之前，可用食指扩大宫颈。如果标本中含有 CEMO，接种后 3 d 内很容易从几乎所有接种母马的宫颈和子宫内膜的纯培养中分离出 CEMO。

CEMO 抗体诊断　如果接种标本中含有 CEMO，接种后 12～15 d，接种母马出现血清阳性。可于接种时采血一次，接种 15 d 后采血一次进行试验。

血清学诊断　Benson 等(1978)用凝集试验(SAT)和抗球蛋白试验(AGT)证明患有 CEM 的母马血清中有与 CEMO 相应的抗体；随后 Croxto-Smith 等(1978)发现用补体结合试验(CFT)检测感染母马的 CEMO 抗体比 SAT 和 AGT 更灵敏，尤其是在慢性感染时。然而，在检查的标本中 26%发现了抗补体(AC)活性，因此，Fernie 等认为 AC 活性可能严重妨碍使用 CFT 发现 CEM。Dawson 等(1978)应用 SAT、AGT 和 CFT 检查了 2 匹实验感染 CEMO 母马的抗体产生情况，认为尽管 CFT 是最简单的方法，但是，在急性期它不如 SAT 和 AGT 灵敏。

Fernie 等(1979)用被动血凝试验(PHT)检查了 299 匹母马和小马的血清标本，其中有 CEM 临床症状的 30 匹母马标本的 CEMO 抗体滴度为 256～4 096；1977 年和 1978 年 CEM 流行期间采集的无 CEM 病史、临床上正常的 139 匹母马标本的 CEMO 抗体滴度均在 256 以下，多数(104 匹占 70.5%)滴度为 8 或更低，仅 1 例为 128；作为阴性对照，1976 年采集的 100 匹母马标本和 1978 年采集的没有暴露给 CEMO 的 30 匹小马标本的 CEM。抗体的最高滴度为 32，而且仅有 1 例，其余均在 32 以下。

上述研究结果表明，PHT 检测 CEMO 抗体是灵敏的，它可以发现 CEM 早期阶段和晚期阶段的抗体，短时间孵化(2 h)便能读出结果，而且不受 AC 活性的影响，是一种比其他方法能更迅速、更灵敏发现 CEMO 抗体的血清学方法，可用于 CEM 的常规检查。但是，能否通过

PHT 发现带菌马，目前正在研究之中。

鉴别诊断　应与细菌性子宫内膜炎、阴道损伤鉴别诊断。症状同急性子宫内膜炎相似，母马阴门流出大量的黏液脓性分泌物。但对于多数患 CEM 的母马来说，无论是否进行治疗，都会在 5～7 d 内消失。需使用特殊的巧克力琼脂培养基和微需氧技术进行细菌学培养以确诊疾病。

【防制】

综合预防　对受传染的马和牧场严格检疫，推迟配种时间，严格实施配种卫生措施等。

治疗　采用局部和全身相结合的疗法。

感染母马的治疗：可用洗必泰、呋喃西林、氨苄青霉素或青霉素、新霉素冲洗子宫、阴道、阴蒂凹、阴蒂窦等部位，连续 3～5 d，同时肌肉注射氨卞青霉素，每天 4 g，分两次注射，间隔 12 h，连续 3～5 d，常能获得满意结果。

感染公马的治疗：可用洗必泰、呋喃西林彻底冲洗阴茎和包皮，并用抗生素软膏作局部治疗，连续 3～5 d，同时口服呋喃吅啶或肌肉注射氨卞青霉素 3～5 d，也可获得满意结果。

感染马治疗停药后 1～2 周采集标本，每次间隔不少于 7 d，连续 3 次阴性标本者为治愈。未治愈者可再治疗一个疗程。

【思考题】

1. 马传染性子宫炎的病原是什么？其微生物学特点有哪些？
2. 马传染性子宫炎的主要临床表现有哪些？
3. 如何预防和治疗马传染性子宫炎？

第三节　幼驹红球菌性肺炎

幼驹红球菌性肺炎（foal rhodococcus pneumonia）是由马红球菌引起幼驹的一种以化脓性支气管肺炎为特征的传染病。过去曾长时间称其为马棒状杆菌感染（corynebacterium equine infection）或幼驹化脓性肺炎（suppurative pneumonia in young foal）。马红球菌是免疫系统受损患者的重要肺部感染病原，如艾滋病患者、器官移植和接受治疗的癌症患者等也可感染本病。近年来从人类的多种标本中检出马红球菌的报道呈上升趋势，因而该病已成为又一重要的人类机会致病菌，其在公共卫生学上的意义应当引起重视。

【病原】

本病病原为马红球菌（*Rhodococcus equine*），是一种土壤常在菌，广泛存在于草食动物中，特别是马的粪便及其生活环境中。该菌对一般理化学因素有中等抵抗力。60℃经过 1 h 死亡。能耐过 2.5%草酸溶液 60 min，2%甲醛溶液、5%石炭酸溶液可迅速将其杀死。该菌主要存在于马粪、地表面及水中。在肥沃的中性（pH 7.3）土壤中可长期存活。马粪为良好的生长环境，在温、湿季节能大量繁殖。

【流行病学】

本病为世界性分布，常呈散发型存在。多见于 1～6 月龄的马驹，大部分感染幼驹在 4 月龄之前出现临床症状。

通过患驹的分泌物、排泄物所污染的饲料及饮水经过消化道感染，也可经呼吸道吸入污染的尘埃而感染。本病与季节关系密切，多于夏季发生。发病率为 5%～17%，死亡率高达

80%。常发生于马场的产驹季节，传播较快，流行期长的可达2～3个月，短的仅十数日。某些病毒感染、寄生虫侵袭及各种应激反应常可成为本病暴发的诱因。

人感染本病病例中，约1/3有与马或猪的接触史。

【临诊症状】

主要呈化脓性支气管肺炎的症状。

患驹病初精神稍显不振，不时发生轻咳。以后随着体温的升高(40～41.5℃)，呈现精神委顿，食欲减退，呆立不动。眼结膜潮红，羞明，流泪，半闭，并有黏性分泌物。咳嗽逐渐加重，呼吸增数(50～60次/min)而促迫，鼻孔有黏液脓性分泌物流出。

病情严重时，呈现高度呼吸困难，两前肢向外开展。部分病例可见腹泻或关节肿大。肺部听诊，初期可听到湿性啰音，至后期病变部位肺泡音消失。叩诊病变部有浊音。患驹多于1～2周内死亡。

【病理变化】

患驹肺部可见大小不等的散在或融合性的脓肿，内含黄白色干酪样脓汁。肺门淋巴结肿大化脓。支气管及小支气管内充满含泡沫的灰红色脓汁。肺门淋巴结肿大化脓。支气管及小支气管内充满含泡沫的灰红色脓汁。

有的病例伴发胸膜炎或粘连。实质器官有多量出血点，有的大肠黏膜出现溃疡性病变。有的伴有非化脓性多发性滑膜炎、化脓性关节炎及骨髓炎等。此外，还有溃疡性淋巴管炎、蜂窝织炎和皮下脓肿等病变。肺脏的组织学检查可见到肉芽肿病变，并有较厚的干酪样物质。坏死区有大量的巨噬细胞和嗜中性粒细胞，在这些细胞中常可看到完整的细菌。

【诊断】

根据临床症状、病理剖检及流行病学特点，可做出初步诊断。确诊应进行病原菌的分离及鉴定。

【防制】

预防　平时应对母马及幼驹加强饲养管理，实行轮牧，圈舍的粪便要及时清除和堆肥消毒，严格贯彻定期消毒制度，消除一切诱发因素。最好安排母马在冬季产驹，以避开幼驹在易感阶段发生感染。

治疗　早期诊断及对感染幼驹及早采取隔离和治疗措施可降低损失，阻止致病菌的传播，降低治疗费用。逐日观察并记录体温，每2周进行血清学监测和血浆蛋白浓度的测定，可实现对本病的早期诊断治疗。

虽然大多数抗生素在体外对马红球菌有效，但由于红球菌在细胞内寄生，能在巨噬细胞内繁殖，可引起肉芽肿病变并形成较厚的干酪样物质，因此很多药物在体内都不起作用。感染幼驹一旦呈现明显的支气管肺炎时，药物治疗法多无效。因此，对本病应实行早期诊断和早期治疗的措施。

常用药物　红霉素、利福平、新胂凡纳明(九一四)、链霉素、四环素等。红霉素和利福平联合用药可有效地治疗幼驹红球菌病，能显著降低幼驹的死亡率。红霉素的剂量为25 mg/kg体重，每隔24 h用1次，口服给药。治愈率可达88%。

治疗环境　应将患驹安排在一个凉爽通风的环境中，给予适当的食物和饮水，加强护理。对血氧严重不足的患驹可进行吸氧治疗。对高热和厌食的患驹可用非激素类型的消炎药物进行对症治疗。也可试用细胞因子(如白细胞介素-2、干扰素或白细胞介素-12)进行治疗。

【思考题】

幼驹红球菌性肺炎的病原和主要临床症状有哪些?

第四节 马传染性胸膜肺炎

马传染性胸膜肺炎(contagious equine pleuropneumonia)又名马胸疫,是马属动物的一种急性传染病。典型病例表现为纤维素性肺炎或纤维素性胸膜肺炎,并偶有伴发皮下和腱鞘的浆液性浸润。

本病散布于世界各地,流行于欧美各国,非洲也有发生。我国曾由蒙古人民共和国进口马匹时带入本病,引起地方性流行。国内西北、西南、华北及内蒙古等地都曾有发生,目前只有个别地区散在发生。但近 30 年的文献中已很少报道。

【病原】

本病的病原迄今未能阐明。在卫生状况不良、通风不好、消毒不充分时,病原可能于污染的厩舍内生存相当长的时间。

【流行病学】

病马和带毒马是主要的传染源。各种年龄的马属动物均有易感性,但主要发生于 4~10 岁的壮龄动物,1 岁以下的幼驹极少发生。重型马的易感性似乎较强,病情也较严重。

病原主要存在于患马的肺组织、支气管分泌物及胸腔渗出物中,血液和其他组织中不含病原。病马在咳嗽时喷出气溶胶,可由健康马匹直接吸入到呼吸道黏膜而感染。

污染的饲料及饮水也是一种传播感染,但由于这种病原的抵抗力微弱,这种传播只有短时间的可能性。有时可见到跳跃式传播,可能是由潜伏感染所致。个别病例病愈后 6 个月仍可排毒。

病的发生无明显季节性,但多见于秋、冬季及早春的舍饲期间。常呈地方性流行,传播缓慢。厩舍中个别马发病后,多经数天或数十天后,同群马中才陆续出现病例,呈不规则的点状散发。厩舍里马匹拥挤、潮湿、通风不良、卫生条件差、长途运输及受凉感冒等,都能促进本病的发生。

【临诊症状】

潜伏期长短不一,一般为 10~60 d。临床表现可分为 2 种类型。

典型胸疫 患马多无前驱症状,突然出现体温升高(40~41℃),呈稽留热,持续 6~9 d 或更长,以后迅速或逐渐降至常温。患马在发热的同时,表现精神沉郁,心跳加快,食欲不振或废绝。结膜潮红、水肿,呈污红色。全身震颤,四肢无力。呼吸数增加,呈腹式呼吸。病初流少量浆液性鼻液,至中后期流脓性红黄色或铁锈色鼻液。听诊时,初期出现肺泡音粗厉和啰音,继而肺泡音减弱或消失,出现支气管呼吸音,后期可听到湿性啰音及捻发音。当发生胸膜肺炎时,患马表现胸廓疼痛,呈短浅的腹式呼吸,以后呈胸、腹式呼吸。听诊有摩擦音,在有大量渗出液时,摩擦音即消失。叩诊时,则出现水平浊音区。

典型胸疫的血液学检查初期表现为白细胞总数无大变化,而淋巴细胞数增多,嗜中性粒细胞减少。至中后期出现白细胞总数增多,其中嗜中性粒细胞显著增多,淋巴细胞减少。病情好转后,白细胞总数及血象恢复正常。

非典型胸疫 非典型胸疫中的一部分病例呈顿挫型经过,患马体温突然升高并呈现全身症状，经过 2～3 d 后，体温迅速降至常温，其他全身症状也随之消失，恢复健康。这种康复马匹，即使置于严重患马之间也不再感染本病。另一部分病例，既不取典型胸疫经过，也不表现为顿挫型经过。患马呈现不规则热型，先出现稽留热，后则多次反复发热，症状表现也较复杂。这往往是由于患马继发并发症（肺化脓、肺坏疽、胃肠炎等）的结果。

这种病的转归因病型、有无并发症及护理情况而不同。典型胸疫多经 8～14 d 后完全康复。继发并发症的病例，多预后不良。一般在良好的饲养管理条件下，病死率为 5%～15%。

【病理变化】

典型胸疫病变主要可见纤维素性肺炎或纤维素性胸膜肺炎。肺脏常有相当大的硬度，切下其组织块可沉于水中。肺切面表现各期肝变（红色、灰白色）的特征，间质变厚增宽，呈白色索状。各期肝变互相交错，呈大理石样。继发感染的病例，肺组织内有大小不等的坏死灶或化脓灶，或形成空洞。肺坏疽时，病灶内充满污秽绿褐色具有恶臭味的粥样物。发生胸膜炎时，胸腔内积有大量淡黄色渗出液，并混有纤维素凝固块和附着于胸膜、膈及心包上的絮状或与膈相粘连。此外，心脏、肝脏及肾脏常可见到变性，胃肠黏膜及浆膜出血，脾脏及淋巴结呈中度急性肿胀。

【诊断】

综合性诊断　本病没有可靠的实验室诊断方法，只有根据流行病学、临床症状及病理剖检变化进行综合诊断。

在流行病学多发生于秋、冬季及早春季节，传播缓慢，有时呈跳跃式传播，常限于某些马群发病；在临床上见有纤维素性肺炎病例；在病理剖检上发现肺脏具有较大面积不同时期的肝变区，呈大理石样变化，即可确诊有本病的发生。也可采用治疗性诊断，即对可疑病例，早期试用新胂凡纳明 4～4.5 g 的注射液静脉注射，如在用药后 2～4 d 内，体温降至常温，其他全身症状完全消失，即可诊断为本病。

【防制】

预防　平时应加强马匹的饲养管理，严格执行兽医卫生防疫措施，提高马匹的抵抗力。当马群中发生本病时，应立即隔离患马及疑似患马，限定同群马匹的活动范围，避免与其他马群接触。每日早晚各测温 1 次，以便及时检出患马及疑似患马。污染的马厩、运动场及用具等可用 2%～4%氢氧化钠溶液或 3%来苏儿液消毒。对发病的马群，只有在最后 1 个病例痊愈 6 周后，经过彻底消毒，才可视为无病马群。在本病流行期间，对新购进的马匹，必须经过 2 个月以上的检疫方能与健马混群。

治疗　目前尚无有效疫苗，只能采取综合性防治措施。必要时，可采用新胂凡纳明 2～3 g 静脉注射，以达到药物预防的目的。

本病如能早期确诊，早期应用新胂凡纳明静脉注射是治疗本病唯一的特效疗法。同时实施对症治疗，加强护理，大多数患马可以治愈。

第一，新胂凡纳明的剂量按 0.015 g/kg 体重计算，一般用 4～4.5 g。临用前将药物溶解于微温的 5%～10%葡萄糖溶液 50～100 mL 中，缓慢静脉注射。注射后，大多数病例的高温于 2～4 d 内降至正常。有些于体温升高后即进行用药的病例，往往于注射后 24 h 内恢复正常。倘若应用时间过晚，即不可能取得预期疗效。

第二，为了预防继发性细菌感染，可选用青霉素（肌肉注射：0.5 万～1 万 U/kg 体重）、链霉素、土霉素（肌内注射：5～10 mg/kg 体重）、卡那霉素（肌内注射：10～15 mg/kg 体重）等抗生素或磺胺类药物进行治疗。此外，还应根据患马的不同病情进行适当的对症疗法。对并发消化障碍的病例，及时内服缓泻剂，以清理胃肠。发生胸膜炎时，可采用强心剂、利尿剂及钙制剂。必要时进行穿胸术，分次排出胸水。如有大量纤维素凝块沉积时，可向胸腔内注入胰蛋白酶及青霉素(200 万～500 万 U，用 30 mL 蒸馏水稀释，再加入氢化可的松 100～200 mg)，以促进其溶解吸收，并达到抗菌消炎目的。

第三，中药治疗可用清瘟败毒散：石膏 120 g，水牛角 30 g，黄连 18 g，桔梗 24 g，淡竹叶 60 g，甘草 9 g，生地、山栀、丹皮、黄芩、赤芍、元参、知母、连翘各 30 g，水煎 1 次灌服。

第四，对重症马应设专人护理，安静休息，给予易消化的饲料。在治疗期间，少喂食盐，对初愈病马应加强饲养管理，逐渐复壮，防止扩大传播。

【思考题】

如何应对马传染性胸膜肺炎？

第三篇
马的寄生虫病

第七章 绪 论

一、寄生虫学常用术语

寄生物是一个较小的生物，寄生在一个较大生物的体内外，并以后者为食，这种较大的生物称之为宿主。虱子是寄生物，病毒亦是。寄生物对宿主的损害可能是微不足道的，也可能是实质性损伤，甚至难以忍受。这取决于寄生物的数量、遭受损伤的类型和程度、宿主的抵抗力和营养状况。可用一系列术语（如互生、共栖和寄生）来表示特定的共生关系中单方或双方的利害程度。然而，如果发现寄生物与人或动植物有关，无论它的存在是否有害，习惯上则称它为寄生虫。本书采纳这种说法，只是寄生虫的致病性是不同的。

动物的物种是一个天然杂交的种群，它与其他类似种群是繁殖隔离的。例如，有两种不同的犬蛔虫，即犬弓首蛔虫和狮弓蛔虫，它们的大小和外形十分相似，难以区分。尽管它们可以同时存在于一只犬的小肠，但是二者从来不发生杂交。这是因为它们生活史迥异，并且含有的遗传物质在结构上也完全不同。然而它们有明显的亲缘关系，在外形上也十分类似。因此认为，这两种寄生虫虽然都是蛔虫的成员，并且处于同一进化分支上，但它们的祖先是不同的两个物种，经过趋同进化即对同一选择压的不相关适应而来。

二、分类规则

从始（祖）马到现代马，马的整个进化过程是有化石可以作为客观证据的，但马的寄生虫的进化过程只偶尔留下点痕迹。因此很难从进化的角度，在种以上的分类阶元（如属、亚科、科、总科、亚目、目、纲和门）去分析推测寄生虫种群的发展变化，但可以从逻辑的角度去总结归纳寄生虫的分类。

动物命名是为了提高动物名称的稳定性和通用性，每一个命名都是唯一的。动物的全名采用双名制，由属名和其后的种名组成。这两种名都用斜体印刷，属名第一个字母大写。例如 *Filaroides milksi*。在分类学出版物和专业期刊中，虫名之后接定种人的姓和首次发表的年代。例如 *Filaroides milksi* Whitlock，1956。如果后来另一位分类学家因某种原因认定该物种应该属于不同的属，那么原命名者的姓应放大括号内，更名者的姓放在括号外，例如 *Landersonstrongylus milksi*[Whitlock，1956]Webster，1981。另外，当有足够的理由可以继续称这个物种的原名，就不必被迫接受 Webster 的意见。物种 milksi 是客观的，它的根据是 Whitlock 1956 年描述过的真实标本。然而，将 milksi 归属于其他特定的属在很大程度上是根据主观判断。这就是为什么经常会碰到同一个种归属于两个或更多属的缘故。

为了便于识别，某些级别具有特征性后缀。例如，圆形属（*Strongylus*）属于下列较高等级的分类：圆形目（Strongylida）、圆形总科（Strongyloidea）、圆形科（Strongylidae）、圆形亚科（Strongylinae）。本书中-ida、-oide、-idea 和-inae 这些后缀适用于所有目、总科、科和亚科的名称。

三、鉴定和诊断

鉴定是确定某物种属于哪个类别，而诊断是确定某个病例的性质和病因，两者都是推理过程。寄生虫感染的诊断只需要鉴定特定寄生虫的一些生命阶段,而寄生虫病的诊断则需要更详细地了解。事实上,解释关于寄生虫或病例中鉴定的寄生虫资料的重要性常常超越我们的知识和诠释技能。在极少情况下,可以通过一个直接的因果关系来做出诊断。例如,绵羊的捻转血矛线虫,当有大量虫体在真胃内吸血,超过绵羊的代偿能力时,结果导致血矛线虫病,表现为临床贫血。如果虫体太少以至于不超过绵羊的造血能力或绵羊设法补偿血液损失的话,结果也许是低度感染,属于亚临床感染之一,表现为无贫血,无血矛线虫病。人们可通过检查可视黏膜或血样找到贫血的证据来诊断血矛线虫病。

诊断血矛线虫病容易,但多数情况下评估其他寄生虫感染的临床意义却非常困难。例如,当兽医面对一个慢性腹泻病例,在动物的粪便中发现了一些球虫卵囊,往往会忽视其他可能的病因,草率地作出该动物患球虫病的结论,而事实上球虫的感染只是偶然的。粪便中卵囊的确认给医生提供了一个具体的事实,在其他因素不确定的情况下,几乎很难再去定其他的诊断结果。这的确是一个难题,而且还有许多类似情况。在本书中我们试图提供有助于判断寄生虫何时与临床疾病有关或无关的信息。事实上,有许多地方仍有待进一步研究。

家养的猫、犬、牛、绵羊、山羊、马、猪的常见寄生虫的鉴定是一件相对简单的事情。其鉴定方法包括限制特定宿主的范围,简化鉴定标准,提供合理的配套插图,列出在特定的器官可能遇到的寄生虫名单。然而,当把范围扩大到包括外来宠物、捕获和野生的哺乳动物与鸟类时,需要做大量的查阅工作,可以参考《韦伯国际词典》,来初步确定宿主的学名。一般在蠕虫或寄生虫的各种诊断性阶段时,仅确定该标本属于哪个种群而不研究它们的物种形成。物种形成是指一种生物从一种类型进化到另一种类型所发生的事情。

四、寄生虫与宿主的关系

许多术语对于学习寄生虫学是有益的,这里简单介绍一些相关的术语。

寄生虫与宿主关系分为共生关系(symbiosis)、携带(phoresis)关系和负面影响关系。共生又叫互利共生(mutualism),是两种生物彼此互利地生存在一起,缺此失彼都不能生存的一类种间关系,也叫共生关系,其中较大成员为宿主,较小的称为共生体(symbionts)。共生关系可以进一步划分为某些特殊的关系如共栖(commensalism),是指生活在一起的两种生物以没有“输”和“赢”的方式共生,它们统称为共生体(commensals)。例如,生活在牛、羊盲肠和结肠的各种阿米巴原虫,未曾记录有任何疾病。在携带关系中,一种生物作为携带者将其他生物从一个地方带到另一个地方。例如,在人皮蝇(*Dermatobia hominis*)的生活史中,用其他蝇来携带含幼虫的虫卵传给被感染的脊椎动物。负面影响关系是指“一种生物从另一种生物中夺取营养,并给对方造成明显的损伤(引自 James Law 博士)。”

根据寄生虫的寄生部位可以将寄生虫分为以下几类。内寄生虫(endoparasites),即在宿主体内的寄生虫,可以引起感染(infections);外寄生虫(ectoparasites),即生活在宿主体外或皮肤的寄生虫,可引起侵袭(infestations);专性寄生虫(obligate parasites),它们总是需要一个宿主;兼性寄生虫(facultative parasites)(如阿米巴等),即一些生物只有给机会才是寄生虫;专一寄生虫是指寄生于一种宿主的寄生虫,典型的例子就是鸟和哺乳动物的各种虱。

宿主的一些分类和一些其他术语,寄生虫的成虫或有性生殖阶段寄生的宿主叫作终末宿主(definitive host),中间发育阶段或幼虫阶段寄生的宿主叫作中间宿主(intermediate host)。转续宿主(paratenic host)是其体内感染的寄生虫不进行任何发育,虽然有时虫体在其体内可以长得很大(如寄生在鱼体内的阔节裂头绦虫幼虫)。传播寄生虫的生物叫作媒介(vector)。机械性媒介(mechanical vector)基本上就是活的污染过的注射器,即它们只起搬运作用,在正常的生活史中是不需要的。生物性媒介(biologic vector)在寄生虫的生活史中是必需的。

寄生虫可以在正常宿主以外的其他动物之间循环,这些宿主叫作储藏宿主(resevoir hosts)。当寄生虫以某些稳定速度存在在某个种群中,我们称之为地方病(endemic)。如果该病以很高的水平存在于某个种群中,就叫作高度地方性疾病(hyperendemic)。地区性(endemicity)往往用流行率(prevalence),即某一时间某一地区感染动物的百分率来测量。发生率(incidence)指某一种群内正在发生的新感染的比例。当发生率急剧增加,伴随流行率上升时,采用流行病(epidemic)这个术语。动物专用的类似术语有地方性动物病(enzootic)、高度地方性动物病(hyperenzootic)、动物流行病(epizootic)。另外常用的与人有关的术语有:

人兽共患病(zoonosis)是指人与动物可患的疾病,一般指动物传给人的疾病。Hoare(1962)引用4个术语来描述人和动物之间的病原传播。

(1)动物源性人兽共患病(anthropozoonosis)(语源上只是人和动物的一种疾病),定义为人从动物获得的一种疾病。例如,狂犬病、瘟疫、布鲁氏菌病、钩端螺旋体病、罗得西亚睡眠病、蜱传性脑炎或回归热、巴贝斯虫病、埃立克体病、恰加斯氏病和旋毛虫病。

(2)人源性人兽共患病(zooanthroponosis),被一些人认为是"反向人兽共患病",定义为动物从人获得的一种疾病。例如,溶组织内阿米巴原虫传播给猫、蓝氏贾第虫传给犬、结核病传给牛、曼氏血吸虫传给狒狒。

(3)互源性人兽共患病(amphixenosis)(语源上两类宿主的疾病),定义为人和其他脊椎动物之间可交替感染的疾病。例如,恰加斯氏病、日本血吸虫或葡萄球菌。

(4)anthroponoses(语源上人的疾病),定义为仅限于人类来自低等动物的疾病。例如,疟疾、斑疹伤寒和回归热。

其他术语包括真性人兽共患病(euzoonosis)、人和储藏宿主常见的疾病(可能与人畜共生病相同)。例如,人和各种哺乳动物的日本血吸虫。副性人兽共患病(parazoonosis),罕见动物性媒介感染人,如犬恶丝虫病。

病原生物学也与人兽共患病的定义有关。周期性人兽共患病(cyclozoonosis)指限制于脊椎动物的人兽共患病,如有钩带绦虫。媒介性人兽共患病(metazoonosis)指在脊椎动物和无脊椎动物之间循环的人兽共患病,如疟疾。腐生性人兽共患病(saprozoonosis)指在脊椎动物和非动物性物体之间循环的人兽共患病,如附在植物上的肝片吸虫囊蚴。

显然还没有术语用来描述病原从野生动物到家畜、从家畜传给家畜或野生动物的相互传播。在此,将非典型宿主动物的感染分为三大类(野生动物之间的感染忽略):家畜感染野生动物的病原、家畜感染家畜的病原和野生动物感染家畜的病原。

下列几个术语有助于说明这些情况。

(1)家畜野生动物共患病(zootherionosis)用来说明家畜感染野生动物病原引起的疾病,典型例子是进口家畜感染非洲野生动物的锥虫。其他例子是进口家畜感染非洲野生动物的锥虫,还包括感染来自啮齿动物的利什曼原虫、斑疹伤寒、莱姆病、立克次氏体,口蹄疫病毒和禽流感病毒,拉病毒和尼帕病毒,翼形线虫幼虫感染,裂头蚴,四窗蚴,浣熊贝利斯蛔虫和 *Armillifer armillata* 幼虫,黄蝇蝇蛆,作为马原虫性脑脊髓炎病原即神经肉孢子虫(*Sarcocystis neurona*)中间宿主的马和猫,野猫(*Cytauxzoon felis*)对猫的致死性感染,成虫的感染包括犬、猫的克氏并殖吸虫，牛、羊的大类片形吸虫，猫的 *Alaria marchianae* 和 *Platynosomum fastosum*，犬的美洲异毕吸虫，犬、猫的曼氏迭宫绦虫，反刍动物的隧体绦虫和怀俄明绦虫，反刍动物的细副鹿圆线虫，犬的唯一龙线虫、盘尾丝虫、肾膨结线虫和猫的小兔唇蛔虫。

(2)驯养动物共患病(zootithasonosis)用来描述某个病原从一类家畜感染其他家畜。如猫粒细胞缺乏症病毒感染犬，引起犬的全球大流行；牛腹泻病毒感染绵羊和山羊，引起边境地区疾病流行；犬小孢子菌感染猫；猫和山猫被犬恶丝虫寄生；反刍动物艾氏毛圆线虫感染马；猫弓首蛔虫在猪的肝脏内引起白斑病；反刍动物感染犬和大猫的带绦虫。其中猫可以是连续带绦虫幼虫的宿主，该虫用犬作为终末宿主。

(3)野生动物家畜共患病(theriotithasonosis)用来描述家畜的病原可以感染野生动物。如塞伦盖蒂平原和囚禁的狮子死于犬的犬瘟热病毒的一个变种；狼、土狼、非洲野犬感染来自家犬的犬幼小病毒；巨足袋鼠有时感染羊约内氏病菌(禽结核分支杆菌副结核亚种)；家山羊感染野山羊传染性角膜结膜炎(结膜支原体)；患有牛传染性胸膜肺炎的病原(丝状支原体丝状亚种)感染非洲水牛和瘤牛；犬弓首蛔虫定期感染啮齿动物和鸟类，并能感染乌龟；刚地弓形虫引起许多野生动物的感染，现已报告引起水生哺乳动物的疾病；犬恶丝虫成虫引起海狮的疾病；枝双腔吸虫引起鹿、兔和土拨鼠的感染。

第八章　马的寄生虫病

第一节　马圆线虫病

马圆形线虫病(strongyliasis),是马属动物消化系统的重要寄生虫病之一,马消化道圆线虫病是指由圆线科(Strongyloidae)圆线亚科(Strongyloinae)和盅口亚科(Cyathostomidae)的线虫寄生于马属动物盲肠和大结肠中所引起的线虫病。

此病是马属动物的一种感染率最高、分布最为广泛的肠道线虫病。我国各地马匹的感染率平均为87.2%,在患马体内寄生的虫体最多可达10万条。本病常为幼驹发育不良的原因;在成年马则引起慢性肠卡他,使役能力降低,尤其是当幼虫移行时引起动脉瘤、血栓栓塞性疝痛,可导致马匹死亡。

【病原】

种类很多,在动物体内常混合寄生,分为大型圆线虫和小型圆线虫。

大型圆线虫:体型大,危害严重,主要有3种:圆形科圆形属(*Strongylus*)的马圆线虫(*S. equinus*)、无齿圆线虫(*S. edentatus*)和普通圆线虫(*S. vulgaris*)。小型圆线虫种类繁多,体型小,包括圆形科的三齿属(*Triodontophorus*)、盆口属(*Craterostomun*)和食道齿属(*Oesophagodontus*)的线虫;盅口亚科的毛线属(*Trichonema*)、辐首属(*Gyalocephalus*)和杯环属(*Cylicocylus*)等许多种线虫。

大型圆线虫(马普通圆线虫)灰褐色,火柴杆样线虫,头端钝圆,有发达的几丁质口囊,口囊壁有一食道背腺管(也称背沟),口囊周围有叶冠环绕。有些种类口囊底有齿。雄虫尾端有发达的交合伞和两根细而等长的交合刺。寄生于马属动物盲肠和结肠。

①马圆形线虫:我国各地均有分布。雄虫长25～35 mm;雌虫长38～47 mm。口囊基部背侧有一大型尖端分叉的大背齿,腹侧有两个亚腹齿。阴门开口于离尾端11.5～14 mm处。虫卵呈椭圆形,卵壳薄,大小为(70～85) μm×(40～47) μm。

②无齿圆线虫:又名无齿阿尔夫线虫(*Alfortia edentatus*),世界性分布。雄虫长23～28 mm,雌虫长33～44 mm。形状与马圆线虫极相似,但头部稍膨大而显出颈部,口囊前宽后狭,内无齿为其特征。阴门距尾端9～10 mm处。虫卵呈椭圆形,大小为(78～88) μm×(48～52) μm。

③普通圆线虫:又名普通戴拉风线虫(*Delafondia vulgaris*),世界性分布。虫体比前两种小,呈深灰色或血红色。雄虫长14～16 mm,雌虫长20～24 mm。其特点是口囊底部有两个耳状亚背侧齿;外叶冠边缘呈花边状构造。阴门距尾端6～7 mm,虫卵椭圆形,大小为(83～93) μm×(48～52) μm。

小型圆线虫:

①三齿属(*Triodontophorus*):虫体长9～25 mm,口囊呈半球形,口囊底部有3个齿,每个齿有2个齿片组成。交合刺两根,细长,其末端有小钩。雌虫阴门距虫体末端很近。虫卵与圆

形属的相似。

②盆口属(*Craterostomum*):形态与三齿属相似,但口囊底部无齿。雌虫阴门稍偏前方。

③食道齿属(*Oesophagodontus*):口囊呈杯状,食道漏斗内有 3 个齿,不伸达口囊内。

④毛线属(*Trichonema*):虫体均较小,雄虫长 4～17 mm,雌虫长 4～26 mm。具内、外叶冠。口囊小而浅,无齿,背沟短小。交合刺末端具有小钩。阴门距肛门甚近。本属有 30 多种。

⑤盂口属(*Poteriostomum*):与毛线属很相似。雄虫长 9～14 mm,雌虫长 13～21 mm。

⑥辐首属(*Gyalocephalus*):口囊甚浅,囊壁厚,无背沟。食道前端膨大,形成一个极为发达的半球形食道漏斗,内含构造复杂的角质板。最常见的是头似辐首线虫(*G. capitatus*),雄虫长 7～8.5 mm,雌虫长 8.5～11 mm。

⑦杯环属(*Cylicocyclus*):口囊壁后缘增厚呈圆箍形。

【生活史】

马圆线虫的生活史可分感染前后两个阶段。在外界环境中(感染前)的发育大体相同,而其幼虫在马体内(感染后)则采取不同的移行途径。分别叙述如下:

虫卵及幼虫在外界环境中的发育:成虫在大肠内产卵并随粪排出,在夏季遇有适当的温度、湿度并有充足的氧气时,于 2～8 d 内虫卵中形成幼虫,再经十几小时后虫卵孵化,逸出第 1 期幼虫,20 h 后蜕化为第 2 期幼虫,第 2 期幼虫 20 h 蜕化为有囊鞘的第 3 期幼虫(感染性幼虫)。如此,在外界环境条件适宜时,虫卵自畜体排出到发育为感染性幼虫需 6～7 d,如外界环境不适,这一发育时间可延长到 15～20 d。感染性幼虫主要附着于草叶、草茎上或积水中,其有下列活动规律:幼虫有背地性,在适宜条件下,向牧草叶片上爬行;幼虫对弱光有向光性,常于清晨、傍晚或阴天爬上草叶;幼虫对温度有敏感性,温暖时活动力增强;幼虫必须在具有液面的草叶上爬行;幼虫具有鞘膜的保护,对恶劣环境抵抗力较强;落入水中的幼虫常沉于底部,可存活 1 个月或更久。因此,当马匹吃草或饮水吞食感染性幼虫而受感染,幼虫在肠内脱去囊鞘,开始移行。

各种圆线虫幼虫在动物体内的移行发育:当马匹吃草或饮水吞食感染性幼虫而受感染后,幼虫在小肠中脱去囊鞘即按不同的移行途径发育。

①普通圆线虫:关于此幼虫在体内移行路径问题,迄今存在着许多争论,现就 Drubge (1972)综合有关资料,将其幼虫移行路径概括如下:被马属动物吞咽的幼虫钻入肠黏膜(主要是小肠后段、盲肠及腹结肠)进入肠壁小动脉,在其内膜下继续移行,逆血流向前移行到较大的动脉(主要为髂动脉、盲肠动脉及腹结肠动脉),约 2 周后达肠系膜根,幼虫积集在肠系膜前动脉根部管壁;部分幼虫向前进入主动脉到达心脏,向后移行到肾动脉和髂动脉。普遍圆线虫幼虫常在肠系膜动脉根部引起动脉瘤,并在其内发育为童虫;在盲肠及腹结肠壁上常见到含有童虫的结节。然后各自通过动脉的分枝往回移行到盲肠和结肠的黏膜下,在此蜕化发育到第 5 期幼虫,最后返回肠腔成熟。其潜隐期为 6 个月。

②无齿圆线虫:其幼虫的移行不同于普通圆线虫,它们移行远,时间长。幼虫钻入盲肠、大结肠黏膜后,经门脉进入肝脏,在到达肝韧带后沿腹膜下移行。故其童虫主要见于此处的特殊包囊中,再继续移行到达肠壁便形成典型的水肿病灶,然后进入肠腔,成虫吸着在腹结肠,少见于盲肠黏膜上,其整个发育期 11 个月。

③马圆线虫:其幼虫在腹腔脏器及组织内广泛移行,幼虫钻入盲肠和结肠黏膜下,之后入

浆膜下层，并在该处形成结节。后经腹腔到达肝脏，然后到胰脏寄生，最后回到肠腔。成虫主要寄生于盲肠，少数在腹结肠前部，全部发育期 10 个月。

④小型圆线虫：其幼虫的发育过程较简单，只在肠壁移行，部分幼虫刺激黏膜形成结节，成虫多见于盲肠及结肠，但不吸着于肠壁。整个发育期 6～12 个月。

此外，某种圆线虫的感染性幼虫，可能进入肠壁毛细血管，然后进入门脉系统和小循环，幼虫常在肝、肺内死亡，以致在幼虫周围形成寄生性结节。在盆腔、阴囊等处常发现移行的幼虫或童虫，在眼前房、脑脊髓等处也往往能见到圆线虫幼虫及其所引起的病变。

【流行病学】

未发育的虫卵，对 0℃以下的低温，抵抗力甚低，极易死亡；但如已发育到卵内形成幼虫，则对 0℃以下的低温有较强的抵抗力，可存活数周之久。干燥对初产的虫卵有较大的杀灭力。发育到含幼虫的卵对干燥也有较强的抵抗力。在低温下，卵内幼虫呈休眠状态，遇温度升高时，即在数分钟内孵化。如虫卵落入水中，在距水面 3 mm 以下时，因氧气不足而不能发育。感染性幼虫的抵抗力很强，在含水 8%～12%的马粪中能存活 1 年以上，在青饲料上能保持感染力达 2 年之久，但在直射阳光下容易死亡。马匹感染圆线虫病主要发生于放牧的马群，特别是阴雨、多雾和多露的天气，清晨和傍晚放牧是马匹最易感染的时机。

【致病作用】

马体内常有多种圆线虫混杂寄生，它们有共同的致病特点，以 3 种大型圆线虫致病性最强，其成虫都是以吸血为生，以强大的口囊吸附于肠黏膜上引起出血性溃疡和炎症而招致贫血。成虫寄生时分泌毒素，如溶血素和抗凝血素等，可造成马匹失血。

而其幼虫具有复杂的体内移行过程，在这一过程中引起一定的或十分严重的损害（以普通圆线虫为最重），马圆线虫幼虫的移行阶段可导致肝和胰的损伤，肠壁结节和溃疡；无齿圆线虫幼虫在腹膜下移行时可引起腹膜炎，在腹膜形成大的出血性结节，可成为腹痛及贫血的原因；普通圆线虫的幼虫在动脉管特别是在肠系膜前动脉及其分支内，能引起剧烈的病变（尤其是动脉瘤）。幼虫有时移行到主动脉、髂动脉引起动脉炎。形成的动脉瘤、血栓的碎片，可能进入腹主动脉阻塞一侧或两侧髂动脉，甚至引起血管破裂。肠系膜前动脉发生病变后，供应肠管的血量不足，并压迫肠系膜神经丛引起反复发作的腹痛。如血管完全阻塞则能引起肠系膜血管栓塞，急性肠出血或肠段坏死。小型圆线虫、马圆线虫及无齿圆虫的幼虫寄生时均能引起肠壁结节和溃疡，在结肠发生溃疡时，又易引起脾脓肿的发生。

【临诊症状】

成虫寄生于肠管引起的疾病，多发生于夏末和秋季，更常在冬季饲养条件变差时转为严重。虫体大量寄生时，可呈急性发作，表现为大肠炎和消瘦。开始时食欲不振，易疲倦，异嗜；数星期后出现带恶臭的下痢，腹痛，粪便中有虫体排出；消瘦，浮肿，最后陷于恶病质而死亡。少量寄生时呈慢性经过，食欲减退，下痢，轻度腹痛和贫血，如不治疗可能逐渐加重。

幼虫移行期所引起的症状，以普通圆线虫引起的血栓性疝痛最为多见，且最为严重。常在没有任何可被觉察的原因情况下突然发作，持续时间不等，但经常复发；不发时表现完全正常。疝痛的程度，轻重不等。轻型者，开始时表现为不安，打滚，频频排粪，但脉搏与呼吸正常；数小时后，症状自然消失。重型者疼痛剧烈，病畜作犬坐或四足朝天仰卧，腹围增大，腹壁极度紧张，排粪频繁，呼吸加快，体温升高，在不治疗的情况下多以死亡告终。马圆线虫幼虫的移行引起肝、胰损伤，临床表现为疝痛、食欲减退和精神抑郁。无齿圆线虫幼虫则引起腹膜炎、急性毒血症、黄疸和体温升高等。

【病理变化】

病畜消瘦、贫血、有腹水，全身水肿，恶病质。肠管内可见大量虫体吸附于黏膜上，被吸附的地方可见有小出血点，小齿痕或溃疡。肠壁上有大小不等的结节。

普通圆线虫幼虫移行阶段，可在前肠系膜动脉和回盲结肠动脉上形成动脉瘤。动脉瘤呈圆柱形、菱形、椭圆形或其他不规则的形状，大小不等，最大者可达拳头到小儿头大，外层坚硬，管壁增厚，内层常有钙盐沉着，内腔含有血栓块，血栓块内包埋着幼虫。

无齿圆虫幼虫所引起的病变为：腹腔内有大量的淡黄—红色腹水；腹膜下可见有许多红黑色斑块状的幼虫结节。

马圆线虫幼虫在肝内造成出血性虫道，引起肝细胞损伤，胰脏则由于肉芽组织的侵入而形成纤维性病灶。

【诊断】

综合诊断　根据临床症状和流行病学资料，可以对马圆线虫作初步诊断。

粪便虫卵检查　证实成虫肠内寄生型圆线虫病。由于这类线虫的广泛分布，几乎所有马的粪便中均有其虫卵存在，为了判断其致病程度，需先进行虫卵计数，确定感染强度，一般认为每克粪便中虫卵数在1 000个以上时，即可看成必须治疗的圆线虫病。

检查幼驹粪便时，应注意到出生数天或数周的小马，其粪内虫卵可能是由于吞食母马粪便所致。Russel(1948)认为在以下期间发现虫卵才能作为已遭受感染的根据：小型圆线虫，出生后12～14周；普通圆线虫，出生后26周；无齿圆线虫，出生后55周。

幼虫寄生期的圆线虫诊断困难，只有依据症状来推测，如间歇性腹痛而粪中虫卵很多，有可能已发生了动脉瘤等，只有尸体剖检才足以证实此类可疑病例。

【防制】

马圆线虫病的预防较困难。在加强饲养卫生管理的前提下，每年应定期驱虫，1年至少2次；服用低剂量硫化二苯胺有预防作用。首选驱虫药为丙硫咪唑，对成虫驱虫率高，对第四期幼虫作用一般。也可用噻苯咪唑、硫化二苯胺和伊维菌素。

对幼虫引起的疾病，特别是马的栓塞性疝痛，除采用一般的疝痛治疗方法外，尚可用10%樟脑(每次20～30 mL)或苯甲酸钠咖啡因3.0～5.0 g以升高血压，促使侧支循环的形成。还可以注射肝素(350 kg的马给500 mg)等抗凝血剂以减少血栓的形成。

【思考题】

圆线虫的哪个种危害严重？它如何致病？

第二节　马副蛔虫病

马副蛔虫病是由蛔科(Ascaridae)副蛔属(*Parascaris*)的马副蛔虫(*P. equorum*)寄生于马属动物的小肠内引起的(有时可见于胃内)，是马属动物常见的一种消化系统寄生虫病，对幼驹危害最大。

【病原】

马副蛔虫是马属动物体内最粗大的一种寄生性线虫。虫体近似圆柱形，两端较细，外形与猪蛔虫相似。黄白色。雄虫长150～280 mm，雌虫长180～370 mm。头端有3个发达的唇片，唇片间有间唇，在唇片后方虫体稍狭窄，因而使头部显著膨大，故又称大头蛔虫。虫卵近似圆形，呈黄白或黄褐色，直径 90～100 μm，虫卵表面有不光滑的蛋白膜，卵壳厚，卵内有一圆形未分裂的卵胚。

【生活史】

虫卵随宿主粪便排出体外，在适宜外界环境条件下，需经 10～15 d 发育成感染虫卵，马等食入感染性虫卵至发育为成虫需 2～2.5 个月。

【流行病学】

马副蛔虫病广泛流行，但以幼驹感染性最强，老年马多为带虫者，散布病原体。感染率与感染强度和饲养管理有关。感染多发于秋、冬季。虫卵对不利外界因素抵抗力较强。适宜温度为 10～37℃，39℃时可发生变性。气温低于 10℃，虫卵停止发育，但不死亡，遇适宜条件仍可继续发育为感染性虫卵。故冬季厩舍内存在的蛔虫卵，成为早春季节的感染来源。马副蛔虫卵对理化因素有很强的抵抗力。只有 5%硫酸、5%苛性钠、50℃以上的高温及长期干燥，才能有效地杀死蛔虫卵。

【临诊症状与病理变化】

马副蛔虫对宿主的危害主要表现在机械作用、夺取营养、毒素作用、继发感染 4 个方面。

寄生于小肠的成虫和在肝、肺中移行的幼虫给宿主造成一系列刺激。成虫可引起卡他性肠炎、出血，严重时发生肠阻塞、肠破裂。有时虫体钻入胆管或胰管，可引起相应症状，如呕吐、黄疸等。幼虫移行时，损伤肠壁、肝肺毛细血管和肺泡壁，可引起肝细胞变性、肺出血及炎症。马副蛔虫的代谢产物及其他有毒物质，导致造血器官及神经系统中毒，发生变态反应，如痉挛、兴奋等，以及贫血、消化障碍。蛔虫在小肠内寄生，夺取宿主大量营养，特别是产卵期的雌虫更是如此。幼虫钻进肠黏膜移行时，可能带入病原微生物，造成继发感染。

本病主要危害幼驹。成年马多为带虫者。发病初期（幼虫移行期）呈现肠炎症状，持续 3 d 后，呈现支气管肺炎症状（蛔虫性肺炎），表现为咳嗽、短期发热，流浆液性或黏液性鼻汁。后期即成虫寄生期呈肠炎症状，腹泻与便秘交替出现。严重感染时发生肠堵塞或穿孔。幼驹生长发育停滞。

【诊断】

综合诊断　结合临床诊断与流行病学，以粪便检查发现特征性虫卵确诊。

粪便检查　采用直接涂片法和饱和盐水浮集法。有时可见自然排出的蛔虫，或剖检时检出蛔虫均可确诊。

【防制】

发现病马及时治疗。驱蛔灵（枸橼酸哌哔嗪）、精制敌百虫、敌敌畏、丙硫咪唑、左咪唑可试用。

第三节　马尖尾线虫病

马尖尾线虫病的病原体属尖尾目（Oxyurata）尖尾科（Oxyuridae）尖尾属（*Oxyuris*）的马尖尾线虫（*O. equi*），又称马蛲虫，寄生于马、骡、驴的大肠。特征症状为臀部发痒。分布于全国各地，为马属动物的常见病。斑马也有寄生。

【病原】

马尖尾线虫雌、雄虫的大小差异甚大，雄虫体形小，白色，体长 9～12 mm，宽 0.8～1 mm；

有 1 根交合刺，尾端有由 4 个长大乳突支撑着的、外观呈四角形的翼膜。雌虫长可达 150 mm，尾部细长而尖，可长达体部的 3 倍以上，未成熟时为白色，成熟后为灰褐色，阴门开口于体前部 1/4 附近。虫卵呈长卵圆形，大小为 90 μm×42 μm，两侧边不对称，一端有卵盖。

与马蛲虫同属尖尾目的还有胎生普氏线虫（*Probstmayria vivipara*）和绵羊斯克里亚宾线虫（*Skrjabinema ovis*），均见于我国。前者寄生于马、驴的盲肠和结肠，雄虫长 2 mm，雌虫长 2～3 mm，子宫内常含一体形相当大的幼虫，其致病力不详；后者寄生于绵羊、山羊等的结肠中，雄虫长 3.1～3.45 mm，雌虫长 6.8～7.64 mm。

【生活史】

雄虫交配后死亡。雌虫产卵时下行到肛门，将虫体前部伸出肛外，在肛门周围和会阴部皮肤上产卵，卵互相黏着，呈黄白色团块。雌虫产完全部虫卵后，即皱缩死亡。由于肛门部具有适宜的温度、湿度和空气等条件，故虫卵发育迅速，于 3～5 d 在卵壳内即已形成感染性幼虫。由于卵块的干缩或马的擦痒等动作，卵块落入自然界，马由于摄食受感染性虫卵污染的饲料或饮水、舔食受污染的用具而受感染。在小肠内，幼虫从卵壳中溢出，移居大肠肠腔内，感染后 5 个月发育为成虫。

【流行病学】

虫卵在适宜的环境中可生存数周；干燥时不超过 12 h；冰冻时不超过 20 h。本病多见于幼驹和老马，在卫生状况恶劣的厩舍中和不做刷拭、个体卫生不良的马匹，常普遍发生感染。

【致病作用】

幼虫寄生在肠黏膜腺窝时，常将部分黏膜吸入口腔，并分泌蛋白分解酶将黏膜溶解液化作为食物。如虫体过多，可引起肠黏膜损伤，有时发生溃疡，或引起大肠发炎。雌虫在肛门周围产卵时，引起尾根部剧痒，使马兴奋不安，并以臀部就各种物体摩擦，引起该部脱毛或擦伤。蛲虫的代谢产物也对机体有毒害作用。

【临诊症状】

主要症状是雌虫产卵时引起肛门部剧痒，患马常以臀部抵在各种物体上摩擦，引起尾根部、坐骨部脱毛和发生皮炎；继发细菌感染时，可能引起化脓。发痒可以使动物不安，进食不佳，引起消瘦。有时有肠炎症状。

【诊断】

有可疑的临床病例时，可取肛门周围污物检查是否有虫卵。粪便中很难发现虫卵。严重感染时，可在粪便中发现虫体。

【防制】

彻底清洗厩舍的墙壁和地面，经常消毒用具（可用沸水烫洗）和被病马蹭痒的各种器物。不要在地上喂草。经常刷洗患马的肛门部，并服药治疗。健康马与患马分开饲养。新购进的单蹄兽，应先隔离检查，证明为健康时方可并群。

可用丙硫苯咪唑（albendazole）、噻苯唑（thiabendazole）等药驱虫。内服敌百虫 30～50 mg/kg 体重，效果很好。驱虫同时用消毒液洗刷肛门周围皮肤，清除卵块，防止再感染。

第四节　马脑脊髓丝虫病

马脑脊髓丝虫病又称“腰萎病”，是牛腹腔的指形丝状线虫的晚期幼虫（童虫）迷路侵入马、羊脑或脊髓的硬膜下或实质中而引起的疾病。

在日本、以色列、印度、斯里兰卡和美国等许多国家都相继有过报道。我国多发于长江流域和华东沿海地区，东北和华北等地亦有发生。马匹患病后，逐渐丧失使役能力，重症者长期卧地不起，发生褥疮，继发败血症而死。

【病原】

马脑脊髓丝虫病的病原体是寄生于牛腹腔的指形丝状线虫（*Setaria digitata*）的晚期幼虫（童虫），为乳白色小线虫，长 16～58 mm，体宽 0.078～0.108 mm，其形态特征已基本近似成虫。多寄生于脑底部、颈椎和腰椎膨大部的硬膜下腔、蛛网膜下腔或蛛网膜与硬膜下腔之间。

【生活史】

形丝状线虫的成虫寄生于牛的腹腔。雌虫产出幼虫叫微丝蚴，微丝蚴随后进入牛的血液中。当蚊虫吸食牛血时，微丝蚴随血液进入蚊体内，经 10 d 左右发育变为感染性幼虫。当蚊子再吸食牛血时就可感染牛，幼虫在牛体内经 8～10 个月在腹腔中发育为成虫。

如果含感染性幼虫的蚊子到马体吸血时，就会把感染性幼虫注入马体，幼虫经淋巴（血液）侵入脑髓表面或实质中生长发育，停留在童虫阶段。传播本病的蚊虫为中华按蚊和雷氏按蚊。

【流行病学】

本病马比骡多发，山羊、绵羊也常发生，驴未见报道。本病的发生无年龄、性别、营养好坏、马匹来源的区别。往往那些训练良好、秉性温顺的辕马及新到疫区的马匹和幼龄马多发，可能因为它们易为蚊虫叮咬和缺乏一定的免疫力所致。

本病的出现时间常比蚊虫出现约晚 1 个月，一般为 7～9 月份，而以 8 月份发病率最高。与蚊虫的滋生环境有一定的关系，凡低湿、沼泽、水网、稻田地区多发；洪水、台风、大潮后多发。本病流行的地区是牛多、蚊多的地区。

【致病作用与临诊症状】

幼虫在脑、脊髓等处移行而无特定寄生部位，因此引起脑脊髓的症状和病情轻重及潜伏期并不一致。

马的症状大体分为早期症状及中晚期症状。早期症状主要表现为腰髓支配的后躯运动神经障碍；后期才出现脑脊髓受损的神经症状，但并不严重。

早期症状主要表现为一后肢或两肢提举不充分，后躯无力，后肢强拘。久立后牵引时，后肢出现鸡伸腿样动作。从腰荐部开始，出现知觉迟钝或消失。此时病马低头无神，行动缓慢，对外界反应降低，有时耳根、额部出汗。

中晚期症状为精神沉郁，有的患马意识障碍，出现痴呆样、磨牙、凝视、易惊、采食异常。腰、臀、内股部针刺反应迟钝或消失。弓腰、腰硬，突然高度跛行。运步中两后肢外张、斜行，或后肢出现木脚步样。强制小跑，步幅缩短，后躯摇摆。转弯，后退少步，甚至前蹄践踏后蹄。急退易坐倒，起立困难。站立时后坐瞌睡，后坐到一定程度猛然立起；后坐时如臀端依靠墙柱，便导致上下反复磨损尾根，导致尾根被毛脱落。随着病情加重，病马阴茎脱出下垂，尿淋漓或尿频，尿色呈乳状，重症者甚至尿闭、粪闭。病马体温、呼吸、脉搏和食欲均无明显变化。血液检查常见嗜酸性白细胞增多。

【诊断】

综合诊断　流行特点是吸血昆虫如中华按蚊是指形丝状线虫的中间宿主，所以蚊活动猖獗季节，也是发病高峰季节。病畜表现精神沉郁，意识障碍，出现痴呆样，磨牙、易惊，采食异常；弓腰，腰部僵硬，跛行，站立困难；随着病情加重，出现尿淋漓，尿频，色呈乳状，甚至发生尿闭和粪闭，而病马的体温、呼吸和脉搏等均无明显变化。

免疫学方法　监测与诊断发病季节可进行早期诊断，临床发病前，用牛腹腔丝虫提纯抗原作皮内反应试验，每次注射 0.1 mL，注射后 30 min，丘疹直径在 15 mm 以上的为阳性反应。

【防制】

本病治疗困难，因此预防为主对于本病具有突出意义。

控制传染源　马厩应设置在干燥、通风、远离牛舍 1～1.5 km 处；在蚊虫出现季节尽量避免与牛接触。普查病牛并治疗。

切断传播途径　搞好马舍卫生，铲除蚊虫滋生地，用药物驱蚊灭蚊。

药物预防　对新马及幼龄马在发病季节应用海群生进行预防注射，每月 1 次，连用 4 个月。或以 10%敌百虫水溶液，按 0.033 g/kg 体重用量（一般马 100 mL）静脉注射，每月 1 次，连用 4 个月。

加强饲养管理，增强机体抗病能力。

治疗用海群生：按 50～100 mg/kg 体重内服和制成 20%～30%注射液作肌肉多点注射，连续用药，4 d 为一疗程。

第五节　马副丝虫病

马副丝虫病又称“血汗症”或皮下丝虫病，由丝虫科的多乳突副丝虫寄生于马的皮下和肌肉结缔组织间引起。

本病的特点是常于夏季形成皮下结节，结节多于短时间内出现，迅速破裂，并于出血后自愈。因导致虫伤性皮肤出血，像夏季滴出的汗珠，故称“血汗症”。在印度次大陆、南美、北非、东欧特别是苏联草原地区马群多发。我国云贵、青藏高原以及东北、新疆地区亦有此病。

【病原】

病原为乳突副丝虫（*Parafilaria multipapillosa*），寄生在马的皮下组织和肌间结缔组织内，成虫呈白色线状，雄虫长 25～28 mm，雌虫长 40～60 mm，幼虫长 0.18～0.26 mm。

本虫的中间宿主是黑角蝇属的一种吸血的蝇类。成熟雌虫在皮下组织内，用头端穿破皮肤并损伤微血管造成出血，随后产卵于血滴中。经数分钟或几小时，从卵内孵出幼虫。黑角蝇叮咬马匹时，随血液吞下幼虫，在蝇体内经 10～15 d 发育成侵袭性幼虫。当黑角蝇重复叮咬马匹时，将侵袭性幼虫经吻管注入马血液内，使马受到感染，经 1 年虫体成熟。

【流行病学】

血汗症是一种季节性疾病，本病流行与吸血蝇（中间宿主）有关。雌虫穿过真皮和表皮形成出血性小结，小结的出现有季节性，每当马骡处于日光下，气温在 15℃以上时才易出现，一般每年 4 月份开始，7、8 月份达高潮，以后逐减至冬季消失。多于雨季终了。

【致病作用与临诊症状】

本虫在马体的鬐甲部、背部、肋部，有时在颈部和腰部形成 6～20 mm 直径的半圆形结节。结节常突然出现，周围肿胀，毛竖起。结节是由于血液在皮下聚积形成的。数小时后，雌虫在结节顶部形成一个小的孔道并产卵，卵随结节中的血液自小孔流出，继之结节消失。血液沿毛流淌，形成一条凝结的血污。之后，寄生虫转移到附近其他部位，数日后复形成另外的病变。此种情况可反复出现多次。多侵害3岁左右的消瘦使役马骡。有时出血部可因感染而发生化脓或坏死。病马有时贫血、嗜酸性细胞增多。

如果寄生虫数目较多，可在一匹马的体表同时形成许多结节。在少数情况下，虫体死亡，结节化脓，并由此进一步发展为皮下脓肿和皮肤坏死，病变持续很长时间。在温暖季节，这种结节发生一个阶段以后，间隔3～4周，复再次出现，直到天气变冷时为止。

【诊断】

综合诊断　根据流行病学，至次年天气转暖后，可再度形成结节、破溃等现象，和特殊症状"血汗"容易做出诊断。确诊则应压迫结节，将压出的血液滴在载玻片上，加蒸馏水溶血后，在显微镜下寻找幼虫或虫卵。

压片镜检　触诊患部可摸到有肿胀，采取患部血液或压破皮肤结节，取内容物镜检有虫卵和微丝蚴可确诊。微丝蚴大小为(220～230) μm×(10～11) μm，无鞘。

【防制】

以驱避和消灭吸血昆虫为主。同时保持畜舍及马体清洁，及时治疗病马，昆虫活跃季节，尽量选择高燥牧地放牧，避免遭受感染。

轻症不需处理。重症可用1%敌百虫溶液，100 mL/匹，沿脊柱两侧分点皮下注射，1次即可治愈；海群生内服或用1%～2%酒石酸锑钾溶液100 mL，静脉注射，每天1次，连用3 d。出血局部可以涂擦碘或1%～2%石炭酸。

第六节　马胃丝虫病

马胃线虫病亦称马柔线虫病，是由旋尾科(Spiruridae)柔线属(*Habronema*)的蝇柔线虫(*H. muscae*)、小口柔线虫(*H. microstoma*)和大口德拉西线虫(*Drascheia megastoma*)的成虫寄生在马属动物的胃内引起的。此外，蝇柔线虫的幼虫还可以引起马的皮肤和肺的柔线虫病。在我国各地均有分布。

【病原】

柔线虫属具有圆筒形口囊，边缘有两片侧唇。食道的前部为肌质部，后部为腺质部。雄虫的尾部通常卷曲，有侧翼和乳突；交合刺不等长，异形。雌虫阴门靠近虫体中部。卵壳厚，内含幼虫。

(1)蝇柔线虫　虫体呈黄色或橙红色。头部有两个较小的三叶唇；咽呈圆筒形，有厚的角质壁。雄虫长8～14 mm，尾端弯曲，有宽的尾翼；肛前乳突4对，肛后乳突1对或2对。交合刺1对，左交合刺纤细，长约2.5 mm；右交合刺短粗，长约0.5 mm。雌虫长13～22 mm，阴门位于身体的侧背面。卵呈圆柱形，稍弯，壳厚，大小为(40～50) μm×(10～12) μm，内含幼虫。

(2)小口柔线虫　形态与蝇柔线虫相似，但较大；在咽的前部有一个背齿和一个腹齿。雄虫长9～22 mm，尾部弯曲，有肛前乳突4对。交合刺1对，大小不等，左交合刺长0.76～0.8 mm，右交合刺长0.35～0.36 mm。雌虫长15～25 mm，阴门位于虫体中部。阴道呈"S"形弯曲，围绕着弯曲部有1个肌质球。卵的大小为(40～60) μm×(10～16) μm，内含幼虫。幼虫可在雌虫子宫内孵化。

(3)大口德拉西线虫　头部有两片宽大而不分叶的侧唇，并有一条明显的横沟与体部隔开。咽呈漏斗形。雄虫长 7～10 mm,尾部短,呈螺旋状卷曲,肛前乳突 4 对。左交合刺长 0.4 mm,右交合刺长 0.2 mm。雌虫长 10～13 mm,尾部直或稍弯曲,尾端尖。阴门位于虫体前 1/3 处。卵呈圆柱形,两端钝圆。卵胎生。

【生活史】

3 种线虫的发育史基本相同,都需中间宿主。

大口德拉西线虫和蝇柔线虫的中间宿主为家蝇(*Musca domestica*)和厩螫蝇(*Stomoxys calcitrans*),小口柔线虫的中间宿主为厩螫蝇。虫卵或幼虫随粪便排出体外,被家蝇或厩螫蝇的幼虫(蝇蛆)吞咽后,就开始在中间宿主体内的发育。幼虫发育到感染阶段时,大约是在蝇蛆化蛹之际,此后蛹羽化为成蝇,感染幼虫先游离在它们的血液中,然后移行到喙部。

感染方式有以下几种:第一,当厩螫蝇吸血时,幼虫突破喙部,落入厩螫蝇叮咬的伤口;第二,家蝇舔食马的唇部或伤口时,幼虫破喙部而出,落在唇上的幼虫即被吞咽入胃;第三,马摄食了落入饲料或饮水中的蝇。大口柔线虫的幼虫在马胃内经 44～64 d 发育为成虫,寄生在马胃壁上的瘤肿内。蝇柔线虫和小口柔线虫寄生在胃黏膜上,以头端钻入胃的腺体中。

【致病作用】

3 种胃线虫均以机械性刺激和代谢产物作用于宿主。大口德拉西线虫是致病力最强的一种,经常在马胃腺部形成相当大的瘤肿。瘤肿的顶部有一个或几个小孔,其中有许多藏有虫体瘘管。轻压瘤肿时,即由孔内排出脓状物,其中含有虫体和幼虫,化脓菌侵入时,导致瘤肿化脓;严重的可造成胃破裂,引起腹膜炎。蝇柔线虫和小口柔线虫机械地刺激胃黏膜,引起创伤以至溃疡,同时引起腺体萎缩,破坏胃的分泌和运动机能。

家蝇舔食马皮肤伤口时,可将蝇柔线虫和大口德拉西线虫的幼虫引入伤口,造成皮肤柔线虫病(夏季溃疡)。落在马鼻黏膜上的幼虫可能移行到肺,形成柔线虫性结节,内含脓性物质和幼虫。

【临诊症状】

严重感染时,患畜出现慢性胃肠炎,进行性消瘦,食欲不振,消化不良,还有周期性疝痛现象。

皮肤柔线虫病多发生在温暖地带的季节,并多发生于马体上容易受伤的部位,如颈部、胸部、背部和四肢等处。小伤口可能因伤口扩大,表面粗糙,有干酪性肉芽增生。至冬季逐渐平息,并自行康复。

【诊断】

马胃线虫病的生前诊断较困难,因为粪便中的胃线虫卵特别稀少。有人建议给病马洗胃,再用胃管吸取胃液镜检,观察有无虫体和虫卵。

【防制】

预防性驱虫在秋、冬两季定期进行预防性驱虫,可选择下述驱虫方法:①先用 2%重碳酸钠溶液 3～5 L 除去胃中过量的黏液后,再用二硫化碳 12～24 mL 或四氯化碳 40～50 mL 胃管投服。②用药前 5～20 min 皮下注射吗啡 0.2～0.3 g,以引起幽门括约肌收缩,然后用胃管投服 1/1 500 碘溶液 4 L。

搞好卫生每天清除厩舍内的马粪,运往贮粪场堆肥发酵;注意防蝇、灭蝇。夏、秋季保护马体皮肤以免损伤。

由柔线属 3 种线虫引起。成虫寄生在胃内,引起慢性胃卡他,幼虫可引起皮肤和肺脏疾患。治疗宜驱杀虫体。

可用二硫化碳或四氯化碳驱虫。对皮肤柔线虫病可用台盼蓝或甘油合剂进行治疗。

方 1:丙硫咪唑 3～6 g。用法:按 10～20 mg/kg 一次口服。

方 2:石膏粉 100 g、明矾 20 g、樟脑粉 10 g。用法:共研细末,撒布皮肤创面。

第七节　马安氏网尾线虫病

安氏网尾线虫病又称马肺丝虫病,由网尾科网尾属的安氏网尾线虫(*Dictyocaulus arnfieldi*)寄生于马属动物的支气管内所引起。

【生活史】

虫卵产出后,当宿主咳嗽时,虫卵到达咽部被咽下,经消化道排出体外,在适宜条件下发育为感染性幼虫,后被宿主吞食,经 35～40 d 发育为成虫。

【临诊症状】

马匹轻度感染无明显症状(驴虽重度感染也常不呈现症状)。重度感染时,表现为干咳、湿咳、渐进性贫血,嗜酸性白细胞增多,体温可达 41℃,呼吸加快,甚至死亡。

【诊断】

综合诊断　根据流行病学、症状,结合剖检在肺脏内发现虫体或用贝尔曼氏装置从粪便中检出第 1 期幼虫而确认(第 1 期幼虫 420～480 μm,尾端有一小刺)。

【防制】

预防参考马圆线虫。治疗用噻苯唑或甲苯唑驱虫。

第八节　马腹腔丝虫病

马腹腔丝虫病是由马丝状线虫(*Setaria equina*)寄生于马腹腔内引起的,有时可在腹腔、盆腔、阴囊处发现。致病力不强,分布于世界各地。全国各地均有发生。

【生活史】

成虫于腹腔内产出微丝蚴,微丝蚴随血液循环移行,并周期性出现在畜体外周血液中。数量高峰在黄昏时分。当中间宿主埃及伊蚊、奔巴伊蚊及淡色库蚊吸血时,微丝蚴进入蚊体内发育为感染幼虫。当这种蚊再次吸血易感动物时,感染性幼虫进入马体内,经 8～10 个月发育为成虫。

【临诊症状】

寄生于腹腔的虫体,致病力不强,一般不显症状。但有引起腹膜炎,进而引起贫血和恶病质的报道。童虫偶可引起浑睛虫病。

【诊断】

取动物外周血液检查发现微丝蚴即可确诊。

【防制】

防止吸血昆虫叮咬及扑灭吸血昆虫是预防的重要方面。

用海群生,口服每千克体重 10 mg,连用 1 周,可杀死微丝蚴,但对成虫无效。有人推荐用左旋咪唑或伊维菌素。

第九节 马盘尾丝虫病

本病是由盘尾科(Onchocercidae)盘尾属(*Onchocerca*)的一些线虫寄生于牛、马的肌腱、韧带和肌间引起的,在寄生处常形成硬结。

【病原】

盘尾属的线虫呈长丝形,口部构造很简单;角皮上除有横纹外,尚可见有呈螺旋状的脊,这种脊往往在虫体侧部中断。常见的有下列两种:

(1)颈盘尾丝虫(*O. cervicalis*) 为白色丝状虫体,雄虫长 60~70 mm,至今尚未采集到完整的雌虫标本,据一般估计其长度约有 300 mm。体表有横纹和螺旋状脊。交合刺不等长,一个长 320~360 μm,另一个长 100~120 μm;有尾乳突 6 对。雌虫阴门开口于距头端 650 μm,无鞘,尾短。成虫寄生于马的项韧带和鬐甲部,幼虫群栖于马的皮下组织中。

(2)网状盘尾丝虫(*O. reticulata*) 寄生于马的屈肌腱和前肢的球节悬韧带上。和颈盘尾丝虫相似,但较长。雄虫长 270 mm,交合刺不等长,一个长 200~260 μm,另一个长 100~120 μm。雌虫长 750 mm,阴门距头端 360~400 μm。微丝蚴长 330~370 μm,具有长尾。

【生活史】

发育过程中需有一种吸血昆虫——库蠓、蚋或蚊作为中间宿主。已证实颈盘尾丝虫之中间宿主的还有陈旧库蠓(*C. obsoletus*)和五斑按蚊(*Anopheles maculipennis*)等;吉氏盘尾丝虫的中间宿主是刺螫库蠓(*C. pungens*);喉瘤盘尾丝虫的中间宿主是饰蚋(*Simulium ornatum*);圈形盘尾丝虫的中间宿主为舒氏库蠓(*C. schltzei*)。虫体寄生于皮下结缔组织中,所产幼虫分布于皮下的淋巴液内,不进入血管。当中间寄主蠓或蚋等吸血时,幼虫被吸入,进入中肠,而后到达胸肌,经 21~24 d 后,发育为感染性幼虫,然后转入蠓、蚋的喙部,当中间宿主再次叮咬家畜时,即可造成感染。

【致病作用】

虫体盘曲在结缔组织中形成"虫巢",外部有纤维组织形成的包膜,虫体周围有大量细胞浸润,浸润细胞以嗜酸性细胞为主,伴有巨细胞、浆细胞和淋巴细胞。久之,局部发生变性,由玻璃样至干酪样,最后坏死或钙化。患部及周围的血管、淋巴管常受到侵害,如继发细菌感染,则患部变为化脓,即坏死性炎症,出现脓肿或形成瘘管。

【临诊症状】

症状因虫体寄生部位不同有所差异,可出现夏季过敏性皮炎、周期性屈腱炎跛行,骨髓、腱鞘炎、滑液囊炎及周期性眼炎、鬐甲瘘等症状。

【诊断】

综合诊断 根据病变的特定部位和性质,如皮下结节的形成,一般皮温正常,无明显的痛感,与周围组织无明显的界限,皮肤与皮下组织粘连,皮肤固着,后期化脓或形成瘘管等,可做出初步印象诊断。

确诊主要依靠患部检出虫体或幼虫。可在病变部位取小块皮肤,放入生理盐水内培养后观察有无微丝蚴。死后剖检可在患部发现虫体和相应病变。

【防制】

防止蠓蚊叮咬,消除吸血昆虫的滋生场所。

尚无特效疗法，可试用海群生。对未化脓的肿胀不宜切开，可用温热疗法或涂擦刺激剂，如灰汞软膏或红色碘化汞软膏等。也可行碘离子透入疗法或用1%碘溶液30 mL混入生理盐水150 mL作静脉注射，每天一次，连用5 d为一疗程。间隔5 d进行第二疗程，一般应用3个疗程为好，对早期病例用此法疗效较好。对已化脓、坏死的病例，必须施行手术疗法。

第十节 马裸头绦虫病

马裸头绦虫病是由马裸头绦虫寄生于马属动物的小、大肠中引起的，呈世界性分布，在我国各地均有报道，特别在西北和内蒙古牧区，经常呈地方性流行。对幼驹危害较大，可导致高度消瘦，甚至因肠破裂而死亡。

在我国对马匹危害严重且常见的种类有叶状裸头绦虫（*Anoplocephala perfoliata*）和大裸头绦虫（*A. magna*），较少见的是侏儒副裸头绦虫（*Paranoplocephala mamillana*）。

【病原】

马裸头绦虫属于裸头科裸头属（*Anoplocephala*）和副裸头属（*Paranoplocephala*）。

(1)叶状裸头绦虫　寄生于马、驴小肠的后半部，也见于盲肠，常在回盲的狭小部位群集寄生。虫体呈乳白色，短而厚，大小为(2.5～5.2) cm×(0.8～1.4) cm，头节小，上有4个吸盘，每一吸盘后方各有一个特征性的耳垂状附属物。无顶突和小钩。体节短而宽，成节有一套生殖器官，生殖孔开口于体节侧缘。虫卵直径为65～80 μm，内含梨形器，器内有六钩蚴。

(2)大裸头绦虫　寄生于马、驴的小肠，特别是空肠，偶见于胃中。虫体大小为8.0 cm×2.5 cm。头节大，上有4个吸盘，无顶突和小钩。颈节极短或无。体节短而宽，成节有一套生殖器官，生殖孔开口于一侧。子宫横行，睾丸在体中部，孕节子宫内充满虫卵。卵内有梨形器，内含六钩蚴，直径为50～60 μm。

(3)侏儒副裸头绦虫　寄生于马的十二指肠，偶见于胃中，虫体短小，大小为(6～50) mm×(4～6) mm，头节小，吸盘呈梨隙样，虫卵大小为51 μm×37 μm。

【生活史】

发育过程中均需要地螨超科的尖棱甲螨科（Ceratozetidae）和大翼甲螨科（Galumnidae）的地螨作其中间宿主。虫卵或孕节随马粪排至体外，地螨吞食虫卵后，六钩蚴在其体内，在19～21℃条件下，经140～150 d发育为似囊尾蚴。

含似囊尾蚴的地螨爬在草上，马吞食后而受感染，经4～6周发育为成虫。马裸头绦虫多见于牧区，有明显的季节性，农区较少见。5～7个月的幼驹到1～2岁的小马易感染，动物随年龄的增长而获得免疫力。

【致病作用和临诊症状】

虫体寄生的部位可引起黏膜发炎和消肿，黏膜损伤，形成组织增生性的环形出血性溃疡，一旦溃疡穿孔，便引起急性腹膜炎，导致死亡。

大量感染叶状裸头绦虫时，回肠、盲肠、结肠均遍布溃疡。回盲狭部阻塞，发生急性卡他性肠炎和黏膜脱落，往往导致死亡。

重度感染大裸头绦虫和侏儒副裸头绦虫时，可引起卡他性或出血性肠炎。

临床可见消化不良，间歇性疝痛和腹泻，并引起增进性消瘦和贫血。

【诊断】

综合诊断　结合临床症状，进行粪便检查，发现大量虫卵或孕节便可确诊。

【防制】

对马匹进行预防性驱虫，驱虫后的粪便应集中堆积发酵，以杀灭虫卵；马匹勿在地螨滋生处放牧，最好在人工种植牧草的牧地上放牧，以减少感染机会。

用硫双二氯酚、氯硝柳胺治疗。

第十一节　马胃蝇蛆病

马胃蝇蛆病是由双翅目(Diptera)胃蝇科(Gasterophildae)胃蝇属(*Gasterophlis*)昆虫的幼虫阶段寄生于马属动物胃肠道内所引起的一种慢性消化系统寄生虫病。宿主高度贫血、消瘦、中毒，使役力下降，严重时衰竭死亡。

【病原】

本病由双翅目(Diptera)胃蝇科(Gasterophildae)胃蝇属(*Gasterophlis*)的红尾胃蝇、鼻胃蝇、兽胃蝇和肠胃蝇 4 个种引起。形态基本相似，像蜜蜂，体长 9～16 mm，身上密布绒毛，口器退化，复眼、触角小，产卵管向腹下弯曲。3 期幼虫粗长，13～20 mm，有口前钩，虫体由 11 节构成，每节有刺 1～2 列。虫体前端稍尖，后端齐平，有 1 对后气门。

【生活史】

发育属完全变态，每年完成 1 个生活周期。雌虫产卵在马的肩部、胸、腹及腿部被毛上，经 1～2 周发育为幼虫，幼虫在外力作用下逸出在皮肤上爬行。马啃咬时食入第 1 期幼虫，在口腔黏膜下舌的表层组织内寄生 1 个月左右，经第 1 次蜕化后，第 2 期幼虫随吞咽进入胃肠道以口前钩固着在胃的贲门部或腺体部吸血，再经 1 次蜕化变为第 3 期幼虫。在胃壁上寄生 9～10 个月。到翌年春季幼虫发育成熟后自动脱离胃壁随粪便排至外界发育为成蝇。另外，兽胃蝇和红尾胃蝇要在直肠内停留数日后排出体外。

各种胃蝇产卵部位不同。肠胃蝇产卵于前肢球节及前肢上部、肩等处，鼻胃蝇产卵于下颌间隙；红尾胃蝇产卵于口唇周围和颊部；兽胃蝇产卵于地面草上。

【流行病学】

我国主要流行于西北、东北及内蒙古地区。除马属动物外，偶尔寄生于兔、犬、猪和人胃内。成蝇活动季节多在 5～9 月份，以 8～9 月份最盛。干旱、炎热气候和管理不良，马匹消瘦利于本病流行。多雨、阴天不利于马胃蝇发育。

【临诊症状和病理变化】

成虫产卵时，骚扰马匹，使其不能安心休息和采食，马胃蝇幼虫在整个寄生期间均有致病作用，病情轻重与马匹体质和幼虫数量及虫体寄生部位有关。

发病初期病马表现咀嚼吞咽困难、咳嗽、流涎、打喷嚏，有时饮水从鼻孔流出。幼虫移行至胃及十二指肠后，引起慢性胃肠炎、出血性胃肠炎等。幼虫叮着部位呈火山口状，甚至胃穿孔和较大血管损伤及继发细菌感染。有时幼虫阻塞幽门部和十二指肠。如寄生于直肠时引起充血、发炎，表现排粪频繁或努责。幼虫刺激肛门，病马摩擦尾部，引起尾根和肛门部擦伤和炎症。

【诊断】

综合诊断　临床症状与其他消化系统疾病相似，应结合流行特点分析辨别，包括了解既往病史，马是否从流行地区引进的；夏季可检查马体被毛上有无蝇卵；口腔、咽部有无虫体寄生；春季注意观察马粪中有无幼虫，发现尾毛逆立、频频排粪的马匹，详细检查肛门和直肠上有无幼虫寄生，必要时进行诊断性驱虫；尸体剖检可在胃、十二指肠或咽部找到幼虫。3 期幼虫呈红色或黄色，粗大。

【防制】

流行区每年秋、冬两季进行预防性驱虫。虫卵可用热蜡洗刷或点着的酒精棉球烧燎。杀死体表 1 期幼虫可用 1%～2%敌百虫水溶液喷洒或涂擦马体，每 6～10 d 重复 1 次。口腔内幼虫可涂搽 5%敌百虫豆油，涂 1～3 次即可。

治疗方法如下：

(1)兽用精制敌百虫　每千克体重 30～40 mg，配成 10%～20%水溶液，1 次投服，用药后 4 h 内禁饮。

(2)伊维菌素　按 0.2 mg/kg 体重，皮下注射，也有一定效果。

(3)二硫化碳　成年马 20 mL，2 岁内幼驹 9 mL，分早、中、晚 3 次给药，每次 1/3，用胶囊或胃管投服。投药前 2 h 停喂，投药后不必投泻药。但最好停止使役 3 d。本药能驱除全部幼虫。妊娠马、胃肠病马、虚弱马忌用。

第十二节　螨　病

马疥螨病由马疥螨引起，是马螨病中最严重的一种。马痒螨病由马痒螨引起，是口岸检疫的疾病之一。

【病原】

一般由马疥螨(*Sarcoptes equi*)、马痒螨(*Psoroptes equi*)、马足螨(*Chorioptes equi*)和马蠕形螨(*Demodex equi*)引起，后二者很少见。

【临诊症状】

马疥螨病初可见马的头部、颈部和肩部皮肤有损伤，受长毛保护的部位和低位末梢部位一般不受侵害。最初症状为强烈痛痒，出现丘疹和小疱，后发展成急性皮炎，皮肤迅速鳞屑化随后结痂，掉毛，皮肤增厚。痂皮硬固，不易剥离。以颈部皮肤病变最严重。病情严重的可蔓延至全身，导致虚弱无力，全身衰竭，厌食。病程长，预后差，尤其是感染严重而体质差的病例更是如此。

马痒螨病最常发生的部位是鬃、尾、颌间、股内面及腹股沟。乘挽马常发于鞍具、颈轭、鞍褥部位。皮肤皱褶处不明显，痂皮柔软，黄色脂肪样，易剥离，但皮肤结痂面积更大。治疗方法可参照牛、羊痒螨病治疗方法。

马足螨病特征是散发性的后肢系部屈面皮炎。马蠕形螨病报告最少，该种螨虫生活在毛囊和皮脂腺中，可使皮肤产生丘疹和溃疡。以眼周和额头处多见。损伤随后扩展到肩部，最后遍及整个体表。病变处皮肤覆盖鳞屑，无痒感。

【防制】

可用杀螨剂进行治疗，方法有喷雾擦洗或药浴。对发病马群，药浴是最方便的一种治疗方法。伊维菌素对该病有高效。

或参考牛、羊痒螨病治疗方法。

第十三节 蠓咬性皮炎

马蠓咬性皮炎又称过敏性皮炎，是南方夏季的一种多发病，马骡体表剧痒，危害较大。

【流行病学】

本病流行有季节性，一般 4～5 月份起，至 10 月份发病率降低，后渐痊愈。离蠓 3 周后，病马症状自消。本病无传染性，天越热越严重。马比骡多发。发病率无年龄、毛色差异。

【致病作用与症状】

马匹表现为不安。被叮咬处红肿，剧痒，皮下水肿，有明显皮炎症状。病马被毛脱落、表皮破溃、形成厚痂、皮肤肥厚等。局部有大小不一的丘疹，丘疹破溃后形成干痂，后期可形成秃毛斑，最后可自愈。

【诊断】

综合诊断　依据临床症状和流行病学资料不难做出诊断。

免疫诊断　有人还将采集的许氏库蠓和日本库蠓，用 0.5％石炭酸生理盐水浸渍，过滤除菌制成抗原，以 1∶5 000 的抗原作皮内试验，易感马 30 min 后皮肤丘疹直径为 1.67 cm，非易感马为 1.19 cm。

【防制】

尽力消除马厩周围蠓的滋生地和栖息地。可定期喷洒 2％盖杀畏等杀虫药。用稻草根、艾蒿等烟熏驱蠓。

病马可用盐卤煤油（盐卤 1 kg 熬开，加煤油 0.5 kg），每天涂 1 次，7～8 d 后可康复。也可用苦楝树胶 100 g，加水 0.5 kg 溶解后涂擦患部，每天 1 次。

第十四节 血虱和毛虱

寄生于马的虱子主要有虱亚目（Anoplura）血虱科（Haematopinidae）血虱属的驴血虱（*Haematopinus asini*）及食毛亚目（Mallophaga）毛虱科（Trichodectidae）毛虱属的马毛虱（*Damalinia equi*）两种。

【病原与临诊症状】

驴血虱寄生于马的头部、颚及耳内，颈部的鬃、肩、鼠蹊等部位。基本形态与其他血虱相似；虫卵黄白色，大小(0.8～1) mm×0.3 mm，长椭圆形，黏附于马被毛上。以吸血为主，引起动物蹭痒、不安，啃痒或到处擦痒，造成皮肤损伤、脱毛、消瘦、发育不良等。

马毛虱寄生于马的毛上，以食毛及皮屑为生，体长较血虱小，0.5～10 mm。亦引起马匹痒感，精神不安。

【诊断】

以发现虱或虱卵确诊。

【防制】

预防主要是搞好马舍及马体卫生。

常用杀昆虫药喷洒畜体，此外，皮下注射伊维菌素也有效。

第十五节　马的伊氏锥虫病

马伊氏锥虫病又叫苏拉病，是由吸血昆虫传播的血液原虫病。马一般是急性经过，不经治疗几乎可全部死亡。病马临床呈现进行性消瘦、贫血、间歇热、结膜出血、黄疸、心机能衰退，体衰和神经等症状。

本病世界各地广为分布，一般多认为印度是本病流行的起源，以后随牛只的购买运输，逐步蔓延到东南亚和非洲各地。中华人民共和国成立前本病广泛流行于我国南方各省，云南思茅民间曾流行着“十个马骡九个倒，剩下一头毛驴不吃草”这样一句话，虽然不是精确统计，也足以说明本病危害的严重情况。我国马、牛伊氏锥虫病曾发生于云南、贵州、广东、广西、福建、台湾、江西、安徽、湖南、湖北、江苏、浙江、河南和山东等省（区）。目前本病在上述地区中仍有零星发生，稍不注意就有扩散、蔓延的危险，因此应加强防范。

【病原】

锥虫科（Trypanosomatidae）锥虫属（*Trypanosoma*）的伊氏锥虫（*Trypanosoma evansi*），身体呈柳叶状，运动胞器是唯一的一根鞭毛。寄生在血液中的锥虫，其鞭毛与虫体之间连成为波形膜，借以增强在黏滞性较高的血液中的活动能力。1个细胞核。体内有一称作动基体的特殊细胞器，位于锥虫体内唯一的线粒体内，含有丰富的脱氧核糖核酸（DNA），谓之动基体DNA（KDNA），能自我复制。动基体的确切功能至今不明。

【生活史】

锥虫种类多，分别寄生在各种脊椎动物（鱼类、两栖类、爬行类、鸟类和哺乳类）的血液和组织液中。有个别种类如枯氏锥虫则寄生在人的细胞内。

除马媾疫锥虫是通过交媾直接传播外，所有寄生在脊椎动物的锥虫均要依赖某些昆虫（如采采蝇等）进行传播。带有锥虫的脊椎动物血液被媒介动物吸食后，锥虫因生活环境改变，在媒介动物消化道中依次经过无鞭毛体或前鞭毛体、上鞭毛体和后循环锥鞭毛体几个不同的发育阶段。在媒介动物中只有这种后循环锥虫对宿主才有感染力。当媒介再次叮咬宿主时，便把后循环锥虫输入宿主体内。伊氏锥虫在媒介消化道中不进行任何发育，它靠媒介在吸血后短时间内作机械传播。锥虫的生活史因种类而异。锥虫主要通过胞饮作用从宿主获得营养。所有锥虫均可在体外连续培养。繁殖方式为二分裂。

【流行病学】

伊氏锥虫寄生在动物血液（包括淋巴液）和造血器官中，以纵二裂法进行繁殖。由虻及吸血蝇类（厩螫蝇和血蝇）在吸血时进行传播。这种传播纯粹是机械性的，即虻等在吸食病畜血液后，锥虫进入其体内并不进行任何发育（生存时间亦较短暂），当虻等再吸其他易感动物血时，即将虫体传入后者体内。

本病的传染源是各种带虫动物，包括隐性感染和临床治愈的病畜。在我国南方主要带虫动物是黄牛和水牛。据调查，过去广东当地黄牛及水牛带虫率为2%～25%，骆驼可达5年之久，此外如犬、猪、某些野兽和啮齿动物等都可以作为保虫者。

伊氏锥虫主要由虻类和吸血蝇类机械性地传播。除经吸血昆虫传播外，消毒不完全的手术器械及注射用具也可传播本病，还可经胎盘感染或经过消化道的伤口感染。人工抽取病畜的带虫血液，注入健畜体内，能成功将本病传给健畜。

伊氏锥虫病宿主范围广，其中以马、驴、骡、犬易感性最强。实验动物中，大白鼠、小白鼠具有极强的易感性，小白鼠在人工接种后多在10 d内发病死亡。骆驼、牛则易感性较弱，少数急性发作而死亡，但多数呈带虫状态。

本病流行于热带和亚热带地区，发病季节和流行地区与吸血昆虫的出现时间和活动范围相一致。我国南方气候温暖，吸血昆虫几乎四季都有，但以7～9月份流行。

【致病作用】

目前认为锥虫的致病作用主要是一种免疫病理反应。

锥虫的抗原可分为两类：一类是体抗原，是由虫体内的各种酶、核蛋白和结构蛋白组成，是不同株或不同种锥虫的共同抗原，它与保护性免疫无关，仅用于免疫诊断；另一类是表面抗原，又称变异体(variant)——VSG，是由虫体表面主要成分构成，属糖蛋白，可诱发宿主产生有保护作用的特异性抗体，虫体在血液中增殖的同时，宿主也产生相应的抗体。而锥虫的表面抗原每隔几天就发生变异，使宿主抗体对它失去活性，因此在虫体被消灭时，却有一部分VSG发生变异的虫体，逃避抗体作用，重新增殖，从而出现新的虫血症高潮，如此反复使疾病出现周期性的高潮。

锥虫在血液中寄生，迅速增殖，产生大量有毒代谢产物，宿主产生的抗体使锥虫溶解死亡，释放出毒素。毒素作用首先使中枢神经系统受损伤，引起体温升高、运动障碍、造血器官损伤、贫血、红细胞的溶解，出现贫血与黄疸；血管壁的损伤导致皮下水肿；肝脏损伤及虫体对糖的大量消耗，造成低血糖症和酸中毒现象。

【临诊症状与病理变化】

临床症状和病变因各种家畜的易感性不同而表现各异。马属动物常呈急性发作，潜伏期5～11 d，体温变化是本病的重要标志，病马呈间歇热型，体温突然升高到40℃以上，稽留数日后短时间间歇，再度发热，如此反复。发热期间，食欲减退，精神不振，呼吸急促，脉搏频数，间歇期则以上症状缓解或消失。反复数次后，病马逐渐消瘦，被毛粗乱，眼结膜初充血，后变为黄染，最后苍白，在结膜、瞬膜上可见米粒大至黄豆大的出血斑，眼内常附有浆液性到脓性分泌物。

体表水肿为本病常见症状之一。发病后6～7 d，水肿多见于腹下、胸前。疾病后期病马精神沉郁，昏睡，行走摇摆，步态强拘，尿量减少，尿色深黄黏稠。体表淋巴结轻度肿胀。末期出现神经症状至死亡。

血液检查红细胞急剧下降。锥虫出现似有周期性，且与体温的变化有一定关系，在体温升高时较易检出虫体。

【诊断】

综合诊断　根据流行病学、临诊症状、病理变化、血液学检查和血清学检查进行综合判断。在流行地区的多发季节，首先注意体温变化，如同时出现长期瘦弱、贫血、黄疸，瞬膜上常可见出血斑，体下垂部水肿，可疑为本病。

血液学检查　以在血液中查出病原为确诊依据。注意虫体在末梢血液中周期性出现，体温升高时易检出，因此须多次检查。

压滴标本检查　在耳静脉或其他部位采血1滴，加等量生理盐水镜检，注意用较暗视野，如发现血浆内有活动的虫体则为阳性。

涂片标本检查　制成血片后，以姬姆萨或瑞氏染色法检查。

集虫法　利用锥虫比重与白细胞相似特点，离心后虫体位于红细胞沉淀的表面，此法可提高虫体检出率。

动物接种试验　接种用血液、穿刺液或集虫后病料给小白鼠腹腔接种，2～3 d 后每天检查，观察半个月，此法检出率极高。

血清学诊断　早期推广使用补体结合反应；近年来用间接血凝反应，该法敏感性高，操作简单，在人工接种后 1 周左右，即呈现阳性，并可维持到 4～8 个月，此外尚有 ELISA 和 PCR 诊断方法。

【防制】

预防　须认真贯彻预防为主的方针，着重抓好消灭病原、扑灭虻蝇和防护畜体等。要做到早发现病畜，及时治疗；长期外出及由疫区调入的家畜要先隔离；搞好环境和畜舍卫生，消灭虻、蝇等吸血昆虫；临床上较实用的是药物预防，喹嘧胺的预防最长，注射一次有 3～5 个月的预防效果，萘磺苯酰脲用药一次有 1.5～2 个月的预防效果，沙莫林预防期可达 4 个月。

治疗　本病的要点是：治疗要早；药量要足；观察时间要长；病马在临床治愈后 4～14 周方可使役。

(1)萘磺苯酰脲　商品名为纳加诺、拜尔 205、苏拉灭。以生理盐水配成 10%溶液，静脉注射，用量为每 100 kg 体重 1 g(极量为 4 g)，1 个月后再治疗 1 次。用药后个别病畜有体表水肿、口炎、肛门及蹄冠糜烂、跛行、荨麻疹等副作用，可静脉注射下列药物缓解：$CaCl_2$ 10 g、苯甲酸钠咖啡因 5 g、葡萄糖 30 g、生理盐水 1 000 mL 混合，静脉注射，每天 1 次，连用 3 d。

(2)喹嘧胺　商品名安锥赛。有 2 种盐类，即硫酸甲基喹嘧胺和氯化喹嘧胺。前者易溶于水，易吸收，用药后很快收到治疗效果；后者微溶于水，吸收缓慢，但可在体内维持较长时间，达到预防目的。一般治疗多用前者，按每千克体重 2 mg，溶于注射用水内，皮下或肌肉注射。预防时用喹嘧胺预防盐，国外生产有 2 种不同比例的产品，由硫酸甲基喹嘧胺和氯化喹嘧胺溶合而成，其混合比例为 3∶2 或 3∶4，使用时应以其中硫酸甲基喹嘧胺含量计算用量，可同时收到治疗及预防效果。

(3)三氮脒　商品名贝尼尔、血虫净。以注射用水配成 7%溶液，深部肌肉注射，按每千克体重 1 mg，用生理盐水配成 2%溶液，深部肌肉注射。当药液总量超过 15 mL 时应分两点注射。

(4)氯化氮胺菲啶盐酸盐　商品名为沙莫林。是近年来非洲家畜锥虫病常用治疗药，按每千克体重 1 mg 用生理盐水配成 2%溶液，深部肌肉注射。当药液总量超过 15 mL 时应分两点注射。

第十六节　马　媾　疫

马媾疫（dourine）又名为交配疹，是马匹在交配时生殖器黏膜上感染马媾疫锥虫（*Trypanosoma equiperdum*）引起的。目前很少发生。

【病原】

马媾疫锥虫为一种鞭毛虫，在形态上与伊氏锥虫无明显区别，以无性分裂法进行繁殖，只感染马属动物(马、骡、驴)，人工感染各种实验动物均不易成功，需经盲传数代才能感染成功。

本虫主要寄生于病畜的生殖道黏膜、水肿液及短暂地寄生于血液中。

【流行病学】

仅马属动物易感，主要在生殖器黏膜寄生，短暂地寄生于血液及其他组织器官。病马与健康马交配时传染，未严格消毒的人工授精器械、用具也可传播。处于潜伏或症状不明显的患马，在其尚未被觉察时，常成为本病的主要传染源。

【致病作用】

马匹常为带虫者。公马尿道或母马阴道黏膜被感染后引起炎症，侵入血液及各器官后出现一系列症状，特别是神经症状最为明显。潜伏期 8～28 d，少数达 3 个月。

【临诊症状】

首先为水肿期，公马一般先从包皮前端开始发生水肿，逐渐蔓延至阴囊、阴茎、腹下及股内侧。触诊呈面团状，无热无痛。尿道黏膜潮红肿胀，流出黏液，尿频，性欲旺盛。母马阴唇水肿，阴道流出黏液，后期可出现水疱、溃疡及无色素斑。在生殖器炎症后 1 个月，出现皮肤丘疹期。病马皮肤丘疹期。病马颈、胸、腹、臀部等特别是两侧肩部的皮肤出现扁平丘疹，圆形或椭圆形，直径 5～15 cm，中间凹陷，周边隆起，称“银元疹”。特点是突然出现，多在中午，消失迅速（数小时到一昼夜），然后再出现。

后期为神经症状期，以局部神经麻痹为主，腰神经及后肢神经麻痹，表现为步样强拘，后躯摇晃，跛行；面神经麻痹时嘴唇歪斜，耳及眼睑下垂。咽麻痹时呈现吞咽困难。

全过程中体温一时性升高，后有稽留热。后期病马贫血、消瘦，精神沉郁，极度衰竭而死亡。

【诊断】

综合诊断　如有以上症状可做初步诊断，确诊应采取尿道或阴道分泌物或丘疹部组织液发现锥虫。形态与伊氏锥虫无明显区别。病料接种于鼠、兔等盲传 1 代可有助于诊断，但未必成功。

免疫诊断　补体结合反应中的补反抗体在感染 3～4 周出现。该方法为国际贸易指定试验。间接荧光抗体试验（IFA），马媾疫的 IFA 也用于定性试验，或用于 CF 试验中可疑结果的进一步检测。ELISA 技术已建立。

其他血清学试验　还用过放射免疫试验、对流免疫电泳和琼脂凝胶免疫扩散试验（AGID）。AGID 用于确诊阳性反应试验和检测补体血清。可应用 0.8% Tris 缓冲液琼脂糖 7 孔型试验方法，将 CF 试验抗原加到中心孔，阳性对照血清和被检血清加入外周孔。最近报道了一种免疫印迹试验，它可以同时对巴贝斯虫、鼻疽和马媾疫做出诊断。

治疗诊断　可试用治疗伊氏锥虫病的药物进行诊断性治疗。

【防制】

目前，我国基本消灭本病，如发现病畜，除非特别名贵种马，否则应淘汰处理；开展人工授精；引进马匹先隔离检疫；公马在配种前用喹嘧胺预防盐进行预防；公、母马分开饲养；阉割无种用价值的公马。

治疗用药物同伊氏锥虫病。

第十七节　马梨形虫病

马梨形虫病是由驽巴贝斯虫（*Babesia caballi*）（旧名马焦虫）和马巴贝斯虫（*B. equi*）（旧名

纳氏焦虫)寄生于马属动物的红细胞内所引起的血液原虫病。

临床呈现高热、贫血、黄疸、出血和呼吸困难等重剧症状,如诊治应及时,死亡率极高。本病通过硬蜱传播,因此流行具有一定地区性和季节性。

我国驽巴贝斯虫病主要流行于东北、内蒙古东部及青海等地。马巴贝斯虫主要流行于新疆、内蒙古西部及南方各省。

【病原】

该病病原属于顶器亚门(Apicomplexa)梨形虫纲(Piroplasmea)巴贝斯科的驽巴贝斯虫和马巴贝斯虫。

梨形虫的顶复合器(简称顶器)部分退化、无孢子,需要蜱和脊椎动物两个宿主,而且只有寄生在宿主体内才能生存。在脊椎动物的血液中营细胞内寄生,进行无性繁殖。虫体呈圆形、梨形、杆形、椭圆形、逗点形或阿米巴形等各种形态。通过蜱传播。一定种类的梨形虫一般只能寄生在一定的动物体内,如驽巴贝斯虫寄生于马而不寄生于牛,但也有的动物可适宜于数种梨形虫的寄生。

【流行病学】

文献记载驽巴贝斯虫的媒介蜱有 3 属 14 种。我国已查明草原蜱、森林革蜱、银盾革蜱、中华革蜱为驽巴贝斯虫的传播者。蜱是不同地区驽巴贝斯虫病的主要传播者。草原革蜱是内蒙古草原的代表种;森林革蜱是森林型的种类,但也适于生活在次生灌木林和草原地带,因此它们是东北及内蒙古马梨形虫的主要传播者。银盾革蜱仅见于新疆,是新疆数量较多、分布较广的蜱类之一,因此是新疆马梨形虫的主要传播者。

革蜱一年发生一代,以饥饿成虫越冬。成蜱出现于春季草刚冒尖出芽时,驽巴贝斯虫病一般从 2 月下旬开始出现,3、4 月达高潮,5 月下旬以后逐渐停止流行。文献记载有 3 属 17 种蜱可传播马巴贝斯虫,我国已查明草原革蜱、森林革蜱、银盾革蜱、镰形扇头蜱是马巴贝斯虫病的传播者。

马巴贝斯虫病比驽巴贝斯虫病出现时间稍晚。

马梨形虫可经卵传递,在革蜱内经过若干世代仍具有感染力。因此在发病牧场中,即使把全部马匹转移到其他地区后,这种牧场在短期内也不能转变为安全场所,因为带虫的蜱能依靠吸食其他家畜及野兽的血液而生存,而且蜱类有很强的耐饿力,短时间内不采食也不死亡。

马匹耐过驽巴贝斯虫病后,带虫免疫可达 4 年;马巴贝斯虫病带虫免疫可达 7 年。疫区的马匹由于常遭受蜱叮咬,反复感染马梨形虫,因此一般不发病或只表现轻微的临床症状而耐过,由外地进入疫区的新马及新生的幼驹由于没有这种免疫性,易发病。驽巴贝斯虫与马巴贝斯虫间无交叉免疫反应。

【致病作用】

虫体的代谢产物是种剧烈毒素,它使调节内脏及整个机体活动的中枢神经系统和植物神经系统紊乱,首先表现为体温升高、抑郁和昏迷。

驽巴贝斯虫病发生的贫血主要为溶血性贫血,骨髓造血机能受害不大,在一定程度上还可补充血液质量的缺损,使红细胞减少不超过 25%;马巴贝斯虫病时骨髓造血机能受到一定损害,因而可使红细胞减少 50%,同时恢复也较缓慢。红细胞破坏游离出的血红蛋白,一部分被健康红细胞利用(变成色素过多的红细胞,血色指数在梨形虫病时始终超过 1 以上);大部分血红蛋白蓄积于内脏,主要在肝脏内,在此转化成胆色素。大量胆色素(胆红素)进入血流,最后引起黏膜、腱膜及皮下蜂窝组织黄染。在驽巴贝斯虫病时黄疸比贫血明显。黄疸着染的程度决定于溶血程度，也决定于肝脏和肾脏的健康状态。

红细胞减少引起机体所有组织氧供应不足，造成正常的氧化还原过程破坏，因而病马表现代偿性地呼吸和脉搏增数。心脏营养障碍和血液内钙量降低，引起严重的心脏衰弱。稀血症、组织缺氧及血液中特异性和非特异性毒素的作用使毛细血管通透性增加，因而呈现溢血现象。心脏衰弱、血管系统紧张度降低及血液稀薄与全身代谢和酸碱平衡障碍（酸中毒）导致机体内瘀血现象和水肿发生。小循环内的瘀血现象通常导致发绀和呼吸困难（肺水肿）。大循环的瘀血首先影响肝脏的活动，肝脏机能障碍促进胃肠道病理过程发生（胃肠卡他、膨气、便秘和腹泻）。肝脏的解毒机能破坏促进了毒素的形成和蓄积。加剧了对大脑皮层功能的损害（抑郁、昏迷）；肝脏糖代谢功能障碍，表现为病势剧烈时，血糖蛋白显著下降。肾脏由于血液循环障碍、缺氧和中毒引起肾小管上皮原发性退行性变化，表现为少尿及蛋白尿。

据报道，驽巴贝斯虫病时，病马凝血系统参数的变化证明虫体可激活肽原酶（血管增渗酶，kallikrein）。激活肽原酶产物可使通透性增高和血管舒张，从而导致微循环障碍和休克。

【临诊症状】

幼驹发病后，症状比成年马更剧烈。驽巴贝斯虫病初期，病马体温稍升高，精神不振，食欲减退，眼结膜充血或稍黄染。随后体温逐渐升高（达 39.5～41.5℃），呈稽留热型，呼吸、心跳加快，精神沉郁。病情发展很快，最令人注目的症状是黄疸：眼结膜初潮红黄染，以后则呈明显的黄疸色；其他可视黏膜，尤其是唇、舌、直肠、阴道黏膜黄染更为明显，有时黏膜上出现大小不等的出血点。

病马食欲逐渐减退以至废绝，舌苔黄而厚，常陷于脱水状态。排尿淋漓，尿液黏稠黄褐色。心搏动亢进，节律不齐。肺泡音粗厉，常流带黄色的浆液性鼻汁。孕马流产或早产，有时伴发子宫大出血而死。

发病后期，病马显著消瘦，步伐不稳，黏膜呈苍白黄染。后心力衰竭，潮式呼吸，由鼻腔流出多量黄色泡沫液体。病程 8～12 d，不经治疗而自愈的病例很少。

病马血液稀薄色淡（高度脱水时血液浓稠发黑），红细胞急剧减少（常降至 200 万左右），血红蛋白量相应减少，血沉快。白细胞变化不大，常见单核细胞增多。静脉血液中出现吞铁细胞。常发现大小不均或有核的红细胞。

马巴贝斯虫病分为急性、亚急性和慢性 3 型。急性型症状与驽巴贝斯虫病相似，但病程稍长，热型多为间歇热或不定型热，病马常出现血红蛋白尿和肢体下部水肿。亚急性型症状基本与驽巴贝斯虫病相似，但程度较轻，病程可达 30～40 d，其间有一定缓解期。慢性型马巴贝斯虫病，临床上不易被发现，体温正常或在出现黄疸症状时稍高于常温，病马逐渐消瘦贫血，病程约 3 个月，然后病势加剧或者成为带虫者。

驽巴贝斯虫与马巴贝斯虫也可混合感染。

【诊断】

综合诊断　在疫区的流行季节，如病马呈现高热、贫血、黄疸等症状应考虑为本病。血液检查发现虫体是确诊的主要依据。

病原检查　根据虫体的典型形态，确诊为驽巴贝斯虫病还是马巴贝斯虫病。二者区别于驽巴贝斯虫虫体长度大于红细胞半径，而马巴贝斯虫虫体长度不超过红细胞半径。

虫体检查一般在病马发热时进行，但有时体温不高也可检出虫体。一次未检出，应反复检查或集虫。无条件进行血液检查时，可进行诊断性治疗。

鉴别诊断　如发现虫体而治疗两次效果不明显，应考虑是否与马传染性贫血混合感染。

【防制】

在梨形虫病疫区，要做好防蜱工作。在出现第一批病例后，为了防止易感马匹发病，可采取药物预防注射(与治疗同剂量)。在没有疫情但有蜱类活动的地区，对外来马匹要严格进行检疫，防止带虫马进入，并要消灭马匹体表的蜱。

应停止病马的使役，给予易消化的饲料和加盐的清水，仔细检查和消灭体表的蜱。根据病情，按“急则治其标，缓则治其本”的原则，制订治疗方案。初发或病势较轻的，可立即注射下列药物；病重的应同时强心、补液。

(1)咪唑苯脲　剂量为 2 mg/kg，配成 10%溶液，一次肌肉注射或间隔 24 h 再用一次。

(2)三氮脒　剂量为每千克体重 3～4 mg，配成 5%溶液深部肌肉注射。根据具体情况用 1～3 次，每次间隔 24 h。病马注射后可出现出汗、流涎、肌肉震颤、腹痛等副作用，一般经 1 h 左右自行恢复。

(3)台盼蓝　只对驽巴贝斯虫有特效。每千克体重 5 mg，以生理盐水配成 1%溶液(过滤、灭菌)，当年驹按 25～40 mL、2 岁驹按 100～120 mL、成年马按 120～150 mL 静脉注射。

(4)锥黄素　3～4 mg/kg，用 0.5%浓度，成年马按 120～150 mL 静脉注射。

(5)阿卡普林　每千克体重 0.6～1 mg，配成 5%水溶液，皮下或静脉注射。48 h 后重复一次。

第九章　寄生虫病的诊断

寄生虫病的诊断和其他疾病一样，应根据患病动物临床症状的搜集和分析，但多数蠕虫病病例往往无特殊的示病症状，因此，寄生虫病的诊断应着重于流行病学材料的调查研究和通过实验诊断的手段，查出虫卵、幼虫或虫体等建立生前诊断。必要时辅以尸体剖检建立死亡后诊断。具体诊断要领如下所述。

(1)临床诊断　详细观察症状，分析病因。有些寄生虫病在临床观察时就可发现蠕虫病原体，建立诊断。例如，牛表现为被毛蓬乱，奇痒，常擦皮肤并且在病牛被毛上可发现牛皮蝇的虫道及幼虫就可初步诊断为牛皮蝇蛆病。

(2)流行病学材料分析　全面了解患病动物的生活环境、活动情况、发病季节、流行情况、传播者的出没规律等。详细地了解和分析相关的流行病学材料，能对建立正确诊断提供重要依据。

(3)实验室诊断　在实验室内利用实验器材从病料中查出病原体如卵、幼虫、成虫等。这是诊断寄生虫病的重要手段，这种诊断包括粪、尿、血液、骨髓、脑脊液以及发病部位的分泌物和病理组织的检查。必要时采取病料接种动物，然后从实验动物体内查虫体，有时借助尸体剖检发现特异性病变和虫体而建立诊断。

(4)诊断性驱虫　有些患病动物的粪、尿及其他病料中没有虫体，或卵数量少，难以用现行的检查方法查出，流行病学材料及临床症状又不能确诊时，可采用针对某些寄生虫的特效驱虫药进行驱虫试验，患病动物排出虫体时进行检查鉴定而确诊。如某些绦虫病可借诊断性驱虫来建立诊断。

(5)剖检检查　此法是最易获得蠕虫病正确诊断结果的，通常用全身性蠕虫检查法以确定寄生虫的种类和数量作为确定诊断的依据。另外，可根据宿主的病理变化判断感染寄生虫的种类和感染的程度。

(6)血清学诊断　随免疫学的发展，各种免疫学诊断方法已经广泛地应用到某些寄生虫病的诊断上，如猪囊尾蚴病的 ELISA 诊断法等。

(7)分子生物学方法　随着分子生物学研究发展，一些诊断方法如 PCR、基因探针等也被用于寄生虫学病的诊断，并取得了较好效果。

以下着重介绍病原学诊断技术。

由于多数寄生虫病的症状缺少特异性，仅仅依据临床症状或剖检变化很难做出诊断，所以很大程度上依赖于实验室检查，应用各种方法在被检动物的病料(粪、尿、血液等)中，寻找虫卵、虫体或虫体碎片，并依据所发现病原的特征鉴定种类，依据发现病原的数量确定感染强度。但是实验室检查发现寄生虫只能肯定有某种寄生虫感染，还不能确认为致病原因。正确诊断需要根据临床症状、流行病学特征、病理变化和实验室检查结果综合分析做出判断。

第一节　蠕虫病诊断技术

一、粪便检查

多数蠕虫寄生于消化道或与消化道相通的器官(如肝、胰)中，它们的虫卵、幼虫、虫体、虫体节片(碎片)可随宿主粪便排出;即使是那些寄生于呼吸道的蠕虫,它们的虫卵和幼虫随血流到达肠壁,并进入肠腔而随粪排出。因此粪便检查在蠕虫病的诊断中具有重要意义。供检粪便须是新鲜而未被污染的,最好由直肠直接采取。

(一)粪便初检

采用各种镜检方法之前,必须观察粪便的颜色、稠度、气味、黏液多少、有无血液、饲料消化程度,特别应仔细观察有无虫体、幼虫、绦虫的节片等。

(二)粪便中虫体检查

肉眼检查多用于绦虫和寄生于消化道后部的寄生虫的检查,也可用于测定驱虫药对消化道寄生虫的驱虫效果。

为了发现大型虫体和较大节片,先检查粪便的表面,后轻轻拨开粪便检查。较小的虫体或节片,可将粪便置于较大的容器中(如玻璃缸、金属桶或塑料桶),加入5～10倍水(或生理盐水),彻底搅拌后静置10 min,后倾去上层透明液,重新加入清水搅拌静置,如此反复数次,直到上层液体透明为止。最后倾去上层透明液,将少量沉淀物放在黑色浅盘(或衬以黑色纸片或黑布的玻璃)中检查,必要时可用放大镜或解剖镜检查,发现虫体用解剖针或毛笔挑出,以便进行鉴定。

(三)粪便中虫卵检查

1. 直接涂片法

首先在载玻片上加50%甘油水或常水数滴,再以火柴或小木棒取粪便少许,与玻片上的甘油水混合均匀,去掉大块粪便,将粪便涂成薄膜,其厚度以能透视书报上的字迹为度,然后加盖玻片,置显微镜下检查,检查时应顺序查遍盖玻片下所有部分。此法简单易行,但检出率低。在虫卵数量不多时,每份粪便须做3～5片进行检查,才可收到较好效果。

2. 集卵法

集卵法是利用虫卵和粪渣中的其他成分的相对密度差别,将较多粪便中的虫卵集聚于小范围内,易于检出,故检查的阳性率比直接涂片法高。集卵法又分沉淀法和漂浮法。

(1)沉淀法　利用虫卵相对密度大于水的特性,取5～10 g粪便于烧杯或其他容器内,先加少量水,充分搅拌将粪捣成糊状,再加常水适量继续搅拌,通过烘筛或双层纱布滤到另一容器内然后加满常水,静置15～20 min,再倾去上清液。如此反复用水洗沉淀数次,直到上层液体透明为止。最后倾去上清液,用胶头滴管吸取沉淀于载玻片上,加盖玻片镜检。该法可用于相对密度较大的吸虫卵和棘头虫卵的检查。

(2)漂浮法　利用相对密度大于虫卵的溶液与粪便混匀,静置30 min,使虫卵集中于液面。液面虫卵可用直径5 mm以内的铁丝环蘸取,或静置前即以载玻片或盖玻片与液面接触,静置后取下,镜检。如先用粪筛除去粗渣,再使漂浮效果更好。容器要求口小而深,容积不可过大。取粪量视容器大小而定,漂浮液约为粪量的10倍。在实际工作中应用广泛的漂浮液为饱和食盐水(沸水100 mL中加食盐38 g,使溶解,以纱布过滤冷却后,如有结晶析出即成饱和食盐溶液,其相对密度为1.08)。线虫卵(后圆线虫卵除外)均可使用这种漂浮。但对相对密度较大的吸虫卵和棘头虫卵效果较差。为提高漂浮法的检出效果,用于漂浮的其他漂浮液尚有:饱和硫代硫酸钠溶液(100 mL水中溶解硫代硫酸钠175 g,溶液保存于15℃以上,当温度为15～18℃时相对密度为1.370～1.390;20～26℃时相对密度为1.410);饱和硫酸镁溶液(100 mL水中溶解硫酸镁92 g,相对密度为1.294,可以漂浮后圆线虫卵);硝酸铅溶液(100 mL水中溶解硝酸铅 65 g,相对密度为 1.50;溶解硝酸铅 60 g,相对密度为 1.30~1.40)。此外,糖和硝酸钠可根据需要配成多种比重的溶液。现将常见卵及漂浮液的相对密度列于表 9-1。

表 9-1 常见卵及漂浮液的相对密度

虫卵种类	卵相对密度	漂浮液种类	100 mL 水中加入试剂质量/g	漂浮液相对密度
猪蛔虫卵	1.145	饱和盐水	38	1.170~1.190
钩虫卵	1.085~1.090	硫酸锌溶液	33	1.30
猪后圆线虫卵	1.20 以上	氯化钙溶液	44	1.250
肝片吸虫卵	1.20 以上	硫化硫酸钠溶液	175	1.37~1.39
姜片吸虫卵	1.20 以上	饱和硫酸钠溶液	92	1.294
华支睾吸虫卵	1.20 以上	饱和硫酸钠	100	1.20~1.40
双腔吸虫卵	1.20 以上	甘油		1.226

漂浮法可使虫卵高度浓集,但除特殊需要外,采用相对密度过大的溶液是不适宜的,因为随溶液相对密度加大,粪渣浮起增多影响检出,而且由于液体黏度增加,虫卵浮起速度减慢。以上沉淀法或漂浮法,均为使粪液静置等其自然下沉或上浮。如欲节约时间,可将粪便置于离心管内,在离心机离心,可加速其沉或浮的速度。

(3)锦纶筛兜集卵法　用孔径小于虫卵的化学纤维(尼龙、锦纶等)筛绢做成网兜。取几克到 10 g 粪便,加水搅匀,先经粪便筛滤去粗渣,滤液再在网兜中淘洗,沥干,以除去色素及其他可溶性物和小于网孔的粪渣。取兜内物涂片镜检。该法操作迅速、简便,适用于体积较大的虫卵(如肝片吸虫卵)的检查。

3. 虫卵计数法

虫卵计数法可用来粗略推断动物体内某种或某些蠕虫的感染强度,也可用以判断药物的驱虫效果,虫卵计数的结果常以每克粪便中的虫卵数(简称 E. P. G)表示。常用的计数方法有以下几种。

(1)斯陶尔氏法(Stoll's method)　该法适用于吸虫卵、线虫卵、棘头虫卵和球虫卵囊的计数。在 56 mL 或 60 mL 处有刻度的小三角瓶或大试管内,先加入 0.4%氢氧化钠溶液至 56 mL 刻度处,再加入被检粪便约 4 g,使液面上升到 60 mL 刻度处,再放入一些玻璃珠,塞紧容器口,用力振荡,使粪完全散开,然后立即吸取 0.15 mL 的粪液,滴于 2~3 张载玻片上,加盖片,在显微镜下顺序统计各种或某种虫卵数。因 0.15 mL 粪液中实际含原粪量为 0.15×4/60=0.01 g,因此,检出的虫卵数乘以 100,即为每克粪便的虫卵数(E. P. G)。

(2)麦克马斯特氏法(McMaster's method)　该法先要用两载玻片做成虫卵计数器,即在一较狭的载玻片上刻长、宽各 1 cm 的方格,每一方格内再刻平等线数条,两载玻片间填上 1.5 mm 厚的玻片条,并以黏合剂黏合。

计数时取粪便 2 g 置研钵中,先加入 10 mL 水,搅匀,再加饱和食盐水 50 mL,混匀后立即吸取粪便液充满两个计数室,静置 1~2 min,镜检计数 2 个计数室的虫卵数。计数室容积为 1×1×10.05=0.15,0.15 mL 内含粪 2÷60×0.15=0.005 g,两个计数室则为 0.01 g。故数得的虫卵数乘以 100 即为每克粪中虫卵数(E. P. G)。该法较为方便,但仅能用于线虫卵及球虫卵囊。

(3)片形吸虫虫卵计数法　片形吸虫卵在粪便中数量少,相对密度大,因此要求采用特殊的方法，而牛、羊又有所不同。

在羊中，称取羊粪 10 g，置于 300 mL 刻度处。再摇匀，立即吸取 7.5 mL 粪液注入离心管内，在离心机内以 1 000 r/min 离心 2 min，倾去上层液体，换加饱和盐水；再次离心后，再倾去上层液体，再换加饱和盐水，如此反复操作，直到上层液体完全清澈为止。倾去上层液体，即将沉渣全部分别滴于数张载玻片上，检查全部的载玻片上的虫卵并计数，以总数乘以 4，即为每克粪便中的肝片形吸虫虫卵数。

在进行牛肝片吸虫虫卵计数时，操作步骤同上，但用粪量改为 30 g。加入离心管中的粪液量为 5 mL，因此，最后计得虫卵总数乘以 2，即为每克粪便中的虫卵数。虫卵计数时应收集 24 h 排出的全部粪便混匀后采样。求出每克粪便中虫卵数乘以 24 h 粪量，即为全天排卵总数，若再知道每虫每天排卵数就可推算出体内寄生虫体大约数。

虫卵计数的结果常可作为诊断寄生虫病的参考。在马中，当线虫卵数量达到 500 枚/g 时为轻感染；800～1 000 枚/g 时为中感染；1 500～2 000 枚/g 时为重感染。在羔羊还应考虑线虫种类，一般 2 000～6 000 枚/g 时应认为是重感染；每克粪便中虫卵数达 1 000 枚时，即认为应予驱虫。牛每克粪便中虫卵数为 300～600 枚时，即应驱虫。

在肝片吸虫，牛每克粪便中虫卵数达 100～200 枚时，羊达到 300～600 枚/g 时即应考虑其致病性。

4. 幼虫检查法

有些寄生虫（如网尾科线虫），其虫卵在新排出的粪便中已变为幼虫；类圆线虫的虫卵粪便排出后，在外界温度较高时，经 5～12 min 后即孵出幼虫。对粪便中幼虫的检查虽可用直接涂片或其他虫卵检查法，但若采用下述方法，则检出率可以高得多。

(1)漏斗幼虫分离法　亦称贝尔曼法(Baermann's technique)。取粪便 15～20 g，放在漏斗内的金属筛上，漏斗下接一短橡皮管，管下再接一小试管。将粪便放于漏斗内铜筛上，不必捣碎，加入 40℃温水到淹没煤球为止，静置 1～3 h。此时大部分幼虫游走于水中，并沉于试管底部。拔取底部小试管，取其沉渣制成涂片显微镜下检查。

(2)平皿法　特别用于球状的粪便，取粪球 3～10 个，放于培养皿内或表面玻璃上，加少量 40℃温水。10～15 min 后取出粪球，将留下的液体在低倍镜下检查。

用以上两种方法检查时，可见到运动活泼的幼虫，如欲致其死亡，作较详细的观察，可在有幼虫的载玻片上，滴加卢戈氏碘液，则幼虫很快死去，并染成棕黄色。

5. 粪便内虫卵培养

圆形线虫目虫卵的形态都很相似。有时为了区别这些线虫的种类，常将含有幼虫卵的粪便加以培养，待其发育为幼虫后，根据幼虫形态加以鉴别。具体方法是将新鲜粪便加水洗沉淀后所收集的粪渣放入培养器内加入适量木炭末及水，拌成糊状，堆成山峰状，使顶部稍高于培养器内的边缘，然后加盖，使盖的顶部与粪相接触。置 25～30℃条件下，经常保持容器内湿度（每天滴加清水），待 5～7 d 后，吸取器盖上的水或容器内的水镜检，或用贝尔曼氏装置收集幼虫。

镜检新鲜的幼虫，可在载玻片上滴加卢戈氏碘液进行观察，应注意下列各点：幼虫的大小、长宽，虫体某部和整个体长的比例，如食道的长度、尾部的长度及其构造，又如体细胞的排列、数目、形状等加以区别。

[附]测微法

各种虫卵和幼虫，常有恒定的大小，测量虫卵或幼虫的大小，可作为确定某一种虫卵或幼虫的依据。虫卵和幼虫的测量需要用测微器。

测微器由目镜测微尺和物镜测微尺组成。目镜测微尺是一个可放于目镜中隔环上的圆形玻片，其上有50～100刻度的小尺。使用时，将目镜的上端旋开，将此测微尺放于镜头即可看到一清晰的刻度尺。此刻度并不具有绝对长度意义，而必须通过物镜测微尺换算。物镜测微尺是在一载玻片上，其中央封有一标准刻度尺，一般是将1 mm均分成100小格，亦即每小格的绝对长度为10 μm。使用时，将其放于显微镜载物台上，调节显微镜使能清楚地看到镜台测微尺上的刻度，移动镜台测微尺，使与目镜和物镜测微尺上较远端的另一重合线，算出目镜测微尺的若干格相当于镜台测微尺的若干格，从而计算出目镜测微尺上每格的长度。例如，在用10倍目镜、40倍物镜，镜筒不抽出的情况下，目镜测微尺的44格相当于物镜测微尺的15格(即150 μm)，即可算出目镜测微尺的每格长度：150 μm÷44＝3.409 μm。

在测量具体虫卵时，可将物镜测微尺移去，只用目镜测微尺量度。如量得某虫卵的长度为24格，则其具体长度为3.409 μm×24＝81.816 μm，但应注意，以上算得的目镜测微尺的换算长度只适用于一定的显微镜、一定的物镜等条件。更换其中任一因素，其换算长度必须重新测算。

6. 毛蚴孵化法

该法为诊断分体吸虫病特用的方法。在诊断日本分体吸虫病时，诊断工作应在春、夏、秋各季进行，为了提高诊断的可靠性，应采用三粪六检(即每头牛采粪3次，每次粪样检查2次)。在工作前应准备用水。洗粪和孵化用水应选取未经工业污染或化肥、农药污染的，pH为6.8～7.2的水。河水、池水、井水常含有大量水虫，水质较浑，使用前应先杀水虫(加温60℃以上或加漂白粉后待其放出余氯)与澄清(每100 kg水中加明矾6～10 g)。

取新鲜牛粪100 g，置500 mL容器内，加水调成糊状，通过40～60目铜筛过滤，收集滤液。在有260目的锦纶筛兜时，可将滤液倒入其内，加水充分淘洗，直到滤出液变清为止，而后将其内粪渣供孵化用。

在没有锦纶筛兜时，可将滤液收集于500～1 000 mL的量杯中，加水静置20 min，待虫卵下沉后，倾去上层液再换入清水；此后每隔15 min换水一次，直到水清澈为止。当水温在15℃以上时，第一次换水后，应改用1.0%食盐水洗粪，当水温在18℃以上时，全部改用1.0%食盐水，以抑制毛蚴过早孵出。

将粪渣倒入500 mL三角瓶内，加入温水(不可用盐水)进行孵化。孵化时外界温度以22～26℃为宜，室温为20℃以上时，即无须加温。孵化时应有一定光线。

样品孵化后，经1 h、3 h、5 h各检查1次，看有无毛蚴在瓶内出现。毛蚴为灰白色，折光性强的菱形小虫，多在距水面4 cm以内的水中作水平或略斜向的直线运动。应在光线明亮处，衬以黑色背景用肉眼观察，必要时可借助放大镜。观察时应与水虫相区别，毛蚴大小较一致，而水虫则大小不一，一般略大于毛蚴。显微镜下观察，毛蚴呈前宽后狭的三角形，前端有一突起，水虫多呈鞋底状。

二、肛门周围刮下物检查

这是诊断马尖尾线虫病特有方法，采用牛角药匙，蘸取50%甘油水溶液，而后轻刮肛门周围、尾底和会阴部皮肤表面，将刮下物直接涂布于载玻片上，即可镜检。

三、血液内蠕虫幼虫的检查

有些丝虫目线虫的幼虫，均可在血液中出现，这些病的诊断就依靠血液中幼虫的发现。检查血中的幼虫可用下列方法。

(1)取新鲜血液1滴于载玻片上，覆以盖片在低倍镜下检查，可见微丝蚴在其中活动。

(2)如血中幼虫较多可推制血片，按血片染色法染色后检查。

(3)如血中幼虫较少可采血一大滴，在载玻片上略加涂布，待其自然干燥，使结成一层厚血膜，而后将此玻片反转，血膜而向下，斜浸入一小杯蒸馏水中，待其完全溶血，取出晾干，再浸入甲醇中固定10 min，晾干后以明矾苏木素染色，待白细胞的核染成深紫色，取出以蒸馏水冲洗1～2 min，显微镜下检查。如见染色过深，则应以0.42%盐酸褪色约30 s。如染色适度则用自来水冲10 min，再以1%伊红染0.5～1 min，水洗2～5 min镜检。明矾苏木素由甲乙二液合成：甲液以苏木素1.0 g，无水乙醇12 mL配成；乙液以明矾1.0 g溶于240 mL蒸馏水内。使用前以甲液2～3滴加入乙液数毫升中即成。

(4)如血中幼虫很少，可采血于离心管中，加入5%乙酸溶液以溶血。待溶血完成后，离心，取沉渣检查。

四、尿液检查

寄生于泌尿系统的寄生虫(如有齿冠尾线虫)虫卵常随尿液排出，可收集尿液进行虫卵检查。最好采取清晨排出的尿液，收集于小烧杯中，沉淀30 min后，倾去上层尿液，在杯底衬以黑色背景，肉眼检查即可见杯底粘有白色虫卵颗粒。虫卵黏性大，如欲将其吸出检查比较困难，须用力冲洗，方能冲下。

第二节 螨病的实验室诊断技术

一、病料的采取

疥螨、痒螨等大多寄生于家畜的体表或皮内，因此，应刮取皮屑，置于显微镜下，寻找虫体或虫卵。

刮取皮屑时，应选择患病皮肤与健康皮肤交界处，这里的螨较多。刮取前先剪毛，而后用外科刀，使刀刃与皮肤表面垂直，刮取皮屑，直到皮肤轻微出血为止。为了避免风将刮下的皮屑吹去，可根据所采用检查方法不同，在刀上先蘸些水、煤油或5%氢氧化钠溶液，这样皮屑就黏附于平皿内即可带回实验室检查。

蠕形螨病时可用力挤压病变部位，挤出脓液，将脓液涂于载玻片上加盖片后镜检。

二、检查方法

1. 直接检查法

在没有显微镜的条件下，可将刮下的干燥皮屑，放于平皿或黑纸上，在日光下曝晒或用热水或炉火等皿底或底面加热，这时可看到白色虫体在黑色背景上移动。该法仅适用体形较大的螨(如痒螨)。

2. 显微镜直接检查法

刮下的皮屑少许，放于载玻片上，滴加煤油或甘油水，加盖片后置显微镜下检查。

3. 虫体浓集法

为了在较多的病料中检出其中较少的虫体，而提高检出率，可采用该法。先取病料大量于试管内，加入10%氢氧化钠溶液浸泡过夜或于酒精灯上煮沸3～5 min，使皮屑溶解。而后待其自然沉淀或离心沉淀，虫体即沉于管底，弃上层液，吸取沉渣，制成涂片镜检。

第三节　原虫病的实验室诊断技术

寄生于动物的病原原虫，根据其寄生部位不同，可分为血液原虫、生殖道原虫、消化道原虫和组织内原虫，它们的病料采集与检查方法也各有不同。

一、血液内原虫检查法

用消毒过的针头自耳静脉或颈静脉采取血液。该法适用于检查寄生于血液中的伊氏锥虫、梨形虫和住白细胞虫。血液采取后的检查方法有下列几种。

1. 鲜血压滴标本检查

将采出的血液滴于载玻片上，加等量生理盐水，混合均匀后，加盖片，立即放显微镜下用低倍镜检查，发现有运动的可疑虫体时，可再换高倍镜检查。冬季室温过低，应先将玻片在酒精灯上或炉旁略加温，以保持虫体的活力。由于虫体未染色，检查时应使视野中的光线弱些。该法适用于检查伊氏锥虫。

2. 涂片染色标本检查

采血，滴于载玻片一端，按常规推制成血片，并使晾干。滴甲醇2～3滴于血膜上，使其固定，而后用吉姆萨或瑞氏液染色。染后用油浸镜头检查。该法适用于各种血液原虫。

(1)吉姆萨染色法　取市售吉姆萨染色粉0.5 g，中性纯甘油25 mL，无水中性甲醇25 mL。先将吉姆萨染色粉置研钵中，加少量甘油充分研磨，再将甘油全部加完为止。将其倒入60～100 mL容量的棕色小口试剂瓶中；在研钵中加少量的甲醇以冲洗甘油染液，冲洗液仍倾入上述瓶中，再加再洗再倾入，直至25 mL甲醇全部用完为止。塞紧瓶塞，充分摇匀，而后将瓶置于65℃温箱中24 h或室温内3～5 d，并不断摇动，此即为原液。

染色时将原液2 mL加到中性蒸馏水100 mL中，即为染液。染液加于血膜上染色30 min，后用水洗2～5 min，晾干，镜检。

(2)瑞氏染色法　以市售的瑞氏染色粉0.2 g，置棕色小口试剂瓶中，加入无水中性甲醇100 mL，加塞，置室温内，每天摇4～5 min，1周后可用。如需急用，可将染色粉0.2 g，置研钵中，加中性甘油3 mL，充分摇匀，然后以100 mL甲醇，分次冲洗研钵，冲洗液均倒入瓶内，摇匀即成。

该法染色时，血片不必先固定，可将染液5～8滴直接加到未固定的血膜上，静置2 min(此时作用是固定)，其后加等量蒸馏水于染液上，摇匀，过3～5 min(此时为染色)后，流水冲洗，晾干，镜检。

3. 虫体浓集法

以上方法虽然可以查到血液中的原虫，但血液中的虫体较少时，则不易查出虫体。为此，常先进行集虫，再行制片检查。其操作过程是，在离心管中加 2%柠檬钠生理盐水 3～4 mL，再加病畜血液 6～7 mL，混匀后，以 500 r/min 离心 5 min，使其中大部分红细胞沉降；而后将含有少量红细胞、白细胞和虫体的上层血浆，用吸管移入另一离心管中，并在这血浆中补加一些生理盐水，将此管以 2 500 r/min 离心 10 min，可得到沉淀物。取此沉淀物制成抹片，按上述染色法染色检查。该法适用于伊氏锥虫病和梨形虫病。其原理是锥虫和感染有梨形虫的红细胞的相对密度较小，所以在第一次沉淀时，正常红细胞下降，而锥虫和感染有梨形虫的红细胞尚悬浮在血浆中；第二次离心沉淀时，则将其浓集于管底。

二、生殖道原虫检查法

1. 牛胎儿毛滴虫检查法

(1)病料采集　牛胎儿毛滴虫存在于病母牛的阴道与子宫的分泌物、流产胎儿的羊水、羊膜或其第 4 胃内容物中，也存在于公牛的包皮鞘内，应采取以上各处的病料寻找虫体。由于虫体的鉴定，常以能见到运动活泼的虫体为准，故在采集病料时必须尽可能地避免污染，以免其他鞭毛虫混入病料造成误诊。采集用的器皿和冲洗液等应加热使接近体温，否则虫体骤然遇冷会失去活动力或死亡。冲洗液应采用以玻璃蒸馏装置制备的蒸馏水配制生理盐水，以保证冲洗液中不含金属离子，减少金属离子对虫体的影响。病料采集后应尽快进行检查。

由母畜采集饲料，是取阴道分泌的透明液体，以直接自阴道内采取为好，采集后应尽快地进行检查。建议用一根长 45 cm、直径 1.0 cm 的玻璃管，在距一端的 12 cm 处，变成 150°角，而后消毒备用。使用时将管的“短臂”插入受检畜的阴道，另一端接一橡皮管并抽吸，少量阴道黏液即可吸入管内。取出玻管，两端塞以棉球，带回实验室检查。

收集公牛包皮冲洗液，应先准备 100～150 mL 加温到 30～35℃的生理盐水，用注射器注入包皮腔。用手指将包皮口捏紧，用另一手按摩包皮后部，而后放松手指，将液体收集于广口瓶中待查。

流产胎儿，可取其第 4 胃内容物、胸水或腹水检查。

(2)检查法　应将收集到的病料，立即放于载玻片上，并防止材料干燥。对浓稠的阴道黏液，检查前最好以生理盐水稀释 2～3 倍，羊水或包皮洗涤物最好先以 2 000 r/min 离心 5 min，而后以沉淀物制片检查。未染色的标本主要检查活动的虫体，在显微镜下可见其有一个圆形或椭圆形的有强折光性的核。波动膜的发现常作为该虫与其他一些非致病性鞭毛虫和纤毛虫在形态上相区别的依据。

以上收集到的标本，也可以固定染色制成永久性标本，制片方法很多，现介绍其中一种吉姆萨染色法。此法简便，步骤如下：

①取含虫的阴道分泌物制成抹片；

②抹片尚未干时立即用 20%福尔马林蒸气固定，约需 1 h(即用一培养皿，皿内放些加有 20%福尔马林的棉花，用两个玻璃架于棉花上，将涂片抹面向下，置玻棒上)；

③取下玻片，待干后，甲醇固定 2 min；

④用吉姆萨染色法染色；

⑤水洗，晾干，检查。

2. 马媾疫锥虫检查法

马媾疫锥虫在末梢血液中很少出现，而且数量也很少，因此，血液学检查在马媾疫诊断上的用处不大。检查材料主要应采取浮肿部皮肤或丘疹的抽出液、尿道及阴道黏膜的刮取物，特别在黏膜刮取物中最易发现虫体。

采取病料时，浮肿液和皮肤丘疹液用消毒液的注射器抽取，为了防止吸入血液发生凝固，可于注射器内先吸入适量的2%柠檬酸钠生理盐水。马阴道黏膜刮取物的采取，用阴道扩张器扩张阴道，再用长柄锐匙在其黏膜有炎症的部位刮取，刮时应稍用力，使刮取物微带血液，则其中容易检到锥虫。采取公马尿道刮取物时，应先将马保定，左手伸入包皮内，以食指插入龟头窝中，徐徐用力以牵出阴茎，当阴茎牵出困难时，可用奴佛卡因在坐骨切迹部作阴内神经的传导麻醉，即先以触诊法在肛门下，通过会阴部的软组织确定坐骨结节及阴茎脚间隙的位置，然后用手指将尿道和通过脚间隙的阴茎血管推向侧方，将注射针头于会阴中线侧方直对触知的坐骨切迹缘刺入，如术者站立右侧，则针头由上向下及由右及左的与会阴表面呈60°～70°角刺入，深度一般不超过2.5 cm，如此针头正好避开血管在两阴茎脚间直达坐骨切迹中央，然后注入30%奴佛卡因液20 mL，经5 min后，阴茎即由包皮内脱出，此时可用消毒的长柄锐匙插入尿道中，刮取病料。

以上所采的病料均可加适量的生理盐水，置载玻片上，覆以盖玻片，制成压滴标本检查；也可以制成抹片，用吉姆萨液染色后检查，方法与血液原虫检查时相同。

也可用灭菌纱布以生理盐水浸湿，用敷料钳夹持，插入公马尿道或母马阴道擦洗后，取出纱布，洗入无菌生理盐水中，将盐水离心沉淀，取沉淀物检查，方法同上。

三、粪便内原虫检查法

1. 球虫卵囊检查法

一般情况下，采取新排出的粪便，按蠕虫虫卵的检查方法，或直接做成抹片检查或经过浓集法处理后检查，以提高检出率。应注意，卵囊较小，利用锦纶筛兜浓集时，卵囊能通过筛孔，故应留取滤下的液体，待其沉淀后，吸取沉渣检查。

有时需观察孢子形成后的卵囊，以对不同种的球虫进行区别。为此可将浓集后的卵囊，加2.5%重铬酸钾溶液，在25℃温箱中培养，待其孢子形成。

2. 隐孢子虫检查法

标本的采集与球虫相似，但该虫卵囊较小，仅(5～8) μm×(4.5～5.6) μm，因此，常加以染色，以便区别。现介绍抗酸染色如下。

(1)试剂

溶液A(石炭酸复红染色液)：碱性复红4 g、95%乙醇20 mL、苯酚8 mL、蒸馏水100 mL。

溶液B(10%硫酸溶液)：纯硫酸10 mL、蒸馏水90 mL。

溶液C(0.2%孔雀绿水溶液)：0.2 g孔雀绿、蒸馏水100 mL。

(2)操作步骤　做粪便抹片，待干燥后，滴加溶液A于粪膜上5～10 min后水洗，滴加溶液B 5～10 min后水洗，滴加溶液C 1 min后水洗，干燥后油镜检查。

(3)结果　卵囊呈玫瑰红色，背景为蓝绿色，多呈圆形，染色5～10 min，脱色5～10 min，可见子孢子，但排列多不规则，而且大多数卵囊呈环状，周围染色，中央淡染，内部结构不明显，多数卵囊壁不能显示。

3. 结肠小袋纤毛虫检查法

当猪等动物患结肠小袋纤毛虫病时，在粪便中可查到活动的虫体。检查时取新排出的粪便一小团,在载玻片上和1～2滴加温的生理盐水混合,挑去粗大的粪粒,覆以盖玻片,在低倍显微镜下检查,即可见到活动的虫体。也可以滴加碘液进行染色。碘液是以碘片2.0 g、碘化钾4.0 g和蒸馏水100 mL配成,虫体经碘液染色后,细胞质成淡黄色,虫体内含有肝糖呈暗褐色,核则透明。也可用检查毛滴虫时所采用的苏木素染色法染粪抹片,封片保存。

四、组织内原虫检查法

有些原虫可以在动物身体的不同组织寄生。一般在死后剖检时,取一小块组织,以其切面在载玻上做成抹片、触片,或将小块组织固定后做成组织切片,染色检查,抹片或触片可用瑞氏染色法或吉姆萨染色法染色。

泰勒原虫病的病畜,常呈现局部的体表淋巴结肿大,采取淋巴结穿刺物,进行显微镜检查以寻找病原体对该病的早期诊断很有帮助。其法是:首先将病畜保定,用右手将肿大的淋巴结稍向上方推移,并用左手固定淋巴结,局部剪毛,消毒,以10 mL注射器和较粗的针头,刺入淋巴结,抽取淋巴组织,拔出针头,将针头内容物推挤到载玻片上,涂上抹片,固定,染色(与血片染色法同)。镜检,可以找到柯赫氏蓝体。

家畜患弓形虫病时,除死后可在一些组织中找到包囊体和滋养体外,生前诊断可取腹水,检查其中有否滋养体存在。收集腹水,猪只可采取侧卧保定,穿刺部位在白线下侧脐的后方(公畜)或前方(母畜)1～2 cm处。穿刺时局部先消毒,将皮肤推向一侧,针头以略倾斜的方向向下刺入,深度2～4 cm,针头刺入腹腔后会感到阻力骤减,而后有腹水流出。有时针头被网膜或肠管堵住,可用针芯消除此障碍。取得腹水可在载玻上抹片,以瑞氏液或吉姆萨液染色后检查。

第十章　常用抗寄生虫药物

抗寄生虫药是指驱除或者杀灭体内、外寄生虫的药物，此类药物在达到药效的同时对宿主也会造成或大或小的毒害。因此，应用抗寄生虫药物时宿主往往要承担一定的风险。实际上，解释抗寄生虫药对宿主的毒性作用有时比解释药物的杀虫机理更容易。

第一节　药物的研发

开发一种杀虫剂和抗蠕虫药大致要经历以下几个阶段：首先是发现药物前，需对上千种化合物进行筛选，就一种抗蠕虫药来说，筛选步骤是：对某些常规寄生虫进行体内实验，以证实其驱虫活性，常见寄生虫是啮齿动物的类细旋线虫（*Nematospiroides dubius*）、巴西日圆线虫（*Nippostrongylus brasiliensis*）、管状线虫（*Syphacia obvelata*）或微小膜壳绦虫（*Hymenolepis nana*）；其次是进行体外检测，对大量有价值的化合物做快速筛选；最后还要进行大鼠和小鼠的毒性实验，以便对哺乳动物的毒性进行初步评估。

活性筛选试验和初步毒性研究可以大大减少候选药物的数目，可以将那些对特定动物或某些寄生虫预测价值不大的药物剔除。寄生虫的不同种群或虫株及其宿主对抗寄生虫药有时具有一定的选择性，蛔虫对哌嗪类药物很敏感，而钩虫对这类药物却有相当的耐受性。使用有机磷类杀虫剂时，牛和犬的多数品种都能耐受，但婆罗门牛、格雷伊猎犬和惠比特犬使用该类药物时很可能引起中毒死亡。要想获得这些必要信息，只有将驱虫药在特定的动物或寄生虫方面进行实验。

当制药公司向食品和药物管理局（FDA）提出新兽药申请时，除必须提交完整的资料，包括药物的化学组成、制造工序和定量检测方法等外，还必须提交在新药的安全性和疗效方面取得的全部实验结果和已发表的相关报告。用于食品动物的药物，除必须同时附上药物的组织残留、母体化合物以及主要代谢产物的排泄途经和排泄速率等方面的资料外，还必须测定持续时间最长的组织残留物的化学结构和残留量。如果这种物质与已知的化学致癌物具有相似性，那么就需要在大鼠或小鼠体内进行两年的毒性试验。

国家环保部门需要一份新药的环境危害分析。新药对植物的毒性，对鱼类及其他低等动物的影响也需要进行充分研究，对产品使用人员的任何潜在影响也必须进行彻底分析。工人安全也要有明确的指导，产品使用说明书上应包括操作时需要采取的一些安全措施（例如，手套、安全眼镜）。在一种新型抗蠕虫药或杀虫剂获批之前，必须进行对照实验，包括药物使用后实验动物的剖检和体内残留虫体数的测定。这些验证性实验必须在几个独立的实验室进行，田间实验需在国家的不同地区进行。

相关法规要求包装标签上要标明必要的注意事项，并且要告知使用者已经发现的所有不良反应。药物进入市场 6 个月后以及此后一定的间隔期，生产商需要向 FDA 报告新出现的任何不良反应，并且将此添加到产品的标签上（或包装说明书）。

在新产品开发的早期，药物分子通常只用一个代码标识，例如，S-147。这是为了将成千上万的潜在产品区分开来，避免逐个命名的麻烦。一旦产品的活性和安全性得到证实，就要给它一个非专利(普通)名称，在科学文献中广泛使用以便识别该药分子，这时 S-147 就变成美贝霉素肟(milbemycin oxime)。随着产品开发进程的继续，营销人员会启用一个商品名，用于注册商标和特定的剂型。此时，美贝霉素肟就变成了 Interceptor。

一个药物分子的不同剂型或在不同国家可以有几个不同商品名。例如，美贝霉素肟以商品名 Interceptor 销售，主要用于控制内寄生虫；以商品名 MilbeMite 销售，主要用于治疗耳螨；与氯芬奴隆(lufenuron)配伍后的复方药以商品名 Sentinel 销售。商品名主要用在产品的广告宣传和推销上。

驱虫药的抗药性：定期对寄生虫种群使用抗寄生虫药，虫体可以通过抗药性表型的选择，不可避免地导致抗药性种群的产生，最终使曾经有效的驱虫药不再有效，必须换用另一种药物。对于耐药性虫株，即便更换药物也可能失败，特别是所换药物为先前所用药的同类物时。这种现象的频繁发生告诫我们，应该深入研究控制寄生虫感染的更好方法，而不是简单而盲目的更换使用药物。值得注意的是，当用药后发现了问题或出现了不良反应，应该及时通报。药品生产商也要为调查和处理药品的任何不良事件提供帮助。

第二节 杀 虫 药

杀虫剂的种类很多，不同杀虫剂的化学结构、生物活性和毒性方面的多样性可能超出所要对付的昆虫、蜱和螨的种类和数量。因此，在使用杀虫剂前，对每种杀虫剂包装上的标签必须仔细阅读和理解，标签会提供最权威和最新的产品使用信息。另外，还要参考讨论杀虫剂的化学性质、作用模式和毒性方面的文献。

一、植物性杀虫剂

植物性杀虫剂(botanic agents)源自植物，为植物的某一部分(如花、叶、茎、根)或其提取物所组成的各种配方。植物精油往往被用作昆虫引诱剂或驱避剂。植物性杀虫剂，尤其是天然除虫菊酯类对动物和植物的各种害虫具有很好的毒杀作用，而且在环境中残留时间很短，对动物的毒性很低。拟除虫菊酯为人工合成的类似除虫菊样化合物，具有卓越的杀虫活性和击倒能力。

(一)鱼藤酮

鱼藤酮(rotenone)是源自某些植物根部的一种杀虫剂。最初，南美洲的土著人用来麻痹鱼类，使鱼浮于水面以便轻松地抓获。在 19 世纪，它首次用于防治食叶毛虫。鱼藤酮是鱼藤根、立方根和其他几种豆科灌木中的杀虫成分，它作为线粒体呼吸酶的抑制剂而发挥作用。鱼藤酮不溶于水，易溶于酒精、丙酮、四氯化碳、氯仿等有机溶剂，遇光和空气易分解。鱼藤酮的口服半数致死量(LD_{50})在大鼠为 133 mg/kg，小鼠为 350 mg/kg。但对鱼类有毒性。鱼藤酮常被单独或协同应用于 Goodwinol 软膏或多种耳螨液中，是杀虫剂的主要活性成分。鱼藤酮被制成软膏、溶液或洗发香波，用于防治猫和犬的各种节肢动物寄生虫，包括局灶性蠕形螨病以及寄生于猫、犬和兔子的犬耳痒螨(*Otodectes cynotis*)。

注意事项：4 周内的幼猫和哺乳期的幼犬不能用鱼藤酮产品治疗。鱼藤酮对猪、鱼和蛇有毒性，不能用于这些动物。犬、猫舔食被毛上的鱼藤酮可能会出现呕吐。鱼藤酮对大鼠有致癌性。

(二)除虫菊酯

除虫菊类植物白花除虫菊(*Chrysanthemum cinerariaefolium*)的花序中含有 6 种相关的杀虫活性物质(除虫菊素Ⅰ和Ⅱ、瓜菊酯Ⅰ和Ⅱ、茉莉菊酯Ⅰ和Ⅱ),称为除虫菊酯(pyrethrins)。除虫菊酯遇到阳光、空气和潮湿环境能快速进行生物降解,易溶于煤油,不溶于水。除虫菊酯对大鼠经口的 LD_{50} 为 200～1 500 mg/kg,取决于产品的纯度;大鼠经皮肤的 $LD_{50}>$ 1 800 mg/kg。除虫菊酯可能会引起鼠的吸入性肺炎,但定期使用气雾剂不会对家畜产生任何毒副作用。由于除虫菊酯对鱼类有毒性,不应在鱼池附近使用除虫菊酯气雾剂。但定期对垂钓用鱼和其他野生动物使用几乎没有危害。

除虫菊酯通过干扰节肢动物神经膜钠、钾离子的转运,使突触处和轴突的神经传递受损而发挥作用,能迅速击倒节肢动物,使之麻痹和死亡。残留的除虫菊酯有时可作为驱避剂。除虫菊酯通常与某种杀虫增效剂联合使用,如胡椒基丁醚或 *N*-癸基双环庚基二羧基亚胺(*N*-octyl bicycloheptene dicarboximide),可使其杀虫效果提高 10～20 倍。虫体的混合功能氧化酶能解救除虫菊酯类杀虫剂对昆虫的毒性,而杀虫增效剂对这种酶有毒。

由于天然的除虫菊具有安全和迅速击倒的作用,被广泛应用于家庭或农业领域。美国环保署批准使用的天然除虫菊酯比其他任何杀虫药都要多。许多商用杀虫剂已制成气雾剂、雾剂、洗发香波和薄雾剂,都含有除虫菊酯和增效剂(如 Aurimite、Mita-Clear、Mycodex Pet Shampoo 和 Synerkyl)。

除虫菊酯气溶胶、喷雾剂和粉剂可控制马的面蝇、虻、家蝇、厩蝇、蚊、跳蚤、虱和蜱。除虫菊酯不属于长效杀虫剂,必须定期和重复使用。除虫菊酯的抗药性在家蝇和一些牛蜱方面有过报道。

注意事项:除虫菊酯不能用于小于 4 周龄的幼猫和哺乳期的幼犬。该药毒性最强的成分通常是溶剂,因此,如遇到动物误食该药,但无法让动物呕吐时,可使用活性炭和其他支持疗法。如皮肤接触药物,动物要用优质的洗涤剂进行清洗。

(三)拟除虫菊酯

拟除虫菊酯(pyrethroids)是人工合成的类似除虫菊酯样物质,该新型化合物比植物源性除虫菊具有更强的效力和击倒能力。拟除虫菊酯可生物降解,但是对光线和空气相对稳定,因此,可每隔 1 周或 2 周应用,可发挥其优良效果来防治昆虫。

温度越低,拟除虫菊酯的杀虫效力越大。拟除虫菊酯的杀虫效力与温度呈负相关。拟除虫菊酯对神经细胞功能具有先刺激后抑制的作用,最终导致虫体麻痹。飞行中的昆虫被快速击倒是肌肉迅速麻痹的结果。拟除虫菊酯对哺乳类动物毒性低,但有些拟除虫菊酯杀虫剂对皮肤黏膜有刺激性,它们对鱼类有毒性。

现已发现许多拟除虫菊酯新产品。理解和掌握这类药物的最好方式就是按代来划分。第 1 代的代表是右旋反式烯丙菊酯,是一种人工合成的瓜菊酯Ⅰ,为天然除虫菊酯的单一成分;第 2 代拟除虫菊酯包括胺菊酯、苄呋菊酯和苯醚菊酯,它们比天然的除虫菊酯对昆虫具有更强的效力和击倒能力,但暴露在空气或阳光下易分解;第 3 代拟除虫菊酯比前两代杀虫效力稍高,并具有一定的耐光性,完全暴露在日光下,几天也不会分解,其代表是氰戊菊酯和氯菊酯;第 4 代拟除虫菊酯的代表为氯氰菊酯和氟胺氰菊酯;第 5 代是最新的拟除虫菊酯杀虫剂,其代表为 β-氟氯氰菊酯,为氟氯氰菊酯的异构体,其杀虫效力比前几代更高,且遇光更稳定。但随着杀虫效力提高，尤其是在环境中残留时间的延长，带来的问题是昆虫抗药性的产生。下面按照代次就常用的拟除虫菊酯类杀虫剂进行详细描述。

1. 第1代拟除虫菊酯杀虫剂

第1代人工合成的拟除虫菊酯[右旋反式丙烯菊酯(*D*-trans-allethrin)]是天然除虫菊酯瓜菊酯Ⅰ的化学合成品，其杀虫效力和稳定性不比天然除虫菊酯高，遇空气和光线易降解。第1代拟除虫菊酯为几种光学异构体的混合物，对哺乳动物毒性低，丙烯菊酯对大鼠的LD_{50}高于920 mg/kg，右旋反式丙烯菊酯已制成洗发香波用于驱除犬、猫体表的跳蚤。

2. 第2代拟除虫菊酯类杀虫剂

第2代拟除虫菊酯类杀虫剂是从天然除虫菊酯向前迈出的第一步，其击倒能力比天然除虫菊酯提高了10～50倍，但在阳光下并不比天然除虫菊酯更稳定。

(1)苯醚菊酯(phenothrin) 苯醚菊酯是近来用于驱除宠物跳蚤的第2代拟除虫菊酯杀虫剂，其大鼠的急性口服LD_{50}为5 000 mg/kg，经皮肤接触的LD_{50}大于10 000 mg/kg。苯醚菊酯已制成一系列非处方的浇泼剂每30 d使用一次可用于治疗和控制跳蚤、蜱。苯醚菊酯与昆虫生长调节剂烯虫酯(methoprene)联合使用，能高效地阻断犬、猫跳蚤的生活史，药品标签上称该产品应用后具有防水性。

(2)苄呋菊酯(resmethrin) 苄呋菊酯是第2代人工合成的拟除虫菊酯，该产品与除虫菊酯增效剂无任何显著的协同作用。非常重要的是，苄呋菊酯对哺乳动物毒性低，其大鼠的急性口服LD_{50}为4 240 mg/kg，该药对昆虫具有卓越的击倒效果，可用作苍蝇的驱避剂，也可用于圈舍和房屋喷雾来控制跳蚤、蚊子、蠓虫和其他昆虫。

(3)胺菊酯(tetramethrin) 胺菊酯是最初在日本开发的一种第2代拟除虫菊酯杀虫剂，其大鼠的急性口服LD_{50}大于2 500 mg/kg。胺菊酯与醚菊酯(etofenprox)联合喷雾使用可杀死外界环境飞翔和爬行的昆虫。使用时要遵照说明书，不要将药物喷到食物上，也不要接近指示灯和明火，人不要留在室内，灭虫结束后应彻底通风。胺菊酯也被用作反向气雾剂用于控制跳蚤、蜱和地毯的各种甲虫。

3. 第3代拟除虫菊酯类杀虫剂

第3代人工合成的拟除虫菊酯类杀虫剂于20世纪70年代开始应用，具有对光稳定、高效的特点。

(1)氰戊菊酯(fenvalerate) 氰戊菊酯是第一个被成功商业化的第3代拟除虫菊酯产品，具有高效和光稳定特点，其大鼠的急性口服LD_{50}为451 mg/kg，对兔的急性经皮肤LD_{50}为2 500 mg/kg。氰戊菊酯对鱼类有很强的毒性。可制成长效杀虫活性的制剂，牛的Ectrin耳标可用于防治奶牛和肉牛的角蝇、面蝇、海湾花蜱和有刺耳蜱，并可作为防治虱、厩蝇和家蝇的辅助手段。

(2)氯菊酯(permethrin) 氯菊酯对多种昆虫具有很高的杀虫活性和快速击倒作用。其大鼠的急性口服LD_{50}大于4 000 mg/kg，同氰戊菊酯一样，氯菊酯对鱼类有很强的毒性，遇光稳定，在农作物叶上的残效期可持续4～7 d。注册的各种氯菊酯配方可用于防治残留在动物住所(挤奶房、肥育栏、马厩、鸡舍、猪舍和其他动物饲养房)的家蝇、厩蝇和粪便滋生的蝇。

氯菊酯是在动物体及其周围应用最普遍的拟除虫菊酯类杀虫剂，动物用的有喷雾剂、药浴剂、洗发香波、耳标、浇泼剂和粉剂等多种剂型，可用于犬、猫、马、牛和猪等动物。氯菊酯也已制成浓缩剂(proticall)直接用于犬。氯菊酯与吡虫啉和烯虫酯联合使用可用于防治全身的跳蚤成虫。氯菊酯环境喷雾剂可广泛用于家畜和宠物周围环境中跳蚤、蜱和蝇类的防治。

4. 第4代拟除虫菊酯类杀虫剂

第4代人工合成的拟除菊酯类杀虫剂比前几代产品的杀虫效力更强,持续时间也更长。这类药物的代表是氟氯氰菊酯、氯氰菊酯、溴氰菊酯和λ-氯氟氰菊酯,已制成了很多剂型。

(1)氟氯氰菊酯(cyfluthrin) 氟氯氰菊酯为第4代拟除虫菊酯类杀虫剂,其大鼠的急性口服LD_{50}为500 mg/kg,该产品已制成浇泼剂,用于防治肉牛和奶牛(包括哺乳期的母牛)的角蝇、面蝇、毛虱和血虱。其1%粉剂或可湿性粉剂已批准用于控制畜舍周围和食品加工场所飞翔和爬行的昆虫。

(2)氯氰菊酯(cypermenthrin) 氯氰菊酯为第4代高效拟除虫菊酯类杀虫剂,其大鼠的急性口服LD_{50}为4 150 mg/kg,该药获批的产品用于马的灭蝇洗液和灭蝇喷雾剂。

(3)溴氰菊酯(deltamethrin) 溴氰菊酯对大鼠的急性口服LD_{50}为31~139 mg/kg,兔的急性经皮LD_{50}大于2 000 mg/kg。溴氰菊酯已制成环境喷雾剂、可湿性粉剂,用于防治宠物窝棚及其居住场所的多种有害昆虫。该药也可用于犬的除蚤项圈。

(4)高效氯氟氰菊酯(λ-cyalothrin) 高效氯氟氰菊酯对雄性大鼠的急性口服LD_{50}仅为79 mg/kg。该产品有用于肉牛和犊牛的浇泼剂,或驱除牛的虱和角蝇。已制成的环境喷雾剂可用于家畜栏舍及其饲养环境中昆虫的防治。高效氯氟氰菊酯也可与有机磷类嘧啶磷联合使用,由两者加工制成的驱虫耳标对牛角蝇和面蝇的防治期分别达5个月和4个月以上。

5. 第5代拟除虫菊酯类杀虫剂

第5代拟除虫菊酯类杀虫剂是迄今研发的最前沿的拟除虫菊酯类药物,其药效更强,持续时间更长。现今,这类药物仅作为杀虫耳标使用。

高效和氟氯氰菊酯(β-cyfluthrin)为氟氯氰菊酯的异构体之一,生产商称其为第5代拟除虫菊酯杀虫剂,由其制成的驱虫耳标已获准用于防治肉牛的面蝇、角蝇、海湾花蜱和有刺耳蜱。驱虫耳标的药效可以保持5个月之久。同其他杀虫耳标一样,连续使用一种药物可导致昆虫抗药性的产生。为了延缓抗药性的产生,应该按季节轮换使用不同类型的杀虫剂。驱虫耳标在蝇类活动季节结束后或屠宰前必须去掉。

二、氨基甲酸酯和有机磷酸酯

氨基甲酸酯(carbamates)和有机磷酸酯(organophosphates)是最常用的杀虫剂,人们要注意这些药对动物的毒性。这类杀虫剂通过抑制神经系统一种重要的酶——乙酰胆碱酯酶(AChE)发挥其杀虫作用。氨基甲酸酯和有机酸酯杀虫剂可通过与AChE结合使其失去活性,导致神经突触处乙酰胆碱的累积,以突触毒性而发挥毒性功能。

乙酰胆碱的累积主要会导致乙酰胆碱的毒碱样效应,产生急性中毒蕈碱样效应,产生急性中毒症状,其主要作用于自主效应器官,引起瞳孔缩小、流泪、流涎、呕吐、腹泻、频繁排尿、呼吸困难、心动过缓和低血压,也作用于烟碱神经肌肉连接处导致迅速和无意识性肌肉抽搐和震颤,并随之出现严重虚弱和麻痹。通常因呼吸衰竭而死亡。

许多有机磷类杀虫剂均会表现慢性神经毒性,引起脊髓和外周神经如坐骨神经长轴突变性,阿托品是氨基甲酸酯和有机磷类中毒的首选解毒药。有机磷类中毒也可用氯磷定解毒,但该药禁用于氨基甲酸酯类中毒。

氯磷定的主要作用是恢复乙酰胆碱酶的活性，使累积的乙酰胆碱分解，从而使神经突触和神经肌肉接头恢复正常机能。氯磷定的作用期短，因此常常需要重复用药。对氨基甲酸酯和有机磷中毒的严重病例，需要采用人工呼吸。

氨基甲酸酯类和有机磷类杀虫剂，尤其是有机磷类，不应该与其他胆碱酯酶抑制剂或杀虫剂联合使用，因为这些化学物质能使胆碱酯酶蓄积量不断增多。有机磷类药物不能用于锐目猎犬如灵猩、惠比特犬和某些品种的牛如克安尼那牛、夏洛莱牛、德国黄牛、西门塔尔牛和婆罗牛，因为上述品种的动物对这类药物有特异性反应。对遭受皮蝇属幼虫侵袭的牛，使用有机磷杀虫剂可能会引起宿主—寄生虫反应。

(一)氨基甲酸酯类

氨基甲酸酯类(carbamates)通过两个步骤使胆碱酯酶失活，首先形成一个可逆性的氨基甲酸酯—胆碱酯酶复合物，然后胆碱酯酶被氨基甲酸酯化并失活，最终氨基甲酸酯解离下来，释放出最初的胆碱酯酶。但是，解离下来的氨基甲酸酯不能与其他胆碱酯酶分子结合。解毒剂是阿托品，氯磷定(2-PAM)禁用于氨基甲酸酯中毒的解救。

1. 胺甲奈

胺甲奈(carbaryl)的商品名叫西维因(sevin)，是使用最普遍的氨基甲酸酯类杀虫剂，1956年被引入并成为第一个成功商业化的氨基甲酸盐。胺甲奈对哺乳动物的毒性低，雌性大鼠的口服 LD_{50} 为 500 mg/kg，但对蜜蜂的毒性很高。该产品最常用于防治小动物跳蚤和蜱的侵扰。

注意事项：不能将含有胺甲奈的产品与其他胆碱酯酶抑制性化合物同时使用，4 周龄内的幼犬和猫不应使用含胺甲奈的产品。仔细阅读标签中产品的其他特殊限制说明。如果动物出现中毒症状，可用阿托品解毒。氯磷定禁用于氨基甲酸酯类中毒的解救。

2. 灭多威

灭多威(methomyl)是 1966 年引入的杀虫剂，其杀虫效力强于胺甲奈，对哺乳动物的毒性也很强。大鼠口服 LD_{50} 为 17 mg/kg。已证实，灭多威具有广谱的杀虫活性，对危害蔬菜和农作物的很多害虫有效。该药作用迅速，蝇类接触或食入灭多威会很快死亡。灭多威是一种速效诱蝇毒饵杀虫剂的主要成分。

注意事项：灭多威对鱼类和蜜蜂有毒性。使用灭多威需要远离家畜，一旦发生中毒，用阿托品进行解救。

3. 残灭威

残灭威(propoxur)是 1959 年就开始使用的氨基甲酸酯类杀虫药，它的击倒作用强，残效期可长达几周。残杀威对鸟类和蜜蜂有毒性，但可用于家畜及周围环境。大鼠口服 LD_{50} 为 100 mg/kg。残杀威是用于防治体表寄生虫泡沫剂中的活性成分。该药常被用做犬和猫的除蚤项圈。烯虫酯是一种昆虫生长调节剂，残杀威与烯虫酯等可组成多种杀虫方剂，残杀威是其中的主要成分。

(二)有机磷类杀虫剂

有机磷杀虫剂(organophosphates)通过使乙酰胆碱酯酶失活而发挥突触毒性。失活的过程分为两步，首先有机磷类与乙酰胆碱酯酶可逆性结合，随后磷酸盐不可逆地结合使乙酰胆碱酯酶磷酸化。一旦发生不可逆性结合，乙酰胆碱酯酶将不能再生，所以组织必须合成新的酶。氯磷定能逆转第一步反应并使酶重新恢复活性，因此，一旦发现中毒，立即使用氯磷定解毒最有效。

用于动物体或其周围环境的有机磷杀虫剂很多，根据其化学结构可分为脂肪族衍生物、苯基衍生物和杂环衍生物3类。脂肪族衍生物是最早开发的一类有机磷药物，具有一个简单的线性结构，没有复杂的环状结构。由于其结构简单，所以在动物体或环境中能迅速分解。苯基类衍生物是第二类有机磷类杀虫剂，在化学结构中含有一个苯环，因此其作用的持续性较脂肪族衍生物长。杂环衍生物是一类有环状结构的有机磷类药物，其环状结构中的一个碳原子被氧、氮或硫替代，这类杀虫剂是残留最长的有机磷类杀虫剂。

有机磷中毒是常见的医疗急救事故，需要用活性炭和洗浴来减少药物的吸收。氯磷定能逆转药物与乙酰胆碱酯酶的结合，阿托品能减轻乙酰胆碱过量所表现的临床体征。

1. 脂肪族衍生物

脂肪族衍生物是很早问世的第一个商业化有机磷类杀虫剂，其中的敌敌畏和乙硫磷还用于动物。脂肪族衍生物是简单直链脂肪酸结构，很易分解。

敌敌畏(dichlorvos)是20世纪60年代初开发的脂肪族有机磷杀虫剂，大鼠急性口服LD_{50}大约为50 mg/kg。敌敌畏的独特性是具有很强的挥发活性，这就使得敌敌畏成为密闭空间中选用的一种优质杀虫剂，敌敌畏也是最早用于除蚤项圈的杀虫剂。敌敌畏的触杀剂、内吸剂和熏剂都具有快速击倒的杀虫作用，但几乎没有残效性，在中性水介质中的半衰期约为8 h，在哺乳动物体内能迅速水解。敌敌畏缓释剂对猪的重要寄生线虫有很强的驱杀活性。

2. 苯基衍生物

苯基衍生物(phenyl derivatives)的结构中含有一个苯环，其结构比脂肪族衍生物更复杂，属于第二大类有机磷类杀虫剂。在环境中可持续很长时间。代表药物有杀虫威。

杀虫威(tetrachlorvinphos)是具有苯基的有机磷类药物，对哺乳动物毒性低。杀虫威的大鼠口服LD_{50}为4 000～5 000 mg/kg。用杀虫威制成的喷雾剂、粉剂和除虫项圈可防治犬、猫的跳蚤，其连续口服剂可用于马蚊、蝇的控制。

马：该产品已制成蝇活动期连续服用的制剂，可用来防治厩蝇和家蝇。要想获得最好效果，马厩里所有马都要口服这种产品，从春季蚊蝇出现前开始使用，一直持续到蚊蝇消失。

3. 杂环衍生物

杂环衍生物(heterocyclic derivatives)是最新的一类有机磷类杀虫剂，在化学结构上都有一个环状结构，其环上至少有一个原子是氧、氮或硫，杂环可能由3、5或6个原子组成。杂环衍生物是持续期最长的有机磷类杀虫剂，在动物上应用广泛。杂环类的代表性药物有毒死蜱、蝇毒磷、二嗪农、亚胺硫磷和甲嘧硫磷。

(1)毒死蜱(chlorpyrifos)　毒死蜱在环境中有一定稳定性，用于防治蚊幼虫、蝇类幼虫、火蚁和白蚁。大鼠的急性口服LD_{50}为163 mg/kg，兔的急性皮肤LD_{50}为2 000 mg/kg。毒死蜱制成的药浴剂和洗发香波仅用于犬跳蚤和蜱的防治。

(2)蝇毒磷(coumaphos)　蝇毒磷我国已禁用，是杂环衍生物中对哺乳动物毒性相对较低的有机磷杀虫剂。小鼠对蝇毒磷很敏感，其口服LD_{50}为55 mg/kg，而大鼠的口服LD_{50}为90～110 mg/kg。蝇毒磷在碱性条件下水解慢，但在牛的肝脏中会迅速降解。蝇毒磷的乳化浓缩剂或粉剂可用于动物及其圈舍来控制大多数节肢动物寄生虫。

马：蝇毒磷喷雾于马体表可防治蝇、虱和蜱等外寄生虫。

(3)二嗪农(diazinon)　二嗪农是相对较安全的杂环类有机磷杀虫剂，具有良好的安全记录。其杀虫谱很广，过去几十年一直用来杀灭各种害虫。二嗪农的大鼠口服LD_{50}为300～400 mg/kg，

兔的急性皮肤 LD_{50} 为 4 000 mg/kg。

二嗪农通常用于除蚤项圈来驱除犬和猫的跳蚤和蜱的侵袭。二嗪农也被用在耳标里，用于防治肉牛和非哺乳期牛的角蝇、海湾花蜱和刺耳蜱感染，也可作为防治面蝇、厩舍蝇和家蝇、虱子的辅助手段。这类耳标冬季使用可防治虱。

(4)亚胺硫磷(phosmet) 亚胺硫磷是久经考验的杂环类有机磷杀虫剂，已注册用于防治多种有害昆虫。其雄性大鼠的口服 LD_{50} 为 3 160 mg/kg。

牛：亚胺硫磷制剂可用于肉牛和非哺乳奶牛的虱、白花革蜱、孤星花蜱、海湾耳蜱、角蝇和疥螨的防治。该制剂可通过喷雾或背部摩擦给药，经喷雾治疗的牛只允许在用药 3 d 后屠宰。该药不能用于病牛或 3 月龄以内的犊牛，也不能用于产后 28 d 内的乳牛。

三、脒类化合物

脒类化合物(formamidines)是一类新的很有发展前景的杀虫剂，能有效驱除牛蜱及猪和犬的螨等。双甲脒是章鱼胺能激动剂。在美国，双甲脒获准用于犬、牛和猪。

1. 双甲脒

在美国，双甲脒(amitraz)是获准用于动物的唯一脒类化合物。双甲脒的大鼠急性口服 LD_{50} 为 800 mg/kg，兔的急性经皮 LD_{50} 大于 200 mg/kg。在犬皮肤上使用 0.025%双甲脒溶液，能产生暂时性镇静、降低直肠温度和提升血糖的作用。双甲脒按每天 0.25 mg/kg 口服，连用 90 d，犬仍有很好的耐受性，但按照 1～4 mg/kg 的剂量可观察到持续性的高血糖症。临床研究发现，犬使用后暂时性镇静是最常见的副作用。

注意事项：马属动物不能用双甲脒治疗，用药后可能发生致死性的结肠阻塞。

2. 新烟碱类

新烟碱类(neonicotinoids)是近期刚出现在美国兽医市场上的不同于以往的新型杀虫剂，这类杀虫剂通过与烟碱型乙酰胆碱酯酶受体结合而发挥作用。它们代表着现今用于家畜害虫防治的最新和最有发展前景的化合物。

(1)呋虫胺(dinnotefuran) 呋虫胺是一种新型的烟碱类杀虫剂，对跳蚤具有极好的驱虫效果。

(2)吡虫啉(imidacloprid) 吡虫啉是一种氯代烟酰类杀虫剂，可与烟碱型乙酰胆碱受体不可逆性结合，该受体只有一个亚型，很显然该亚型是昆虫神经功能不可缺少的，但在药理学和组织分布方面与已知哺乳动物烟碱类受体不同。吡虫啉的大鼠急性口服 LD_{50} 为 45 mg/kg。含 9.1%吡虫啉的皮肤浇泼剂可用于犬、猫、幼犬和幼猫跳蚤的防治，该产品在实验室和田间试验均对跳蚤有很好的防治效果。虽然药签上推荐在宠物洗澡后要重复用药，但犬用洗发剂洗涤后也有效。按说明书推荐的方法用药不需担心安全性问题。吡虫啉产品对小于 7 周龄的幼犬、小于 8 周龄的幼猫和病弱动物不宜使用。

(3)烯啶虫胺(nitenpyram) 烯啶虫胺是一种新烟碱类杀虫剂，具有作用方式独特、口服吸收迅速、对犬和猫低毒的特点，因而，一次口服给药就能达到快速击倒跳蚤的效果。研究发现，口服给药后 30 min 内就能驱杀跳蚤。犬在 4 h 内、猫在 6 h 内即可达到 90%的驱杀效果。烯啶虫胺的半衰期短，能快速从体内清除，犬和猫每天用药也不会导致生物累积。

(4)多杀菌素(spinosad) 多杀菌素具有 spinosyn 的结构，是一种非细菌性四环大环内酯。尽管它不是真正意义上的新烟碱类杀虫剂，但也是通过激活昆虫的烟碱型乙酰胆碱受体而发挥作用。多杀菌素的受体结合位点具有独特性，与其他新烟碱类、苯吡唑类、美贝霉毒素类、阿维菌素类和环戊二烯类杀虫剂的位点不同。多杀菌素治疗过的昆虫因运动神经元的激活表现出非随意性肌肉收缩和颤抖，长时间接触会导致跳蚤的麻痹和死亡。多杀菌素跳蚤和脊椎动物宿主具有选择性毒性，这与跳蚤和宿主的烟碱受体存在敏感性差别有关。不论是在实验室还是在临床上，多杀菌素均有很宽的安全范围。一般认为多杀菌素可存在于泌乳犬的乳汁中。对哺乳母犬的安全性研究显示，给予母犬高剂量多杀菌素能增加同窝幼犬昏睡、虚弱和脱水的比例。

在澳大利亚，多杀菌素可用于防治绵羊的麻蝇和虱。该药对犬具有口服吸收快和低毒的特点。多杀菌素可制成适合肉牛口味的咀嚼片剂，有 5 种大小的咀嚼药片，所有药片的最低目标剂量是 30 mg/kg。

四、新型杀虫剂

1. 苯甲酸苄酯

苯甲酸苄酯(benzyl benzoate)杀虫剂的作用方式还不清楚，能驱除大多数外寄生虫，但仅用于犬疥螨的治疗。苯甲酸苄酯制成 36%洗液，用于治疗疥螨病。治疗皮肤局部感染，第 7 天用一次。也有制成 29%的制剂用于疥螨的防治。对于全身性疥螨和蠕形螨的治疗，首先要将全身被毛剪短，给犬洗澡，清洗体表所有痂皮，在犬体表潮湿时使用除螨洗液。苯甲酸苄酯没有残留效力，因此，直到病情痊愈前需要每 7 d 重复用药一次。该产品不宜用于 12 周龄以下的犬、妊娠期和哺乳期的母犬。含有苯甲酸苄酯的产品不能用于猫。如果要采取药浴，要用无刺激性的软膏保护患犬眼睛。

2. 氟虫氰

氟虫氰(fipronil)为苯吡唑类杀虫剂，该药是氨基丁酸(GABA)门控氯离子通道的高效颉颃剂。大鼠的急性口服 LD_{50} 为 100 mg/kg。该药制成的 0.29%喷雾剂已获准用于犬、猫、幼犬和幼猫。即便是宠物洗澡后，该喷雾剂对驱除跳蚤仍有效，对蜱和疥螨病也有效，但不能用于幼犬和小于 8 周龄的小猫。

3. 氰氟虫腙

氰氟虫腙(metaflumizone)属于缩氨基脲类杀剂，该杀虫剂与神经元轴突和树突的电位差依赖性钠离子通道结合，阻碍神经元膜上的钠离子流动。氰氟虫腙具有极低的哺乳动物毒性，其大鼠的口服 LD_{50} 大于 5 000 mg/kg。获批的含量为 18.53%局部给药剂(ProMeris)专供猫用，要在跳蚤出现前用药，每月使用一次来防治跳蚤种群的侵袭。药物活性成分广泛分布于猫的全身皮肤和被毛，跳蚤通过与其直接接触而发挥作用。该药一次单剂量给药能有效驱除跳蚤的成虫并能预防跳蚤产卵达 7 周以上。按许可剂量 5 次重复使用对成猫和 8 周龄大小的幼猫安全。欧洲在大规模的临床研究发现，该产品对成猫和幼猫每 30 d 用药一次对跳蚤有很高的驱杀效力。

五、驱避剂

驱避剂(repellents)可阻止害虫靠近用药区域或使害虫接近后迅速离开。在此领域内研究最广泛的是保护人免受昆虫的侵扰。一般来说，这类产品容易挥发，对宿主动物几乎没有毒性。

1. 驱蚊胺

驱蚊胺(DEET)是 *N*,*N*-二乙基-3-甲基苯甲酰胺或 *N*,*N*-二乙基-*m*-甲基酰胺的官方非专利药名。大鼠的口服 LD_{50} 是 2 000 mg/kg,可用于驱避蚊、蚋、苍蝇、跳蚤、蜱和恙螨。为持续保护宿主免受害虫侵扰,需频繁使用。

2. 丙蝇驱

丙蝇驱(di-*N*-propyl isocinchomeronate)是一种相对安全的昆虫驱避剂,大鼠的口服 LD_{50} 为 5 200～7 200 mg/kg。该药的专利商品名是大家广为熟知的 MGK 驱避剂 326。该药经常与其他驱避剂、杀虫剂或增效剂配伍成复方制剂用于宠物和家畜。

六、昆虫生长调节剂

大多数杀虫剂的主要问题是仅对叮咬和骚扰宿主的成虫有驱杀效果,这往往在寄生虫的防治上是行不通的。但昆虫生长调节剂的问世提供了一条杀灭生长发育阶段未成熟昆虫的途径,这样可阻断昆虫的生活史,从而真正解决昆虫对家畜健康和福利的威胁问题。典型的昆虫生长调节剂是保幼激素的类似物,能与未成熟昆虫的保幼激素受体结合,阻碍幼虫进入下一个发育阶段。烯虫酯(methoprene)和吡丙醚(pyriproxyfen)是最著名的保幼激素类似物。

由于哺乳动物宿主没有保幼激素和保幼激素受体,昆虫生物调节剂对宿主动物不会产生任何生物学影响,它成为最安全、最有效的产品。因此,合理使用昆虫生长调节剂,能大幅减少强毒性杀成虫药的使用,对宿主和环境更加安全。

1. 灭蝇胺

灭蝇胺(cyromazine)是昆虫生长调节剂中对付污蝇(如家蝇、小家蝇、厩螫蝇、水虻)的唯一产品,对其他大多数有益昆虫没有影响。灭蝇胺能阻断蝇类幼虫的新表皮形成,干扰蝇幼虫从一期幼虫向二期幼虫的蜕皮,导致蜕皮期的虫体死亡。

马:将灭蝇胺制成 2.12%的饲料添加剂颗粒(solitude IGR),可用于马。该产品作为日粮的一部分每天按照每匹马 300 mg 添加,已注册用于驱除马体及其周围环境(如马棚、谷仓、运动场、赛马场)的家蝇、厩螫蝇。不要使产品污染水、食物或饲料,也不能直接用于水中。

2. 除虫脲

除虫脲(diflubenzuron)不是真正意义上的昆虫生长调节剂,它不能与保幼激素受体结合,但为了简便起见也在此介绍。除虫脲是几丁质合成的抑制剂,能干扰几丁质的沉积,从而阻止旧表皮的脱离,导致幼虫或蛹死亡。除虫脲也能阻止虫卵的孵化。实验动物的急性和慢性毒性研究均证明,动物对除虫脲有很好的耐受性。

马:除虫脲可制成 0.24%的饲料预混剂(simplifly,equitrol Ⅱ),用于驱杀马的厩舍蝇和家蝇。用该产品每天连续饲喂马可防治粪便中的污蝇幼虫。除虫脲的添加剂量是每 45 kg 体重的马每天 6.8 mg。不要用于准备屠宰的马。

3. 氯芬奴隆

氯芬奴隆(lufenuron)是通过抑制几丁质生物合成来发挥作用的一种昆虫生长调节剂。氯芬奴隆可获准用于防治犬和猫跳蚤,宠物应大于或等于 4 周龄,每 30 d 给犬和猫口服 1 次。氯芬奴隆也可制成注射剂,每 6 个月注射一次来控制跳蚤。该药具有很强的亲脂性,因此药物可以滞留在宠物的脂肪组织,并由此持续地重新分布到血液至少 30 d。成蚤采食时食入氯芬奴隆的卵不能孵化,即便孵化出幼虫也会在首次蜕皮时死亡。药物对未成熟幼虫的作用认为是干扰了几丁质的合成和沉积。氯芬奴隆是一种方便而有效的宠物跳蚤杀虫剂。氯芬奴隆与美贝霉素肟配伍成复方制剂,已获准用于犬跳蚤和内寄生虫控制。

4. 烯虫酯

烯虫酯(methoprene)是一种昆虫生长调节剂,对哺乳动物的毒性低,大鼠的口服 LD_{50} 34 600 mg/kg。烯虫酯是真正意义上的昆虫生长调节剂,是保幼激素的类似物,通过阻止幼虫发育而发挥作用,最终导致幼虫死亡。烯虫酯对紫外光敏感,遇光会分解。

烯虫酯是商业上非常成功的驱虫跳蚤药物,可单独使用或与其他杀虫剂联合作用,制成多种类型的产品,用于防治跳蚤和其他害虫。烯虫酯能杀死跳蚤的卵和幼虫。单独的烯虫酯产品在此介绍,复方产品在本章的杀成虫药部分介绍。

烯虫酯可制成口服的饲料预混剂和盐砖(altosid),用来控制牛的角蝇。在角蝇活动季节,可用于肉牛、干乳和哺乳期的奶牛来防治蝇骚扰。屠宰前或泌乳时没有休药期,使用时不要使产品污染水面。

5. 吡丙醚

吡丙醚(pyriproxyfen)是昆虫生长调节剂,是一种保幼激素的类似物。昆虫幼虫分泌的保幼激素可引起幼虫蜕皮并进入一个幼虫期,但幼虫蜕皮期间保幼激素缺乏会使虫体成熟。保幼激素类似物的实际效果是干涉由幼虫到蛹和蛹到成虫的发育过程,大鼠的急性口服 LD_{50} 大于 5 000 mg/kg,证明其安全范围很宽。该产品在地毯上使用驱杀跳蚤的效果达 100%,有效期可达 8 个月以上。吡丙醚是杀虫剂家族中又一个重要的补充。它可制成多种多样的产品,单独使用或与其他杀虫剂联合使用可防治跳蚤和其他有害昆虫。

昆虫生长调节剂还可与其他类型的杀虫药,包括杀成虫剂和增效剂一起制成一系列产品,用于犬、猫及其周围环境来防治跳蚤和其他寄生虫。

七、增效剂

增效剂(synergists)自身没有毒性,也不能直接杀死昆虫。它们与杀虫剂一起使用可增强杀虫活性。增效剂最常与除虫菊酯类合用,使除虫菊酯类药物的杀虫效力提高 10～20 倍。其作用方式是抑制昆虫的多功能氧化酶(这类酶可使外源性物质发生代谢变化),杀虫剂能杀灭昆虫,但昆虫体内的这种酶能抑制杀虫剂对虫体的破坏。增效剂通常以其化学名称列在标签上,这会给使用者带来不便。

1. 增效胺

增效胺(*N*-octyl bicycloheptene dicarboximide)能抑制微粒体对杀虫剂的解毒作用,使杀虫剂最大限度地发挥毒性。增效胺又名 MGK264。该药已注册用于肉牛、奶牛、绵羊、山羊、马、猪、犬和猫以及农用房屋和动物舍来防止昆虫的烦扰。该产品常与增效醚和杀虫剂一起制成气雾剂、压缩喷雾剂和自流粉。

2. 增效醚

增效醚(piperonyl butoxide)为一种淡黄色液体,易溶于酒精、苯、甲烷和其他有机溶剂。

增效醚对动物非常安全,大鼠的口服 LD_{50} 约为 7 500 mg/kg。增效醚对氯化烃类、氨基甲酸酯类、有机磷类,尤其是除虫菊酯类和鱼藤酮等杀虫剂都有增效作用。由于增效醚能抑制昆虫微粒体酶对杀虫剂的降解,从而增强杀虫剂的活性。含有增效醚的大量产品都是增效剂和除虫菊酯类、拟除虫菊酯类、胺甲奈或双甲脒杀虫剂的联合应用。

第三节 抗原虫药

这部分主要讨论一些获批准的和未批准但可合法买到的抗原虫药的生物学活性。对于任何抗原虫药,在用药前必须阅读标签或包装说明书上的信息,按其指导用药。至于每种药物更详细信息,读者可详细查阅一些综述性文献。

一、非磺胺类药

1. 阿苯达唑

阿苯达唑将在苯并咪唑类抗蠕虫药中做更详细介绍。该药在本节是讨论其抗贾第虫(*Giardia*)活性。资料报道,阿苯达唑治疗犬贾第虫病的有效率达 100%,该研究中所给剂量 25 mg/kg,每天 2 次,连用 4 次。遗憾的是,近来有证据显示阿苯达唑可引起犬和猫明显的副作用。

同其他苯并咪唑药一样,阿苯达唑能很好地被吸收(约 50%的生物利用度),并在肝脏中产生活性代谢产物——阿苯达唑亚砜和阿苯达唑砜。这些活性代谢产物能与虫体微管蛋白结合,从而阻止微管的形成和干扰细胞分裂。还有证据表明,苯并咪唑药能抑制延胡索酸还原酶,这种酶能影响线粒体的功能,使寄生虫的能量丧失而导致死亡。阿苯达唑能引起贾第虫滋养体的结构改变,包括损害吸盘和虫体内的微管细胞骨架,但不损害鞭毛。宿主体内药物及其代谢产物主要从尿中排泄。

已证明阿苯达唑具有致畸性,因此限制在妊娠动物上的应用。犬按每天 50 mg/kg 两次用药可引起厌食症,猫按每天 100 mg/kg 用药可引起体重减轻、中性粒细胞减少和精神迟钝。临床应用时该药对犬和猫有毒性,包括脊髓抑制(贫血、白细胞减少、血小板减少)、流产、致畸、厌食、抑郁、共济失调、呕吐和腹泻,建议兽医人员对犬和猫要谨慎使用。阿苯达唑可制成含量为 113.6 mg/mL 的口服温悬剂和糊剂(valbazen)。

2. 氨丙啉

氨丙啉(amprolium)的抗球虫活性与其类似物硫胺素有关,因硫胺素和氨丙啉化学结构相似,氨丙啉可竞争性参与虫体硫胺素的吸收而发挥作用。若饲料中添加过量的硫胺素,氨丙啉的抗球虫效果就会受到很大影响。氨丙啉对球虫的第一代裂殖体最有效,因此对球虫病的预防效果强于治疗效果。

3. 克林霉素

克林霉素(clindamycin)当前被认为是治疗犬、猫弓形虫病首选药物。从化学结构看,克林霉素是林可霉素的同类物。药物口服给药后组织吸收良好(90%),在除中枢神经系统外的其他组织都具有广泛的分布。克林霉素能快速地通过胎盘并与血浆蛋白质发生广泛性结合。药物在肝脏代谢,主要经胆汁和尿液排泄。克林霉素通过与细菌或寄生虫核糖体的 50S 大亚基结合并阻断转肽反应而发挥作用。据报道,接受克林霉素治疗的动物有时会出现胃肠机能紊乱,已报道的人伪膜性肠炎是由难辨梭状芽孢杆菌(*Clostridium difficile*)过度生长引起的,严重者甚至会引起死亡。

克林霉素有多种兽用制剂(antirobe):片剂含量有 25、75 或 150 mg 不等,口服液含量为 25 mg/mL。同样的克林霉素制剂也可用于人(cleocin):包括 75 和 150 mg 的口服胶囊,

15 mg/mL 小儿口服悬液和含量为 150 mg/mL 的注射液。

4. 氯羟吡啶

氯羟吡啶(clopidol)是吡啶类抗球虫药,对离子载体类有抗性的虫株具有一定的活性。该药作用于球虫的子孢子阶段,可使进入宿主细胞的子孢子不能发育。该药不溶于水,但可作为饲料添加剂使用(Coyden 25)。该产品在雏鸡饲料添加量为 0.012 5%或 0.025%。该产品不能用于产蛋母鸡、大于 16 周龄的鸡或 5 d 内将屠宰的鸡。

5. 癸氧喹酯

癸氧喹酯(decoquinate)是获准用于防治鸡、牛、绵羊和山羊艾美耳球虫感染的抗球虫药。癸氧喹酯能杀灭球虫生活史中的子孢子阶段,能破坏球虫线粒体细胞色素体系的电子转动。癸氧喹酯主要是用来预防球虫病,而不是治疗球虫病。研究表明,癸氧喹酯对幼龄牛和老龄牛的牛艾美耳球虫和邱氏艾美耳球虫感染引起的球虫病具有预防作用。在球虫的感染性卵囊暴露期,按照每天 0.5 mg/kg 的剂量(敌球素,Deccox)添加于饲料中,至少连用 28 d。在青年绵羊和山羊中,按同样剂量给予癸氧喹酯可预防艾美耳球虫感染。

注意事项:癸氧喹酯禁用于产蛋鸡、繁育动物或泌乳期的牛、绵羊和山羊。添加有癸氧喹酯的配合饲料必须在加工后 7 d 用完。皂土不能用于添加癸氧喹酯的饲料中。

6. 咪唑苯脲

咪唑苯脲(imidocarb)为芳香双脒类抗原虫药,通过抑制敏感虫体的核酸代谢而发挥作用。咪唑苯脲对治疗细胞内感染的虫媒性病原体尤其有效,包括巴贝斯虫、血巴尔通氏体、埃立克体、肝簇虫(*Hepatozoon*)和胞簇属(*Cytauxzoon*)虫体。获批的产品(Imizol)是 12%咪唑苯脲注射液,可用于治疗犬巴贝斯虫病。犬的注射剂量为 6.6 mg/kg,两次用药应间隔 14 d。该药不能作静脉注射。咪唑苯脲的安全性在幼犬、繁殖犬、妊娠犬和哺乳犬中尚未证实。

7. 拉沙菌素

拉沙菌素(lasalocid)是与莫能菌素相似的一种离子载体药,由链霉素发酵产生。同其他离子载体类药物一样,药物与钠离子和钾离子形成复合物,致使虫体表膜对离子的通透性改变,并使线粒体的功能受到抑制。滋养体阶段对拉沙菌素最敏感。在离子载体类药物中,拉沙菌素毒性最小。已获准在牛、绵羊、兔和家禽中使用,用于控制球虫感染并能提高饲料效率。拉沙菌素禁用于马属动物,可能会引起致死性反应。

8. 甲硝达唑

硝基咪唑类抗生素的用途广泛,具有广谱的活性,对毛滴虫、阿米巴和贾第虫有效,也对厌氧球菌和杆菌有效。硝基咪唑的原型是甲硝哒唑(metronidazole),是治疗贾第虫感染的首选药物。硝基咪唑类其他药物(异丙硝哒唑、磺甲硝咪唑、尼莫唑、奥硝唑和苄硝唑)已用于控制贾第虫感染,但目前仅有甲硝达唑和磺甲硝咪唑在美国使用。没有一种硝基咪唑类药物获准用于动物。由于这类药物能引起实验室啮齿动物发生肿瘤,美国 FDA(食品药品管理局)强烈反对这类药在食品动物上使用。

甲硝哒唑(flagyl)的胃肠道吸收好,蛋白结合降低,体内分布广泛。甲硝哒唑进入靶细胞后,与原虫的 DNA 相互作用,引起 DNA 的双螺旋结构丧失和 DNA 链破坏。该药主要在肝脏代谢,药物总量的 50%在人的肝转化而排泄。因为药物间的相互作用,使用甲氰咪胍或镇静安眠剂的患者需要调整剂量。高剂量使用甲硝哒唑可出现毒性,神经毒性包括共济失调、眼球震颤、抽搐、发抖和虚弱等。

许多研究证明，甲硝哒唑能有效治疗贾第虫病，但其疗效不到100%。

9. 莫能菌素

莫能菌素(monensin)是由肉桂地链霉菌(*Streptomyces cinnamonensis*)的发酵产物产生的一种抗生素，具有抗球虫活性，可用于牛、山羊、禽和鹌鹑。该药与宿主和虫体的钠、钾形成离子载体，当虫体的线粒体膜受影响时，导致钾和钠离子透过膜。马和珠鸡饲喂添加莫能菌素的饲料会引起死亡。

10. 那拉霉素

那拉霉素(narasin)是由金色链霉菌(*Streptomyces aureofaciens*)产生的离子载体类抗球虫药，其结构与盐霉素相似，仅用于肉鸡的饲料添加剂(monteban)。每吨饲料的药物添加量为54～73 g，可预防由毒害艾美耳球虫、柔嫩艾美耳球虫、堆形艾美耳球虫、布氏艾美耳球虫、变位艾美耳球虫和巨型艾美耳球虫引起的球虫病。宰杀前无休药期。该药不宜用于产蛋鸡。成年火鸡、马、小型马摄食该药会致命。

11. 尼卡巴嗪

尼卡巴嗪(nicarbazin)为人工合成的抗球虫药，对柔嫩艾美耳球虫、堆形艾美耳球虫、巨型艾美耳球虫、毒害艾美耳球虫和布氏艾美耳球虫引起的盲肠和小肠球虫病有预防功效。其作用机制尚不清楚。该产品制成的25%饲料添加剂(nicarb)，获准以0.012 5%的比例用于肉鸡的饲料中。该产品禁用于4 d内屠宰鸡或产蛋鸡。尼卡巴嗪对治疗球虫病无效，对幼龄鸡的生长有抑制作用。

12. 硝唑尼特

硝唑尼特(nitazoxanide)是一种重要噻唑类抗原虫药，作用谱广，对多种寄生虫、原虫和病毒病均有效。在人医上该药(alinia)获准用于治疗幼儿和成人的贾第虫和隐孢子虫感染。该药对马的神经住肉孢子虫(*Sarcocystis neurona*)有治疗效果，该虫可引起马的原虫性脑脊髓炎(EPM)。由硝唑尼特制成的即用型糊剂(navigator)可以每天使用，连用28 d，用药程序是先按25 mg/kg使用5 d，随后按50 mg/kg使用23 d。因为硝唑尼特具有广谱抗菌活性，经口给药可破坏胃肠道的微生物菌群，这种影响的发生率与给马口服抗生素后的结果没有差异。药物活性成分能引起虫体死亡，所以使用硝唑尼特糊剂后马原虫性脑脊髓炎复发恶化的比率低于1%。

navigator的用量应根据马的准确体重来决定。该药使用后可引起体温骤升、暂时性厌食和神经状态的暂时性恶化。这些影响可能是中枢神经系统虫体死亡引起的反应。该药不宜用于小于1岁的马，以及患病或体弱马。

近期研究表明，密集训练会使青年马原虫性脑脊髓炎发病风险增高，使用硝唑尼特有预防EPM的效果，该研究的给药剂量是11.36 mg/kg，每周用药2 d。

13. 泊那珠利

泊那珠利(ponazuril)是获准用于治疗由神经住肉孢子虫引起的马原虫性脑脊髓炎(EPM)的抗原虫药。该产品的验证剂量为5和10 mg/kg，获准使用剂量为5 mg/kg，每天口服，连用28 d。在药物治疗的临床研究中，由主治兽医作出的判断为54%的EPM患马临床症状至少改善了一个等级，而按10 mg/kg给药，58%的EPM患马临床症状至少改善了一个等级。在7匹马的小范围研究中，用5 mg/kg剂量口服治疗，所有7匹马的症状均得到改善。安全性试验证明，按10 mg/kg或更大剂量给药可产生暂时性粪便松软。

14. 氯苯胍

氯苯胍(robenidini)是一种类似胍类的化学合成的抗球虫药,是一种经历球虫抗药性虫株发展史的老牌抗球虫药,但今天仍可用于具有离子载体类抗药性虫株的治疗。氯苯胍制成的饲料添加剂(Robenz)仅用于肉鸡,该产品按每吨饲料 30 g 的添加量给予,可用于预防由变位艾美耳球虫、柔嫩艾美耳球虫、堆形艾美耳球虫、巨型艾美耳球虫、毒害艾美耳球虫和布氏艾美耳球虫引起的球虫病。该药禁用于产蛋母鸡或 5 d 内宰杀的鸡。如果不按休药期停药,肉和蛋会有一种难闻的味道。

15. 盐霉素

盐霉素(salinomycin)是进入美国市场的第 3 种离子载体类抗球虫药,为白色链霉菌(*Streptomyces albus*)的发酵产物,主要作用于球虫的子孢子阶段。盐霉素作为一种饲料添加剂(Bio-Cox)使用,主要用于肉鸡、小母鸡和鹌鹑,按每吨饲料 40~60 g(鹌鹑每吨饲料 50 g)的添加量,可用于预防由柔嫩艾美耳球虫、堆形艾美耳球虫、巨型艾美耳球虫、毒害艾美耳球虫、布氏艾美耳球虫和变位艾美耳球虫引起的鹌鹑球虫病。盐霉素禁用于产蛋鸡,宰杀前无休药期。该药对成年火鸡或马饲喂可能有致死性。

16. 森杜霉素

森杜霉素(semduramicin)是由玫瑰红马杜拉放线菌(*Actinomadura roseorufa*)发酵产生的离子载体类抗球虫药。作为饲料添加剂使用的森杜霉素产品(Aviax)仅用于肉鸡。按每吨饲料 22.7 g 的添加量,用于预防柔嫩艾美耳球虫、堆形艾美耳球虫、巨型艾美耳球虫、毒害艾美耳球虫、布氏艾美耳球虫和变位艾美耳球虫引起的球虫病。产蛋鸡和 5 d 内宰杀的肉鸡禁用。

二、磺胺类药

磺胺类药物(sulfonamides)可用于治疗小动物球虫病,治疗大动物球虫病也非常有效,但缺乏该方面的资料,有两个关键研究支持周效磺胺(sulfamethoxine)和磺胺胍(sulfaguanidine)抗球虫的应用。然而在美国这两种药都不再使用。有经验的临床医生很容易用现有的磺胺类药物来替代它们使用获得满意治疗效果。在美国常用的磺胺药和强效磺胺类药有:磺胺氯哒嗪(Vetisulid)、磺胺二甲氧嘧啶(Albon)、磺胺二甲氧嘧啶+奥美普林(Primor)、磺胺嘧啶+乙胺嘧啶(ReBalance)、磺胺嘧啶+磺胺甲噁唑+甲氧苄氨嘧啶的复方制剂(Bactrim,Septra)和磺胺喹噁啉。

磺胺类药物是对氨基苯甲酸(PABA)的结构类似物,因而可与 PBAB 竞争二氢叶酸合成酶,阻碍二氢叶酸的合成,叶酸是 RNA 和 DNA 合成所必需的。磺胺类药物通过减少蛋白质的合成、代谢和病原体的生长而发挥抑制作用。已经研发出了大量磺胺类药物,但大多数磺胺药随着时间的流逝已退出市场。药物间的最大差别是它们的溶解性、药效持久性和对病原体的活性。磺胺类药物性能方面都较理想,如溶解充分,给药方便,作用谱广等。磺胺类药物主要对球虫裂殖体有效,因此,要想有效阻断球虫的生活史,需要延长治疗时间。

二氨基嘧啶增效剂(甲氧苄氨嘧啶、奥美普林、乙胺嘧啶)与磺胺类药物配合,通过阻断叶酸合成的下一步(二氢叶酸还原酶)而发挥作用。这类药物是二氢叶酸还原酶的高度选择性抑制剂,通过阻断叶酸合成而使药物活性显著增强,是药物增效的经典案例。

磺胺类药物呈弱酸性，在胃肠道能很好地被吸收（磺胺喹噁啉除外），在机体内分布广泛。磺胺二甲嘧啶和磺胺甲基异噁唑具有很强的血清蛋白结合力，从而可以减弱机体的清除和延长药物的半衰期，药物经肝代谢后由肾排除。甲氧苄氨嘧啶、奥美普林和乙胺嘧啶在胃肠道吸收良好，分布广泛，随后被羟基化由泌尿道排出。

磺胺药在兽医临床上具有很长的用药史，可引起动物一系列的毒性和异质性反应。磺胺药最常见并可避免的毒副作用是在泌尿道发生结晶，形成次级结晶尿、血尿，导致泌尿器官的阻塞。最近人医的多篇综述表明，现代制剂中提高磺胺药的溶解性可能大大降低结晶形成的风险，不过，这仍然需要在磺胺药治疗期间确保动物能摄入足够的水，并发生适当的水合作用。人医文献指出磺胺类药物可能有直接的肾毒性。据报道，磺胺药治疗也可引起造血功能障碍（如血小板减少和白细胞减少）。尤其是用磺胺喹噁啉治疗幼犬球虫病时，有时会出现低凝血酶血症、大出血甚至死亡。

人和动物常出现的异质性反应是一种免疫介导现象，包括过敏反应、药物性发热、风疹、非化脓性多发性关节炎、局灶性视网膜炎和肝炎。幸运的是，当磺胺类药物按照推荐剂量使用，且用药期不超过 2 周时，这些毒性反应发生的比率很低。

目前，有 4 种磺胺类药物可用于小动物医疗，它们是磺胺二甲氧嘧啶、磺胺二甲氧嘧啶＋奥美普林、磺胺嘧啶＋甲氧苄氨嘧啶、磺胺甲基异噁唑＋甲氧苄氨嘧啶。可用于家畜的是磺胺二甲基嘧啶＋磺胺喹噁啉。磺胺嘧啶和乙胺嘧啶制成的复方制剂（ReBalance）获准用于治疗马属动物的 EPM。

1. 磺胺二甲氧嘧啶

磺胺二甲氧嘧啶（sulfadimethoxine）吸收快、持续作用时间长，在犬体内不能乙酰化，以原型形式从尿液排出。磺胺二甲氧嘧啶获准用于治疗犬、猫、牛、鸡和火鸡的球虫病，也用于马腺疫的治疗。该药安全范围宽，犬按每天 160 mg/kg 多次口服，连用 13 周没有中毒症状。犬按 16 mg/kg 单剂量一次口服仅有腹泻症状。

所有用磺胺药治疗的动物都需要摄入足够的水，这点很重要，可防止动物脱水和尿结晶。在球虫病治疗期间也要给足够营养。磺胺二甲氧嘧啶已制成 40％注射剂（Albon），125、250 和 500 mg 的片剂，5％适口的悬浮液，12.5％口服液、口服丸和缓释丸。

牛和马：该药推荐的首日使用剂量为 55 mg/kg，口服给药、皮下或静脉注射给药，随后按 27.5 mg/kg 每天口服一次，连用 4 d。给牛使用缓释丸时，每 100 kg 体重口服一粒 12.5 g 的缓释丸，最后一次用药后 60 h(5 次挤奶)内的奶要废弃。屠宰前 7 d 内禁用。不同药物剂型的用药量和休药期存在差异，所以获批药物标签上的准确用量和休药期信息有待商榷。

2. 磺胺二甲氧嘧啶＋奥美普林

磺胺二甲氧嘧啶＋奥美普林（sulfadimethoxine with ormetoprim）配伍合理，可阻断叶酸合成过程中连续的两个步骤而增强药物的作用。奥美嘧啶为二氨基嘧啶增效剂，对哺乳动物毒性很低。使用片剂磺胺二甲氧嘧啶＋奥美普林的含量分别为 100/20、200/40、500/100 或 1 000 mg/200 mg。片剂是按每一片药中有效成分的总量命名的，如 Primor 120 含有 100 mg 磺胺二甲氧嘧啶和 20 mg 奥美普林。该药在犬推荐的治疗量为首日口服 55 mg/kg，随后按 27.5 mg/kg 的剂量每天口服一次，连用 12～14 d，但不要超过 21 d。

家禽用复方药的饲料添加剂（RofenAid40）治疗，鸡饲料中按 0.012 5％磺胺二甲氧嘧啶和 0.007 5％奥美普林、火鸡按 0.006 25％磺胺二甲氧嘧啶和 0.003 75％奥美普林，鸭按 0.05％

磺胺二甲氧嘧啶和 0.03%奥美普林、石鸡按 0.012 5%磺胺二甲氧嘧啶和 0.007 5%奥美普林的用量给药。屠宰前 5 d 内禁用，产蛋禽（供人食用）不宜用该药。

3. 磺胺嘧啶＋乙胺嘧啶

磺胺嘧啶和乙胺嘧啶（sulfadiazine with pyrimethamine）联合应用也合理，已获批用于治疗马属动物由神经住肉孢子虫引起的马原虫性脑脊髓炎（EPM）。市场提供的口服混悬剂每毫升含 250 mg 磺胺嘧啶和 12.5 mg 乙胺嘧啶。允许使用的口服剂量是每 100 kg 体重 8 mL，每天用药一次。其疗程取决于机体对治疗的临床反应，一般疗程为 90～270 d。

治疗期间应关注马神经机能的恶化即治疗风险，该情况往往发生在治疗的前 5 周，有些马会发生贫血、白细胞减少症或骨髓机能抑制。需要说明的是，在马日粮中补充叶酸会干扰药物治疗效果。

4. 磺胺嘧啶＋甲氧苄氨嘧啶

磺胺嘧啶和甲氧苄氨嘧啶（sulfadiazine with trimethoprim）配伍成增效磺胺，在兽医临床已用许多年。该药是多年来唯一获批用于动物的增效磺胺制剂。甲氧苄氨嘧啶是二氨基嘧啶的增强剂，对哺乳动物毒性很低。

制药商建议，对肝有明显损害、恶血质或对磺胺类药物敏感的动物，不要使用该产品。马可用口服糊剂（Tribrissen）治疗，该制剂每克含 333 mg 磺胺嘧啶和 67 mg 甲氧苄氨嘧啶，获批的使用剂量为每 68 kg 体重用 5 g 糊剂，每天用药一次，连用 5～7 d。马用注射剂每毫升含有 400 mg 磺胺嘧啶和 80 mg 甲氧苄氨嘧啶（Tribrissen 48% injection）。

5. 磺胺二甲氧嘧啶

磺胺二甲氧嘧啶（sulfamethazine）钠可经水（Sulmet）或口服药丸（Sulfa-Max，Sulmet）给药，用于防治牛、猪、鸡和火鸡球虫病。常用剂量首日首次 237 mg/kg，随后每天按 123 mg/kg，连用 4 d，共 5 d。牛用的一种缓释丸（Sustain Ⅲ），3 d 能释放 32.1 g 磺胺二甲氧嘧啶。牛每 90 kg 体重用一丸。用药期间，要给动物大量饮水，食品动物按推荐的休药期执行。

6. 磺胺甲基异噁唑＋三甲氧苄氨嘧啶

磺胺甲基异噁唑和三甲氧苄氨嘧啶（sulfamethoxazole with trimethoprim）的复方制剂是获批用于人的药物（Bactrim，Septra），至今还没批准在动物上使用。因该复方与兽医上用的增效磺胺药具有相似性，且通常价格较低，所以该药在兽医上广泛应用。该贴着人用标签的药物对动物的合适用量存在一定争议，但许多临床兽医按与磺胺嘧啶相同剂量使用也能取得满意的临床效果。

磺胺甲基异噁唑和三甲氧苄氨嘧啶可按 5∶1 比例制成复方片剂和小儿用混悬液。现用的单倍量片剂中磺胺甲基异噁唑和三甲氧苄氨嘧啶的含量分别为 400 和 80 mg，双倍量片剂分别为 800 和 160 mg。犬和猫针对细菌性感染和球虫病的用量为 30 mg/kg，每天一次或两次，连用 14～21 d，该剂量也可用于严重的球虫感染。

7. 磺胺喹噁啉

磺胺喹噁啉（sulfaquinoxaline）是获批用于鸡、火鸡和牛球虫药预防和治疗的磺胺类药物，该药在胃肠道不易吸收。磺胺喹噁啉可经水给药（Sul-Q-Nox）。按标签用药，牛每天 13 mg/kg，鸡每天 10～45 mg/lb。火鸡每天 3.5～45 mg/lb。牛用连续用药 3～5 d，鸡和火鸡为 2～3 d。每天配药成为新鲜的水溶液。该药禁用于泌乳期的牛或肉用小牛，宰前 10 d 禁用。

第四节　抗蠕虫药

随着伊维菌素使用的广泛，并出现其他大环内酯类药物。制药企业已停产了许多用过的抗蠕虫药，如敌敌畏（Task 胶囊）和乙胺嗪（Filaribits）。胃肠道寄生虫是最常见的寄生虫。在寄生虫流行情况的研究中，美国和哥伦比亚特区的犬普遍存在内寄生虫，感染蛔虫的有犬弓首蛔虫，钩虫中有犬钩口线虫或毛尾线虫中的狐毛首线虫。美国西南部的犬有一半至少感染一种重要线虫，这些虫体不仅危害犬的健康，而且有些是人兽共患病的病原体。现将已获 FDA 批准且在市场上能买到的抗蠕虫药按通用名归类并分组介绍。

一、大环内酯类

大环内酯类（macrocyclic lactones）抗寄生虫药对人和动物寄生虫病的控制具有革命性意义，伊维菌素是其中最知名的药物，这类药物还包括阿维菌素（avermectins）和美贝霉素（milbemycins）两大类。普遍认为，大环内酯类药物是迄今为止研发效果最好、毒性最低的寄生虫药物。这类药物都是链霉菌发酵产生的抗生素，其结构相似，具有大环样结构。起初认为药物是通过干扰（γ-氨基丁酸 GAB）介导的神经传递而发挥作用，现认为该类药对谷氨酸门控氯离子通道具有高亲和力，通过与之结合发挥作用。大环内酯类与谷氨酸受体结合可引发氯离子涌入，使寄生虫神经元超极化，阻碍正常动作电位的启动或传导，最终导致靶寄生虫麻痹和死亡。

大环内酯类药物彻底改变了寄生虫病的治疗。总体上这类药具有高效、低剂量的特点，且对宿主动物安全，具有广谱驱线虫和节肢动物活性。在药品商业流通上，大环内酯类药物有超强的竞争优势，很多传统药物，曾作为大环内酯类药的竞争者，很快退出常用药物行列，最终停产。尽管大环内酯类有以上优势，但对绦虫和吸虫无效。

1. 多拉菌素

多拉菌素（doramectin）是阿维链霉菌突变株的发酵产物，其抗虫谱与阿维菌素 B_1 相似，而该药从体内排除的半衰期为伊维菌素的 2 倍。

牛：多拉菌素（通灭，Dectomax；通灭浇泼剂，Dectomax Pour-On）具有广谱的抗牛寄生虫活性，按 0.2 mg/kg 皮下注射或按 0.5 mg/kg 外用时，能有效驱除牛棕色胃虫中的奥氏奥斯特线虫（*Ostertagia ostertagi*）和竖琴奥斯特线虫（*O. lyrata*）；捻转胃虫中的普氏血矛线虫（*Haemonchus placei*）；小型胃线虫中的艾氏毛圆线虫（*Trichostrongylus axei*）和长刺毛圆线虫（*T. longispicularis*）；蛇形毛圆线虫（*T. colubriformis*）；小肠线虫中的肿孔古柏线虫（*Cooperia oncophora*）、点状古柏线虫（*C. punctata*）、栉状古柏线虫（*C. pectinata*）和茹拉巴德古柏线虫（*C. surnabada*）；钩虫中的牛仰口线虫（*Bunostomum phlebotomum*）；肠线虫中的乳突类圆线虫（*Strongyloides papillosus*）；结节虫中的辐射食道口线虫（*Oesophagostomum radiatum*）、毛尾属线虫；肺线虫中的胎生网尾线虫（*Dictyocaulusviviparus*）；眼虫中的吸吮属（*Thelazia*）线虫；牛皮蝇幼虫中的牛皮蝇（*Hypoderma bovis*）和纹皮蝇（*H. lineatum*）；螨类中的牛痒螨（*Psoroptes bovis*）、疥螨（*S. scabiei*）；吸血虱中的牛血虱（*Haematopinus eurysternus*）、牛颚虱（*Linognathus vituli*）和水牛盲虱（*Solenopotes capillatus*）。此外，多拉菌素有抗嗜人锥蝇蛆（*Cochliomyia hominivorax*）的活性，而其他大环内酯类药物却没有。多拉菌素注射剂在屠宰

前 35 d 应停药。多拉菌素制成的浇泼剂对牛虱(*Damalinia bovis*)和牛足螨(*Chorioptes bovis*)也有驱杀效果。牛在屠宰前 30 d 禁用注射剂,屠宰前 45 d 禁用浇泼剂。

2. *伊普菌素*

伊普菌素(eprinomectin)是第 2 代大环内酯类药物,由发现伊维菌素的同类链霉菌产生的阿维菌素 B_1 合成而来。有广谱活性,制成了方便使用的浇泼剂,在肉和乳中无残留。因此它成为唯一可用于泌乳期奶牛的大环内酯类药物。

3. *伊维菌素*

伊维菌素(ivermecin)是第一个商品化的大环内酯类药物,阿维菌素是由阿维链霉菌的发酵液分离而来,它的抗螨虫活性的发展源于用放线菌液治疗 *N. dubius* 感染的小鼠。它对许多线虫和节肢动物寄生虫有效,对犬恶丝虫幼虫有特效,但对其成虫效果不佳。对寄生于牛肠道的细颈线虫,如微黄细颈线虫敏感性最低,驱虫效力仅为 85%。牛、羊、马推荐使用量为 0.2 mg/kg,猪为 0.3 mg/kg。据报道,伊维菌素可用于驱除多种宿主动物 300 种以上的寄生虫。

对妊娠大鼠、小鼠和兔子在母毒剂量或接近该剂量会导致胎儿畸形,按 4 倍推荐量使用对妊娠牛、羊和犬的胎儿不会产生致畸作用。虽然伊维菌素对水生动物毒性高,但它可与土壤黏合而降低伊维菌素的浓度,对环境质量不会产生影响。它对小鼠的急性口服 LD_{50} 为 11.6～87.2 mg/kg,对大鼠为 42.8～52.8 mg/kg。为期 14 周的研究表明,按 0.4 mg/kg 量使用对大鼠无毒副作用。

以前认为伊维菌素通过干扰 GABA 介导神经传递来发挥作用,现在认为它对谷氨酸门控氯离子通道具有高亲和力。它可与谷氨酸受体结合,引发氯化物流入,使虫体神经元发生超极化,阻碍正常动作电位的启动或传导,导致靶寄生虫麻痹和死亡。伊维菌素通过同样的方式抑制节肢动物神经肌肉接头处的信号传导,导致线虫和节肢害虫麻痹死亡。

马:伊维菌素(Eqvalan 糊剂或液体剂型)对马的寄生线虫和节肢动物寄生虫具有广谱的驱虫活性,口服剂量为参照体重使用为 0.2 mg/kg。它用于治疗和预防大型圆线虫,包括马圆线虫(*Strongylus equinus*)的成虫;普通圆线虫(*S. vulgaris*)在动脉的移行期幼虫和成虫;无齿圆线虫(*S. edentatus*)的成虫和组织移行期虫体;三齿属(*Triodontophorus*),包括短尾三齿线虫(*T. brevicauda*)、锯齿三齿线虫(*T. serratus*)和锐尾盆口线虫(*Craterostomum acuticaudatum*)的成虫;小型圆线虫,包括对苯并咪唑类化合物有抗药性的种类,如冠环属(*Coronocyclus*)线虫包括冠环线虫(*C. coronatus*)、大唇片冠环线虫(*C. labiatus*)、小唇片冠环线虫(*C. labratus*);盅口属(*Cyathostomum*)的成虫和第 4 期幼虫,包括碗形盅口线虫(*C. catinatum*)、碟状盅口线虫(*C. pateratum*);杯环属(*Cylicocyclus*),包括突出杯环线虫(*C. insigne*)、细口杯环线虫(*C. leptostomum*)、鼻形杯环线虫(*C. nassatus*)和短口囊杯环线虫(*C. brevicapsulatus*);双冠属线虫(*Cylicostephanus*);杯冠属(*Cylicodontophorus*),包括小杯杯冠线虫(*C. calicatus*)、高氏杯冠线虫(*C. goldi*)、长伞杯冠线虫(*C. longibursatus*)和微小杯冠线虫(*C. minutus*);杯状彼杜洛线虫(*Petrovinema poculatum*);马尖尾线虫(*Oxyuris equi*)的成虫和第四期幼虫;马副蛔虫(*Parascaris equorum*)的成虫和幼虫;毛圆线虫中艾氏毛圆线虫的成虫;胃线虫中蝇柔线虫(*Habronema muscae*)的成虫;胃蝇中肠胃蝇(*Gasterophilus intestinalis*)和鼻胃蝇(*G. nasalis*)的幼虫;肺线虫中安氏网尾线虫(*Dictyocaulus arnfieldi*)的成虫和第 4 期幼虫;韦氏类圆线虫(*Strongyloides westeri*);柔线虫(*Habronema*)和德拉希线虫(*Draschia*);颈盘尾丝虫(*Onchocerca cervicalis*)。治疗马偶尔会因虫体抗原的大量释放而发生水肿。

伊维菌素按推荐量3倍给药时,马可表现出良好的耐受性。妊娠母马在体内胎儿的器官形成期经口以0.6 mg/kg给药,仍能产出正常健康驹。且该剂量对种公马的性行为和精液质量均无影响。可用于各年龄段的马,包括妊娠期各阶段母马及繁殖用公马。

4. 美贝霉素肟

美贝霉素肟(milbemycin oxime)是FDA批准的第2个大环内酯类药物,是吸水链霉菌金泪亚种(*Streptomyces hygroscopicus* subsp. *aureolacrimosis*)的发酵产品,与伊维菌素化学结构相同,作用机理相同。

同伊维菌素一样,美贝霉素肟也能杀灭恶丝虫的微丝蚴,并能抑制新微丝蚴释放。因此,每月进行心丝虫预防的犬应做恶丝虫成虫抗原检测。美贝霉素肟按每天1~2 mg/kg量连用60~90 d,能有效治疗对双甲脒有抗性的犬蠕形螨,按1 mg/kg量隔日口服给药,连用10~14 d对犬疥螨也有很好效果。若按0.5~1 mg/kg量每周一次,持续3周使用美贝霉素肟,对鼻螨中的犬拟肺刺螨有效,但该方案未获FDA批准。

5. 莫西菌素

莫西菌素(moxidectin)是由蓝灰链霉菌(*Streptomyces cyaneogriseus noncyanogenus*)发酵产生的半合成的抗生素,与伊维菌素具有相同的活性和安全范围。

马:莫西菌素2%凝胶(Quest Gel)口服给药0.3 mg/kg能有效驱除下列虫体:大型圆线虫中普通圆线虫的成虫和第4、5期幼虫,无齿圆线虫成虫和组织期幼虫,短尾三齿线虫和锯齿三齿线虫的成虫;小型圆线虫中盅口属线虫[包括碗卡提盅口线虫(*C. catinatum*)和(*C. pateratum*)],杯冠属线虫(包括*C. calicatus*、*C. goldi*、*C. longibursatus*和*C. minutur*),杯环属线虫(包括*C. insigne*、*C. leptostomum*、*C. nassatus*和*C. radiatus*),冠环属线虫(包括*C. coronatus*、*C. labiatus*、*C. labratus*、*Gyalocephalus capitatus*和*P. petrolatu*);马副蛔虫的成虫和第4期幼虫、马蛲虫;毛线虫中的艾氏毛圆线虫成虫和胃虫中蝇柔线虫和胃蝇幼虫(如肠胃蝇和鼻胃蝇的幼虫)。莫西菌素对成囊的小型圆线虫特别有效。该药对繁殖期、妊娠期、泌乳阶段的母马以及6月龄以上的马驹安全。

6. 赛拉菌素

赛拉菌素(selamectin)是一种新型体内外寄生虫杀虫剂,由多拉菌素半合成修饰改造而来。该药是第一个具有抗犬体内外寄生虫活性的大环内酯类药物,对柯利牧羊犬无毒性。

赛拉菌素外用液可以用于防治多种外寄生虫,包括猫栉首蚤(*Ctenocephalides felis*)和犬耳痒螨。该药获批用于防治犬的疥螨和美洲犬蜱(*D. variabilis*)。药物在预防犬、猫的恶丝虫方面尤其突出,但不能清除微丝蚴。虽未获批准,但赛拉菌素对犬弓首蛔虫也有效。该药也用于防治猫的管形钩口线虫和猫弓首蛔虫。赛拉菌素外用液作用方便、药效确凿、对犬和猫安全范围广。

二、苯并咪唑类

苯并咪唑类(benzimidazoles)广泛用于多种动物的广谱驱虫药。噻苯咪唑是发现的第一种苯并咪唑类药物。30多年前进入市场之初,显示出广谱性和对宿主动物的高度安全性,以后相继发现了几种对苯并咪唑类药物有抗性的寄生虫。

传统观点认为苯并咪唑类药物能与微管蛋白分子结合,抑制微管形成。苯并咪唑类药对线虫微管蛋白的亲和力要比哺乳动物微管蛋白高得多，从而产生抗寄生虫的选择性活性。也有证据表明，苯并咪唑类药也能抑制延胡索酸还原酶，阻断线粒体功能，使寄生虫失去能量，最终死亡。

苯并咪唑药难溶于水，大多经口给药。该类药对马和反刍动物更有效，因药缓慢通过盲肠和瘤胃。这类药按剂量分次服用往往能延长药物与寄生虫的接触时间，提高药效。苯并咪唑类药中有两个主要药物（阿苯达唑和奥芬达唑）已发现能致畸，因而限制其在妊娠动物中的使用。非班太尔并非苯并咪唑类药，而是苯并咪唑类前体驱虫剂，但其在体内能代谢为苯并咪唑，因此该药与其他苯并咪唑药在药效和作用机制方面相似。

1. 阿苯达唑

阿苯达唑（albendazole）是最新的苯并咪唑类药，具有更广谱的驱蠕虫活性，按药物说明书给药对牛安全范围广。该药抗虫谱广，对家畜、伴侣动物和人的胃肠道线虫、肺线虫（包括滞育期幼虫）、绦虫、寄生于肝和肺的吸虫均有很好的驱虫效果。商品名肠虫清（Zentel）在国外用于治疗人的肠道蠕虫感染、棘球蚴病和囊尾蚴病。

牛：牛用有口服的糊剂和混悬剂（valbazen），按 10 mg/kg 量给药，用以防治多种内寄生虫的成虫和幼虫，包括捻转胃虫中的捻转血矛线虫和普氏血矛线虫，棕色胃虫中奥氏奥斯特线虫，艾氏毛圆线虫的成虫和滞育的第 4 期幼虫，蛇形毛圆线虫，肠道细颈线虫中的钝刺细颈线虫和微黄细颈线虫，小型的点状古柏线虫、肿孔古柏线虫和茹拉巴德古柏线虫，钩虫中的牛仰口线虫，结节虫中的辐射食道口线虫，肺线虫中的胎生网尾线虫，绦虫如贝氏莫尼茨绦虫和扩张莫尼茨绦虫，肝吸虫中的肝片吸虫的成虫。

该药对健康牛和感染牛单一和重复给药的安全性评估表明，一次给药量达 75 mg/kg 时能很好耐受，对妊娠初期 7～17 d 的母牛给药量为 25 mg/kg 时具有胚胎毒性。母牛在妊娠初期第 21 天用药，其受孕率与对照组相当，所有母牛都产出正常犊。在美国，牛用该药治疗后 27 d 内不能屠宰，该药也不能用于繁殖期泌乳奶牛，药物说明书警示，该药不能用于妊娠初期 45 d 内的怀孕母牛。

2. 非班太尔

非班太尔（febantel）属苯并咪唑类前体药物，能在体内转变成芬苯达唑和奥芬达唑而成为真正的抗寄生虫药。该药在小鼠、大鼠和犬的急性口服中毒剂量大于 10 000 mg/kg，按每天 150 mg/kg 服药 6 d，在犬、猫出现暂时性流涎、腹泻、呕吐和厌食症状。非班太尔没有单独使用的制剂，而是将非班太尔与吡喹酮和噻嘧啶制成复方制剂使用。

3. 芬苯达唑（fenbendazole）

芬苯达唑商业上成功的苯并咪唑药，用于各种家畜。该供给对大鼠和小鼠口服 LD_{50} 大于 10 000 mg/kg。芬苯达唑对小鼠、绵羊和牛无胚胎毒性或致畸作用，对兔胎儿有毒性但不致畸。对小鼠和大鼠用药后的一生观察，未发现药物的致癌作用。犬在为期 6 个月的毒性试验，4 mg/kg 及以下剂量未见任何影响。

芬苯达唑进入机体至少转化为两个活性代谢产物：奥芬达唑亚砜和奥芬达唑砜。在反刍动物，药物能经过肠肝循环延长其有效血药浓度。该药驱虫广谱，对牛、绵羊、山羊和马的胃肠线虫、肺线虫和绦虫均有效，也能有效地驱除犬、猫和多种动物园动物的多种寄生蠕虫。芬苯达唑在美国获批用于控制马、牛、犬和动物园动物的寄生蠕虫感染。

马：芬苯达唑有悬浮液、颗粒剂或膏剂，按 5 mg/kg 量经口给药，可用于防治马的大型圆线虫，如普通圆线虫、无齿圆线虫、马圆线虫和三齿属线虫、小型圆线虫（如盅口属、冠环属、杯冠属和双冠属线虫）和马蛲虫。驱除马副蛔虫的推荐量为 10 mg/kg，该量用于妊娠母马、公马和驹很安全。对普通圆线虫第 4 期幼虫的防治可采用每天 10 mg/kg，连用 5 d，但该用量未获批准。

4. 奥芬达唑

奥芬达唑（oxfendazole）在美国批准用于牛的广谱苯并咪唑类驱虫药。反刍动物体内代谢为奥芬达唑砜和芬苯达唑，其主要的抗蠕虫作用仍源于母体药物。比格犬口服 LD_{50} 超过 1 600 mg/kg，大鼠和小鼠口服 LD_{50} 超过 6 400 mg/kg。

牛：奥芬达唑混悬液按 2.5 mg/kg 灌服，获准用于肉牛和非泌乳期的牛。该药能有效驱除肺丝虫如胎生网尾线虫，捻转胃虫中的捻转血矛线虫和普氏血矛线虫，小型胃线虫中的艾氏毛圆线虫，棕色胃虫如奥氏奥斯特线虫，结节虫如辐射食道口线虫，钩虫中的牛仰口线虫，小型肠道线虫中的点状古柏线虫、肿孔古柏线虫和麦氏古柏线虫（*C. mcmasteri*），绦虫中的贝氏莫尼茨绦虫。治疗后 7 d 内的牛不能屠宰。因为尚未制定乳方面休药期，因此，奥芬达唑不要用于繁殖期乳牛。

5. 奥苯达唑

奥苯达唑（oxibendazole）是一种广谱苯并咪唑类药物，能有效驱除对苯并咪唑有抗药性的小型圆线虫。该药对豚鼠、仓鼠、兔的急性口服 LD_{50} 大于 10 000 mg/kg，小鼠的急性口服 LD_{50} 大于 32 000 mg/kg。牛、绵羊、小型马按 600 mg/kg 一次口服均表现良好耐受，大鼠和犬按每天 30 mg/kg 连续给药 3 个月未见不良反应。该药在大鼠、小鼠、绵羊、牛、马中未见致畸性和胚胎毒性。

马：该药的糊剂或混悬液按 10 mg/kg 口服给药，用于马防治大型圆线虫和普通圆线虫、无齿圆线虫、马圆线虫、三齿属线虫，小型圆线虫如盅口属、杯环属、杯冠属、双齿属、辐首属线虫，蛔虫中马副蛔虫以及马蛲虫。该药治疗韦氏类圆线虫的量必须提高到 15 mg/kg。奥苯达唑对胃蝇幼虫无效，但能高效驱杀对苯并咪唑有抗药性的盅口线虫。

6. 噻苯达唑

噻苯达唑（thiabendazole）发现于 1961 年，从此进入广谱驱蠕虫药的时代。作为首个使用的苯并咪唑类药物，噻苯达唑十分安全，大鼠的急性口服 LD_{50} 为 3 100 mg/kg。噻苯达唑用于绵羊、山羊、牛、马、猪和其他动物，能有效驱除线虫成虫和某些线虫的幼虫，并能抑制线虫卵的胚胎形成。该药对真菌和螨类也有效。该药也可用于各年龄段的动物，对妊娠和体弱动物也可使用。该药曾经有很多专有名称的各种剂型（悬浮液、丸剂、糊剂、营养砖、催肥丸）。但在美国市场上，只有一种剂型，即用于耳朵的噻苯达唑复方制剂（Tresaderm），该制剂对犬和猫的耳痒螨有效。

三、咪唑并噻唑类

1. 四咪唑

四咪唑（驱虫净）发现于 1966 年，为首个咪唑并噻唑类药物（imidazothiazoles）。其实四咪唑是两个旋光异构体的消旋混合物，只有其中的左旋异构体（左旋咪唑）有驱虫活性，后来将活性在左旋异构体发展为左旋咪唑。在这类驱虫药中，目前只有左旋咪唑仍在市场上使用。咪唑并噻唑类药物具有烟碱激动剂活性，通过干扰神经肌肉系统导致虫体痉挛和麻痹。无脊椎动物寄生虫的烟碱型乙酰胆碱受体是神经功能活动的基础，但在哺乳动物体该受体的生理机能和分布不同。咪唑并噻唑类药物也能干扰虫体延胡索酸还原体系，该体系在线粒体能量生成中发挥重要的作用。

2. 左旋咪唑

左旋咪唑(levamisole)经口给药(丸剂和灌服剂)或注射给药，用于牛、绵羊、猪的胃肠道线虫和肺线虫的防治。13.6%或18.2%磷酸左旋咪唑液是牛的皮下注射液。该药对大鼠、小鼠的口服 LD_{50} 分别为480和210 mg/kg。有些绵羊按80 mg/kg口服四咪唑可引起死亡。该药的皮下注射比口服给药毒性更大。低剂量给药时可能出现胆碱能中毒的特征，如舐唇、流涎、流泪、摇头、共济失调、肌肉震颤。按推荐量用时，动物偶尔出现口鼻起沫、舐唇。按治疗量2倍给药时，犊会表现高度警觉、流涎、摇头、肌肉震颤。

四、四氢嘧啶类

四氢嘧啶类(tetrahydropyrimidines)主要有噻嘧啶、甲噻嘧啶和允许在美国以外地区使用的多种酚嘧啶盐。这些药物都能作为烟碱激动剂干扰虫体神经肌肉系统，引起虫体肌肉收缩和痉挛麻痹。体外试验表明，噻嘧啶比乙酰胆碱作用强100倍以上。无脊椎动物寄生虫的烟碱型乙酰胆碱受体是神经功能所必需的，但该受体在哺乳动物上的生理功能和分布似乎不同。在反刍动物体内，这些药物能迅速转化为无活性代谢物，因此，这类药物对反刍动物的用药量高于单胃动物。

1. 噻嘧啶

噻嘧啶(pyrantel)是所有四氢嘧啶类药物中应用最广的。酒石酸噻嘧啶为白色粉末，可溶于水，供马和猪使用的有粉剂和丸剂。大鼠、犬和猪对酒石酸噻嘧啶的口服吸收好，血液峰值出现在用药后2～3 h内。药物在体内代谢迅速，通过尿液排出体外。

双氢萘酸噻嘧啶为黄色粉末，不溶于水，可制成即用型的混悬剂供犬和马使用，或犬用片剂。固体形式的噻嘧啶盐很稳定，但溶于水或悬浮在水中会发生光降解，使其药效降低。双羟萘酸噻嘧啶的肠道吸收很差。

马：马用双羟萘酸噻嘧啶为糊剂或焦糖味混悬剂(strongid paste，strongid T)，按噻嘧啶6.6 mg/kg给药，来驱除大型圆线虫，如普通圆线虫、无齿圆线虫和马圆线虫，马蛲虫，马副蛔虫和盅口亚科的线虫，包括对苯并咪唑类有抗性的虫体。噻嘧啶按13.2 mg/kg一次口服给药，对叶状裸头绦虫有98%的驱虫效果，但该量未获批准。

酒石酸噻嘧啶(strongid C)按2.6 mg/kg每天连续喂服，用于预防普通圆线虫的幼虫移行，并能防治马大型圆线虫的成虫，小型圆线虫如盅口属、双冠属、杯环属、杯冠属和盂口属线虫的成虫和幼虫，马蛲虫和马副蛔虫的成虫和幼虫。噻嘧啶对各个年龄段的马和小型马，包括哺乳期、断奶期和妊娠母马都很安全，可与杀虫剂、镇静剂、肌肉松弛药和中枢神经系统抑制剂合用。

2. 酒石酸甲噻嘧啶

甲噻嘧啶是噻嘧啶的3-甲基衍生物。酒石酸甲噻嘧啶(morantel tartrate)可用于控制牛和山羊的胃肠道线虫。其急性口服 LD_{50} 在雄性小鼠为437 mg/kg，雄性大鼠为926 mg/kg。

五、环缩肽类

Emodepside是美国批准的首个环缩肽类(cyclic depsipeptides)抗动物寄生虫药，能与寄生线虫的突触前蜘蛛毒素亲和蛋白受体结合，导致虫体弛缓性麻痹而死亡。Emodepside 对哺乳动物急性毒性低或为中等毒性，大鼠的口服 LD_{50} 大于 500 mg/kg，经皮肤给药时 LD_{50} 达 2 000 mg/kg 以上。对大鼠和兔的研究表明，Emodepside 影响胎儿发育，怀孕或计划怀孕的妇女要避免直接接触本药，触摸药品时要戴一次性手套。该药制成的猫用皮肤浇泼剂（滴即乐，Profender）含 1.98% Emodepside 和 7.94%吡喹酮，预充式涂药器最低给药量为含 3 mg/kg 的 Emodepside 和 12 mg 的吡喹酮，活性成分迅速经皮肤吸收后进入全身循环，然后作用于胃肠道靶寄生虫。该药能有效驱除猫弓首蛔虫的成虫和第 4 期幼虫，管形钩口线虫的成虫、未成熟虫体和第 4 期幼虫，犬复孔绦虫和带状带绦虫。用该药的浇泼剂滴即乐进行大规模临床研究证明其驱虫效力很高。

六、哌嗪

哌嗪（piperazine）通过阻断神经递质 γ-氨基丁酸（GABA）的传导而产生神经肌肉阻滞，已表明线虫和昆虫这种受体与哺乳动物的 γ-氨基丁酸亚型相类似，但它们与脊椎动物也有显著差别。哌嗪对各种动物都十分安全，但抗虫谱较窄。哌嗪的多种盐类（如已二酸盐、盐酸盐、硫酸盐、一水化合物、柠檬酸盐、二盐酸盐）可作为猪、禽、马、犬和猫的驱蠕虫药。每种不同盐中哌嗪碱的量差别很大，已二酸盐、柠檬酸盐、磷酸盐、二盐酸盐中哌嗪含量分别为 37%、35%、42%和 50%。驱虫活性取决于在胃肠道中游离哌嗪碱的数量。哌嗪在胃肠道被迅速吸收后并很快随尿液排出体外，实际上在 24 h 内几乎能完全排出。肝肾功能不全的动物慎用哌嗪类药。哌嗪可能对肠蠕动功能不足的动物无效，因为被药物麻痹的蠕虫会在随粪便排出之前恢复活力。使得哌嗪药后偶尔可出现共济失调、腹泻和呕吐等不良反应。

哌嗪可制成片剂、溶液、可溶性粉剂等，并有很多商品名（Pipa-Tabs，Tasty Paste）。药物几乎无毒性，大鼠的口服 LD_{50} 为 4.9 g/kg，鸡为 8 g/kg，各个年龄段的动物均可使用。

马：马按 110 mg/kg 口服哌嗪碱对马副蛔虫有效，220～275 mg/kg 对普通圆线虫、马蛲虫和多种小型圆线虫也有很好疗效。马驹在 8 周龄首次给药，必要时每 4 周给药一次。

七、有机磷酸酯类

敌敌畏（dichlorvos）是有机磷杀虫剂（organophosphates），该药使乙酰胆碱酯酶磷酸化。正常情况下，释放到突触后接头的乙酰胆碱可被乙酰胆碱酯酶清除。当乙酰胆碱酯酶失活时，乙酰胆碱在突触后接头蓄积，引起连续地去极化，最终致虫体麻痹。通常情况，有机磷农药的毒性与其使宿主的乙酰胆碱酯酶的失活有关，这种毒性最好用解磷定（2-PAM）和阿托品解救。

敌敌畏是一种对多种体内外寄生虫有效的有机磷杀虫剂，药物在哺乳动物体内迅速降解，其对大鼠的急性口服 LD_{50} 为 80 mg/kg，未做成制剂的敌敌畏（树脂化）毒性较低，其 LD_{50} 达 387～1 262 mg/kg。妊娠小鼠、大鼠、兔、母猪、母马、母犬、蜂王给药后无不良反应。

注意敌敌畏不能与其他胆碱酶抑制剂、驱绦虫药、抗丝虫药、肌肉松弛药、吩噻嗪镇定剂或中枢神经系统抑制剂同时使用，阿托品和解磷定为有机磷中毒的解毒剂。

八、异喹啉酮

异喹啉酮（isoquinolones）以两个结构类似的驱绦虫药（吡喹酮和伊喹酮）为代表，是至今美国获批准使用的最安全、最高效的一类抗绦虫药。药物作用于肌肉神经接头和虫体皮层，首先导致虫体瞬间收缩和麻痹，其次是破坏有保护作用的虫体皮层，产生致死性的空泡变性。药物通过对虫体的麻痹和对皮层损害的联合效应对绦虫产生极佳的驱杀效果。

1. 吡喹酮

吡喹酮(praziquantel)是美国允许使用的首个异喹啉酮驱绦虫药，具有广泛的抗蠕虫活性，对绦虫和血吸虫的成虫和幼虫具有显著驱除效果，且对动物十分安全。大鼠能耐受每天给药量达 1 000 mg/kg，连用 4 周，犬能耐受 180 mg/kg，连用 13 周，犬和猫的不良反应包括暂时性的厌食、腹泻、共济失调、嗜睡。高剂量用药的典型症状是呕吐和流涎。口服给药有很好的生物利用度、很高的蛋白结合性。该药在肾脏和肝脏能被迅速代谢，半衰期约为 2 h，约 80% 药通过尿排出，其余通过胆汁随粪便排出。吡喹酮既不会导致胚胎毒性、畸胎、突变和致癌作用，也不会影响实验动物的繁殖性能。

马：吡喹酮虽没获批单独用于马，但可用于叶状裸头绦虫感染。马的治疗量为 1.25 mg/kg。在马吡喹酮已获批与大环内酯类联合使用。吡喹酮与非班太尔、噻嘧啶或伊维菌素等抗蠕虫药可组成复方制剂。

2. 伊喹酮

伊喹酮(epsiprantel，cestex)是美国允许使用的第 2 种异喹啉酮类驱绦虫药，小鼠和大鼠急性毒性研究表明，伊喹酮的口服最低致死量超过 5 000 mg/kg。猫按 2.75 mg/kg，犬按 5.5 mg/kg，一次口服伊喹酮的膜衣片能有效驱除下列绦虫：犬复孔绦虫、带状带绦虫、豆状带绦虫和泡状带绦虫。猫和犬分别对 100 和 200 mg/kg 药量均能很好耐受。该药与消炎药、杀外寄生虫药和其他抗蠕虫药同时使用无不良反应。伊喹酮在犬、猫消化道很少吸收，往往以药物原形随粪便排出。

注意，伊喹酮对妊娠犬、猫是否安全有待观察，该药不能用于 7 周以下的幼犬和幼猫。

九、砷制剂

重金属类如砷和锑是历史上有代表性的一类驱蠕虫药，如今这类药已经在很大程度上被更安全、更有效的寄生虫药所取代，允许用于家畜的目前仅限于一种驱除犬恶丝虫成虫的药物，其疗效取决于砷盐和巯基酶间的反应。寄生虫因酶系统的失活而导致死亡。砷对人和动物有毒，使用砷制剂时需谨慎。

美拉索明(melarsomine)：盐酸美拉索明(immiticide)是美国唯一的兽用含砷化合物，对犬恶丝虫成虫的疗效为 92%～98%。该药的肌注量为 2.5 mg/kg，两次注射间隔 3 h 或 24 h。药物在注射部位吸收快，肌注后平均 2.6 min 就有一半药物被吸收，血药浓度高峰出现在注射药物后 8 min，并迅速分布于多种组织中。药物的原形和氧化砷代谢产物随尿迅速排出，因此，在体内不会有明显的生物累积。临床研究表明，即使有心丝虫病临床症状的犬，对美拉索明治疗仍有很好的耐受性。

十、其他抗蠕虫药

其他抗蠕虫药包括一些早期合成的化合物，它们具有独特的功效，目前仍在商业中使用。

1. 氯舒隆

氯舒隆(clorsulon)是一种苯磺酰胺化合物，对牛的肝片吸虫成虫和幼虫效果很好，由氯舒隆制成的牛和绵羊用灌服剂(curatrem)的给药量为 7 mg/kg,一次给药对肝片吸虫的驱除效果达到 99%以上。鉴于还未确定该药在乳牛的休药期,该药不能用于泌乳期奶牛。屠宰前 7 d 内禁用,再次给药时机的选择取决于牛在放牧时感染寄生虫的风险模式。氯舒隆可以与伊维菌素联合用药。

2. 双氯酚

双氯酚(dichlorophere,happy jack 驱绦虫片)是氯化二苯类似物,对哺乳动物低毒,大鼠的口服 LD_{50} 为 2 690 mg/kg,犬的急性口服 LD_{50} 为 1 000 mg/kg。双氯酚具有抑菌、杀真菌和驱绦虫的特性,能阻断虫体线粒体的电子传递的磷酸化过程。因为双氯酚在宿主胃肠道吸收少,所以对宿主相对安全。双氯酚口服给药可用来驱除犬感染的犬复孔绦虫和豆状带绦虫。经整夜禁食后,犬按 220 mg/kg 口服双氯酚片剂或胶囊。用药后,绦虫会被杀死、消化,并以无法辨认的形态排出体外。经双氯酚治疗的动物偶尔发生呕吐或腹泻。

十一、广谱复方制剂

兽医工作者一直在寻找抗虫谱更广的抗寄生虫药。广谱驱虫药具有两个明显优势:第一,用药方便,广谱药可避免对多种寄生虫混合感染的动物一次服用多种药物;第二,即使诊断失误,仍然可放心,因为广谱药能驱除动物所感染的多种寄生虫。如对一只来源于动物收容所的幼犬,一种能同时有效驱除蛔虫和钩虫的药物要比一种只能驱除蛔虫的药物给幼犬提供更好的保护。

广谱药物有两种获得方法:发现一种广谱的单一化学药物(任务艰难);联合几种可配伍的药物制成具有理想抗虫谱的产品。这里介绍复方制剂,药物的配方可以调整。

1. 伊维菌素和氯舒隆

由伊维菌素和氯舒隆(ivermectin and clorsulon)组成的注射剂(Ivomec Plus)获批用于牛。复方制剂中的氯舒隆,扩大了伊维菌素的抗虫谱,使复方药对肝片吸虫有效。该产品按每 50 kg 体重 1 mL 量在牛的肩胛后部作皮下注射,对牛的用量为伊维菌素 0.2 mg/kg 和氯舒隆 2 mg/kg。该复方产品能有效驱除棕色胃虫如奥氏奥斯特线虫和竖琴奥斯特线虫;普氏血矛线虫,小型胃线虫如艾氏毛圆线虫和蛇形毛圆线虫,古柏线虫中的肿孔古柏线虫、点状古柏线虫和栉状古柏线虫,钩虫中的牛仰口线虫,肠道细颈线虫如微黄细颈线虫和钝刺细颈线虫,结节虫中的辐射食道口线虫,肺线虫中的胎生网尾线虫,肝片吸虫,牛皮蝇幼虫中的牛皮蝇蛆和纹皮蝇蛆,吸血虱中牛颚虱、牛血虱、水牛盲虱,螨虫中牛痒螨和牛疥螨。牛在屠宰前 49 d 内禁用,由于该药在牛奶中休药期尚未确定,不要用于繁殖期的泌乳奶牛,也不要用于肉用犊。

2. 伊维菌素和吡喹酮

含伊维菌素和吡喹酮(ivermectin and praziquentel)的两种复方口服糊剂(Equimax 和 Zimectrin Gold)被批准用于马,吡喹酮的添加拓宽了伊维菌素的抗虫谱,使药物对叶状裸头绦虫有效。Equimax 糊剂是按伊维菌素 0.2 mg/kg 和吡喹酮 1.5 mg/kg 量口服给药。复方药 Zimectrin Gold 是按伊维菌素 0.2 mg/kg 和吡喹酮 1 mg/kg 口服给药。

这两种复方药用于预防和治疗马的叶状裸头绦虫;大型圆线虫中的马圆线虫,普通圆线虫的成虫、动脉内和移行期幼虫,无齿圆线虫的成虫和组织移行期幼虫和三齿属幼虫(包括短尾三齿线虫、锯齿三齿线虫和锐尾盆口线虫)的成虫;小型圆线虫,也包括对苯并咪唑类有抗药性的小型圆线虫,如冠环属线虫(包括冠状冠环线虫、大唇片冠环线虫和小唇片冠环线虫)、盅口属线虫(包括碗形盅口线虫和蝶状盅口线虫)的成虫和第 4 期幼虫、杯环属(包括显形杯环线虫、细口杯环线虫、鼻形杯环线虫和短口囊杯环线虫)、双冠属、杯冠属(包括小杯杯冠线虫、高氏杯冠线虫、长伞杯冠线虫、微小杯冠线虫和杯状彼杜洛线虫;马蛲虫的成虫和第 4 期幼虫;艾氏毛圆线虫的成虫;马胃线虫,如蝇柔线虫的成虫;马蝇幼虫,如肠胃蝇和鼻胃蝇;肺线虫,如安氏网尾线虫的成虫和第 4 期幼虫;韦氏类圆线虫;皮肤柔线属和德拉希属线虫的第 3 期幼虫,颈盘尾丝虫的微丝蚴。治疗马偶尔会因寄生虫抗原的大量释放而发生水肿反应。

4 月龄驹对口服推荐量 10 mg/kg 的 Zimectrin Gold 表现出良好耐受性,该药在妊娠马、繁殖期种公马和 5 月龄以下的驹上仍没有试验数据。另外,Equimax 糊剂已获批准用于 4 周龄大的驹、繁殖期种公马以及繁殖期、妊娠期和泌乳期的母马。肉用马禁用上述药物。

3. 伊维菌素和双羟萘酸噻嘧啶

犬用伊维菌素和双羟萘酸噻嘧啶(ivermectin and pyrantel pamoate)的复方药可制成调味块或片剂(Heartgard-30 Plus,Iverhart Plus 和 Tri-Heart Plus)。由于伊维菌素对犬恶丝虫的预防量对胃肠道寄生虫无效,与双羟萘酸噻嘧啶配伍后制成的复方制剂就能有效驱除这些重要的胃肠道线虫。复方制剂中各组分的靶剂量为伊维菌素 0.006 mg/kg、双羟萘酸噻嘧啶 5 mg/kg。犬每 30 d 口服给药可预防犬恶丝虫,并能预防和治疗犬蛔虫(如犬弓首蛔虫和狮弓首蛔虫)和钩虫(如犬钩虫、巴西钩虫、狭头钩虫)。在犬恶丝虫的流行季节,要每月给药一次。最近研究表明,经伊维菌素治疗后,犬恶丝虫成虫无法使产出的微丝蚴保持一个可检水平,因此应该用抗原检测证明恶丝虫成虫感染的存在。安全性试验表明,犬对伊维菌素和双羟萘酸噻嘧啶的复方制剂具有良好的耐受性。该药不能用于 6 周以下的犬,已感染恶丝虫的犬也禁用。

4. 伊维菌素、双羟萘酸噻嘧啶和吡喹酮

专用于犬的为伊维菌素、双羟萘酸噻嘧啶和吡喹酮(ivermectin,pyrantel pamoate and praziquentel)联合制成的片剂(Iverhart Max),上面提到的二元复方中增加了吡喹酮,使其抗虫谱拓宽到了绦虫。复方制剂蝇各组分的靶剂量为伊维菌素 0.006 mg/kg、双羟萘酸噻嘧啶 5 mg/kg、吡喹酮 5 mg/kg,每 30 d 口服一次用于预防犬恶丝虫,预防和治疗蛔虫(如犬弓首蛔虫和狮弓首蛔虫)、钩虫(如犬钩虫、巴西钩口线虫和狭头钩虫)、绦虫(如犬复孔绦虫和豆状带绦虫)。在恶丝虫流行期,需要每月给药一次。最近研究表明,经伊维菌素治疗后,犬恶丝虫成虫产出的微丝蚴检测不到,因此应用抗原检测证明恶丝虫成虫感染的存在。该药不能用于 8 周龄以下的犬,已感染恶丝虫的犬禁用。

5. 美贝霉素肟和氯芬奴隆

美贝霉素肟和氯芬奴隆(milbemycin oxime and lufenuron)的二元复方制剂获准可用于犬,复方药中各组分的最小剂量参照为美贝霉素肟 0.5 mg/kg、氯芬奴隆 10 mg/kg,每 30 d 用药一次,能有效驱除和控制蛔虫(犬弓首蛔虫、狮弓首蛔虫)和毛尾线虫(狐毛尾线虫),并能防治跳蚤的侵扰。该药不能用于 4 周龄以下或体重在 1 kg 以下的幼犬。该复方药也获准与烯啶虫胺(capstar)同时使用以快速杀灭跳蚤。

6. 莫西菌素和吡虫啉

由莫西菌素和吡虫啉(moxidectin and imidacloprid)组成的一种新型复方药(Advantage Multi),其中用吡虫啉来防治外寄生虫,用莫西菌素防治内寄生虫。该药已获准用于犬和猫。Advantage Multi 是一种局部外用药,设计的用药量参照吡虫啉 10 mg/kg、莫西菌素 2.5(犬用)或 1 mg/kg(猫用)。该产品在犬获准用于预防犬恶丝虫,治疗和预防犬钩虫、狭头钩虫的成虫和幼虫,犬弓首蛔虫和狮弓首蛔虫的成虫和幼虫,以及毛尾线虫中狐毛首线虫。专供猫的Advantage Multi也获准用来预防猫的犬恶丝虫感染,治疗和预防猫的管形钩口线虫、猫弓首蛔虫的成虫和幼虫感染。该产品还能有效地杀灭跳蚤成虫,防治猫栉首蚤的侵扰,驱除和控制犬耳痒螨感染。

犬用产品不能应用于猫,犬用产品还没有7周龄以下或体重低于1.36 kg犬的测试资料,也没有对繁殖期、妊娠期、泌乳期的犬进行测试。犬在给药前要检查是否有恶丝虫感染。犬用产品不能有效杀灭犬恶丝虫的成虫,也不能彻底清除微丝蚴。犬能很好地耐受使用量的5倍剂量。要确保犬不要舔食用药部位的药物,犬食入该药后可能会出现精神沉郁、流涎、瞳孔散大、共济失调、气喘和全身性震颤等严重反应。

猫用产品不能用在小于9周龄或体重低于1 kg的猫,9周龄的猫很好地耐受常规剂量5倍药量,猫一次给予10倍剂量会出现轻微而短暂的唾液分泌过多。应避免经口摄入药物,猫口服或舔食到用药部位的药物可表现出多涎、颤抖、呕吐、食欲减少等症状。

7. 莫西菌素和吡喹酮

获准用于马的有两个含莫西菌素和吡喹酮(moxidectin and praziquentel)的复方口服糊剂(ComboCare和Quest Plus),复方药中吡喹酮的加入使伊维菌素的抗虫谱拓宽到了叶形裸头绦虫,该药的经口给药量参照为莫西菌素0.4 mg/kg、吡喹酮2.5 mg/kg。这两个复合制剂均可用于预防和治疗马的叶状裸头绦虫;大型圆线虫(包括普通圆线虫的成虫和移行期幼虫,无齿圆线虫的成虫和移行的组织期幼虫,以及短尾三齿线虫和锯齿三齿线虫的成虫);小型圆线虫的成虫如盅口属线虫(碗形盅口线虫和碟状盅口线虫)、杯冠属线虫(小杯杯冠线虫、高氏杯冠线虫、长伞杯冠线虫和微小杯冠线虫)、杯环属线虫(显形杯环线虫、细口杯环线虫和鼻形杯环线虫)、冠环属线虫[冠状冠环线虫、大唇片冠环线虫、小唇片冠环线虫和头似辐首线虫(*Gyalocephalus capitatus*)];马副蛔虫的成虫和幼虫;马蛲虫的成虫和幼虫;艾氏毛圆线虫的成虫;蝇柔线虫;以及肠胃蝇和鼻胃蝇的幼虫。该药似乎对包囊化的小型圆线虫有特效,莫西菌素复方药对低于6月龄的马安全,但对配种期、妊娠期和哺乳期的母马以及配种期公马有何影响还未验证。

8. 噻嘧啶和吡喹酮

由噻嘧啶和吡喹酮(pyrantel and praziquentel)组成的二元复方制剂已获准用于犬(Virbantel)和猫(拜宠清 Drontal)的2个产品。犬用产品用药量吡喹酮和双氢羟萘酸噻嘧啶各5 mg/kg,单剂量一次给药用于驱除多种绦虫(如犬复孔绦虫、豆状带绦虫)、钩虫(如犬钩虫线虫、巴西钩虫线虫和狭头钩虫)及蛔虫(如犬弓首蛔虫和狮弓首蛔虫)。

9. 噻嘧啶、吡喹酮和非班太尔

美国使用的是由噻嘧啶、吡喹酮和非班太尔(pyrantel,praziquentel and febantel,拜宠清Drontal Plus)组成的三元复方制剂,该复方产品设定的用药量为非班太尔25～35 mg/kg、吡喹酮5～7 mg/kg、双羟萘噻嘧啶5～7 mg/kg。犬单剂量一次给药可驱除绦虫中的犬复孔绦虫、豆状带绦虫和细粒棘球绦虫,钩虫中的犬钩虫、狭头钩虫,蛔虫中的犬弓首蛔虫和狮弓首蛔虫,毛尾线虫中的狐毛首线虫。该复方药按剂量一次口服能有效驱除多种线虫,而单独使用非班太尔需按剂量服用3 d才对单胃动物线虫有效。该复方药不能用于妊娠犬、体重低于1 kg或小于3周的幼犬。

附　　录

附表 1　马体温、脉搏、呼吸生理指数

畜别		体温/℃	脉搏/(次/min)	呼吸/(次/min)
马	初生驹	39.3	128	
	3～6 个月		60～79	
	成年马	37.5～38.5	36～59	9～10
骡		38.8～39.0	65～75	
驴		37.5～38.5	45～50	

附表 2　红细胞、白细胞、血红蛋白生理指标

畜别	红细胞/(100 万/mm^3)	白细胞/(个/mm^3)	血红蛋白/(mg/mL)
马	673～1 103	6 400～11 250	83.4±9.6(80～110)
骡	683～981	6 500～11 200	70～110
驴	500～700	10 725±725	109.9±30.2

附表 3　白细胞分类及比例　　%

畜别	嗜碱性	嗜酸性	嗜中性				淋巴细胞	单核细胞
			骨髓	幼年型	杆核型	分叶型		
马	0.20	4.37	0.18	1.65	3.40	47.53	39.77	2.19
骡	0.45	5.60		0.21	5.16	46.02	42.09	1.10
驴	0.17	5.37		1.40	1.77	36.65	53.09	0.47

附表 4　成年健康家畜血沉速度正常数值(魏氏法)和家畜尿的 pH

畜别	红细胞健康家畜血沉速度正常数值/mm				pH		
	15 min	30 min	45 min	60 min	安静时(马)	活动时(中等)	活动时(强的)
马、骡、驴	38	49	60	64	8.2	7.4	7.2

附表 5　母畜繁殖生理常数和家畜怀孕期

生理常数	马	驴	畜别	怀孕期/d
初情期	12～15 个月	12 个月	舍饲母马	337(317～369)
性成熟	18 个月	15 个月	放牧马	345(328～365)
初配年龄	3 岁	2.5～3 岁	马怀骡	351(332～374)
绝情期	8～20 岁	15～17 岁(有 20 岁的)	驴怀骡	364(340～406)

续附表 5

生理常数	马	驴	畜别	怀孕期/d
发情季节	春、夏、秋	春、夏、秋(2～9 月份)	驴怀驴	370(350～396)
发情周期	21(16～25)d	23(22～25)d		
发情期	7(5～10)d	4～9 d		
产后发情	9(7～12)d	12～18(5～10)d		
排卵周期	发情停天,0.5～1 d			
配种适时	排卵前配种受胎率 86%,排卵时配种 74%,排卵后 2～10 h 追配 30%			

附表 6　常用于马的镇静药静脉给药剂量*

药物	剂量/(mg/kg)	麻醉前给药剂量/(mg/kg)
乙酰普马嗪	0.01～0.06	0.03～0.05
隆朋	0.2～1.1	0.3～0.6
地托咪定	0.002 5～0.02	0.002 5～0.005
罗咪啡定	0.04～0.12	0.04
吗啡	0.05～0.3	0.08
布托啡诺	0.01～0.03	0.02
哌替啶	1.0～4.0	IM

* 肌肉注射剂量为静脉注射剂量的 2～3 倍。单独用于镇静效果不佳,可引起兴奋不安。最好与表中其他镇静/安定药配合使用。

附表 7　用于镇静药的常用复合剂的静脉给药剂量*

药物	站立化学保定/(mg/kg)	麻醉前镇静/(mg/kg)
乙酰普马嗪	0.04	0.02～0.04
布托啡诺	0.08	0.02～0.03
乙酰普马嗪	0.04	—
哌替啶	0.6	—
乙酰普马嗪	0.03	—
吗啡	0.2～0.6	—
乙酰普马嗪	0.03	—
噻拉嗪	0.2～0.6	—
噻拉嗪	0.7	0.4～0.6
布托啡诺	0.03	0.02～0.08
噻拉嗪	0.6	0.4～0.6
吗啡	0.3～0.6	0.05～0.1

续附表 7

药物	站立化学保定/(mg/kg)	麻醉前镇静/(mg/kg)
地托咪啶	0.01～0.6	0.05～0.1
吗啡	0.16～0.6	0.05～0.1
地托咪啶	0.01	0.002 5
吗啡	0.03	0.02～0.03

* 肌肉注射为静脉注射剂量的 2～3 倍。

附表 8 马驱虫药给药剂量,用药次数,药物的剂型及适应症

药物	商品名	用药剂量和剂型	杀灭的寄生虫
奥苯达唑	Anthelcide (Smithkline), Euipar(Coopers)	黏浆剂或悬浊剂 10～15 mg/kg	马圆线虫,无齿圆线虫,普通圆线虫,小圆线虫,马副蛔虫,马尖尾线虫,韦氏类圆线虫
奥芬达唑	Benzelmin(Syntex)	粉剂,黏浆剂或悬浊剂 10 mg/kg	马圆线虫,无齿圆线虫,普通圆线虫,小圆线虫,马副蛔虫,马尖尾线虫
奥芬达唑＋敌百虫	Benzelmin Plus (Syntex)	黏浆剂,奥芬达唑 2.5 mg/kg,敌百虫 40 mg/kg	与奥芬达唑相似,还包括马皮蝇(胃绳属)
非班太尔＋敌百虫	Combotel(Haver/Diamond Scientific), Negabot～Plus(Cutter)	黏浆剂,非班太尔 6 mg/kg,敌百虫 40 mg/kb	马圆线虫,普通圆线虫小圆线虫,马副蛔虫,马尖尾线虫,胃蝇属
非班太尔	Cutter Paste Wormer (Cutter), Rintal(Haver/Diamond Science)	黏浆剂,溶液,非班太尔 6 mg/kg	马圆线虫,普通圆线虫,小圆线虫,马副蛔虫,马尖尾线虫
伊维菌素	Eqvalan(MSD～Agvet)	黏浆剂,溶液,0.2 mg/kg	马圆线虫,普通圆线虫,小圆线虫,马副蛔虫,马尖尾线虫,蝇柔线虫,盘尾线虫属,胃蝇属,安氏网尾线虫,韦氏类圆线虫
芬苯达唑	Panacur (Hoechst-Roussel), Safe-Guard (Hoechst-Roussel)	黏浆剂,颗粒,溶液,5 mg/kg	马圆线虫,普通圆线虫,小圆线虫,马副蛔虫,马尖尾线虫
噻嘧啶	Strongid(Pfizer), Imathal Equine (SmithKline Beecham)	黏浆剂,溶液,低限为 6.6 mg/kg	马圆线虫,普通圆线虫,小圆线虫,马副蛔虫,马尖尾线虫,绦虫

续附表 8

药物	商品名	用药剂量和剂型	杀灭的寄生虫
甲苯咪唑	Telmin(Pitman～Moore)	黏浆剂,溶液,9 mg/kg	马圆线虫,普通圆线虫小圆线虫,马副蛔虫,马尖尾线虫
莫昔克丁	Quest gel(Fort Dodge)	黏浆剂/胶状制剂,0.4 mg/kg	马圆线虫,普通圆线虫,小圆线虫,马副蛔虫,马尖尾线虫,蝇柔线虫,盘尾线虫属,胃蝇属,韦氏类圆线虫,艾氏毛圆线虫
敌百虫	Combot (Haver/Diamond Scientific	溶液,40 mg/kg	胃蝇属,马尖尾线虫,普通圆线虫,小圆线虫,马副蛔虫,胃蝇属
敌敌畏	Cutter Dichlorvos Horse Wormer(Cutter)	粉剂,170 mg/kg	圆线虫,普通圆线虫小圆线虫,马副蛔虫,胃蝇属
哌嗪(驱蛔灵)		粉剂,67 mg/kg	抗马副蛔虫 100%有效

附表 9　成年马的抗生素用药剂量

抗生素	剂量(每千克)	给药间隔/(次/h)	给药方式	治疗情况
苄青霉素钠或钾	20 000～40 000 IU	6	IM(肌肉注射),IV(静脉注射)	IM、IV 给药后血液中药物浓度维持时间较长。可用于常规 IV 治疗或用普鲁卡因青霉素 G 治疗前用来获得高的蓄积浓度及组织内药物浓度
普鲁卡因青霉素	15 000～20 000 IU 或 15～20 mg	12	IM	马兽医临床上最常用于治疗革兰氏阳性菌的抗生素。给药后可见兴奋反应,偶见过敏
长效青霉素(苄星青霉素)	15 000～20 000 IU	24～48	IM	除非确认因青霉素在血液内的维持浓度很低导致组织内 MIC 很低时不要使用
阿莫西林钠或氨苄西林	15～40 mg	8	IM,IV	这些药物的抗菌谱相似,但对敏感菌的作用较青霉素差。抗马的革兰氏阴性菌感染效果不佳
氯唑西林钠或苯唑西林钠	30 mg	8	IM,IV	专用于治疗能够产生 β-内酰胺酶的金黄色葡萄球菌感染,特别是脓毒性关节炎
头孢噻吩或 cephalopirin	10～20 mg	8	IM,IV	除非已证明有效,否则不要使用,可致腹泻
头孢噻夫	2～4 mg	12	IM,IV	用于急性细菌感染,特别是肺炎。有报道说在大剂量时会导致腹泻

续附表 9

抗生素	剂量(每 kg)	给药间隔/(次/h)	给药方式	治疗情况
卡那霉素	5 mg	8	IM,IV	用于治疗革兰氏阴性菌感染。但由于仅少数细菌敏感,应作细菌培养及药敏试验
庆大霉素	6.6 mg	24	IM,IV	最常用的氨基糖苷类药物,可抗很多革兰氏阴性菌,应作细菌培养及药敏试验
阿米卡星	7 mg	12 或 8	IM,IV	除非药敏实验证明其他氨基糖苷类药物无效,否则不要使用。庆大霉素为首选氨基糖苷类药物
盐酸土霉素	5 mg	12	IV	因其为抑菌药,仅可根据药敏试验结果使用,可致腹泻
甲氧苄氨嘧啶＋磺胺药	15～20 mg	12	IV,PO(口服)	大剂量口投药物。可用于治疗多种细菌病原引起的马感染,大剂量可致腹泻
甲硝唑	初次 15 mg,后 7～15 mg	6	PO	用于治疗厌氧感染,对脆弱拟杆菌感染引发的胸膜炎尤为有效

附表 10　非类固醇类抗炎药物用于马的给药剂量及给药途径

药物	剂型	给药途径	推荐剂量与应用
保泰松	片剂,黏浆剂,颗粒,粉剂	PO	初次用药剂量 4.4 mg/kg,后 4 d 2.2 mg/(kg·12 h),后维持剂量 2.2 mg/(kg·d);用于治疗骨骼、肌肉系统疾病和围手术期降低肿胀程度。
保泰松	溶液	IV	用于建立初期血液内的治疗浓度,用药剂量 2.2～4.4 mg/kg
氟胺烟酸葡胺	溶液,颗粒,黏浆剂	IM、IV、PO	最高使用剂量 1.1 mg/kg,此为治疗疝痛剂量;内毒素血症的治疗剂量为 0.2～0.3 mg/kg,每 6～8 h 给药一次
甲氯灭酸	颗粒	PO	连用 7 d,如需继续治疗 2.2 mg/(kg·2 d);对马的慢性蹄叶炎治疗尤为有效,但较保泰松价格昂贵
萘普生	粉剂	PO	10 mg/(kg·d),临床适应症很少,极少使用
安乃静	溶液	IM,IV	10～20 mg/kg,给药一次或两次即可;可作解痉药和解热剂用于疝痛患马
保泰松＋异比林	溶液	IV	合剂中保泰松用量为 4 mg/kg,1 次/d。与异比林合用后保泰松的半衰期超过原来的 2 倍。须缓慢进行静脉注射(30～60 s),快速注射可致兴奋和共济失调。用于增加作用时间

续附表 10

药物	剂型	给药途径	推荐剂量与应用
阿司匹林	溶液+片剂	IV,PO	30～100 mg/kg,3～4 次/d。用于治疗某些骨骼、肌肉系统疾病,葡萄膜炎,蹄叶炎,以及轻度腹痛
酮洛芬	溶液	IV	1～2 mg/(kg · d),用于治疗骨骼、肌肉系统疾病和内毒素血症

表 11 马免疫程序

年龄/月	免疫(主要疾病)	建议
2～3	马腺疫	马腺疫:在流行区使用或在有感染危险的时候使用。使用全细胞疫苗可能作用更好,周岁马最好注射 2 次,6 个月一次。繁殖用母马一年 2 次,在分娩前 4～6 周免疫一次。其他马如果有感染的高度危险也应该 1 年免疫 2 次
3～4	马腺疫 马流感 破伤风类毒素 脑脊髓炎 马鼻肺炎 狂犬病 马波托马克热	马流感:通过免疫来预防马流感很困难,因为马流感病毒的抗原不断地变化,因此幼驹应至少免疫 3 次。幼驹的母源抗体会对疫苗有一定的对抗反应。周岁马和成马应该每 3 个月进行一次加强免疫。繁殖用母马一年 2 次,在分娩前 4～6 周免疫一次 破伤风类毒素:所有的马每年免疫一次。繁殖用母马在分娩前 4～6 周免疫一次,因为分娩会导致创伤,并且这样也会通过初乳使幼驹获得免疫力。如果伤口或手术在最后一次免疫的 6 个月以后发生,应该加强免疫一次
4～5	马腺疫 马流感 破伤风类毒素 脑脊髓炎 马鼻肺炎 狂犬病 马波托马克热	脑脊髓炎(EEV,WEE,VEE):在蚊子季节来临之前每年加强免疫一次,繁殖用母马在分娩前 4～6 周免疫一次。在全年流行区,每 6 个月免疫一次。幼驹若出生于晚春,其母源抗体可能保护其度过第一个夏天。VEE:仅用于高危流行发病情况的免疫
5～6	马腺疫 马流感 马鼻肺炎	马鼻肺炎(EHV-1,EHV-4):周岁马和成马每 3 个月免疫一次。繁殖母马在妊娠的第 5、7、9 个月进行灭活 EHV-1 苗的免疫。免疫会降低流产的数量,但流产在免疫过的母马身上可能还会发生
6～9	马腺疫 马鼻肺炎	狂犬病:在流行区每年免疫一次。繁殖用母马应在育种前进行免疫
9～12	马腺疫 马鼻肺炎	马波托马克热:仅在流行区内进行免疫。2 年一次。繁殖用母马在分娩前 4～6 周免疫一次
>12	见肉毒中毒内容	肉毒中毒:仅在流行区每年免疫一次。繁殖用母马在分娩前 1 个月免疫一次

EEE、WEE、VEE:分别指东部,西部和委内瑞拉马脑炎;EHV-1 和 EHV-4 分别指马疱疹病毒 1 和 4 型。在使用疫苗前一定要注意厂商的说明。

附表 12 目前使用的疫苗和抗毒素

疾病和疫苗	生产厂商	疫苗类型(来源)	剂量和使用方法	生产商说明和建议
脑脊髓炎二价苗:WEE,EEE 类脑 IM	富道,富兰克林	ITC	1 mL,IM	在蚊子季节来临前免疫 2 次,3 周注射一次,以后每年加强免疫 1 次

续附表 12

疾病和疫苗	生产厂商	疫苗类型（来源）	剂量和使用方法	生产商说明和建议
脑骨髓炎疫苗	科罗拉多 Serum 公司	ICC	1 mL,IM	在蚊子季节来临前免疫 2 次，3～4 周注射一次，以后每年加强免疫 1 次
Encevac	拜耳	ITC(小鸡)	1 mL,IM	在蚊子季节来临前免疫 2 次，3～4 周注射一次，以后每年加强免疫 1 次
三价苗 WEE、EEE、VEE Triple-E	索尔韦	ITC	1 mL,IM	在蚊子季节来临前免疫 2 次，3～4 周注射一次，以后每年加强免疫 1 次
Cephalovac VEW	Boehringer Ingelheim	ITC(小鸡:WEE，EEE;猪:VEE)	2 mL,IM	在蚊子季节来临前免疫 2 次，3～4 周注射一次，以后每年加强免疫 1 次
鼻肺炎 EHV-1Rhinomune	法扎制药	弱毒苗	1 mL,IM	每 2 个月免疫 2 次，间隔 4～8 周注射一次。孕马从怀孕 2 个月开始免疫
Pneumabort-K+1b	富道，富兰克林	灭活苗	2 mL,IM	刚断奶的幼马免疫 2 次，间隔 3～4 周一次。6 个月后和每年加强免疫一次。孕马在怀孕的第 5、7 和 9 个月时分别加强免疫一次。如果怀孕 5 个月后注射疫苗，在分娩前每 2 个月免疫一次。生育过的马和未生育过的马也可与孕马一起免疫
Prodigy	拜耳	ITC	1 mL,IM	6 个月后开始免疫，免疫 3 次，每隔 4～6 周注射一次。孕马在怀孕的第 5、7 和 9 个月时分别加强免疫一次。生育过的马和未生育过的马也可与孕马一起免疫。对呼吸系统疾病:每年免疫一次或在疾病将要暴发时进行免疫
EHV-1 和 EHV-2 Prestige	拜耳	ITC	2 mL,IM	2 针，4～6 周注射一次。第一针注射完 6 个月后加强免疫一次。以后每年免疫一次或在疾病将要暴发时进行免疫。免疫后对孕马有好处，但不是说它能完全防止流产
EHV～4,1	富道	灭活苗	1 mL,IM	2 针，4～6 周注射一次。小马在注射第二针 4 周后免疫第三针，以后每年免疫一次或在疾病将要暴发时免疫

续附表 12

疾病和疫苗	生产厂商	疫苗类型（来源）	剂量和使用方法	生产商说明和建议
马流感 A-equine1 和 Equine2	拜耳	ICC（犬）	1 mL，IM	2 针，间隔 3～4 周注射，以后每年或在流行前加强免疫一次
Equi-Flu	Boehringer ingelheim	ICC	1 mL，IM	2 针，间隔 3～4 周注射，以后每年加强免疫一次
Flumune	法扎制药	ICC	1 mL，IM	2 针，间隔 2～4 周注射，以后每年加强免疫一次
Fluvac	富道，富兰克林	ICC	1 mL，IM	2 针，间隔 2～4 周注射，以后每年加强免疫一次
Inflogen3	索尔韦	ICC	1 mL，IM	2 针，间隔 2～4 周注射，以后每年或在流行前加强免疫一次
Inflogen	索尔韦	灭活苗，尿囊液（鸡胚）	1 mL，IM	2 针，间隔 2～4 周注射，以后每年或在流行前加强免疫一次
波托马可马热 PHF-VAX	Schering-Plough	灭活苗	1 mL，IM	3 个月首免，2 针，间隔 3～4 周注射，在流行区每 6 个月加强注射一次，在流行高峰来临之前加强免疫几次有助于提高免疫力
RM Potomavac	Rhone merieux	灭活苗	1 mL，IM	3 个月首免，2 针，间隔 3～4 周注射，以后每年加强一次免疫
Potomac Guard	富道，富兰克林	灭活苗	1 mL，IM	2 针，间隔 3～4 周注射，以后每年加强一次免疫
Mystique	拜耳	灭活苗	1 mL，IM	3 个月首免，2 针，间隔 3～4 周注射，每年加强注射一次或在流行前注射一次
狂犬病 RMImrab3	Rhonemerieux	ICC	2 mL，IM	3 个月后首免，1 针，每年加强注射一次
RM Imrab Bovine Plus	Rhonemerieux	ICC	2 mL，IM	3 个月后首免，1 针，每年加强注射一次
Imrab3	索尔韦	ICC	2 mL，IM	3 个月后首免，1 针，每年加强注射一次
Rabuguard-TC	法扎制药	ICC（猪）	1 mL，IM	3 个月后首免，1 针，每年加强注射一次
马腺疫 equibac Ⅱ	富道	灭活全细菌苗	2 mL，IM	3 个月首免，2 针，间隔 2～4 周注射一次，以后每年加强一次。每年注射多于一次可能会增加过敏反应和局部反应的危险性。在潜伏期或感染期不能免疫

续附表 12

疾病和疫苗	生产厂商	疫苗类型（来源）	剂量和使用方法	生产商说明和建议
Strepguard	拜耳	灭活细菌 M 蛋白提取物	1 mL，IM	3 个月首免，2 针，间隔 3～4 周注射一次，3 个月前免疫过的幼马需要在 6 个月或断奶前加强免疫一次，以后每年免疫一次或在疫情发生前免疫
StrepvaxⅡ	Boehringer ingelheim	灭活细菌 M 蛋白提取物	1 mL，IM	3 个月首免，3 针，间隔 3 周注射一次，3 个月前免疫过的幼马需在 6 个月或断奶前加强免疫一次，以后每年免一次或在疫情发生前免疫
破伤风类毒素 super-Tet	拜耳	灭活苗	1 mL，IM	2 针，间隔 3～4 周注射，以后每年加强免疫一次
Tetanus 类毒素	富道，富兰克林	灭活苗	1 mL，IM	2 针，间隔 4～8 周注射，以后每年加强免疫一次。对小马用 0.5 mL
Tetanus 类毒素	科罗拉多血清公司	灭活苗	1 mL，IM，SC	2 针，间隔 4 周注射，以后每年加强免疫一次
Tetnogen	索尔伟	灭活苗	1 mL，IM，SC	2 针，间隔 4 周注射，以后每年加强免疫一次
Teguard	Boehringer Ingelheim	灭活苗	1 mL，IM	
Tetmune	法扎制药	灭活苗	1 mL，IM	2 针，间隔 3～4 周注射，以后每年加强免疫一次
破伤风抗毒素	科罗拉多血清公司 Sanofi，拜耳富道		1 500 U，IM，SC 1 500 U，IM，IV，IP，SC	破伤风抗毒素用于未免疫过的马或不明免疫史而又受到持续性损伤或进行外科手术的马。也用于未免疫过的分娩母马。抗毒素和类毒素注射到马的不同体位能提供被动免疫或激活免疫能力
Tetnogen-AT	索尔韦		1 500 U，IM，SC	
病毒性动脉炎 arvac	富道	传代细胞（马）	1 mL，IM	6 周后首免，1 针。以后每年加强免疫一次。公马和母马在交配季节前至少 3 周进行免疫，在妊娠最后的 2 个月中不能免疫
脑脊髓炎和破伤风 EEE，WEE，VEE＋类毒素	Boehringer ingelheim	所有灭活物质＋类毒素	2 mL，IM	3 个月首免，2 针，间隔 4～8 周注射一次，以后每年加强注射一次

续附表 12

疾病和疫苗	生产厂商	疫苗类型（来源）	剂量和使用方法	生产商说明和建议
Cephalovac VEWT	Boehringer ingelheim	所有灭活物质＋类毒素	1 mL,IM	2 针，间隔 4～6 周注射一次，以后每年加强注射一次
Double-ET	索尔韦		1 mL,IM	2 针，间隔 4～6 周注射一次，以后每年加强注射一次
Encevac-T	拜耳		1 mL,IM	3 个月首免，2 针，间隔 3～4 周注射一次，以后每年加强注射一次
Equiloid	富道，富兰克林		1 mL,IM	2 针，间隔 4～8 周注射一次，以后每年加强注射一次
Triple-ET	索尔韦		1 mL,IM	2 针，间隔 2～4 周注射一次，以后每年加强注射一次
EWT	Schering-plough		1 mL,IM	2 针，间隔 2～4 周注射一次，以后每年加强注射一次
破伤风 EW	法扎制药		1 mL,IM	2 针，间隔 3～4 周注射一次，以后每年加强注射一次
脑脊髓炎疫苗-破伤风类毒素	科罗拉多血清公司		1 mL,IM	2 针，间隔 3～4 周注射一次，以后每年加强注射一次
脑脊髓炎，流感和破伤风 EEE，WEE，流感 A1 和 A2＋类毒素		所有灭活苗＋类毒素		
Double-EET	索尔韦		1 mL,IM	2 针，间隔 3～4 周注射一次，以后每年加强注射一次
EncevacTC-4	拜耳		1 mL,IM	3 个月首免，2 针，间隔 3～4 周注射一次，以后每年加强注射一次
Equi-flu EWT	Boehringer Ingelheim		2 mL,IM	2 针，间隔 4～6 周注射一次，以后每年加强注射一次
Fluvac EWT	富道，富兰克林		1 mL,IM	2 针，间隔 4～8 周注射一次，以后每年加强注射一次
Flumune EWT	法扎制药		1 mL,IM	3 个月首免，2 针，间隔 3 周注射一次，以后每年加强注射一次
EWTF	Schering-plough		2 mL,IM	2 针，间隔 2～4 周注射一次，以后每年加强注射一次
RM Equine EWTF	Rhonemerieux		1 mL,IM	3 个月首免，2 针，间隔 2～4 周注射一次，以后每年加强注射一次

续附表 12

疾病和疫苗	生产厂商	疫苗类型（来源）	剂量和使用方法	生产商说明和建议
EEE，WEE，流感 A1 和 A2＋类毒素		所有灭活苗＋类毒素		2 针，间隔 2～4 周注射一次，以后每年加强注射一次
Triple-ETF	索尔韦 Boehringer		1 mL，IM	3 个月首免，2 针，间隔 4～8 周注射一次，以后每年加强注射一次
Equine-flu VEWT	Ingelheim		2 mL，IM	
流感和疱疹		灭活苗		
Fluvac EHV～4/1	富道，富兰克林		1 mL，IM	3 个月首免，2 针，间隔 4～6 周注射一次，青年马在第二针 4～6 周后进行第 3 次注射，以后每年注射一次或在流行前进行免疫
Rhino-flu	法扎制药		1 mL，IM	3 个月首免，2 针，间隔 3 周注射一次，青年马在第二针 4～6 周后进行第 3 次注射，以后每年注射一次或在流行前进行免疫
prestigeⅡ	拜耳		1 mL，IM	3 个月首免，2 针，间隔 4～6 周注射一次，青年马在第二针 6 月后进行第 3 次注射，以后每年注射一次或在流行前进行免疫。免疫不能阻止 EHV-1 的流产
流感和破伤风		A1 和 A2 的灭活苗＋类毒素		
Inflogen-T	索尔韦		1 mL，IM	2 针，间隔 2～4 周注射一次，以后每年加强注射一次
流感、疱疹和破伤风		A1 和 A2 的灭活苗；EH-1 弱化苗和类毒素		
Rhino-flu T	法扎制药		2 mL，IM	3 个月首免，2 针，间隔 3 周注射一次，以后每年加强注射一次
流感、疱疹、破伤风和脑脊髓炎		A1 和 A2 的灭活苗；EH-1 弱化苗；EEE 和 WEE 灭活苗和类毒素		
Rhino-flu EWT	法扎制药		2 mL，IM	3 个月首免，2 针，间隔 3 周注射一次，以后每年加强注射一次

ITC，灭活组织培养苗；ICC，灭活细胞培养苗；EEE、WEE、VEE，分别指东部，西部和委内瑞拉马脑炎；EHV-1、EHV-4 分别指马疱疹病毒 1 型和 4 型。

参 考 文 献

[1] 董彝.实用牛马病临床类症鉴别[M].北京:中国农业出版社,2001.

[2] 丁壮,周昌芳,李建华.马病防治手册[M].北京:金盾出版社,2006.

[3] 费恩阁,李德昌,丁壮.动物疫病学[M].北京:中国农业出版社,2004.

[4] 胡元亮.家畜灸技法手册[M].北京:化学工业出版社,2009.

[5] 于船,张力群.中国兽医秘方大全[M].太原:山西科学技术出版社,1992.

[6] 明代 丁宾序本,于船,郭光纪,郑动才,李德福校注.元亨疗马集校注[M].北京:北京农业大学出版社,1990.

[7] 李长卿,范文学.中国兽医针灸图谱[M].兰州:甘肃科学技术出版社,1989.

[8] 罗满林.动物传染病学[M].北京:中国林业出版社,2013.

[9] 陈溥言.兽医传染病学[M].5版.北京:中国农业出版社,2012.

[10] 吴清民.兽医传染病学[M].北京:中国农业大学出版社,2002.

[11] 金宁一,胡仲明,冯书章.新编人兽共患病学[M].北京:科学出版社,2007.

[12] 田克恭.人与动物共患病[M].北京:中国农业出版社,2013.

[13] 英国青少年乘马联合会.马术手册-英国青少年乘马联合官方教材[M].韩国才,主译.北京:中国农业科学技术出版社,2009.

[14] Reuben J. Rose,David R. Hodgson.马兽医手册[M].2版.汤小朋.齐长明,主译.北京:中国农业出版社,2008.

[15] 秦建华,张龙现.动物寄生虫病学[M].北京:中国农业大学出版社,2013.

[16] 张西臣,李建华.动物寄生虫病学[M].3版,北京:科学出版社,2010.

[17] 明·喻本元,喻本亨,中国农业科学院中兽医研究所.元亨疗马集选释[M].北京:农业出版社,1984.

[18] 德怀特·D·鲍曼(Dwight D. Bowman)[美].兽医寄生虫学[M].9版.李国清主译.中国农业出版社,2013.

[19] 张全立.马场的动物疫病防控措施[J].北京农业,2015,5:75-76.

[20] 马建,王晓均.中国马传染病的防控历史和现状[A].中国畜牧兽医学会马学分会成立大会学术论文集[C].2014,北京.

[21] 姜平.兽医生物制品学[M].2版.北京:中国农业出版社,2007.

[22] 杨汉春.动物免疫学[M].2版.北京:中国农业大学出版社,2003.

[23] 沈萍.微生物学[M].北京:高等教育出版社.

[24] 王冲,李天文,刘言斌,等.马场的常见疾病及防治措施[J].中国动物检疫,2012,29(10):57-59.

[25] 孙泉云,夏炉明,卢军.上海市马传染性贫血、马鼻疽消灭达标验收的评估报告[J].上海畜牧兽医通讯,2014,4:79-81.

[26] 唐式校.骑乘马综合保健方法的试验研究[J].当代畜牧,2015,8:55-56.

[27] 论文集.2013全国人兽共患病预防与控制及检测处理技术研讨会.中国动物保健杂志社,2013年9月.